21世纪高等学校物联网专业系列教材

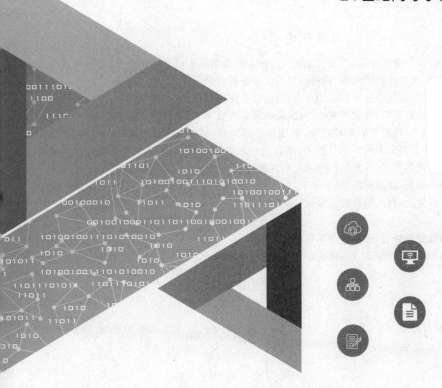

U0211475

局域网技术与组网工程

（第3版）

◎ 苗凤君　夏　冰　主　编

潘　磊　董智勇　董跃钧　盛剑会　副主编

清华大学出版社

北京

内 容 简 介

本书自 2010 年首次出版,经历多次印刷,广受读者认可。第 3 版在第 2 版内容基础之上,遵循网络系统集成思路,按照技术专题的方式迎合教学内容,以适应当前人才培养教学的需要和网络发展。

本书从真实案例和实践出发,以核心技术和应用为中心,比较全面地介绍了局域网技术与组网工程的主要内容。全书共 10 章,具体内容包括:局域网概述、有线局域网集成技术、无线局域网集成技术、广域网集成技术、软件定义网络集成技术、数据中心集成技术、软硬件组网工程、局域网规划与设计、局域网解决方案案例、网络故障排除。本书具有突出局域网新技术,融合当前法律法规要求,侧重工程建设性和实用性等特点,同时书中图文并茂,内容翔实,各章均设有习题和实践题,配备习题答案和课件。

本书可作为高等院校网络工程、数据通信、信息安全、电子信息及相关专业大学本科生、专科生教材使用,对从事相关专业的教学、科研、工程人员及初学者也有参考价值。

图书在版编目(CIP)数据

局域网技术与组网工程/苗凤君,夏冰主编. —3 版. —北京:清华大学出版社,2022.10(2024.7重印)
21 世纪高等学校物联网专业系列教材
ISBN 978-7-302-61928-4

Ⅰ. ①局… Ⅱ. ①苗… ②夏… Ⅲ. ①局域网—高等学校—教材 Ⅳ. ①TP393.1

中国版本图书馆 CIP 数据核字(2022)第 178353 号

策划编辑:魏江江
责任编辑:王冰飞 薛 阳
封面设计:刘 键
责任校对:焦丽丽
责任印制:宋 林

出版发行:清华大学出版社
  网   址:https://www.tup.com.cn,https://www.wqxuetang.com
  地   址:北京清华大学学研大厦 A 座 邮 编:100084
  社 总 机:010-83470000 邮 购:010-62786544
  投稿与读者服务:010-62776969,c-service@tup.tsinghua.edu.cn
  质量反馈:010-62772015,zhiliang@tup.tsinghua.edu.cn
  课件下载:https://www.tup.com.cn,010-83470236
印 装 者:三河市铭诚印务有限公司
经 销:全国新华书店
开 本:185mm×260mm 印 张:27.25   字 数:665 千字
版 次:2010 年 2 月第 1 版 2022 年 12 月第 3 版 印 次:2024 年 7 月第 2 次印刷
印 数:1501～2300
定 价:69.80 元

产品编号:097689-01

第 3 版前言

数字经济时代,随着网络技术的快速发展,新一代信息技术如云计算、大数据、物联网、工业互联网、数据中心、软件定义网络等技术逐步融合进网络规划与建设中,网络空间安全法律法规如网络安全法、数据安全法、关键信息技术设施安全保护条例等逐步健全,局域网技术和组网工程引发了新需求,相应的课程培养体系也需要进行调整。为适应局域网技术的发展需求、真实网络设计需求和教学内容的需求,本书在第 1 版、第 2 版的基础上编写,通过专题的方式聚焦局域网集成所需要的技术。

第 1 章局域网概述,主要包括局域网基础、局域网组成、局域网分类、虚拟化技术、软件定义网络 SDN、数据中心、工业互联网、物联网和 5G。第 2 章有线局域网集成技术,主要包括高速以太网、可靠性技术、虚拟局域网、虚拟专用网、局域网接入技术、有线局域网安全技术等内容。第 3 章无线局域网集成技术,主要包括 Wi-Fi、ZigBee、5G、窄带物联网以及无线安全技术等内容。第 4 章广域网集成技术,主要包括广域网分组交换技术、路由选择技术以及广域网典型技术。第 5 章软件定义网络集成技术,主要包括 SDN 概述、OpenFlow 规范、控制器等内容。第 6 章数据中心集成技术,主要包括结构化布线系统、数据中心存储技术、数据中心虚拟化技术、基于网络安全等级保护的数据中心建设方案等。第 7 章软硬件组网工程,主要包括局域网硬件系统、局域网软件系统、局域网典型网络功能配置等。第 8 章局域网规划与设计,主要包括局域网设计原则、局域网需求分析、局域网逻辑设计、局域网物理设计、局域网工程监理、局域网设计方案编写等内容。第 9 章局域网解决方案案例,主要包括校园网解决案例、企业网解决案例、基于网络安全等级保护 2.0 的解决方案、无线局域网解决方案、云数据中心解决方案。第 10 章网络故障排除,主要包括网络故障排除模型、网络故障排除工具、交换以太网故障排除、光纤网络故障排除、虚拟机故障排除、网络安全故障排除等内容。

第 3 版在编写时,集成前两版的内容,突出了以下几个特点。

(1) 突出网络系统集成,融合新技术。以校园网、企业网、无线网络、数据中心为案例,使读者对局域网组网的主流技术、主流产品、设计方法及解决方案有所掌握。

(2) 突出网络规划设计核心地位。以网络工程的生命周期引领局域网的需求分析、规划设计过程以及相关网络文档的编写。

(3) 突出网络安全。以网络安全法、数据安全法为合规要求,在基于网络安全等级保护基础之上,给出局域网安全解决方案。

(4) 突出工程建设性和实用性。在数据中心建设、无线网络建设、网络安全建设、网络故障建设方面为读者提供工程参考。

(5) 突出理论教学和实践能力。各章配有习题和实践题,对读者的理论知识和实践能力有所检验。

　　本书由中原工学院网络工程系课程组、现代教育技术中心部分工程师共同完成。苗凤君主编统稿并参与第 1 章编写；夏冰统筹教学内容体系，参与第 8 章、第 9 章编写；申宝敏参与编写第 1 章及第 5 章；董智勇参与编写第 2 章、第 4 章及第 7 章；董跃钧参与编写第 2章、第 3 章及第 4 章；潘磊参与编写第 3 章及第 9 章；盛剑会参与编写第 5 章及第 7 章；许峰参与编写第 6 章；张茜参与编写第 7 章；杨俊鹏参与编写第 9 章及第 10 章；王桢参与编写第 10 章。

　　由于编者水平所限，书中疏漏或不妥之处在所难免，恳请广大读者批评指正。

编　者

2022 年 3 月

第 2 版前言

随着网络技术的快速发展,云计算、数据存储、数据中心、软件定义网络等新型网络规划设计所需技术伴随而生,局域网技术和组网工程发生了新变化和新需求。为适应局域网技术的发展需求、真实网络设计需求和教学内容的需求,本书在第 1 版的基础上编写而成。为使教材保持原有风格,编者对增加的技术内容进行筛选。

第 1 章局域网概述,增加了数据通信基础知识,增加了局域网新技术的概念,主要包括虚拟化技术、软件定义网络 SDN、数据中心、ICT、物联网和大数据。

第 2 章局域网的硬件系统,增加了调制解调器、VPN、磁盘阵列 RAID、网络安全设备、SDN 设备、数据中心内容。删除了交换机和路由器的基本配置的内容。

第 3 章局域网的软件系统,增加了非结构化数据库、虚拟化软件、网站集群管理系统、SDN、数据存储等。

第 4 章局域网技术,增加了网络可靠性技术、VXLAN 技术,删除原 4.3 节三层交换机,将 STP 内容调整到网络可靠性技术一节中。

第 5 章局域网环境设计,将综合布线系统更改为局域网环境设计。大幅度压缩综合布线系统知识,增加数据中心机房环境建设和环境建设案例。

第 6 章局域网服务器组网,将 Windows Server 2003 组网技术更改为局域网服务器组网。在服务器组网方面,从 Windows 和 Linux 两大通用平台介绍服务组网步骤,增加Workstation 和 Hyper-V 常见的虚拟化软件的安装和使用,删除活动目录相关知识。

第 7 章局域网安全与管理,增加上网行为管理技术、网络新技术安全、网络安全法。

第 8 章局域网规划与设计,增加存储规划设计、数据备份设计、网络可靠性设计、数据中心设计和虚拟化设计相关知识。

第 9 章局域网解决方案案例,增加基于等级保护方案、无线网络方案和云数据中心方案。

第 10 章网络故障排除,增加了光纤网络故障排除、虚拟机故障排除和网络安全故障排除知识。

第 2 版在编写时,保持第 1 版的风格,突出以下几个特点。

(1) 突出新技术、产品和解决方案。以校园网、企业网、无线网络、数据中心为案例,使读者对局域网组网的主流技术、主流产品、设计方法及解决方案有所掌握。

(2) 突出网络规划设计核心地位。以网络工程的生命周期引领局域网的需求分析、规划设计过程以及相关网络文档的编写。

(3) 突出局域网安全。及时跟进新技术安全,以基于等级保护的建设为例,给出局域网安全解决方案。

　　(4) 突出工程建设性和实用性。在云数据中心、无线网络建设、基于等级保护的网络安全建设方面为读者提供工程参考。

　　(5) 突出理论教学和实践能力。各章配有习题和实践题,对读者的理论知识和实践能力有所检验。

　　本书由中原工学院网络工程系课程组完成,改版得到河南省"网络工程专业教学团队"的项目资助。苗凤君主编统稿并参与第 1 章、第 7 章编写;夏冰统筹教学内容体系,参与第 8 章、第 9 章编写,其中,第 9 章中的数据中心案例由董跃钧编写,无线网络案例由张俊宝编写;董智勇参与编写第 2 章;张茜参与编写第 3 章及第 6 章的部分内容;许峰参与编写第 5 章及第 1 章的部分内容;盛剑会参与第 6 章编写;董跃钧参与第 4 章编写;张俊宝参与编写第 10 章。郑秋生教授、潘磊副教授、裴斐高级实验师和杨华博士为本书的编写提供了基础性、建设性的意见,网络中心王桢高级工程师对其中的无线网络技术细节给予了技术支持和帮助,在此表示感谢。

　　由于编者水平所限,书中疏漏或不妥之处在所难免,恳请广大读者批评指正。

编　者

2017 年 8 月

第 1 版前言

　　局域网作为行政机关、企事业单位等的信息平台,在人们的日常工作、学习、娱乐以及生活中发挥着很大的作用。随着网络新技术发展和企事业新的应用需求,社会急需大量的局域网工程技术人才,尤其是具有比较丰富的设计经验和管理维护经验的高级网络工程师。为了帮助众多高校师生和社会自学人员能比较全面地掌握局域网相关的技术以及网络设计、网络故障排除等工程技术,我们在总结教学和工程经验的基础之上,编写了此书。

　　局域网技术与组网工程是一门理论性和实践性都很强的课程。全书共分为 10 章。第1 章介绍局域网的基本概念,第 2 章介绍局域网的硬件系统,第 3 章介绍局域网的软件系统,第 4 章介绍局域网常用的技术专题,第 5 章介绍综合布线系统,第 6 章介绍 Windows Server 2003 组网技术,第 7 章介绍局域网安全与管理,第 8 章介绍局域网规划与设计,第 9章介绍局域网解决方案案例,第 10 章介绍局域网常见故障排除。

　　本书的编写考虑以下几个特点。

　　(1) 突出技术、产品和解决方案。以校园网和企业网为起点,使得读者对局域网的主流技术、主流产品以及完整的解决方案有所掌握。

　　(2) 突出网络规划设计核心地位。以网络工程的生命周期引领局域网的需求分析、规划设计过程以及相关网络文档的编写。

　　(3) 突出局域网安全。从局域网常见的技术、软硬件产品开始,到完整的局域网安全解决方案。

　　(4) 突出理论教学和实践能力。各章配有习题和实践题,对读者的理论知识和实践能力有所检验。

　　本书由苗凤君主编、统稿、定编并参与第 1 章、第 7 章编写;潘磊参与第 2 章、第 5 章编写;裴斐参与第 3 章、第 6 章编写;杨华参与第 4 章编写;夏冰参与第 8 章、第 9 章编写;苗凤君和杨华共同完成第 10 章的编写。参与本书修改方案讨论和部分内容编写的还有王文奇、董智勇、张书钦等副教授,研究生陈帅、李金武也参与部分校对工作。郑秋生教授为本书的编写提供了大量有建设性的意见,王桢工程师对其中的技术细节给予了技术支持和帮助,在此表示感谢。

　　由于编者水平所限,书中疏漏或不妥之处在所难免,恳请广大读者批评指正。

编　者

2009 年 10 月

目 录

第1章　局域网概述

本章学习目标
- 了解局域网的概念、组成、分类及新技术；
- 熟悉局域网的参考模型、介质访问控制方式和常用局域网协议；
- 掌握局域网常见传输介质的分类和特点。

直观来说，网络就是相互连接的独立自主的计算机的集合，计算机通过网线、同轴电缆、光纤或无线的方式连接起来，使资源得以共享。绝大多数网络用户使用的网络是位于一个企业、一所学校甚至一幢建筑物或一个房间内的网络，这类网络称为局域网（Local Area Network，LAN）。

局域网由于覆盖范围小，传输时间有限并可预知，目前已被广泛应用于办公自动化、企业管理信息系统、军事指挥和控制系统、银行系统等方面。各机关、团体和企业部门众多的计算机、工作站通过 LAN 连接起来，以达到资源共享、信息传递和远程数据通信的目的。

1.1　局域网基础

局域网的研究工作开始于 20 世纪 70 年代，以 1975 年美国 Xerox（施乐）公司推出的实验性以太网和 1974 年英国剑桥大学研制的剑桥环网为典型代表。局域网产品真正投入使用是在 20 世纪 80 年代。到 20 世纪 90 年代，LAN 已经渗透到各行各业，在速度、带宽等指标方面有很大进展。例如，Ethernet（以太网）产品从传输率为 10Mb/s 的 Ethernet 发展到 100Mb/s 的高速以太网和千兆（1000Mb/s）以太网。近年来，随着大数据、云计算等信息新技术的飞速发展，局域网中引入了云计算技术，使得现阶段的局域网功能更加完善，可拓展性更强，并具有更高的安全性。

1.1.1　局域网的定义

按照 IEEE 的定义，"局域网络中的通信被限制在中等规模的地理范围内，例如一幢办公楼，一座工厂或一所学校，能够使用具有中等或较高数据速率的物理信道，且具有较低的误码率，局域网络是专用的、由单一组织机构所利用。"

从上面的定义中不难看出局域网有以下主要特征。

（1）局域网是限定区域的网络。这个区域是一个功能上相对独立、组织上相对封闭的空间，通常由某个组织单独拥有，例如一座办公大楼、学校园区、一个企业等。这也意味着最长传输时间是一定的,而且是已知的,从而可以采取特定的设计方案。

(2) 局域网具有较高的数据传输速率。由于覆盖范围有限,线路相对较短,构建局域网时可以选用高性能的传输介质以获取较高的数据传输速率,一般为 $10\sim100\mathrm{Mb/s}$,甚至到 $10\mathrm{Gb/s}$。

(3) 误码率低。一般为 $10^{-8}\sim10^{-11}$,最好可达 10^{-12}。这是因为局域网通常采用短距离基带传输,可以使用高质量的传输媒体,从而提高了数据传输质量。

(4) 局域网的线路是专用的。"线路专用"是局域网的显著特点之一。局域网一般不使用公用通信线路,是自行用传输介质连接而成的网络。

1.1.2 局域网的功能

局域网最主要的功能是提供资源共享和相互通信,它可以提供以下几项主要服务。

(1) 资源共享。包括硬件资源共享、软件资源共享及数据库共享。在局域网上各用户可以共享昂贵的硬件资源,如大型外部存储器、绘图仪、激光打印机、图文扫描仪等特殊外设,也可共享网络上的系统软件和应用软件,避免重复投资及重复劳动。网络技术可使大量分散的数据被迅速集中、分析和处理,分散在网内的计算机用户可以共享网内的大型数据库而不必重新设计这些数据库。

(2) 数据传送和电子邮件。数据和文件的传输是网络的重要功能,现代局域网不仅能传送文件、数据信息,还可以传送声音、图像等。

(3) 提高计算机系统的可靠性。局域网中的计算机可以互为后备,避免了单机系统无后备时可能出现的导致系统瘫痪的故障,大大提高了系统的可靠性,特别是在工业过程控制、实时数据处理等应用中尤为重要。

(4) 易于分布处理。利用网络技术能将多台计算机连成具有高性能的计算机系统,通过一定算法,将较大型的综合性问题分给不同的计算机去完成。在网络上可建立分布式数据库系统,使整个计算机系统的性能大大提高。

1.2 局域网的组成

局域网是一个通信网络,它连接的是数据通信设备。从硬件角度看一个局域网,它是线缆、网卡、工作站、服务器和其他连接设备的集合体;从软件角度看,局域网是由网络操作系统统一指挥,提供文件、打印、通信和数据库等服务功能的系统;从体系结构来考查,局域网则由一系列的层和协议标准所定义。

图 1-1 是一所高校的网络拓扑图。

从图中看出,该校园网由三个局域网组成,分别是南区、北区和西区局域网,通过铺设光缆、租用通信公司裸光纤,将三个分校区连接在一起成为该校的校园网。全校所有上网计算机均通过各个院系大楼的楼栋汇聚交换机与该区域的汇聚层交换机相连,区域汇聚交换机分别连接到两台不同的核心交换机上,再通过路由器分别与 CERNET 和中国电信网连通以访问 Internet。校园网中利用防火墙、DMZ(非军事区)及网络防病毒技术保障校园网的安全。

校园网主干传输速率为南、北校区万兆、各校区内千兆、百兆到用户桌面的全交换。

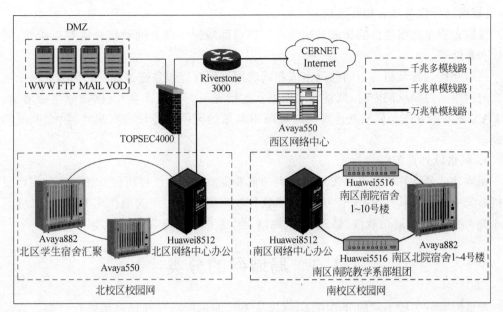

图 1-1 某高校网络拓扑图

校园网内运行各类网站三十余个,共有各类服务器三十余台,总存储空间约 10TB,存储各类软件数万个(套),音视频内容上千部,为广大校园网用户提供了 WWW 浏览、文件下载、电子邮件、信息及图书资料查询、视频点播、教务管理系统、办公自动化系统等网络服务。

　　该校园网采用的就是目前广泛运用的局域网的形式。一般来说,局域网主要由网络服务器、用户工作站、通信设备(网卡、传输介质、网络互连设备)和网络软件系统等 4 个部分组成。

1. 网络服务器

　　网络服务器是局域网的核心,用于向用户提供各种网络服务,如文件服务、Web 服务、FTP 服务、E-mail 服务、数据库服务、打印服务和流媒体播放服务等。按在不同的体系结构中的应用,服务器可分为文件服务器、应用程序服务器、通信服务器等。一般情况下,服务器的硬件配置都非常高,包括多个高速 CPU、多块大容量硬盘、以 GB 计的内存、冗余电源等。

2. 工作站

　　在网络环境中,工作站是网络的前端窗口,用户一般通过工作站来访问网络的共享资源。工作站使用客户端软件与服务器建立连接,将用户的请求定向传送到服务器。

　　在局域网中,工作站可以由计算机担任,也可以由输入输出终端担任,对工作站性能的要求主要根据用户需求而定。根据实际需求,工作站可以带有硬盘,也可以没有硬盘,没有硬盘的工作站被称为无盘工作站。

3. 通信设备

　　在局域网中,通信设备是进行数据通信和信息交换的物质基础,主要包括网卡、传输介质和网络互连设备等。

　　网卡是用于实现计算机和网络相互连接的接口,工作站或服务器通过网卡连接到网络上,实现网络资源共享和相互通信。

传输介质是网络通信的物质基础之一。目前局域网中常见的通信介质有双绞线、同轴电缆和光纤等。

网络互连通常是指将不同的网络或相同的网络用互连设备连接在一起而形成一个范围更大的网络。对局域网而言,所涉及的网络互连问题有网络距离延长、网段数量的增加、不同 LAN 之间的互连及广域互连等。局域网中常见的网络互连设备有集线器、交换机和路由器。

4. 网络软件系统

网络软件是计算机网络系统不可缺少的重要资源。网络软件所涉及和解决的问题要比单机系统中的各类软件都复杂。根据网络软件在网络系统中所起的作用不同,可以将其分为 5 类:协议软件、通信软件、管理软件、网络操作系统和网络应用软件等。

1.3 局域网的分类

局域网有许多种不同的分类方法,可以从不同的角度对计算机网络进行分类。常见局域网的分类包括按局域网的规模分类、按传输介质分类、按拓扑结构分类、按管理模式分类、按服务对象分类、按网络操作系统分类、按网络协议分类、按技术分类等方式。这里主要介绍前 4 种分类方式。

1.3.1 按局域网的规模分类

局域网按照其规模可以分为小型局域网、中型局域网和大型局域网三种。

1. 小型局域网

小型局域网主要是用来实现网内用户全部信息资源共享,例如,实现文件共享、打印共享、收发电子邮件、Web 发布、财务管理以及人事管理等功能。由于此类局域网联网计算机数量一般为 20~50 台,而且各结点相对集中,每个站点与集线器或交换机之间的距离不超过 100m,采用双绞线进行结构化布线就足够了。

在选用硬件方面,一般采用桌面交换机、所有计算机(包括服务器和 PC)选用 10/100Mb/s 自适应网卡、所有的连线均采用 UTP 5 类或超 5 类线。由于在设计网络的时候采用了桌面交换机,所以网络传输速度比较快,能适应高速网络的发展,升级容易,同时,技术复杂程度低,构造比较简单,不必进行子网划分,不必实施三层交换,对技术人员要求比较低。如图 1-2 所示为小型局域网。

2. 中型局域网

中型局域网需要连接的计算机结点一般都在 60 台以上,并且各结点之间的距离也较远,一般都会超过 100m 甚至更远,利用双绞线作为传输介质已经远远不够。此时企业办公环境对网络的性能要求较高,对网络的传输速度也有一定的要求,相对来讲企业往往有较多的资金投入,可以使用光纤介质来连接整个企业园区的主干网络,因为光纤的有效传输距离可以达到 2000m(多模光纤)或更长(单模光纤)。

中型局域网可以采用两层结构,即中心交换机层和供各个结点连入的桌面交换机层。中心交换机可以采用一台高档的企业级交换机,提供多个千兆网络端口。各个结点的桌面

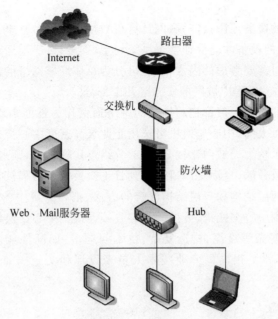

图 1-2　小型局域网

交换机连接到中心交换机上,这些桌面交换机内部就相当于一个小型局域网。

中心服务器为了适应整体性能要求,采用千兆服务器网卡。这种方案需要大量的资金,不过相对于企业来说,可以提供优质的服务和得到较高的数据传送速度,性价比比较高。如图 1-3 所示为中型局域网。

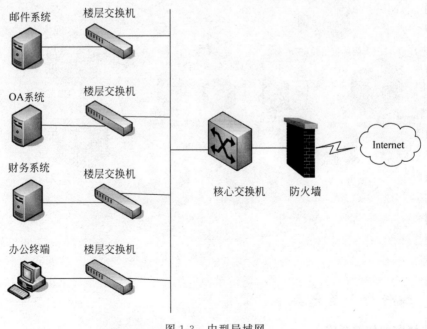

图 1-3　中型局域网

3. 大型局域网

大型企业局域网的覆盖范围极广,联网计算机数量达数百台甚至上千台。因此,必须采用性能优良、功能强大的设备才能保证整个系统稳定、安全、可靠地运行。

建造大型局域网时需要考虑的因素很多,可分为总体局域网络的建设、部门局域网的组织、Internet 的接入系统、远程广域网的实施等几个部分。

需要大型局域网的企业一般都把高性能的网络通信作为性能需求的第一位,这种大型局域网应该采用千兆以太网,中心交换机可选用企业级高密度中心交换机,适宜采用两层结构或者三层结构。如果整个局域网比较分散,部分结点比较集中,则采用三层结构较好。如果各个结点之间都比较分散,桌面交换机连接到骨干交换机上路程较远,则采用两层结构比较合理。也可以采用两层结构和三层结构混合的方法,把相对集中的桌面交换机通过骨干交换机汇集起来连接到中心交换机,分散的结点直接连接到中心交换机。

大型局域网技术复杂程度高,构造复杂,技术问题多,如高性能网络主干、冗余连接、多层交换等,需要技术水平很高的专业技术人员来设计和实施。如图 1-4 所示为大型局域网。

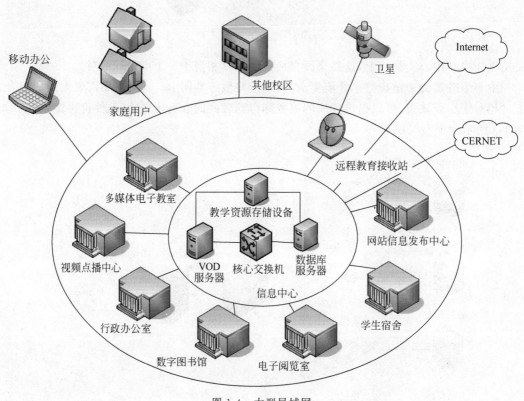

图 1-4　大型局域网

1.3.2　按传输介质分类

1. 局域网的传输介质

从数据通信的角度看,一个通信系统至少需要信源、传输通道和信宿三个子系统。其中,传输通道的重要组成之一就是各种传输介质。传输介质一般分为两大类:有线传输介质(如双绞线、光纤、同轴电缆)和无线传输介质(如微波、红外)。

1) 双绞线

双绞线(Twisted Pair Cable)是综合布线工程中最常用的一种传输介质。与其他传输介质相比,双绞线在传输距离、信道宽度和数据传输速度等方面均受到一定限制,但价格较为低廉、连接可靠、维护简单,可提供高达 1~10Gb/s 的传输带宽,可以传输数据、语音和多媒体。

双绞线由两根相互绝缘的铜线组成,形成一个可以传输信号的线路。两根绝缘的铜导线按一定密度互相绞合在一起,可以降低信号干扰的程度,每一根导线在传输中辐射的电波会被另一根线上发出的电波抵消。

双绞线一般由两根 22 号、24 号或 26 号(直径分别为 0.63mm、0.5mm、0.4mm,具体可以查看美国线缆规格 American Wire Gauge)绝缘铜导线相互缠绕而成。实际工程中,一般把 4 对双绞线一起包在一个绝缘电缆套管里,形成双绞线电缆。在双绞线电缆内,不同线对具有不同的扭绞长度。一般来说,扭绞长度为 3.81~14cm,按逆时针方向扭绞,相临线对的扭绞长度在 1.27cm 以上,扭线越密其抗干扰能力就越强。

(1) 非屏蔽双绞线和屏蔽双绞线。

双绞线可分为非屏蔽双绞线(Unshielded Twisted Pair,UTP)和屏蔽双绞线(Shielded Twisted Pair,STP)两种。非屏蔽双绞线价格便宜、施工简单,被广泛应用于各种规模网络布线工程的水平布线和工作区布线。屏蔽双绞线在线径上要明显比非屏蔽双绞线精细,而且由于它具有较好的屏蔽性能,所以也具有较好的电气性能。但由于屏蔽双绞线的价格较非屏蔽双绞线贵且非屏蔽双绞线的性能对于普通的企业局域网来说影响不大,甚至说很难察觉,所以在企业局域网组建中所采用的通常是非屏蔽双绞线。如图 1-5 所示为非屏蔽双绞线,如图 1-6 所示为屏蔽双绞线电缆结构及横截面图。

  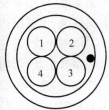

图 1-5　非屏蔽双绞线　　　　　　图 1-6　屏蔽双绞线

(2) 超 5 类、6 类和 7 类双绞线。

根据电缆电气性能的不同,可以将双绞线分为 7 类。除了传统的语音系统仍然使用 3 类双绞线以外,网络布线目前的主流产品为超 5 类和 6 类非屏蔽双绞线。

超 5 类(Enhanced Category 5,简称 5e)双绞线是在对原有 5 类双绞线部分性能加以改善后的电缆,不少性能参数都有所提高。超 5 类双绞线采用 4 个绕对和一条拉绳,线对的颜色与 5 类线完全相同,分别为橙白、橙、绿白、绿、蓝白、蓝、棕白和棕。

6 类(Category 6)非屏蔽双绞线的各项参数都有较大提高,带宽也扩展至 250MHz 或更高。6 类线在外形上和结构上与 5 类线或超 5 类线都有一定的差别,不仅增加了绝缘的十字骨架,将双绞线的 4 对线分别置于十字骨架的 4 个凹槽内,而且电缆的直径也更粗。

7 类双绞线要实现全双工 10Gb/s 速率传输,所以只能采用屏蔽双绞线,而没有非屏蔽的 7 类双绞线。7 类线通常被应用于高安全性和高带宽的网络环境。

如图 1-7 所示是对双绞线的线对数量、传输带宽、线缆结构、截面形状等所做的一个总结。

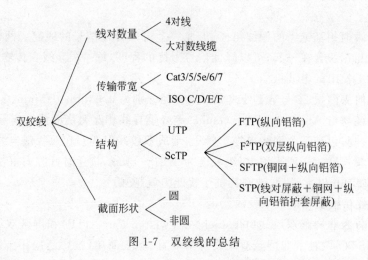

图 1-7 双绞线的总结

2) 光纤

随着光纤和光纤设备价格的不断下降,光纤被越来越多地应用于局域网布线。由于光纤具有链路带宽高、传输距离长的特点,因此不仅应用于楼宇之间的布线,还被广泛应用于服务器机房的布线,以实现中心交换机与骨干交换机,以及中心交换机与服务器之间的高速连接。

与双绞线相比,光纤通信具有其无法比拟的优点。

(1) 频带宽,通信容量大。

(2) 损耗低,中继距离长。

(3) 抗电磁干扰,适应恶劣环境。

(4) 无串音干扰,保密性好。

(5) 纤径细,便于铺设。

(6) 原材料丰富,节约材料。

光纤也存在缺点,主要是将光纤切断和将两根光纤精确相连所需要的技术比较复杂,并且光纤接口、光缆布线、光纤设备的价格也比较贵。

(1) 单模和多模光纤。

根据光纤传输模式的不同,光纤分为单模光纤和多模光纤两种。多模光纤的芯径粗,直径大约为 15～50μm,粗细与人的头发大致相当;单模光纤的纤芯则相应较细,直径大约只有 4～10μm。常用单模光纤的芯一般为 8.3～10μm,包层均为 125μm;多模光纤的芯一般为 50μm、62.5μm 和 100μm,包层分别为 125μm、125μm 和 140μm。

EIA/TIA-568A 和 ISO/IECIS11801 推荐使用 62.5/125μm 多模光纤、50/125μm 多模光纤和 8.3/125μm 单模光纤。

（2）光缆。

光缆是以一根或多根光纤或光纤束制成符合光学、机械和环境特性的结构。它由缆芯、护层、加强芯组成。

目前工程中常用的光缆有以下几种类别。

① 室（野）外光缆。室外直埋、管道、架空及水底敷设的光缆。

② 室（局）内光缆。室内布放的光缆。

③ 软光缆。具有优良的曲绕性能的可移动光缆。

④ 设备内光缆。设备类布放的光缆。

⑤ 海底光缆。跨海洋敷设的光缆。

（3）光纤连接器。

在安装任何光纤系统时，都必须考虑以低损耗的方法把光纤或光缆相互连接起来，以实现光链路的接续。光纤链路的接续，又可以分为永久性和活动性的两种。永久的接续，大多采用熔接法、粘接法或固定连接器来实现；活动性的接续，一般采用活动连接器来实现。

光纤连接器是用于连接两根光纤或光缆形成连续光通路的可以重复使用的无源器件，广泛应用在光纤传输线路、光纤配线架和光纤测试仪器仪表中。与双绞线不同，光纤连接器具有多种不同的类型，而不同类型的连接器之间无法直接进行连接。

按传输介质的不同，可分为单模光纤连接器和多模光纤连接器；按连接器的插针端面可分为球面的 PC（Physical Contact）或 UPC（Ultra Physical Contact），以及端面为倾斜的球面的 APC（Angled Physical Contact）；按光纤的芯数分为单芯连接器和多芯连接器；按结构的不同分为 FC（Ferrule Connector）、SC（Subscriber Connector）、ST（Straight Tip）、MU（Miniature Unit Coupling）、LC（Lucent Connector）、MT-RJ（MT Register Jack）等各种类型。

如图 1-8 所示是对光纤的总结。

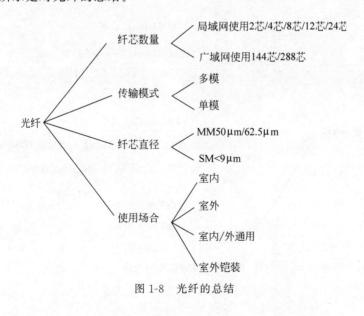

图 1-8　光纤的总结

3）同轴电缆

同轴电缆(Coaxial Cable)从用途上可分为基带同轴电缆和宽带同轴电缆(即网络同轴电缆和视频同轴电缆)。

网络同轴电缆内外由相互绝缘的同轴心导体构成：内导体为铜线,外导体为铜管或网。电磁场封闭在内外导体之间,故辐射损耗小,受外界干扰影响小。

同轴电缆根据其直径大小可以分为：粗同轴电缆与细同轴电缆。粗缆适用于比较大型的局部网络,它的标准距离长,可靠性高,由于安装时不需要切断电缆,因此可以根据需要灵活调整计算机的入网位置,但粗缆网络必须安装收发器电缆,安装难度大,所以总体造价高。相反,细缆安装则比较简单,造价低,但由于安装过程要切断电缆,两头须装上基本网络连接头(BNC),然后接在 T 型连接器两端,所以当接头多时容易产生不良的隐患,这是目前运行中的以太网所发生的最常见故障之一。

无论是粗缆还是细缆均为总线型拓扑结构,即一根缆上接多部机器,这种拓扑适用于机器密集的环境,但是当某个触点发生故障时,故障会串联影响到整根缆上的所有机器。故障的诊断和修复都很麻烦,因此,被非屏蔽双绞线或光缆所取代。

同轴电缆的优点是可以在相对长的无中继器的线路上支持高带宽通信,而其缺点也是显而易见的：一是体积大,细缆的直径就有 3/8 英寸,要占用电缆管道的大量空间；二是不能承受缠结、压力和严重的弯曲,这些都会损坏电缆结构,阻止信号的传输；最后就是成本高,而所有这些缺点正是双绞线能克服的,因此在现在的局域网环境中,基本已被基于双绞线的以太网物理层规范所取代。

视频同轴电缆英文简称 SYV,常用的有 75-7,75-5,75-3,75-1 等型号,特性阻抗都是 75Ω,以适应不同的传输距离,是以非对称基带方式传输视频信号的主要介质。主要应用范围如设备的支架连线,闭路电视(CCTV),共用天线系统(MATV),以及彩色或单色射频监视器的转送。

如图 1-9 所示是对同轴电缆的总结。

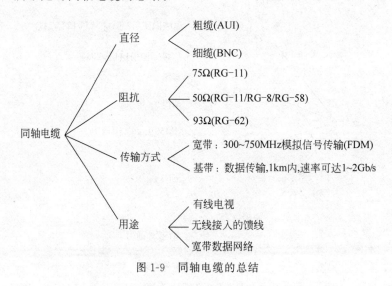

图 1-9 同轴电缆的总结

4）无线传输介质

无线传输介质都不需要架设或铺埋电缆或光纤,而是通过大气传输,目前有三种技术：微波、红外线和激光。

（1）微波。

微波通信是在对流层视线距离范围内利用无线电波进行传输的一种通信方式,频率范围为 2~40GHz。微波通信的工作频率很高,与通常的无线电波不一样,是沿直线传播的,由于地球表面是曲面,微波在地面的传播距离有限,直接传播的距离与天线的高度有关,天线越高距离越远,但超过一定距离后就要用中继站来接力,两微波站的通信距离一般为30~50km,长途通信时必须建立多个中继站。中继站的功能是变频和放大,进行功率补偿,逐站将信息传送下去。

（2）红外线和激光。

红外通信和激光通信也像微波通信一样,有很强的方向性,都是沿直线传播的。这三种技术都需要在发送方和接收方之间有一条视线（Line-of-sight）通路,有时统称这三者为视线媒体。所不同的是,红外通信和激光通信把要传输的信号分别转换为红外光信号和激光信号,直接在空间传播。

这三种视线媒体,由于都不需要铺设电缆,对于连接不同建筑物内的局域网特别有用。这是因为很难在建筑物之间架设电缆,不论是在地下或用电线杆,特别是要穿越的空间属于公共场所,例如要跨越公路时,会更加困难,使用无线技术只需在每个建筑物上安装设备。这三种技术对环境气候较为敏感,例如雨、雾和雷电。相对来说,微波一般对雨和雾的敏感度较低。

（3）卫星通信。

卫星通信是以人造卫星为微波中继站,它是微波通信的特殊形式。卫星接收来自地面发送站发出的电磁波信号后,再以广播方式用不同的频率发回地面,为地面工作站接收。卫星通信可以克服地面微波通信距离的限制。一个同步卫星可以覆盖地球的三分之一以上表面,三个这样的卫星就可以覆盖地球上的全部通信区域,这样地球上的各个地面站之间都可互相通信了。由于卫星信道频带宽,也可采用频分多路复用技术分为若干子信道,有些用于由地面站向卫星发送（称为上行信道）,有些用于由卫星向地面转发（称为下行信道）。卫星通信的优点是容量大、距离远,缺点是传播延迟时间长。从发送站通过卫星转发到接收站的传播延迟时间要花 270ms,这个传播延迟时间是和两点间的距离无关的。相对于地面电缆约 6μs/km 的传播延迟时间来说,要相差几个数量级。

2．局域网按传输介质分类

按照网络的传输介质分类,可以将计算机网络分为有线网络和无线网络两种。某个局域网通常采用单一的传输介质,比如目前较流行双绞线,而城域网和广域网则可以同时采用多种传输介质,如光纤、同轴细缆、双绞线等。

1）有线网络

有线网络指采用同轴电缆、双绞线、光纤等有线介质来连接的计算机网络。采用双绞线联网是目前最常见的联网方式。它价格便宜,安装方便,但易受干扰,传输率较低,传输距离比同轴电缆要短。光纤网采用光导纤维作为传输介质,传输距离长,传输率高,抗干扰性强,现在正在迅速发展。

2) 无线网络

无线网络(Wireless Local Area Network,WLAN)采用微波、红外线、无线电等电磁波代替传统的电缆作为传输介质,提供传统有线网络功能的网络。如图 1-10 所示为使用无线方式组网的网络示意图。

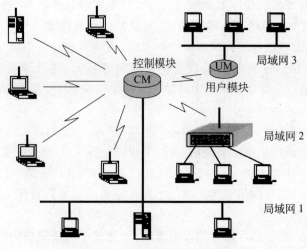

图 1-10　无线网络示意图

由于无线网络的联网方式灵活方便,不受地理因素影响,因此,不少大学和公司已经在使用无线网络了。无线网络的发展依赖于无线通信技术的支持。目前,无线通信系统主要有低功率的无绳电话系统、模拟蜂窝系统、数字蜂窝系统、移动卫星系统、无线 LAN 和无线 WAN 等。

1.3.3　按拓扑结构分类

网络拓扑结构是指局域网中通信线路和站点(计算机或设备)相互连接的几何形式。按照拓扑结构的不同,常见的局域网拓扑结构有总线型、星状、环状和混合型等。

1. 总线型拓扑结构

总线型拓扑结构是指各工作站和服务器均连接在一条总线上,各工作站地位平等,无中心结点控制,公用总线上的信息多以基带形式串行传递,其传递方向总是从发送信息的结点开始向两端扩散,如同广播电台发射的信息一样,因此又称为广播式计算机网络。各结点在接收信息时都进行地址检查,看是否与自己的工作站地址相符,相符则接收网上的信息。图 1-11 是总线型网络拓扑结构的示意图。

这种网络拓扑结构比较简单,总线型中所有设备都直接与采用一条称为公共总线的传输介质相连,这种介质一般也是同轴电缆(包括粗缆和细缆),不过现在也有采用光缆作为总线型传输介质的,如 ATM 网、Cable Modem 所采用的网络等都属于总线型网络结构。

总线型拓扑结构的网络具有如下特点。

(1) 组网费用低。在总线型拓扑的网络中,由于所有计算机直接通过一条总线进行连接,所以不需要另外的互连设备,大大降低了设备购置成本。

(2) 网络用户扩展灵活。总线型拓扑结构的网络,如果需要扩展用户时只需要添加一

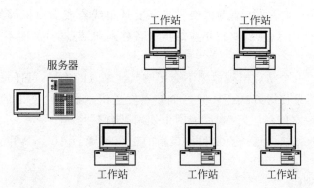

图 1-11　总线型网络拓扑结构图

个接线器即可,但所能连接的用户数量有限。

（3）维护较容易。在总线型结构中,单个结点(每台计算机或集线器等设备都可以看作一个结点)失效不影响整个网络的正常通信。

（4）扩展性较差。总线型网络因为各结点是共用总线带宽的,所以在传输速度上会随着接入网络的用户的增多而下降,因此只适用于小型网络。

（5）传输效率低。这种网络拓扑结构由于一次仅能有一个端用户发送数据,其他端用户必须等待直到获得发送权,因此,网络的通信速率和效率都受到一定程度的影响,只能提供 10Mb/s 的传输速率,并且以半双工方式传输,因此,不适用于工作繁忙或计算机数量较多的大中型网络。

2. 星状拓扑结构

星状拓扑结构是指网络中的各工作站结点设备通过一个网络集中设备(如集线器或者交换机)连接在一起,因各结点呈星状分布而得名。网络有中央结点,其他结点(工作站、服务器)都与中央结点直接相连,这种结构以中央结点为中心,因此又称为集中式网络。这种结构是目前在局域网中应用最为广泛的一种,在企业网络中几乎都是采用这一方式。星状网络几乎是 Ethernet(以太网)专用,这类网络目前用得最多的传输介质是双绞线,如常见的 5 类线、超 5 类双绞线等。图 1-12 是星状网络拓扑结构的示意图。

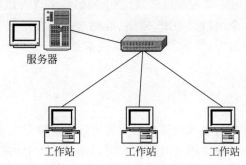

图 1-12　星状网络拓扑结构图

这种拓扑结构网络的基本特点主要有如下几点。

（1）容易实现。它所采用的传输介质一般都是采用通用的双绞线,这种传输介质相对来说比较便宜。这种拓扑结构主要应用于 IEEE 802.2、IEEE 802.3 标准的以太局域网中。

（2）结点扩展、移动方便。结点扩展时只需要从集线器或交换机等集中设备中拉一条线即可，而要移动一个结点只需要把相应结点设备移到新结点即可，而不会像环状网络那样"牵其一而动全局"。

（3）维护容易。一个结点出现故障不会影响其他结点的连接，可任意拆走故障结点。

（4）采用广播信息传送方式。任何一个结点发送信息在整个网中的结点都可以收到，这在网络方面存在一定的隐患，但在局域网中使用影响不大。

（5）网络传输数据快。这一点从目前最新的 1000Mb/s～10Gb/s 以太网接入速度可以看出。

3. 环状拓扑结构

环状拓扑结构由网络中若干结点通过点到点的链路首尾相连形成一个闭合的环，这种结构使公共传输电缆组成环状连接，数据在环路中沿着一个方向在各个结点间传输。信号通过每台计算机，计算机的作用就像一个中继器，增强该信号，并将该信号发到下一个计算机上。这种结构的网络形式主要应用于令牌网中，通常把这类网络称为"令牌环网"。图 1-13 是环状网络拓扑结构的示意图。

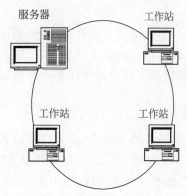

图 1-13　环状网络拓扑结构图

这种拓扑结构的网络主要有如下几个特点。

（1）这种网络结构一般仅适用于 IEEE 802.5 的令牌网。这种网络中的"令牌"在环状连接中依次传递，所用的传输介质一般是同轴电缆。

（2）这种网络实现非常简单，投资小。可以从其网络结构示意图中看出，组成这个网络除了各工作站就是传输介质——同轴电缆，以及一些连接器材，没有结点集中设备，如集线器和交换机。

（3）传输速度较快。在令牌网中允许有 16Mb/s 的传输速度，它比普通的 10Mb/s 以太网要快很多。当然，随着以太网的广泛应用和以太网技术的发展，以太网的速度也得到了极大提高，目前普遍都能提供 100Mb/s 以上的网速，远比 16Mb/s 要高。

（4）维护困难。从其网络结构可以看到，整个网络各结点间是直接串联，这样任何一个结点出了故障都会造成整个网络的中断、瘫痪，维护起来非常不便。另一方面，因为同轴电缆所采用的是插针式的接触方式，所以非常容易造成接触不良，网络中断，而且查找起来非常困难。

（5）扩展性能差。

4. 混合型拓扑结构

混合型网络结构通常是指星状网络与总线型网络这两种网络结构在一个网络中的混合使用。之所以在企业网络中要采用这两种基本网络结构，是因为星状网络和总线型网络都有各自不同的优缺点，如果把它们混合在一个网络中应用，则可在缺点上相互弥补。如星状网络的优点是便于扩展和维护，但距离较短，不便于工作于远距离连接（双绞线网络直径限制在 100m）；而总线型网络的优点（细同轴电缆最大长度 185m，粗同轴电缆最大长度可达 500m，光纤则更长）正好弥补了星状网络的缺点，而其不便于扩展的缺点又得到星状网络的弥补。

这种网络拓扑结构主要用于较大型的局域网中,例如,一个单位有几栋在地理位置上分布较远的大楼(当然是同一小区中),如果单纯用星状网来组整个单位的局域网,因受到星状网传输介质——双绞线的单段传输距离(100m)的限制很难成功;如果单纯采用总线型结构来布线则很难承受单位的计算机网络规模的需求。结合这两种拓扑结构,在同一栋楼层采用双绞线的星状结构,而不同楼层采用同轴电缆的总线型结构,而在楼与楼之间采用总线型,传输介质要视楼与楼之间的距离而定。如果距离较近(500m以内)可以采用粗同轴电缆来作为传输介质,如果在180m之内还可以采用细同轴电缆来作为传输介质,但是如果超过500m则需要采用光缆或者粗缆加中继器来满足。这种布线方式就是常见的综合布线方式。

在局域网中,使用最多的是星状结构,除此之外,蜂窝拓扑结构目前也逐步进入局域网的舞台。蜂窝拓扑结构是无线局域网中常用的结构,它以无线传输介质(微波、卫星、红外线、无线发射台等)点到点和点到多点传输为特征,是一种无线网,适用于城市网、校园网、企业网,更适合于移动通信。

1.3.4　按管理模式分类

在局域网络中,按照网络管理模式分类,可以分为对等局域网和客户/服务器局域网。

1. 对等局域网

对等局域网是把联网的计算机组成工作组,并且连入网内的各计算机的地位是平等的,没有服务器,也没有提供像以服务器为中心的网络那样的安全特性,用户只能简单地通过网络在独立的同级系统间共享资源。仅由客户端操作系统,如 Windows 2000 Professional、Windows XP Home/Professional 构建的网络均为对等网络。如图 1-14 所示为对等局域网的基本结构。

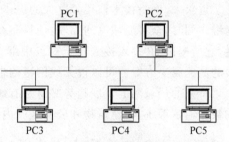

图 1-14　对等局域网基本结构

对等局域网不但能方便连接两台以上的计算机,而且更关键的是它们之间是对等的,连接之后双方可以互相访问,没有主从之分。对等网的优点是无须购置专门的网络服务器,缺点是缺乏统一的身份验证机制,访问不同计算机时需要分别进行验证,操作比较烦琐,而且网络安全性也比较差。

对等网适用于计算机数量较少的小型网络系统。

2. 客户/服务器局域网

如果网络所连接的计算机较多,在 10 台以上且共享资源较多时,就要考虑在网络中专门设置一台或多台服务器,用于控制和管理网络,或建立特殊的应用一个计算机来存储和管理需要共享的资源,这种网络称为客户/服务器局域网,简称 C/S 网络。服务器是指专门提供服务的高性能计算机或专用设备,客户机就是用户计算机。

客户/服务器网是客户机向服务器发出请求并获得服务的一种网络形式,这是最常用、最重要的一种网络类型。不仅适合于同类计算机联网,也适合于不同类型的计算机联网,如 PC、Mac 机的混合联网。这种网络安全性容易得到保证,计算机的权限、优先级易于控制,监控容易实现,网络管理能够规范化。网络性能在很大程度上取决于服务器的性能和客户

局域网概述

机的数量。目前针对这类网络有很多优化性能的服务器,称为专用服务器。银行、证券公司都采用这种类型的网络。如图 1-15 所示为客户/服务器网络的网络拓扑结构图。

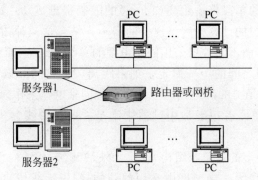

图 1-15　客户/服务器网络拓扑结构

　　未来的局域网将集成一整套服务器程序、客户程序、防火墙、开发工具、升级工具等,给企业向局域网转移提供一个全面解决方案。局域网将进一步加强和 E-mail、群件的结合,将 Web 技术带入 E-mail 和群件,从信息发布为主的应用转向信息交流与协作。局域网将提供一个日益牢固的安全防卫、保障体系,局域网也是一个开放的信息平台,可以随时集成新的应用。

　　近年来,网络技术取得了巨大的进步。随着“移动办公”日益强烈的需求,有线接入难以为继。同时,众多局域网的互联,使得布线遇到重重困难。无线局域网在这种情况下应运而生,它所提供的“多点接入”“点对点中继”(即所谓的 mesh 技术)为用户提供了一种替代有线的高速解决方案。可以说无线网络的世纪已经到来了。

　　将来的局域网的发展趋势必将是有线网络和无线网络共存,无线局域网作为一种灵活的数据通信系统,在建筑物和公共区域内,是固定局域网的有效延伸和补充。

1.3.5　按数据传输方式分类

　　局域网按数据传输方式分类大致分为以太网、ATM、FDDI 和无线网络等几种类型。

1. 以太网

　　以太网(Ethernet)标准是 Xerox、Digital 与 Intel 三家公司于 20 世纪 70 年代初开发的,是目前应用最为广泛也最为成熟的网络类型。以太网按执行标准和传输速率不同,分为以太网(Ethernet)、快速以太网(Fast Ethernet)、千兆以太网(Gigabit Ethernet)和万兆以太网。

　　1) 以太网

　　以太网执行 IEEE 802.3 标准,数据传输方式为 CDMA/CD,可使用光纤、双绞线、细缆和粗缆作为传输介质。

　　以太网属于“基频”(Baseband),即在一条传输线路上,在同一时刻只能传送一个数据。理论传输速度可达到 10Mb/s,但由于广播、碰撞等原因,实际上传输速率只有 2～3Mb/s。以太网不适合于大型或忙碌的网络。

　　传统的 10Mb/s 以太网有 4 种标准:10BASE-5、10BASE-2、10BASE-T、10BASE-F,现在基本已经不用。

2）快速以太网

1993 年 10 月，Grand Junction 公司推出了世界上第一台快速以太网集线器 FastSwitch10/100 和网络接口卡 FastNIC100，快速以太网技术正式得以应用。快速以太网与原来在 100Mb/s 带宽下工作的 FDDI 相比具有许多的优点，最主要体现在快速以太网技术可以有效地保障用户在布线基础实施上的投资，它支持 3、4、5 类双绞线以及光纤的连接，能有效地利用现有的设施。

1995 年 3 月，IEEE 宣布了 IEEE 802.3u 100BASE-T 快速以太网标准（Fast Ethernet，FE），将以太网的带宽扩大为 100Mb/s，是标准以太网的数据速率的 10 倍。

100Mb/s 快速以太网标准分为 100BASE-T4、100BASE-TX、100BASE-FX 三个子类。

（1）100BASE-T4。100BASE-T4 是一种可使用 3、4、5 类无屏蔽双绞线或屏蔽双绞线的快速以太网技术。它使用 4 对双绞线，3 对用于传送数据，1 对用于检测冲突信号，它的最大网段长度为 100m。由于该标准价格过于昂贵，实际网络工程中几乎没有应用。

（2）100BASE-TX。100BASE-TX 是一种使用 5 类数据级无屏蔽双绞线或屏蔽双绞线的快速以太网技术。它使用两对双绞线，一对用于发送，一对用于接收数据。它的最大网段长度为 100m，支持全双工的数据传输。

（3）100BASE-FX。100BASE-FX 是一种使用光缆的快速以太网技术，可使用单模和多模光纤（62.5μm 和 125μm），最大网段长度为 150m、412m、2000m 或更长至 10km，这与所使用的光纤类型和工作模式有关，它支持全双工的数据传输。100BASE-FX 特别适合于有电气干扰的环境、较大距离连接或高保密环境等情况下。

3）千兆以太网

千兆以太网是建立在以太网标准基础之上的技术。大到成千上万人的大型企业，小到几十人的中小型企业，在建设企业局域网时都可以选择千兆以太网技术。

千兆以太网和以太网及快速以太网能够完全兼容，并利用了原有以太网标准所规定的全部技术规范，其中包括 CSMA/CD 协议、以太网帧、全双工、流量控制以及 IEEE 802.3 标准中所定义的管理对象。作为以太网的一个组成部分，千兆以太网也支持流量管理技术，它保证在以太网上的服务质量。

千兆以太网的技术标准有 1000BASE-SX、1000BASE-LX、1000BASE-CX、1000BASE-T 等。

（1）1000BASE-SX 是针对工作于多模光纤上的短波长 SX（850nm）激光收发器而制定的 IEEE 802.32 标准。使用纤芯直径为 62.5μm 的多模光纤时，传输距离为 275m，使用纤芯直径为 50μm 的多模光纤时，传输距离为 550m。

（2）1000BASE-LX 是针对工作于单模或多模光纤上的长波长 LX（1300nm）激光收发器而制定的 IEEE 802.3z 标准。使用纤芯直径为 62.5μm 和 50μm 的多模光纤时，传输距离为 550m；使用纤芯直径为 10μm 的单模光纤时，传输距离为 5km。

（3）1000BASE-CX 是针对低成本、优质的屏蔽绞合线或同轴电缆的短途铜线缆而制定的 IEEE 802.3z 标准，传输距离为 25m。

（4）1000BASE-T（IEEE 802.3ab 标准）是千兆位以太网物理层标准，使用 4 对 5 类非屏蔽双绞线缆，传输距离为 100m。

千兆以太网产品设备主要有：交换机、上连/下连模块、千兆以太网卡、千兆以太网路由器、缓存式分配机。

4）万兆以太网

万兆以太网是以太网世界的最新技术。万兆以太网不仅速度比千兆以太网提高了10 倍，在应用范围上也得到了更多的扩展。传统以太网技术不适于用在城域网骨干/汇聚层的主要原因是带宽以及传输距离。随着万兆以太网技术的出现，这两个问题基本已得到解决。

万兆以太网技术与千兆以太网类似，仍然保留了以太网帧结构。通过不同的编码方式或波分复用提供 10Gb/s 传输速度。就其本质而言，10G 以太网仍是以太网的一种类型。

10GB 以太网于 2002 年 7 月在 IEEE 通过。新的万兆以太网标准包含 7 种不同的介质类型以适用于局域网、城域网和广域网。

10GBASE-CX4 短距离铜缆方案。

10GBASE-SR 短距离多模光纤，根据线缆类型能达到 26～82m。

10GBASE-LX4 使用波分复用，支持多模光纤。能达到 240～300m 的传输距离，使用单模光纤时，能够超过 10km。

10GBASE-LR、ER 使用单模光纤，支持 10km 和 40km 的传输距离。

10GBASE-SW、LW、EW 用于广域网 PHY，OC-192/STM-64 同步光纤和 SDH 设备。

10GBASE-T 使用非屏蔽双绞线。

万兆以太网在设计之初就考虑城域骨干网需求。10G 带宽能够满足现阶段以及未来一段时间内城域骨干网带宽需求；万兆以太网最长传输距离可达 40km，且可以配合 10G 传输通道使用，能够满足大多数城市城域网覆盖。

在城域网骨干层采用万兆以太网链路可以提高网络性价比并简化网络。采用万兆以太网作为城域网骨干可以省略骨干网设备的 POS 或者 ATM 链路。以太网端口价格远远低于相应的 POS 端口或者 ATM 端口，可以有效节约成本；使端到端采用以太网帧成为可能：一方面可以端到端使用链路层的 VLAN 信息以及优先级信息，另一方面可以省略在数据设备上的多次链路层封装解封装以及可能存在的数据包分片，简化网络设备。

2. ATM

ATM 是 Asynchronous Transfer Mode（异步传输模式）的缩写，它是专门为电信 ISDN（综合业务数据网）开发的一门关键技术。

ATM 是以"信元"（Cell）为基础的一种分组交换和复用技术。ATM 将数据分割成固定长度的信元，通过虚连接进行交换，ATM 能以很高的数据速率支持各种类型服务，我们可以在 ATM 网络上传输声音、数据、视频等各种信息，尤其是可以支持宽带视频业务这样的高速实时通信，能够提供可伸缩的吞吐率，根据通信的需要，数据率从 155MB/s 到 2.4GB/s 之间可调，ATM 采用交换的点对点通信，随时可以保证需要的带宽，而不像共享介质网络（即 IP 网络）那样会受到背景流量的影响，它是一种网络数据化的样式。

ATM 的主要优点是高带宽、有保证的服务质量和可扩展的、能提供所有速度与应用的拓扑结构，ATM 技术是建立在小的、规模不变的单元上的，它使快速交换成为可能，从而使多种等时的数据能在计算机网络传输中统计复用。然而，ATM 通常需要使用光纤作为传输介质，并且 ATM 交换机的价格也较为昂贵，因此，目前主要用于网络主干，而非用于实现到桌面的连接。

3. FDDI

FDDI 的中文名称为光纤分布式数据接口(Fiber Distributed Data Interface),是于 20世纪 80 年代中期发展起来的一项局域网技术,它提供的高速数据通信能力要高于当时的以太网(10Mb/s)和令牌网(4Mb/s 或 16Mb/s)的能力。

FDDI 标准由 ANSI X3T9.5 标准委员会制定,为繁忙网络上的高容量输入输出提供了一种访问方法。FDDI 技术同 IBM 的令牌环技术相似,并具有局域网和令牌环所缺乏的管理、控制和可靠性措施,FDDI 支持长达 2km 的多模光纤。

FDDI 网络的主要缺点是价格同前面所介绍的"快速以太网"相比贵许多,且因为它只支持光缆和 5 类电缆,使用环境受到限制,从以太网升级更是面临大量移植问题,所以在目前 FDDI 技术并没有得到充分的认可和广泛的应用。

1.4 局域网基础知识

1.4.1 数据通信基本概念

数据通信是计算机和通信相结合而产生的一种新的通信方式,它是各类计算机通信网赖以建立的基础。

1. 编码与调制

由于传输介质及其格式的限制,通信双方的信号不能直接进行传送,必须通过一定的方式处理之后,使之能够适合传输媒体特性,才能够正确无误地传送到目的地。

目前存在的传输通道主要有模拟信道和数字信道两种,其中,模拟信道一般只用于传输模拟信号,数字信道一般只用于传输数字信号。为了需要,有时也可能需要用数字信道传输模拟信号,或用模拟信道传输数字信号,此时就需要先将传输的数据转换为信道能传送的数据类型,即模拟信号与数字信号的转换,这是编码与调制的主要内容。

1) 模拟信号使用模拟信道传送

有时候模拟数据可以在模拟信道上直接传送,但在网络数据传送中这并不常用,人们仍然会将模拟数据调制出来,然后再通过模拟信道发送。调制的目的是将模拟信号调制到高频载波信号上以便于远距离传输。目前存在的调制方式主要有调幅(Amplitude Modulation,AM)、调频(Frequency Modulation,FM)及调相(Phase Modulation,PM)。

2) 模拟信号使用数字信道传送

使模拟信号在数字信道上传送,首先要将模拟信号转换为数字信号,这个转换的过程就是数字化的过程,数字化的过程主要包括采样和量化两步。常见的将模拟信号编码到数字信道传送的方法主要有脉冲幅度调制(Pulse Amplitude Modulation,PAM)、脉冲编码调制(Pulse Code Modulation,PCM)、差分脉冲编码调制(Differential PCM,DPCM)和增量脉码调制方式(Delta Modulation,DM)。

3) 数字信号使用模拟信道传送

将数字信号使用模拟信道传送的过程是一个调制的过程,它是一个将数字信号(二进制 0 或 1)表示的数字数据变换成具有模拟信号特征的过程,即将二进制数据调制到模拟信号上来的过程。

一个正弦波可以通过三个特性进行定义：振幅、频率和相位。改变其中任何一个特性时，就有了波的另一个形式。如果用原来的波表示二进制 1，那么波的变形就可以表示二进制 0；反之亦然。波的三个特性中的任意一个都可以用这种方式改变，从而使我们至少有三种将数字数据调制到模拟信号的机制：幅移键控法（Amplitude-Shift Keying，ASK）、频移键控法（Frequency-Shift Keying，FSK）以及相移键控法（Phase-Shift Keying，PSK）。另外，还有一种将振幅和相位变化结合起来的机制叫正交调幅（Quadrature Amplitude Modulation，QAM）。其中，正交调幅的效率最高，也是现在所有的调制解调器中经常采用的技术。

4）数字信号使用数字信道传送

要是数字信号在数字信道上传送，需要对数字信号先进行编码，即由计算机产生的二进制 0 和 1 数字信号被转换成一串可以在导线上传输的电压脉冲。

目前，常见的数据编码方式主要有不归零码、曼彻斯特编码、差分曼彻斯特编码和 4B/5B 这 4 种。

（1）不归零码（Non-Return to Zero，NRZ）：二进制数字 0、1 分别用两种电平来表示，常用 -5V 表示 1，+5V 表示 0。缺点是存在直流分量，传输中不能使用变压器；不具备自同步机制，传输时必须使用外同步。

（2）曼彻斯特编码（Manchester Code）：用电压的变化表示 0 和 1，规定在每个码元的中间发生跳变。高→低的跳变代表 0，低→高的跳变代表 1（注意：某些教程中关于此部分内容有相反的描述，也是正确的）。每个码元中间都要发生跳变，接收端可将此变化提取出来，作为同步信号。这种编码也称为自同步码（Self-Synchronizing Code）。其缺点是需要双倍的传输带宽（即信号速率是数据速率的二倍）。

（3）差分曼彻斯特编码：每个码元的中间仍要发生跳变，用码元开始处有无跳变来表示 0 和 1。有跳变代表 0，无跳变代表 1（注意：某些教程中关于此部分内容有相反的描述，也是正确的）。

（4）4B/5B 编码：在 IEEE 802.9a 等以太网标准中的 4B/5B 编码方案，因其效率高和容易实现而被采用。在同样的 20MHz 钟频下，利用 4B/5B 编码可以在 10Mb/s 的 10BASE-T 电缆上得到 16Mb/s 的带宽。其优势是可想而知的。4B/5B 编码方案的特点是将欲发送的数据流每 4b 作为一个组，然后按照 4B/5B 编码规则将其转换成相应 5B 码。5B 码共有 32 种组合，但只采用其中的 16 种对应 4B 码的 16 种，其他的 16 种或者未用或者用作控制码，以表示帧的开始和结束、光纤线路的状态（静止、空闲、暂停）等。8B/10B 编码与 4B/5B 的概念类似，例如，在千兆以太网中就采用了 8B/10B 的编码方式。

2. 数据通信过程中涉及的主要技术问题

1）数据传输方式

数据传输方式是数据在信道上传送所采取的方式。若按数据传输的顺序可以分为并行传输和串行传输；若按数据传输的同步方式可分为同步传输和异步传输；若按数据传输的流向和时间关系可以分为单工、半双工和全双工数据传输。

（1）并行传输与串行传输。

并行传输是将数据以成组的方式在两条以上的并行信道上同时传输。例如，采用 8 单位代码字符可以用 8 条信道并行传输，一条信道一次传送一个字符，因此不需要另外的措施就实现了收发双方的字符同步。缺点是传输信道多,设备复杂,成本较高,故较少采用。

串行传输是数据流以串行方式在一条信道上传输。该方法易于实现。缺点是要解决收、发双方码组或字符的同步,需外加同步措施。串行传输采用较多。

（2）同步传输与异步传输。

同步是数字通信中必须解决的问题。同步是指要进行通信的收发双方在时间基准上保持一致的过程。异步传输和同步传输是指两种采用不同同步方式的传输方式。

异步传输以字节为独立的传输单位,字节之间的时间间隔不是固定的,接收端仅在每个字节的起始处对字节内的比特实现同步。为此,通常要在每个字节的前后分别加上起始位和结束位。这里的异步是指在字节级上的异步,但是字节中的每个比特仍然要同步,它们的持续时间是相同的。

同步传输以数据帧为传输单位,或简称为帧。数据帧的第一部分包含一组同步字符,它是一个独特的比特组合,类似于前面提到的起始位,用于通知接收方一个帧已经到达,但它同时还能确保接收方的采样速度和比特的到达速度保持一致,使收发双方进入同步。帧的最后一部分是一个帧结束标记。与同步字符一样,它也是一个独特的比特串,类似于前面提到的停止位,用于表示在下一帧开始之前没有别的即将到达的数据了。

（3）单工、半双工和全双工数据传输。

按数据传输的流向和时间关系,数据传输方式可以分为单工、半双工和全双工数据传输。

单工数据传输是两数据站之间只能沿一个指定的方向进行数据传输。半双工数据传输是两数据站之间可以在两个方向上进行数据传输,但必须交替进行。全双工数据传输是在两数据站之间,可以在两个方向上同时进行传输。

2）数据交换技术

数据交换技术是在两个或多个数据终端设备（DTE）之间建立数据通信的暂时互连通路的各种技术。

在数据通信系统中,当终端与计算机之间,或者计算机与计算机之间不是直通专线连接,而是要经过通信网的接续过程来建立连接的时候,那么两端系统之间的传输通路就是通过通信网络中若干结点转接而成的所谓"交换线路"。

在一种任意拓扑的数据通信网络中,通过网络结点的某种转接方式来实现从任一端系统到另一端系统之间接通数据通路的技术,就称为数据交换技术。

数据交换技术主要是电路交换、分组交换和报文交换。

这三种交换方式各有优缺点,因而各有适用场合,并且可以互相补充。与电路交换相比,分组交换电路利用率高,可实现变速、变码、差错控制和流量控制等功能。与报文交换相比,分组交换时延小,具备实时通信特点。分组交换还具有多逻辑信道通信的能力。分组交换获得的优点是有代价的。把报文划分成若干个分组,每个分组前要加一个有关控制与监督信息的分组头,增加了网络开销。所以,分组交换适用于报文不是很长的数据通信,电路交换适用于报文长且通信量大的数据通信。

3）差错控制技术

实际的物理通信信道是有差错的,为了达到网络规定的可靠性技术指标,必须采用差错控制。差错控制中的主要内容包括差错的自动检测和差错纠正两个方面,通过这两方面的技术达到数据准确、可靠传输的通信目的。因此,在网络中各层次都有相应的差错控制任务及差错控制协议。

差错控制方法主要有前向纠错、检错重发、混合纠错三种方式。

(1) 前向纠错(FEC)。

在 FEC 方式中,接收端不但能发现差错,而且能确定二进制码元发生错误的位置,从而加以纠正。FEC 方式使用纠错码,不需要反向信道来传递请示重发的信息,发送端也不需要设置用来存放重发数据的数据缓冲区,但编码效率低,纠错设备也比较复杂。

(2) 检错重发(ARQ)。

在 ARQ 方式中,接收端检测出有差错时,就设法通知发送端重发,直到收到正确的码字为止。ARQ 方式使用检错码,但必须有双向信道才可能将差错信息反馈到发送端。同时,发送方要设置数据缓冲区,用以存放已发出的数据以便于重发出错的数据。

(3) 混合纠错(HEC)。

混合纠错方式是 ARQ 和 FEC 的结合。在这种系统中,发送端发送的码不仅能够发现错误,而且具有一定的纠错能力。接收端的信道译码器在收到码字后,检查出错情况,如果在纠错能力之内,则自动纠正,否则通过反馈信道要求重发。这种系统的优点是避免了 FEC 复杂的译码设备和 ARQ 连续性差的缺点。但它需要反馈信道,不能进行 1 对 N 的通信。

差错控制已经成功应用于卫星通信和数据通信。在卫星通信中一般用卷积码或级联码进行前向纠错,而在数据通信中一般用分组码进行反馈重传。此外,差错控制技术也广泛应用于计算机。

1.4.2 IEEE 802 参考模型及网络协议

美国 IEEE(Institute of Electrical and Electronic Engineers,电气与电子工程师协会)于 1980 年 2 月专门成立了局域网课题研究组,对局域网制定了美国国家标准,并把它提交国际标准化组织作为国际标准的草案,1984 年 3 月得到 ISO 的采纳。IEEE 802 是主要的局域网标准。

1. IEEE 802 参考模型与 OSI 参考模型

IEEE 802 标准包括局域网参考模型与各层协议,其所描述的局域网参考模型与 OSI 七层参考模型的对比如图 1-16 所示。

IEEE 主要对第一、二两层制定了规程,所以局域网的 IEEE 802 模型是在 OSI 的物理层和数据链路层实现基本通信功能的,高层的标准没有制定,因为局域网的绝大多数高层功能与 OSI 参考模型是一致的。

局域网的物理层负责物理连接和在媒体上传输比特流,其主要任务是描述传输媒体接口的一些特性。这与 OSI 参考模型的物理层相同。但由于局域网可以采用多种传输媒体,各种媒体的差异很大,所以局域网中的物理层的处理过程更复杂。通常,大多数局域网的物理层分为两个子层:一个子层描述与

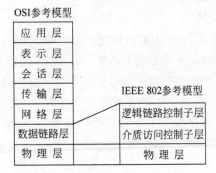

图 1-16 局域网参考模型与 OSI 七层参考模型的关系

传输媒体有关的物理特性,另一个子层描述与传输媒体无关的物理特性。

在局域网中,数据链路层的主要作用是通过一些数据链路层协议,在不太可靠的传输信道上实现可靠的数据传输,负责帧的传送与控制。由于局域网可采用的传输介质有多种,数据链路层必须具有接入多种传输介质的访问控制方法。因此,从体系结构的角度出发,将数据链路层划分成两个子层:介质访问控制(MAC)子层和逻辑链路控制(LLC)子层。其中,只有 MAC 子层才与具体的物理介质有关,LLC 子层则起着屏蔽局域网类型的作用。

在 IEEE 802 局域网参考模型中没有网络层。这是因为局域网的拓扑结构非常简单,且各个站点共享传输信道,在任意两个结点之间只有唯一的一条链路,不需要进行路由选择和流量控制,所以在局域网中不单独设置网络层。这与 OSI 参考模型是不同的。但从 OSI 的观点看,网络设备应连接到网络层的服务访问点 SAP 上。因此,在局域网中虽不设置网络层,但将网络层的服务访问点 SAP 设在 LLC 子层与高层协议的交界面上。

2. IEEE 802 标准

局域网技术的发展带来了更多的具有各自特点的产品,为了统一,IEEE 在 1980 年 2 月成立了局域网标准化委员会(简称 IEEE 802 委员会),专门进行局域网标准的制定,IEEE 802 委员会现有 16 个分委员会,共同构成了 IEEE 802 体系结构,制定了一系列的局域网标准——IEEE 802 标准。

(1) IEEE 802.1:综述和体系结构(IEEE 802.1(A)),它除了定义 IEEE 802 标准和 OSI 参考模型高层的接口外,还解决寻址、网际互联和网络管理等方面的问题(IEEE 802.1(B))。

(2) IEEE 802.2:逻辑链路控制,定义 LLC 子层为网络层提供的服务。对于所有的 MAC 规范,LLC 是共同的。

(3) IEEE 802.3:定义了 CSMA/CD 总线介质访问控制子层和物理层规范。在物理层定义了 4 种不同介质的 10Mb/s 的以太网规范,包括 10BASE-5(粗同轴电缆)、10BASE-2(细同轴电缆)、10BASE-F(多模光纤)和 10BASE-T(无屏蔽双绞线 UTP)。另外,到目前为止,IEEE 802.3 工作组还开发了如下一系列标准。

① IEEE 802.3u 标准,百兆快速以太网标准,现已合并到 IEEE 802.3 中。

② IEEE 802.3z 标准,光纤介质千兆以太网标准规范。

③ IEEE 802.3ab 标准,传输距离为 100m 的 5 类无屏蔽双绞线千兆以太网标准规范。

④ IEEE 802.3ae 标准,万兆以太网标准规范。

目前,局域网中应用最多的就是基于 IEEE 802.3 标准的各类以太网。

(4) IEEE 802.4:令牌总线控制方法和物理层技术规范。

(5) IEEE 802.5:令牌环控制方法和物理层技术规范。

(6) IEEE 802.6:城域网(Metropolitan Area Network,MAN)可以实现一个城市范围内的计算机联网。在城市网上,可以传输数据,也可以传输语音和图像。

(7) IEEE 802.7:宽带时隙环媒体访问控制方法及物理层技术规范。

(8) IEEE 802.8:光纤网媒体访问控制方法及物理层技术规范。

(9) IEEE 802.9:LAN-ISDN 接口。

(10) IEEE 802.10:互操作 LAN 安全标准(SILS)。

(11) IEEE 802.11:定义了无线局域网介质访问控制方法和物理层规范。

(12) IEEE 802.12:100VG-ANYLAN 的 MAC 标准及物理规范。

（13）IEEE 802.14：交互式电视网，包括 Cable Modem 的技术规范。

（14）IEEE 802.15 标准：定义了无线个人局域网（WPAN）技术。

（15）IEEE 802.16 标准：定义了宽带无线局域网技术。

（16）IEEE 802.17 标准：正在制定的弹性分组环（RPR）标准。

（17）IEEE 802.18 标准：正在制定的宽带无线局域网标准规范。

IEEE 802 这一组标准的数目还在不断扩充和完善。

IEEE 802 标准对微机局域网的标准化起到了重要作用，目前，尽管高层软件和网络操作系统不同，但由于低层采用了标准协议，几乎所有局域网均可实现互联。

3. 局域网网络协议

网络中的协议就如同语言一样，要使不同硬件之间的交流得以实现，就必须有一个统一的语言进行交流，而通信协议就是这个语言。在局域网中常用的通信协议有 NetBEUI、IPX/SPX 和 TCP/IP 三种。

1）NetBEUI/NetBIOS 协议

NetBIOS（Network Basic Input/Output System，网络基本输入/输出系统）协议是 IBM 公司于 1983 年开发的用于实现 PC 间通信的协议，主要用于数十台计算机的小型局域网。NetBIOS 协议是一种在局域网上的程序可以使用的应用程序编程接口（API），为程序提供了请求低级服务的统一的命令集，作用是为了给局域网提供网络以及其他特殊功能，几乎所有的局域网都是在 NetBIOS 协议的基础上工作的。

NetBEUI（NetBIOS Extended User Interface，NetBIOS 下的扩展用户接口）由 IBM 公司于 1985 年推出，是 NetBIOS 的改进版，是除了 TCP/IP 之外微软公司最钟爱的第二种通信协议。在微软的主流产品，如 Windows NT 和 Windows 98、Windows ME 等中，NetBEUI 会自动与网卡连接，在网络上的计算机就能自动利用其功能与其他计算机进行通信。

NetBEUI 是专门为由几台到百余台 PC 所组成的单网段部门级小型局域网而设计的，由于该协议不能跨越路由器进行通信，所以只能在局域网内使用，在互联网中没有使用 NetBEUI 协议进行通信的。

虽然 NetBEUI 有许多不尽如人意的地方，但由于它体积小、占用内存少、效率高、速度快，安装完毕后几乎无需任何配置即可投入工作，在微软产品几乎独占 PC 操作系统的今天，它很适合于广大的网络初学者使用。

2）IPX/SPX 及其兼容协议

IPX/SPX（Internetwork Packet Exchange/Sequences Packet Exchange，网际包交换/顺序包交换）是 Novell 公司开发于 20 世纪 80 年代的通信协议集。由于 IPX/SPX 在设计时考虑了多网段的问题，因此具有强大的路由功能，适合于大型网络使用。当用户端需要与 NetWare 服务器连接时，IPX/SPX 及其兼容协议是最好的选择。

NWLink NetBIOS 协议不但可在 NetWare 服务器与 Windows 计算机之间传递信息，而且能够用于 Windows 计算机之间的通信。

3）TCP/IP

TCP/IP（Transmission Control Protocol/Internet Protocol，传输控制协议/网际协议）是美国国防部高级计划研究局为实现 ARPA 互联网而开发的。

TCP/IP 是目前最成熟并被广为接受的通信协议之一，它不仅广泛应用于各种类型的局域网络,而且也是 Internet 的协议标准,用于实现不同类型的网络以及不同类型操作系统的主机之间的通信。

TCP/IP 是一组协议的名词,其准确的名称应该是 Internet 协议族。TCP 和 IP 只是协议族中的两个协议,是 TCP/IP 协议族的核心。在网络层,IP 提供了非常可靠的尽最大努力去完成好任务的无连接的分组投递系统;在运输层,TCP 提供了面向连接的可靠的字节流投递服务。

TCP/IP 中主要有如下 7 个协议。

(1) ARP:地址分析协议。

(2) ICMP:网络互联控制信息协议。

(3) TCP:传输控制协议。

(4) UCP:用户数据报协议。

(5) RIP:路由选择信息协议。

(6) SNMP:简单网络管理协议。

(7) IP:网际网协议。

典型的网络应用有如下 4 种。

(1) FTP:文件传输协议。

(2) TELNET:仿真终端协议。

(3) RCP:远程复制协议。

(4) SMTP:简单邮件传递协议。

4. 通信协议选择策略

在组建局域网时,具体选择哪种网络通信协议主要取决于局域网的规模、局域网之间的兼容性和是否便于网络管理等几个方面。

(1) 组建一个单网段的局域网,而且不要求连接 Internet,最好的选择就是 NetBEUI 通信协议。

(2) 从其他平台迁移到更高的操作平台,或多个操作平台共存时,IPX/SPX 及其兼容协议能提供一个很好的传输环境。

(3) 规划互联性和扩展性兼备的网络,TCP/IP 将是最佳的选择。

除此之外,在选择通信协议时,还应遵循以下的原则。

(1) 根据局域网的特点进行选择。如果网络存在多个网段或要通过路由器相连时,就不能使用不具备路由和跨网段操作功能的 NetBEUI 协议,而必须选择 IPX/SPX 或 TCP/IP 等协议。另外,如果网络规模较小,同时只是为了简单的文件和设备的共享,这时最关心的就是网络的速度,所以在选择协议时应选择占用内存小和带宽利用率高的协议,如 NetBEUI。当网络规模较大且网络结构复杂时,应选择可管理性和可扩充性较好的协议,如 TCP/IP。

(2) 优化网络协议。除特殊情况外,一个网络中应尽量只选择一种通信协议。现实中许多人的做法是一次选择多个协议,或选择系统所提供的所有协议,其实这样做是很不可取的。因为每个协议都要占用计算机的内存,选择的协议越多,占用计算机的内存资源就越多。一方面影响了计算机的运行速度,另一方面不利于网络的管理。事实上,一个网络中一般一种通信协议就可以满足需要。

（3）选择正确的协议版本。每个协议都有它的发展和完善过程，因而出现了不同的版本，每个版本的协议都有它最为合适的网络环境。从整体来看，高版本协议的功能要比低版本强，性能要比低版本好。所以在选择时，在满足网络功能要求的前提下，应尽量选择高版本的通信协议。

（4）注意协议的协调性。如果要让两台实现互联的计算机间进行对话，它们两者使用的通信协议必须相同，否则中间还需要一个“翻译”进行不同协议的转换，不仅影响通信速度，也不利于网络的安全、稳定运行。

1.5　局域网新技术

1.5.1　虚拟化技术

虚拟化（Virtualization）是一种资源管理技术，是将计算机的各种实体资源，如服务器、网络、内存及存储等，予以抽象、转换后呈现出来，打破实体结构间的不可切割的障碍，使用户可以比原本的组态更好的方式来应用这些资源。这些资源的新虚拟部分是不受现有资源的架设方式、地域或物理组态所限制的。

在云计算概念提出以后，虚拟化技术可以用来对数据中心的各种资源进行虚拟化和管理，可以实现服务器虚拟化、存储虚拟化、网络虚拟化和桌面虚拟化。虚拟化技术已经成为构建云计算环境的一项关键技术。

1. 服务器虚拟化

将服务器物理资源抽象成逻辑资源，让一台服务器变成几台甚至上百台相互隔离的虚拟服务器，我们不再受限于物理上的界限，而是让 CPU、内存、磁盘、I/O 等硬件变成可以动态管理的“资源池”，从而提高资源的利用率，简化系统管理，实现服务器整合，让 IT 对业务的变化更具适应力——这就是服务器的虚拟化。在实际的生产环境中，虚拟化技术主要用来解决高性能的物理硬件产能过剩和老旧硬件产能过低的重组重用，透明化底层物理硬件，从而最大化地利用物理硬件。

2. 存储虚拟化

存储虚拟化（Storage Virtualization）是指将存储网络中的各个分散且异构的存储设备按照一定的策略映射成一个统一的连续编址的逻辑存储空间，称为虚拟存储池。虚拟存储池可以跨多个存储子系统，并将虚拟存储池的访问接口提供给应用系统。逻辑卷与物理存储设备之间的这种映射操作是由置入存储网络中的专门的虚拟化引擎来实现和管理的。实现存储虚拟化的方式主要有三种：基于主机的虚拟存储、基于存储设备的存储虚拟化和基于网络的存储虚拟化。

3. 网络虚拟化

网络虚拟化就是在一个物理网络上模拟出多个逻辑网络。引入虚拟化技术之后，在不改变传统数据中心网络设计的物理拓扑和布线方式的前提下，可以实现网络各层的横向整合，形成一个统一的交换架构。数据中心网络虚拟化分为核心层、接入层和虚拟机网络虚拟化三个方面。

4. 桌面虚拟化

桌面虚拟化是指利用虚拟化技术将用户桌面的镜像文件存放到数据中心。从用户的角度看,每个桌面就像是一个带有应用程序的操作系统,终端用户通过一个虚拟显示协议来访问他们的桌面系统。当用户关闭系统的时候,通过第三方配置文件管理软件,可以做到用户个性化定制以及保留用户的任何设置。桌面虚拟化技术实质上是将用户使用与系统管理进行了有效的分离。这样带来的直接好处,就是用户对桌面的访问不需要被限制在具体设备、具体地点和具体时间了。同时,作为云计算的一种方式,由于所有的计算都放在服务器上,对终端设备的要求将大大降低。

1.5.2　SDN

软件定义网络(Software Defined Network,SDN)作为一种新型的网络架构,已成为最近学术界关注的热点。SDN 的设计理念是将网络的控制平面与数据转发平面进行分离,从而通过集中的控制器中的软件平台去实现可编程化控制底层硬件,实现对网络资源灵活的按需调配。

传统 IT 架构中的网络,根据业务需求部署上线以后,如果业务需求发生变动,重新修改相应网络设备(路由器、交换机、防火墙)上的配置是一件非常烦琐的事情。SDN 所做的事是将网络设备上的控制权分离出来,由集中的控制器管理,无须依赖底层网络设备(路由器、交换机、防火墙),屏蔽了来自底层网络设备的差异。控制权是完全开放的,用户可以自定义任何想实现的网络路由和传输规则策略,从而更加灵活和智能。

SDN 本质上具有"控制和转发分离""设备资源虚拟化"和"通用硬件及软件可编程"三大特性,这至少带来了以下好处。

第一,设备硬件归一化,硬件只关注转发和存储能力,与业务特性解耦,可以采用相对廉价的商用的架构来实现。

第二,网络的智能性全部由软件实现,网络设备的种类及功能由软件配置而定,对网络的操作控制和运行由服务器作为网络操作系统(NOS)来完成。

第三,对业务响应相对更快,可以定制各种网络参数,如路由、安全、策略、QoS、流量工程等,并实时配置到网络中,开通具体业务的时间将缩短。

随着 OpenFlow/SDN 概念的发展和推广,其研究和应用领域也得到了不断拓展。目前,关于 OpenFlow/SDN 的研究领域主要包括网络虚拟化、安全和访问控制、负载均衡、聚合网络和绿色节能等方面。另外,还有关于 OpenFlow 和传统网络设备交互和整合等方面的研究。Google、Facebook 先后宣布在他们的数据中心大规模地使用 OpenFlow/SDN,从而证明了 OpenFlow 不再仅仅是停留在学术界的一个研究模型,而是已经完全具备了可以在产品环境中应用的技术成熟度。

1.5.3　数据中心

数据中心是企业的业务系统与数据资源进行集中、集成、共享、分析的场地、工具、流程等的有机组合。从应用层面看,包括业务系统、基于数据仓库的分析系统;从数据层面看,包括操作型数据和分析型数据以及数据与数据的集成/整合流程;从基础设施层面看,包括服务器、网络、存储和整体 IT 运行维护服务。

维基百科给出的定义是"数据中心是一整套复杂的设施。它不仅包括计算机系统和其他与之配套的设备(例如通信和存储系统),还包含冗余的数据通信连接、环境控制设备、监控设备以及各种安全装置"。

数据中心的概念既包括物理的范畴,也包括数据和应用的范畴。数据中心容纳了支撑业务系统运行的基础设施,为其中的所有业务系统提供运营环境,并具有一套完整的运行、维护体系以保证业务系统高效、稳定、不间断地运行。

商业化的发展促使了承载上万甚至超过 10 万台服务器的大型数据中心的出现。Facebook、谷歌、亚马逊等在多地建立了自己的大规模数据中心,Google 拥有 36 个数据中心超过 90 万台服务器,Facebook 在建第 4 座数据中心,亚马逊也开始建设第 10 座数据中心,针对成本、环保等问题,这些云计算数据中心在网络架构、绿色节能、自动化管理等方面进行了大胆革新。

从传统数据中心到云计算数据中心是一个渐进的过程。进入一个云计算数据中心,除了规模化、集中程度更高,可见的基础设施与传统数据中心差异并不会很大,但是服务会不断升级,云计算数据中心的架构也会随着社会的进步不断调整和优化。

1.5.4 工业互联网

为了应对第四次工业革命的浪潮,世界主要工业化国家采取了一系列重大举措推动制造业转型升级。工业互联网(Industrial Internet)作为新一代网络信息技术与现代工业融合发展催生的新事物,是实现生产制造领域全要素、全产业链、全价值链连接的关键支撑,是工业经济数字化、网络化、智能化的重要基础设施,是新一轮工业革命的关键支撑。

2012 年 11 月,通用电气公司发布了《工业互联网打破智慧与机器的边界》白皮书,首次提出了工业互联网概念。它将工业互联网定义为一个开放、全球化的,将人、数据和机器连接起来的网络。其核心三要素包括智能设备、先进的数据分析工具,以及人与设备的交互接口。

为了贯彻落实《中国制造 2025》,2016 年,在工业和信息化部的领导下成立了工业互联网产业联盟(AII)。按照中国工业互联网产业联盟的定义,工业互联网是新一代信息技术与工业系统全方位深度融合所形成的产业和应用生态,是工业智能化发展的关键综合信息基础设施。其本质是以机器、原材料、控制系统、信息系统、产品以及人之间的网络互联为基础,通过对工业数据的全面深度感知、实时传输交换、快速计算处理和高级建模分析,实现智能控制、运营优化和生产组织变革。

中国工业互联网产业联盟在参考美国工业互联网参考架构 IIRA、德国 RAMI4.0、日本 IVRA 的基础上,于 2016 年 8 月发布了《工业互联网体系架构 1.0》。其后在不断总结经验的基础上修订完善,于 2019 年 8 月发布了《工业互联网体系架构 2.0》。整个体系框架以业务视图、功能架构、实施框架三大板块为核心,自顶向下形成逐层的映射。

1. 工业互联网业务视图

工业互联网业务视图定义工业互联网产业目标、商业价值、应用场景和数字化能力。工业互联网的业务视图包括 4 个方面。

(1) 产业层。产业层包含工业互联网在国家战略布局、产业全面发展层面的作用机制,即通过构建新基础,催生新动能,实现新发展。就产业层而言,工业互联网业务能力体现在依托信息化、自动化基础,推动产业沿袭数字化、网络化、智能化路线演进,从而构建起全要素、全产业链、全价值链全面连接的新型工业生产制造和服务体系,带动产业向高端迈进,最终实现工业数字化转型和经济高质量发展。

（2）商业层。商业层阐述工业互联网指引企业发展方向的作用机制，即帮助决策人确立企业愿景、战略方向、战术目标，体现工业互联网在数字化转型、构建竞争优势中的重要作用。

（3）应用层。应用层表现工业互联网作用下产品链、价值链、资产链的演进和协同，帮助企业信息化主管、技术主管等人员认识各链条内部、链条之间的内容和关系。

（4）能力层。能力层定义工业互联网作用于垂直行业实际场景的五大关键能力，指导企业工程师等具体实施人员开展实践，包括对人机物料法环等全要素的泛在感知能力，对客户需求、市场变化的敏捷响应能力，对全局资源的灵活重构与协同能力，对生产活动的动态优化能力，以及做出智能化决策的能力。

2. 工业互联网功能架构

工业互联网功能框架明确支持业务实现的功能，包括基本要素、功能模块、交互关系和作用范围。工业互联网的核心是基于全面互联而形成数据驱动的智能，包含三大核心功能体系：网络、数据、安全。三大智能化闭环即生产控制优化、运营决策优化、产业链价值链优化。

1）功能体系

（1）网络体系。网络是工业互联网发挥作用的基础，由网络互联、数据互通和标识解析三部分组成。网络互联分为工厂内网络和工厂外网络两部分，根据协议层次可自下而上划分为多方式接入、网络层转发和传输层传送。数据互通实现数据和信息在各要素间、各系统间的无缝传递，使得异构系统在数据层面能相互"理解"，产生数据互操作与信息集成，包括应用层通信、信息模型和语义互操作等功能。标识解析按照功能分为标识数据采集、标签管理、标识注册、标识解析、数据处理和标识数据建模六个部分。

（2）数据体系。数据是工业智能化的核心驱动，包括数据采集交换、处理、分析、反馈控制等功能。工业互联网的数据功能体系主要包含感知控制、数字模型、决策优化三个基本层次，以及一个由自下而上的信息流和自上而下的决策流构成的工业数字化应用优化闭环。感知控制层构建工业数字化应用的底层"输入-输出"接口，包含感知、识别和控制、执行四类功能。数字模型层强化资产数据的虚拟映射与管理组织，提供支撑工业数字化应用的基础资源与关键工具，包含数据集成与管理、数据模型和工业模型构建、信息交互三类功能。决策优化层聚焦数据挖掘分析与价值转化，形成工业数字化应用核心功能，主要包括分析、描述、诊断、预测、指导及应用开发。应用层包括传统工业软件迁移、原生云端应用创新、开源社区、应用商店、应用二次开发五个部分。

（3）安全体系。安全是网络与数据在工业应用中的保障，包括设备安全、网络安全、控制安全、数据安全、应用安全和综合安全管理。可靠性包括设备硬件可靠性、软件功能可靠性、数据分析结论可靠性、人身安全可靠性四个部分。保密性包括通信保密性和信息保密性两个部分。完整性包括通信完整性、信息完整性、系统完整性三个部分。可用性包括通信可用性、信息可用性、系统可用性三个部分。隐私和数据保护包括用户隐私保护和企业敏感数据保护两个部分。

（4）平台体系。平台是制造业数字化、网络化、智能化中枢与载体，主要包含边缘层、PaaS层和应用层三个核心层级。

① 边缘层是基础,向下接入工业设备实现数据的采集与处理。边缘层包括工业设备接入、信息系统接入、协议解析、数据预处理、边缘应用部署与管理、边缘智能分析六个部分。

② 工业 PaaS 层是核心,基于通用 PaaS 并融合多种创新功能,将工业机理沉淀为模型,实现数据的深度分析并为 SaaS 层提供开发环境,是平台核心能力的集中体现。PaaS 层包括通用 PaaS、工业数据管理、工业数字工具、数据建模分析服务、机理建模分析服务、数字孪生、工业知识服务、工业应用开发环境、人机交互支持九个部分。

③ 应用层是关键,主要提供覆盖不同行业、不同领域的业务应用及创新性应用,形成工业互联网平台的最终价值。

2) 三大智能化闭环

基于工业互联网的网络、数据与安全,工业互联网平台构建面向工业智能化发展的三大闭环。

(1) 面向机器设备运行优化的闭环,核心是基于对绩效操作数据、生产环境数据的实时感知和边缘计算,实现机器设备的动态优化。

(2) 面向生产运营的优化闭环,实现生产经营管理的动态优化。

(3) 面向企业协同、用户交互与产品服务优化的闭环,实现企业组织资源和商业活动的创新,形成网络化协同、个性化定制、服务化延伸等新模式。

3. 工业互联网实施框架

工业互联网的实施框架描述实现功能的软硬件部署,明确系统实施的层级结构、承载结构、关键软硬件和作用关系。

1) 网络实施

工业互联网网络建设目标是构建全要素全系统全产业链互联互通的新型基础设施,实施架构阐述网络建设不同层级采用的不同方式,包括生产控制网络、企业与园区网络、国家骨干网络三个方面。

2) 标识实施

工业互联网标识实施包括设备层、边缘层、企业层和产业层四个层面的部署。设备层借助标识载体和数采设备,唯一识别物理实体和设备实体,实现物理资源数字化。边缘层实现对可识别数据对象的管理和流转,向下完成原始数据的积累,向上为企业或行业提供符合要求的数据,形成数据的开放共享。企业层建设企业级标识注册解析系统、标识业务管理系统,支撑企业级标识解析集成应用。产业层以国家顶级结点为核心,建设二级结点和递归结点,形成统一管理、互联互通、高效可靠的新型基础设施。

3) 平台实施

平台部署实施形成以边缘系统为基础、企业平台和产业平台交互协同的多层次体系化建设方案。边缘系统部署在企业内部的设备层和边缘层,用于实现企业现场数据的连接集成和边缘分析应用。包括工厂内智能机器、专用设备、成套设备等工业设备连接,以及PLC、SCADA 等具有一定实时性特征的信息系统连接,并经过协议解析和数据预处理之后将相关数据传输至上层平台。企业平台部署在企业层,用于汇集和管理企业内各类数据资源,基于数据的分析应用来驱动企业全价值链的优化提升。部署形式以本地数据中心或者私有云形式集成为主,主要提供基本的数据管理与建模分析支持。产业平台部署在产业层,用于汇集产业链上下游资源,支撑开展社会资源协同配置,并构建创新生态支撑环境。部署采用公有云形式,具备较为强大的通用 PaaS 能力,支撑平台上层复杂业务的运行管理,同时也能通过构建开发者社区、应用商店等方式来加速创新生态的构建。

4)安全实施

安全实施框架解决工业互联网面临的网络攻击等新型安全风险,包括边缘安全防护系统、企业安全防护系统和企业安全综合管理平台,以及省/行业级安全平台和国家级安全平台。

从 2021 年首次提出概念,到连续写入全国两会政府工作报告,中国工业互联网建设近年来成果斐然。工业互联网目前已延伸至 40 个国民经济大类,涉及原材料、装备、消费品、电子等制造业各大领域,以及采矿、电力、建筑等实体经济重点产业,实现更大范围、更高水平、更深程度发展,形成了千姿百态的融合应用实践。

1.5.5 物联网

物联网在 1999 年被提出,是新一代信息技术的重要组成部分,也是"信息化"时代的重要发展阶段。其英文名称是"Internet of Things(IoT)"。顾名思义,物联网就是物物相连的互联网。这有两层意思:其一,物联网的核心和基础仍然是互联网,是在互联网基础上延伸和扩展的网络;其二,其用户端延伸和扩展到了任何物品与物品之间,进行信息交换和通信,也就是物物相息。

物联网是指通过各种信息传感设备(射频识别(RFID)(RFID+互联网)、红外感应器、全球定位系统、激光扫描器、气体感应器等),实时采集任何需要监控、连接、互动的物体或过程等各种需要的信息,与互联网结合形成的一个巨大网络。其目的是实现物与物、物与人,所有的物品与网络的连接,方便识别、管理和控制。

物联网在 2011 年的产业规模超过 2600 亿元人民币。构成物联网产业 5 个层级的支撑层、感知层、传输层、平台层以及应用层,分别占物联网产业规模的 2.7%、22.0%、33.1%、37.5% 和 4.7%。物联网感知层、传输层参与厂商众多,成为产业中竞争最为激烈的领域。产业分布上,国内物联网产业已初步形成环渤海、长三角、珠三角,以及中西部地区等四大区域集聚发展的总体产业空间格局。其中,长三角地区产业规模位列四大区域之首。与此同时,物联网的提出为国家智慧城市建设奠定了基础,实现智慧城市的互联互通协同共享。

在物联网应用中有如下三项关键技术。

(1)传感器技术:是计算机应用中的关键技术。大家都知道,到目前为止绝大部分计算机处理的都是数字信号。自从有计算机以来就需要传感器把模拟信号转换成数字信号计算机才能处理。

(2)RFID 技术:是一种传感器技术。RFID 技术是融合了无线射频技术和嵌入式技术为一体的综合技术,RFID 在自动识别、物品物流管理方面有着广阔的应用前景。

(3)嵌入式系统技术:是综合了计算机软硬件、传感器技术、集成电路技术、电子应用技术为一体的复杂技术。经过几十年的演变,以嵌入式系统为特征的智能终端产品随处可见:小到人们身边的 MP3,大到航天航空的卫星系统。嵌入式系统正在改变着人们的生活,推动着工业生产以及国防工业的发展。

1.5.6 5G

移动通信延续着每十年一代技术的发展规律,从 20 世纪 70 年代末推出的 1G,发展到 4G,实现了语音业务到数据业务的转变,传输速率成百倍提升,促进了移动互联网应用的普及和繁荣。随着移动互联网快速发展,新服务、新业务不断涌现,移动数据业务流量爆炸式增长,4G 移动通信系统难以满足移动数据流量暴涨的需求,第五代移动通信技术(5th Generation Mobile Communication Technology,5G)应运而生。5G 是具有高速率、低时延和大连接特点的新一代移动通信技术,是实现人机物互联的网络基础设施。5G 在通信和带宽能力方面达到了新的高度,可满足泛在网络应用覆盖范围广、高速稳定等需求。

国内 5G 行业的发展历程可追溯到 2013 年,华为投入资金对 5G 有关技术进行早期研发。2013 年 4 月,工业和信息化部、发展和改革委员会与科技部联合成立了 IMT-2020 5G 推进组,组织国内各方力量、积极开展国际合作,共同推动 5G 国际标准发展。2015 年,国内华为、中兴等企业启动对 5G 产业的投资和技术研发,部分企业还建立了专业研究院为迎接 5G 时代的到来做好准备。2016 年 1 月,国家工业和信息化部联合部分头部通信企业和研究机构全面启动中国 5G 技术实验,5G 标准最终版 R16 于 2019 年完成制定,技术研发的实验有效推动了产业技术的发展,对形成全球统一的 5G 标准具有重要意义,也为中国实现 2020 年 5G 商用化奠定了基础。2019 年 6 月,工业和信息化部向中国移动、中国联通、中国电信和中国广播电视台颁发 5G 商用牌照,标志着 5G 时代的到来。

1. 5G 性能指标

国际电信联盟无线电通信组 ITU-R 制定了 5G 系统的 8 个性能指标。相比 4G 主要追求速率,5G 则同时关注速率、连接密度和时延三大关键性能指标。

(1)峰值速率:峰值速率需要达到 10~20Gb/s,以满足高清视频、虚拟现实等大数据量传输。

(2)时延:空中接口时延低至 1ms,满足自动驾驶、远程医疗等实时应用。

(3)连接数密度:具备 100 万连接/平方千米的设备连接能力,满足物联网通信。

(4)频谱效率:频谱效率比 4G 提升 3 倍以上。

(5)用户体验速率:连续广域覆盖和高移动性下,用户体验速率达到 100Mb/s。

(6)流量密度:流量密度达到 $10Mb/s/m^2$ 以上。

(7)移动性:移动性支持 500km/h 的高速移动。

(8)能源效率:能源效率相对于 4G 有 100 倍的提升。

2. 5G 移动通信网络关键技术

从 5G 应用的角度,在 4G 考虑人与人的连接的基础上,也考虑人与物、物与物的连接,主要应用场景有应用于移动互联网的增强移动带宽(eMBB)、应用于物联网的海量机器类通信(mMTC)和超可靠低时延通信(uRLLC)。

(1)大规模 MIMO 技术:随着 5G 进一步发展和运行效率的不断提升,传统的多天线技术已难以有效满足 5G 通信网络呈指数式增长的无线数据发展需求,因此,在面临 5G 传输速率和系统容量等多方面重大挑战的同时,天线数目将随之不断增长。大规模 MIMO 技术也被叫作大型天线,该技术在 4G 技术的基础之上,通过多 8 根天线实现对成百上千根服务天线的使用,使基站的多个用户实现在同一时间的即时通信。额外天线能够使信号能量传输及接收整合于较小的空间当中,从而在同时对大量用户终端进行调度的情况下,得到更多的吞吐量并使得能源效率得到提高。

(2)毫米波通信:5G 在无线侧的关键技术以毫米波通信和大规模天线技术为代表,但目前中低频段的带宽已被广播和 2G/3G/4G 占用,因此,5G 开拓高频段的毫米波进行无线网络部署。毫米波具体是指波长为 1~10mm 的电磁波,对应频率为 30~300GHz。相比而言,4G 长期演进(LTE)频段最高频率的载波在 2GHz 左右,而可用频谱带宽只有 100MHz,因此,如果使用毫米波频段,带宽宽度是 4G 的几十倍,传输速率也可得到巨大提升。我国实验室在毫米波波段中对大规模 MIMO 技术进行了运用,借助于峰值传输效率为 50Gb/s 的原型机,在 28GHz 毫米波频段当中达到了 100b/s/Hz 的频谱效率,它的传输效率能够使用户只要几秒就能够实现上百兆的数据传输。毫米波段通信技术的出现与发展为今后可触式互联网、低时延性虚拟现实和 3D 等的应用及研究提供了全新的方向。

(3)D2D 通信技术:D2D 通信是指设备到设备的通信。设备到设备通信是基于蜂窝系统的一种近距离直接传输技术,该技术中的数据与数据之间的传输直接通过终端完成,不需要通过基站转发,而相关的控制信令,如会话的建立、维持、无线资源分配以及计费、鉴权、识别、移动性管理等仍由蜂窝网络负责。将设备到设备通信融入蜂窝网络中,不但能够降低端到端之间的传输时间,而且能够减少基站的负荷。不管是无线通信基础设施遭到破坏,还是无线网络存在覆盖盲区,终端都可以凭借设备到设备通信的优势实现端到端通信。目前 D2D 通信主要包括广播、多播、单播的形式,所以相较于蜂窝移动网络,它在调度方面有着更高的难度,并且还更加复杂,这也是当前需要重点关注的问题。和蓝牙相比,D2D 通信距离更长且更加稳定。设备到设备通信的存在既能提高用户整体的体验感,又能够让系统的性能以及频谱的利用率等得到全面提升。也正是因为设备到设备通信具备如此强的功能与优势,所以也成为 5G 移动通信网络中的关键技术。

(4)网络切片:网络切片是一种按需组网的方式,可以让运营商在统一的基础设施上分离出多个虚拟的端到端网络,每个网络切片从无线接入网到承载网再到核心网上进行逻辑隔离,以适配各种各样类型的应用。5G 时代的业务场景极为丰富,不同场景对网络的时延、可靠性、移动性甚至是计费方式都有着不同的需求,为不同的应用场景单独铺设专用的网络成本巨大且不现实,因此,需要将一张物理网络切分成多个虚拟网络切片,每个虚拟切片提供差异化的网络性能及业务功能。通过网络切片分层,能够按需求灵活地提供多种网络服务。运营商通过切片管理的功能,结合虚拟化资源平台,来提供专用的逻辑网络。

(5)边缘计算:5G 的三大典型应用场景对网络性能的要求有显著差异,但为控制成本,运营商选择一张承载网+网络切片/边缘计算技术,实现在最少的资本投入下最丰富的网络功能。在 5G 时代,承载网的带宽瓶颈、时延抖动等性能瓶颈难以突破,引入边缘计算后将大量业务在网络边缘终结。5G 的边缘计算将运算与存储能力部署到离用户和应用更近的网络边缘,极大降低信令、消息的回传时延,实现海量数据的实时化处理,以满足无人驾驶、工业控制等对网络时延要求极高的业务需求。同时,边缘计算还可以将"云"灵活部署在网络的各个位置,为用户提供灵活、敏捷的网络体验。边缘计算是 5G 时代的核心技术之一,但其架构开放,也可以部署应用于 4G LTE 网络。运营商将在现有网络结构上平滑演进,最终实现低层网络结点计算能力的全面覆盖,边缘计算能力持续提升。

3. 5G 的应用领域

与前几代移动网络相比,5G 网络的能力有飞跃发展。《5G 时代十大应用场景白皮书》给出了最能体现 5G 能力的十大应用场景,分别是云 VR/AR、车联网、智能制造、智能能源、无线医疗、无线家庭娱乐、联网无人机、社交网络、个人 AI 辅助、智慧城市等。未来,5G 将结合大数据、云计算、人工智能等诸多创新技术,渗透进各个行业,赋能千行百业。

小　　结

局域网在一个适中的地理范围内,把若干独立的设备连接起来,通过物理通信信道,以高的数据传输速率实现各独立设备之间的直接通信,具有区域限定、线路专用、较高的通信速率和误码率低等特点。

局域网最主要的功能是提供资源共享和相互通信,同时在提高计算机系统的可靠性、进行分布式处理等方面提供服务。一般来说,局域网主要由网络服务器、用户工作站、通信设备(网卡、传输介质、网络互连设备)和网络软件系统 4 个部分组成。

局域网有许多不同的分类方法,可以从不同的角度对计算机网络进行分类。常见的局域网分类包括按局域网的规模分类、按传输介质分类、按拓扑结构分类、按管理模式分类等方式。常见的局域网拓扑结构有总线型、星状、环状和混合型等。

IEEE 802 是主要的局域网标准,该标准所描述的局域网通过共享传输介质通信。IEEE 802 委员会的 16 个分委员会制定了一系列的局域网标准——IEEE 802 标准。IEEE 802 标准对微机局域网的标准化起到了重要作用。目前,尽管高层软件和网络操作系统不同,但由于低层采用了标准协议,几乎所有局域网均可实现互联。

介质访问控制方式是指控制网络中各个结点之间信息的合理传输,对信道进行合理分配的方法。目前在局域网中常用的介质访问控制方式有 CSMA/CD、CSMA/CA、令牌环和令牌总线。

在局域网中常用的通信协议有 NetBEUI、IPX/SPX 和 TCP/IP 三种。在组建局域网时,具体选择哪一种网络通信协议主要取决于局域网的规模、局域网之间的兼容性和是否便于网络管理等几个方面。

习题与实践

1. 填空题

(1) 局域网是一个通信网络,一般来说,局域网主要由_____、_____、_____和网络软件系统 4 个部分组成。

(2) 局域网按照其规模可以分为_____,_____,_____;按照网络的传输介质,可以划分为_____和_____;按照管理模式,可以划分为_____和_____。

(3) _____是主要的局域网标准,该标准包括局域网参考模型与_____,IEEE 主要对第_____和第_____两层制定了规程。

(4) 目前,局域网中常用的介质访问方式有_____,_____,令牌环和_____。

(5) 局域网中常用的通信协议有_____,_____和_____。

（6）虚拟化技术可以用来对数据中心的各种资源进行虚拟化和管理，目前主要可以实现_____，_____，_____和_____。

2. 简答题

（1）局域网有哪些特点？局域网的主要功能有哪些？

（2）局域网按拓扑结构分为哪些种类？各自有什么特点？

（3）简述 IEEE 802 参考模型与 OSI 参考模型的关系与区别。

（4）简述 CSMA/CD 的工作过程。

（5）简述令牌环的工作原理。

（6）在构建局域网时，如何正确选择通信协议？

（7）简述大数据的定义及大数据的特征。

（8）简述 SDN 的设计理念及带来的好处。

3. 实践

参观校园网或者校园网站，给出校园网中常见的应用、校园网的拓扑结构。

第 2 章　有线局域网集成技术

本章学习目标

- 熟悉高速以太网技术；
- 掌握生成树协议、HSRP 和 VRRP 相关概念；
- 掌握 VLAN、VPN 相关概念，能够完成实际的工程方案设计；
- 熟悉常见的广域网接入方式；
- 了解常见的有线局域网安全技术。

技术的发展总是与某一历史时段特定的应用需求密切相关，以太网技术的发展也是如此。从 10M、100M、千兆到万兆以太网，以太网技术在速率呈数量级增长的同时，其应用领域也在不断拓宽；不同应用领域各自的应用需求又促进了这些领域内以太网技术的个性化发展。

在设计一个网络的技术方案时需要进行有效的网络技术选型。那么，网络技术选型包含哪些主要的工作呢？通常，在网络技术选型上需要考虑以下方面。

(1) 主干网络的设计标准(核心设备的选择依据等)。

(2) 局域网与 Internet 的互联方式。

(3) 如何实现远程访问服务。

(4) 内部子网的特定需求(VLAN、冗余技术等)。

如何对这些技术进行有效的选择？下面带着这个问题进入本章的学习。本章重点讨论的以太网相关技术包括高速以太网技术、可靠性技术、无线局域网技术、虚拟局域网技术、虚拟专用网技术、广域网接入技术以及 VLAN 中继协议、生成树协议等。

2.1　高速以太网

高速以太网技术包括快速以太网、千兆以太网、万兆以太网。本节重点学习千兆以太网和万兆以太网。

2.1.1　千兆以太网

D-Link 千兆网吧解决方案。

网吧服务模式多样，网络游戏、视频点播、在线娱乐等层出不穷的新兴网络节目，为网吧行业注入了新的活力。尤其是网络游戏产业的蓬勃发展，为众多网吧经营者带来无限商机的同时,也对网吧的硬件设施提出了更高要求。

(1) 改善网络运行质量,提供优质网络服务,成为网吧经营者当前考虑的重要问题。为了改善网络服务,改善由于网络拥堵而造成的响应延迟、频繁掉线等问题,很多网吧经营者陷入了单纯提高 PC 配置的误区,却往往忽略了网络基础设施的升级和改造。

(2) 高效的网络传输速度以及稳定性至关重要。作为一个同时承载数百个接入终端的运营平台,庞大的数据流量以及较长的运营时间给网吧网络带来了巨大压力,传统的百兆网络早已不堪重负,在稳定性以及网络带宽方面都远远不能满足网民的应用需求。目前,网络游戏与局域网游戏已经成为网吧行业赢利的主要模式,网络游戏强调网络之间的交互通信稳定快速,而局域网游戏则对网络内部数据的交换速度提出了更高要求,因此网吧网络不仅要具备顺畅的网络出口,还要保证内部数据得以快速转发。

(3) 高效的网络管理能力和安全防范能力。对于网络技术水平较低的网吧行业而言,管理众多的网络终端并非一件轻松的工作,需要网络设备提供更加智能、集中的统一管理特性,简化网络管理及维护的流程和难度。此外,为了减少网络隐患,避免由于安全问题导致的业务中断或系统瘫痪,网吧网络必须具备多重安全防范机制。

(4) 成本控制。对于网吧经营者而言,成本控制的重要性不言而喻,它将直接关系到网吧的赢利能力以及持续发展,为此,适宜选择经济高效的网络结构和性价比优越的网络设备,帮助网吧经营者达到经济组网的目的。

鉴于此,D-Link 引入了全千兆网络的建设思路,实现了千兆到桌面,并采用高效、经济的二层网络架构,从根本上改善了局域网内部网络拥挤的现象,同时也为网络游戏、在线娱乐等网络应用提供了一个"无延迟"的高效传输平台。D-Link 全千兆网吧拓扑结构如图 2-1 所示。

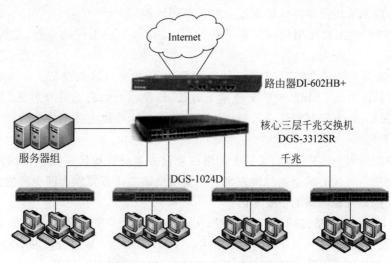

图 2-1 D-Link 全千兆网吧解决方案

本方案选用了 D-Link 的 DGS-3312SR 型千兆交换机作为核心层的交换机,DI-602HB+型路由器作为互联网的出口连接设备。

D-Link 千兆交换机 DGS-3312SR 是企业级的三层可网管型交换机,配置了千兆端口,采用存储转发模式,能够实现数据的高速、稳定传输;对 VLAN 功能和网络管理功能的支持有效简化了网络管理及维护的流程和难度;模块化插槽能够满足网吧日后升级的需要。

DI-602HB＋路由器配置了千兆端口,应用了高性能的 CPU 以及先进的总线技术,具有超强的数据处理能力,可快速、及时响应多人并发访问;而独特的流量管理策略提供了多种队列算法,可以保证网络游戏、在线娱乐的数据包优先通过,令游戏运行更加流畅,从而为网吧赢得更多的客户资源;DI-602HB＋不仅内置了牢固的防火墙,而且采用了完善的安全防护策略,有力地改善了网络传输质量,并确保网吧客户机的安全。

2.1.2 万兆以太网

某校园网万兆建设案例。

某大学作为国家重点大学,也是我国较早加入教育信息化建设队伍的高校之一。经过几年的信息化建设,学校的教学、科研、图书馆等部门的网络建设已基本完成。为了进一步推动校园网建设的发展,扩大校园网的覆盖面,改善学生的学习条件,为学生创造一个更为便利的学习环境,某大学决定启动该校校园网学生宿舍网项目。该学生宿舍网需要对几千个结点进行管理,这其中存在的监控、认证、计费等各种问题十分复杂。

关于此项目的具体组网方案的制定,某学校主要提出了以下几方面的需求。

(1) 核心交换机需要具备高处理能力。考虑到作为网络核心的交换机需要承担大量的数据交换任务,因此对交换机的性能及稳定性提出了很高的要求。

(2) 接入层采用堆叠交换机,具有千兆扩展槽,同时要具有三层扩展能力。在网络接入层,网络设备需要支持基于 MAC 地址 IEEE 802.1x 功能和基于端口 IEEE 802.1x 功能,以此保证账号的唯一性;同时,支持远程 Telnet 管理、MIB-Ⅱ及远程开关交换机端口功能;此外还要求适应大量用户并发认证及复杂的工作环境等。

(3) 能解决学生用户使用代理服务器的问题,能记录用户上网的信息,能解决学生 IP 地址冲突问题。

(4) 方案需要支持标准的 RADIUS 认证计费,可连接多种接入设备。一方面需要支持 IEEE 802.1x 认证方式;同时,能够支持基于时长、流量以及包月的计费模式,为网络管理提供完善的、灵活的、可定制的计费策略;并可以保证 20 000 以上的用户数的运营稳定和管理简便。

通过细致的规划和多次论证,某宿舍网络的建设方案最终确定采用锐捷网络提供的以第二代万兆交换机为核心的全网解决方案。锐捷网络第二代万兆以太网交换机及可靠的技术保障是该校选择锐捷网络的主要原因。

如图 2-2 所示,某大学校园网二期工程,在核心层选用了锐捷网络万兆以太网交换机 RG-S6806 双核心模型,在接入层采用锐捷网络 STAR-S2024M 堆叠交换机,在网络的安全性、稳定性、扩展性以及可管理性上都有很大的提升,达到了预计的效果。

(1) 网络核心采用的是锐捷网络第二代万兆以太网交换机 RG-S6806 双核心模型,通过 VRRP＋IEEE 802.1w＋OSPF 协议来实现,有效解决了故障时及时切换、负载均衡、快速收敛等问题,极好地保证了整个校园网络路由的健壮性和可靠性。RG-S6806 在完全符合万兆以太网标准基础上进行架构与体系设计,通过采用分布式设计理念,结合最新背板与线卡设计等技术(线卡带宽大于 20G),实现真正线速万兆处理的安全智能型万兆交换机。

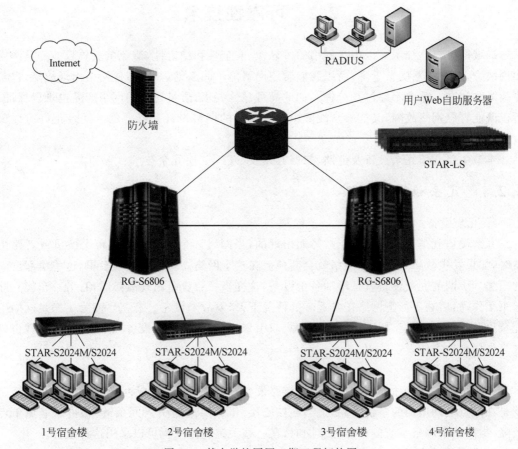

图 2-2　某大学校园网二期工程拓扑图

RG-S6806 交换机高达 512G/256G 的背板带宽和 286Mp/s/143Mp/s 的二/三层包转发速率可为用户提供高速无阻塞的交换；同时结合强大的交换路由功能、安全智能技术,可以为用户提供完整的端到端解决方案。

（2）网络接入层采用的是 STAR-S2024M/S2024 锐捷网络堆叠网管型交换机。该交换机通过多种网络管理方式,可以方便、有效地管理每一个端口。它具有强大的运行维护能力,能有效降低学校的管理、维护成本。另一方面,STAR-S2024M 交换机能够提供全中文菜单或图形配置方式,为交换机的管理和配置提供了极大的便利,并为用户提供了故障告警和日志功能,用户通过机箱面板上的指示灯便可直观地了解设备的运行状态。

（3）方案中锐捷网络提供的安全认证计费解决方案是选择在接入交换机 STAR-S2024M 上做认证计费,这样一来就为学校提供了三个重点服务：一是可以最大程度上做到分布认证,认证效率高；二是能够对接入用户实行有效、全面、完整的控制；三是扩展性好,为大规模的用户认证计费提供了保障和技术基础。

2.2 可靠性技术

局域网可靠性技术可以提高网络的可靠性、安全性和稳定性,避免单点故障。一旦网络出现故障,用户满意度会下降,所以我们希望网络能不间断地运转,即便网络出现故障,也希望故障时间在一年内不超过几分钟。如此高可靠性要求,质量再好的网络产品也难以保证,所以既能容忍网络故障,又能够从故障中快速恢复的网络设计是必要的。冗余正好可以最大限度地满足这个要求。

本节主要介绍冗余设备及链路、二层冗余及 STP、三层冗余技术。

2.2.1 冗余设备及链路

1. 冗余设备

冗余设备就是为了避免单点故障而出现的,当网络某个结点只有一台交换机或者路由器时,如果发生故障那么这个网络就会断掉。在这个网络需求很高的社会里,这将引起巨大的损失。所谓的冗余设备就是增加备份设备,这样当一台设备出现故障时,有另一台能立即起来工作,然后在不影响网络正常运转的情况下,修复故障设备。有些厂商为了满足网络中冗余设备的需求,开发设计了具有双电源、双引擎、双接口模块的设备,而这样的设备就可以被当作两台独立的设备使用。

2. 冗余链路

当网络结点正常而连接结点的网络链路发生故障时,也会造成网络的中断。冗余链路就是在结点之间增加的备份链路,适当在核心层、汇聚层之间引入冗余链路,可以避免单点故障,提高整个网络系统的可靠性。同时,在一些关键链路上也可以采用这种设计。

3. 链路聚合技术

以太网链路聚合简称链路聚合,是一种非常重要的高可靠性技术,它通过将多条以太网物理链路捆绑在一起成为一条逻辑链路,在网络建设不增加更多成本的前提下,既实现了网络的高速性,也保证了链路的冗余性。

如图 2-3 所示,Device A 与 Device B 之间通过三条以太网物理链路相连,将这三条链路捆绑在一起,就成为一条逻辑链路 Link aggregation 1,这条逻辑链路的带宽等于原先三条以太网物理链路的带宽总和,从而达到了增加链路带宽的目的;同时,这三条以太网物理链路相互备份,有效地提高了链路的可靠性。

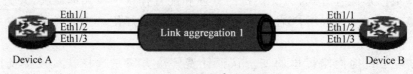

图 2-3　链路聚合示意图

(1) 链路聚合有以下三种方式。

① 手工聚合。由管理员通过手工命令配置哪些端口加入一个聚合组。

② 动态聚合。由协议动态确定哪些端口加入哪个聚合组,这种方式称为动态 LACP 聚合,由 LACP(Link Aggregation Control Protocol)来动态确定端口加入或离开聚合组。

③ 静态 LACP 聚合。由管理员手工指定哪些端口属于同一个聚合组,不过这些端口上仍然启动 LACP,并收发处理 LACP 报文,一旦静态聚合组被删除,这些端口可以通过 LACP 动态确定加入其他某个聚合组。

（2）LACP 协议。

在链路聚合的过程中需要两端设备端口之间周期性通过 LACP 进行相互协商,LACP 通过链路汇聚控制协议数据单元（Link Aggregation Control Protocol Data Unit, LACPDU）与对端交互信息,动态探测对端端口的状态和信息,并据此确定端口加入或离开一个聚合组。当某端口的 LACP 启动后,该端口将通过发送 LACPDU 向对端通告自己的系统优先级、系统 MAC 地址、端口优先级、端口号和操作密钥等信息。对端接收到这些信息后,将这些信息与其他端口所保存的信息比较以选择能够汇聚的端口,从而双方可以对端口加入或退出某个汇聚组达成一致。

（3）链路聚合的主要配置命令。

① interface port-channel *number*

功能：创建链路聚合逻辑端口。

参数：*number* 为 PortChannel 的组号,范围为 1～48。

② channel-group *number* mode 〈active|passive|on〉; no channel-group

功能：将物理端口加入 PortChannel,该命令的 no 操作为将端口从 PortChannel 中去除。

参数：*number* 为 PortChannel 的组号,范围为 1～48; active 启动端口的 LACP,并设置为 Active 模式; passive 启动端口的 LACP,并且设置为 Passive 模式; on 强制端口加入 PortChannel,不启动 LACP。

2.2.2　二层冗余及生成树协议

在实际网络环境中,可以通过在交换机之间增加物理链路提高网络的可靠性,当一条链路断开或者出现故障时,另一条链路依然可以传输数据,并且在冗余的基础上实现的负载均衡可以提高网络的使用率。但是在交换网络中,冗余在增加可靠性的同时将物理环路带入了网络,当交换机收到一个未知目的地址的数据帧时,交换机会广播出去,这样,在交换网络中,就会产生一个双向广播环,甚至广播风暴,导致交换机死机。

1. STP 和 RSTP

生成树协议（Spanning Tree Protocol,STP）是在逻辑上断开物理环路,防止产生广播风暴,而一旦正在用的线路出现故障,被逻辑断开的线路又重新接通,继续传输数据。即在保留物理环存在的同时,创建逻辑无环路拓扑。无环路拓扑又称为树状拓扑,创建无环路拓扑的算法称为生成树算法（STA）,通过生成树算法即可实现逻辑无环的拓扑结构。

STP 是一个二层的链路管理协议,当交换机在拓扑中发现环路时,它自动地在逻辑上阻塞一个或多个冗余端口,从而获得无环路的拓扑。图 2-4 显示了一个例子,当网络拓扑改变时,运行 STP 的交换机自动重新配置端口,以避免失去连接或者产生环路。

当网络稳定时,网络也已经收敛。对于每一个交换网络,以下陈述都是正确的。

（1）每个网络都有一个根网桥。

（2）每个非根网桥都有一个根端口。

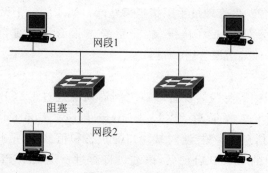

图 2-4　生成树协议

(3) 每个网段都有一个指定的端口。

(4) 不使用非指定端口。

运行生成树算法的交换机定期发送 BPDU(Bridge Protocol Data Unit),选取唯一一个根网桥,在每个非根网桥选取唯一一个根端口,在每网段选取唯一一个标志端口。

将采用 STP 的网络收敛为一个逻辑上无环路的网络拓扑,通过以下步骤实现。

(1) 选取一个根网桥。在 STP 中,根网桥是具有最低 BID 的网桥,它包括优先级和网桥 MAC 地址。IEEE 802.1d 规定,默认的优先级为 32 768。根网桥中的所有端口都是指定端口,指定端口通常处于转发状态。优先级值最小的成为根网桥。如果优先级值相同,MAC 地址最小的成为根网桥。Bridge ID 值最小的成为根网桥。根网桥默认每 2s 发送一次 BPDU。

(2) 在每个非根网桥选取一个根端口。STP 在每个非根网桥上建立一个根端口,这个根端口是从非根网桥到根网桥的最低成本路径。根端口一般处在转发状态。根网桥上没有根端口。端口代价最小的成为根端口。如果端口代价相同,Port ID 最小的端口成为根端口。Port ID 通常为端口的 MAC 地址。MAC 地址最小的端口成为根端口。

(3) 在每网段选取指定端口。在每个网段上,STP 都会建立一个指定端口。将网桥上到达根网桥有最低成本的端口选为指定端口。指定端口一般处于转发状态。端口代价最小的成为标识端口。根网桥端口到各网段的代价最小。通常只有根网桥端口成为标识端口。被选定为根端口和标识端口的进行转发状态,落选端口进入阻塞状态,只侦听 BPDU。

IEEE 802.1d 是最早关于 STP 的标准,它提供了网络的动态冗余切换机制。为了解决 STP 收敛速度慢的问题,IEEE 推出了 802.1w 标准,作为对 IEEE 802.1d 标准的补充。在 IEEE 802.1w 标准里定义了快速生成树协议(Rapid Spanning Tree Protocol,RSTP),它是 STP 的扩展,其主要特点是增加了端口状态快速切换的机制,能够实现网络拓扑的快速转换。

由于 STP 和 RSTP 使用统一的生成树,也就是在网络中只会产生一棵生成树,当网络较大时,仍然会有较长的收敛时间。为了克服单生成树协议的缺陷,支持 VLAN 的多生成树协议出现了。

2. PVST 和 PVST+

PVST(Per VLAN Spanning Tree)意为每 VLAN 一棵生成树,它是 Cisco 特有的协议,可以保证每个 VLAN 在网络中都不存在环路。由于 PVST 的 BPDU 格式和 STP/RSTP

的 BPDU 格式不一样,因此 PVST 协议不兼容 STP/RSTP,不能混合组网。Cisco 针对这个问题推出了经过改进的 PVST+,并成为 Cisco 公司交换机产品的默认生成树协议。

在 PVST/PVST+中,每个 VLAN 独自运行自己的生成树协议,独自地选举根网桥、根端口、指定端口等。不同 VLAN 对于根网桥、根端口等的定义可能不同,而交换机的某个端口对于不同的 VLAN 生成树可能会处于不同的工作状态。

PVST/PVST+协议实现了 VLAN 认知能力和负载均衡能力,但是也存在如下问题。

(1) 由于每个 VLAN 都需要生成一棵树,因此整个网络中的 BPDU 通信量很大。

(2) 当 VLAN 较多时,维护多棵生成树的计算量和资源占用量将急剧增长,交换机的CPU 将不堪重负。

(3) PVST/PVST+都是 Cisco 公司协议的私有性,不同厂家的设备不能在这种模式下直接互通。

3. MSTP

为了解决在 STP 的发展中遇到的各种问题,IEEE 在 802.1s 中定义了一种新型多实例化生成树协议,即 MSTP(Multiple Spanning Tree Protocol)。

1) MSTP 的原理及优点

MSTP 定义了"实例"的概念,所谓实例就是多个 VLAN 的一个集合,每个实例创建一棵生成树。具体就是把整个网络划分为若干区域,每个区域可以有若干实例,每个实例关联多个 VLAN。

STP/RSTP 是基于网络的,整个网络一棵生成树;PVST/PVST+是基于 VLAN 的,每个 VLAN 一棵生成树;MSTP 是基于实例的,每个实例一棵生成树,而每个实例中包含多个 VLAN。通过 MSTP 既避免了为每个 VLAN 维护一棵生成树的巨大资源消耗,又可以使不同的 VLAN 具有完全不同的生成树拓扑。

相对于之前介绍的各种生成树协议,MSTP 的优势非常明显。

(1) MSTP 具有 VLAN 认知能力,可以实现负载均衡。

(2) MSTP 可以实现类似于 RSTP 的端口状态快速切换,可以捆绑多个 VLAN 到一个实例中从而大大减少 BPDU 的通信量,以降低资源占用率。

(3) MSTP 可以很好地向下兼容 STP/RSTP,可以实现混合组网。

(4) MSTP 是 IEEE 标准协议,现在基本上各个网络厂商的交换机产品均能够支持MSTP。

2) MSTP 的主要配置命令

(1) spanning-tree。

功能:开启生成树协议。

(2) spanning-tree mode mst。

功能:切换到 MSTP 工作模式。

(3) spanning-tree mst *instance-id* priority *priority*。

参数:*instance-id* 为网络中规划的实例编号,是一个整数;*priority* 是实例在交换机中的优先级。

(4) spanning-tree mst configuration。

功能:切换到 MSTP 工作模式。

（5）name *name*。

功能：在 MSTP 工作模式中指定区域配置名。

参数：*name* 为区域名。

（6）revision *version*。

功能：在 MSTP 工作模式中指定区域配置修订号，可以使用配置修订号来跟踪 MSTP
区域配置的变更。每次修改配置时，应将配置修订号加 1。在同一个区域中，所有交换机的
区域配置（包括修订号）必须相同。因此，还需要更新其他交换机上的修订号以便匹配。

参数：*version* 为区域配置修订号。

（7）instance *instance-id* vlan *vlan-list*。

功能：在 MSTP 工作模式中将 VLAN 捆绑到 MST 实例中。

参数：instance-id 为网络中规划的实例编号；vlan-list 是要捆绑到 MST 实例中的
VLAN 列表，该列表可包含一个或多个用逗号隔开的 VLAN。可以在该列表中指定 VLAN
范围，并使用连字符将下限和上限分开。

2.2.3 三层冗余技术

为了保障网络的稳定性，减少因网络设备故障而导致网络瘫痪，在第三层有 HSRP 技
术和 VRRP 技术解决路由器的冗余备份问题。

1. HSRP

HSRP 即热备份路由器协议（Hot Standby Router Protocol），是 Cisco 的私有协议。它
的作用是能够把一台或多台路由器用来作备份。热备份是指当正在使用的路由器不能正常
工作时，候补的路由器能够实现平滑地替换，尽量不被用户感觉到。

通常，网络上的主机设置一条默认路由，指向主机所在网段内的一个路由器 R，这样，主
机发出的目的地址不在本网段的报文将被通过默认路由发往路由器 R，从而实现了主机与
外部网络的通信。在这种情况下，当路由器 R 坏掉时，本网段内所有以 R 为默认路由下一
跳的主机将断掉与外部的通信。如图 2-5 所示，主机 A 通过默认网关（路由器 A）来访问主

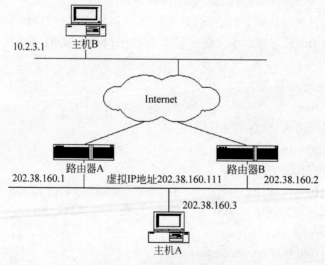

图 2-5　路由器冗余备份

机 B,一旦路由器 A 不能正常工作,主机 A 将无法访问主机 B。

HSRP 可以解决上述问题,首先由多台路由器组成备份组(路由器 A 和路由器 B),从主机 A 看来,这个备份组就是一台虚拟的路由器,有独立的虚拟 IP 地址,主机 A 使用这台虚拟路由器作为网关(设置虚拟 IP 地址)。在备份组内有一台路由器是活动路由器(假设路由器 A),它完成虚拟路由器的工作,如负责转发主机送给虚拟路由器的数据包,路由器 B 作为备份路由器,当活动路由器 A 出现故障时,备份路由器 B 会接替活动路由器的工作,负责转发主机送给虚拟路由器的数据包。这对主机 A 来说是透明的,因为主机 A 只看到虚拟路由器。HSRP 确定备份组工作的机制,实现上述备份功能。HSRP 适用于具有多播或广播能力的局域网(如:以太网)。

当采用 HSRP 时,组内路由器通过接收来自活动路由器的周期性 HELLO 报文来判断活动路由器是否工作正常。如果组内备份路由器在一定时间间隔未收到活动路由器的 HELLO 报文,就认为活动路由器坏掉了,优先级高的备份路由器最终成为活动路由器。这样总能保证备份组中有一台活动路由器,一台备份路由器。

HSRP 的主要配置命令如下。

(1) standby *group-number* ip *virtual ip address*。

功能:定义 HSRP 组。

参数:*group-number* 为组号,范围为 0～4095,如不指定,组号默认为 0;*virtual ip address* 为虚拟 IP 地址,如果不指定,路由器不会参与备份,直到从备份组中的活动路由器获得虚拟 IP 地址。

(2) standby *group-number* priority *priority-value*。

功能:设置 HSRP 的优先级。

参数:*group-number* 为组号;*priority-value* 为 HSRP 的优先级,默认值是 100,可设置范围为 0～255。

(3) standby *group-number* preempt。

功能:设置 HSRP 抢占方式。

参数:*group-number* 为组号。路由器如果设置抢占方式,它一旦发现自己的优先级比当前的活动路由器的优先级高,就会成为活动路由器,相应地,原活动路由器会退出活动态,成为备份路由器或其他。

2. VRRP

在 Cisco 的 HSRP 之后,Internet 工程任务小组 IETF 也制定了一种路由冗余协议:虚拟路由冗余协议(Virtual Router Redundancy Protocol,VRRP)。目前包括 Csico 在内的主流厂商均在其产品中支持 VRRP。

VRRP 的工作原理与 HSRP 相似,也是将系统中的多台路由器组成 VRRP 组,该组拥有同一个虚拟 IP 地址作为局域网的默认网关地址,在任何时刻,一个组内控制虚拟 IP 地址的路由器是主路由器(Master),由它来转发数据包。如果主路由发生了故障,VRRP 组将选择一个优先权最高的冗余备份路由器(Backup)作为新的主路由器。

配置 VRRP 时需要配置每个路由器的虚拟路由器 ID(VRID)和优先权值,使用 VRID 将路由器进行分组,具有相同 VRID 值的路由器为同一个组,VRID 是一个 0～255 的正整数;同一组中的路由器通过使用优先权值来选举 MASTER,优先权大者为 MASTER,优先权也是一个 0～255 的正整数。

VRRP 使用多播数据来传输 VRRP 数据,VRRP 数据使用特殊的虚拟源 MAC 地址发送数据而不是自身网卡的 MAC 地址。VRRP 运行时只有 MASTER 路由器定时发送 VRRP 通告信息,表示 MASTER 工作正常。BACKUP 只接收 VRRP 数据,不发送数据,如果一定时间内没有接收到 MASTER 的通告信息,各 BACKUP 将宣告自己成为 MASTER,发送通告信息,重新进行 MASTER 选举。

VRRP 的主要配置命令如下。

(1) vrrp *group-number* ip *virtual ip address*。

功能:定义 VRRP 组。

参数:*group-number* 为组号;*virtual ip address* 为虚拟 IP 地址,在 VRRP 配置中可以是一台真实路由器的地址,也可以是虚拟的路由器地址。

(2) vrrp *group-number* priority *priority-value*。

功能:设置 VRRP 的优先级。

参数:*group-number* 为组号;*priority-value* 为 VRRP 的优先级,可设置范围为 0～255。

(3) vrrp *group-number* preempt。

功能:设置 VRRP 抢占方式。

参数:*group-number* 为组号。

3. HSRP 和 VRRP 的区别

VRRP 的工作原理与 HSRP 有许多相似之处,但二者也有很多不同。

(1) VRRP 的状态机比 HSRP 的要简单,HSRP 有 6 个状态:初始(Initial)状态、学习(Learn)状态、监听(Listen)状态、对话(Speak)状态、备份(Standby)状态、活动(Active)状态。VRRP 只有三个状态:初始状态(Initialize)、主状态(Master)、备份状态(Backup)。

(2) HSRP 有三种报文:呼叫(Hello)报文、告辞(Resign)报文、突变(Coup)报文。VRRP 只有一种报文:VRRP 广播报文。

(3) 在安全性方面,VRRP 允许参与 VRRP 组的设备间建立认证机制,而 HSRP 并没有认证机制。

(4) HSRP 将报文承载在 UDP 报文上,而 VRRP 承载在 TCP 报文上。

(5) HSRP 需要单独配置一个 IP 地址作为虚拟路由器对外体现的地址,这个地址不能是组中任何一个成员的接口地址,而 VRRP 允许使用组成员接口地址。

2.3 虚拟局域网

2.3.1 VLAN 的定义和优点

VLAN(Virtual Local Area Network,虚拟局域网)是一种通过将局域网内的设备逻辑地划分成一个个网段从而实现虚拟工作组的技术。IEEE 于 1999 年颁布了用于标准化 VLAN 实现方案的 802.1Q 协议标准草案。

VLAN 技术允许网络管理者将一个 LAN 逻辑地划分成不同的广播域,每一个 VLAN

都包含一组有着相同需求的计算机工作站,与物理上形成的 LAN 有着相同的属性。但由于它是逻辑划分而不是物理划分,所以同一个 VLAN 内的各个工作站无须被放置在同一个物理空间里,即这些工作站不一定属于同一个物理 LAN 网段。一个 VLAN 内部的广播和单播流量都不会转发到其他 VLAN 中,从而有助于控制流量、减少设备投资、简化网络管理、提高网络的安全性。

图 2-6 显示了一个基于不同工作组来设计的 VLAN。在这个例子中,定义了三个 VLAN,它分布在不同物理位置的三台交换机上。

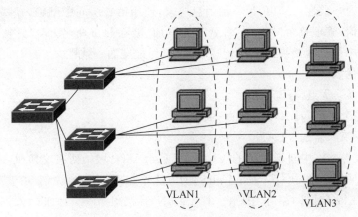

图 2-6　VLAN 逻辑结构图

VLAN 是为解决以太网的广播问题和安全性而提出的一种技术,它在以太网帧的基础上增加了 VLAN 头,用 VLAN ID 把用户划分为更小的工作组,限制不同工作组间的用户二层互访,每个工作组就是一个虚拟局域网。虚拟局域网的好处是可以限制广播范围,并能够形成虚拟工作组,动态管理网络。

2.3.2　VLAN 的实现方法

VLAN 在交换机上的实现方法,可以大致划分为以下三类。

(1) 基于端口划分的 VLAN(静态)。根据端口划分是目前定义 VLAN 的最广泛的方法,IEEE 802.1q 规定了依据以太网交换机的端口来划分 VLAN 的国际标准。例如,可以指定交换机 1 的 2～5 端口和交换机 2 的 3～6 端口为同一 VLAN。基于端口划分的 VLAN 定义 VLAN 成员时非常简单,但是如果 VLAN1 的用户离开了原来的端口,到了一个新的交换机的某个端口,那么就必须重新定义。

(2) 基于 MAC 地址划分 VLAN(动态)。这种划分 VLAN 的方法是根据每个主机的 MAC 地址来划分,所以通常称这种根据 MAC 地址的划分方法是基于用户的 VLAN。基于 MAC 地址划分 VLAN 时当用户物理位置移动时,VLAN 不用重新配置。这种方法的缺点是初始化时,所有的用户都必须进行配置,如果有几百个甚至上千个用户的话,配置工作非常繁杂。同时这种划分的方法也导致了交换机执行效率的降低,因为在每一个交换机的端口都可能存在很多个 VLAN 组的成员,这样就无法限制广播包了。

(3) 基于协议划分 VLAN(动态)。基于协议划分 VLAN 的方法是根据每个主机的网络层地址或协议类型划分的。基于协议划分 VLAN 的优点是用户的物理位置改变了,不需

有线局域网集成技术

要重新配置所属的 VLAN，而且可以根据协议类型来划分 VLAN。此外，基于协议划分 VLAN 不需要附加的帧标签来识别 VLAN，这样可以减少网络的通信量。基于协议划分 VLAN 的缺点是效率低。

2.3.3　VTP

1. VTP 简介

VLAN 中继协议(VLAN Trunking Protocol，VTP)负责在一个公共的网络管理域内维持 VLAN 配置的一致性。VTP 是一种消息协议，使用第二层的中继帧，在一组交换机之间进行 VLAN 通信，管理整个网络上 VLAN 的添加、删除和重命名。VTP 从一个中心控制点开始，向网络中的其他交换机集中传达变化，确保配置的一致性。

2. VTP 的优点

VTP 具有以下优点。

(1) 保持整个网络 VLAN 配置的一致性。

(2) 精确跟踪和监视 VLAN。

(3) 动态报告网络中新增加了的 VLAN 信息给 VTP 域中所有交换机。

(4) 可以使用即插即用(plug-and-play)的方法增加 VLAN。

(5) 可以在混合型网络中中继一个 VLAN 的映射方案，比如以太网映射到 ATM LANE、FDDI 等。

3. VTP 的工作原理

VTP 域，也称为 VLAN 管理域，由一个或多个共享 VTP 域名的相互连接的交换机组成。一台交换机可属于并且只属于一个 VTP 域。要使用 VTP，就必须为每台交换机指定 VTP 域名。VTP 信息只能在 VTP 域内保持。在同一管理域中的交换机共享它们的 VLAN 信息，并且，一个交换机只能参加到一个 VTP 管理域，不同域中的交换机不能共享 VTP 信息。

默认情况下，Catalyst 交换机处于 VTP 服务器模式，并且不属于任何管理域，直到交换机通过中继链路接收了关于一个域的通告，或者在交换机上配置了一个 VLAN 管理域，交换机才能在 VTP 服务器上把创建或者更改 VLAN 的消息通告给本管理域内的其他交换机。如果在 VTP 服务器上进行了 VLAN 配置变更，所做的修改会传播到 VTP 域内的所有交换机上。如果交换机配置为"透明"模式，可以创建或者修改 VLAN，但所做的修改只影响单个的交换机。控制 VTP 功能的一项关键参数是 VTP 配置修改编号，这个 32 位的数字表明了 VTP 配置的特定修改版本。配置修改编号的取值从 0 开始，每修改一次，就增加 1 直到达到 4 294 967 295，然后循环归 0，并重新开始增加。每个 VTP 设备会记录自己的 VTP 配置修改编号；VTP 数据包会包含发送者的 VTP 配置修改编号。这一信息用于确定接收到的信息是否比当前的信息更新。要将交换机的配置修改号置为 0，只需要禁中继，改变 VTP 的名称，并再次启用中继。

4. VTP 的运行模式

在 VTP 域里操作的三种模式如下。

(1) 服务器模式。一个 VTP 域里必须至少要有一个服务器用来传播 VLAN 信息。VTP 服务器控制着它们所在域中 VLAN 的创建、修改和删除，并对整个 VTP 域指定其他配置参数。VTP 服务器从所有中继端口发送 VTP 消息。所有的 VTP 信息都被通告在本域中的其他交换机，而且，所有这些 VTP 信息都是被其他交换机同步接收的。VTP 信息的改变必须在服务器模式下操作。该模式是交换机的默认模式。

(2) 客户机模式。在这种模式下，交换机从 VTP 服务器接收信息，而且它们也发送和接收更新，但是它们不能做任何改变。VTP 客户机不允许管理员创建、修改或删除 VLAN。它们监听本域中其他交换机的 VTP 通告，并相应修改它们的 VTP 配置情况。

(3) 透明模式。被配置为透明模式的交换机不参与 VTP。当交换机处于透明模式时，它不通告其 VLAN 配置信息。而且，它的 VLAN 数据库更新与收到的通告也不保持同步。但它可以创建和删除本地的 VLAN。不过，这些 VLAN 的变更不会传播到其他任何交换机上。

表 2-1 比较了各种运行模式的状态。

表 2-1　VTP 运行模式对比

功　　能	服务器模式	客户端模式	透明模式
提供 VTP 消息	√	√	×
监听 VTP 消息	√	√	×
修改 VLAN	√	×	√（本地有效）
记住 VLAN	√	×/√（版本相关）	√（本地有效）

2.3.4　VXLAN

1. VXLAN 的产生

服务器虚拟化技术，允许在物理机上运行多个 MAC 地址各不相同的虚拟机，随着数量的增加，交换机上的 MAC 地址表将剧烈膨胀，甚至需要 MAC 覆盖。其次，大规模数据中心以及公有云的场景下，原有的数据中心用来划分虚拟网络的 VLAN 技术不再能够满足需求，因为现有 VLAN 数量受制于 VLAN(IEEE 802.1q)协议，只有 4096 个虚拟网络标识可用，这远远满足不了现实的需求。另一方面，虚拟器搬迁受到限制，虚拟机启动后假如在业务不中断的基础上将该虚拟机迁移到另外一台物理机上去，需要将虚拟机的 IP 地址和 MAC 地址等参数保持不变，这就要求业务网络是一个二层的网络。VXLAN(Virtual eXtensible Local Area Network，虚拟扩展局域网)技术就是在这种背景下应运而生的，它很好地解决了上述问题，目前已经成为业界主流的虚拟网络技术之一。

2. VXLAN 的报文格式

VXLAN 是一种将二层报文用三层协议进行封装的技术，可以对二层网络在三层范围进行扩展。每个覆盖域被称为 VXLAN segment，它的 ID 是由位于 VXLAN 数据包头中的 VXLAN Network Identifier(VNI)标识的。VNI 字段包含 24b，故 segments 最大数量为 2 的 24 次方，约 16M 个。并且只有在相同 VXLAN segment 内的虚拟机之间才可以相互通信。VXLAN 的报文格式如图 2-7 所示。

3. VXLAN 虚拟网络结构

根据 VXLAN 的封包方式，也可以将它看作一种隧道模式的网络覆盖技术，这种隧道是无状态的。隧道端点(VXLAN Tunnel End Point，VTEP)一般位于拥有虚拟机的宿主机

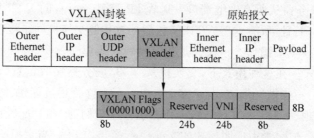

图 2-7　VXLAN 报文格式

中,因此 VNI 和 VXLAN 隧道只有 VTEP 可见,对于虚拟机是透明的,那么不同的 VXLAN segment 中就允许具有相同 MAC 地址的虚拟机。并且 VTEP 也可以位于物理交换机或物理主机中,甚至可以使用软件来定义。VTEP 用于 VXLAN 报文的封装和解封装,它与物理网络相连,分配的地址为物理网络 IP 地址。VXLAN 报文中源 IP 地址为本结点的 VTEP 地址,VXLAN 报文中目的 IP 地址为对端结点的 VTEP 地址,一对 VTEP 地址就对应着一个 VXLAN 隧道。VXLAN 虚拟网络结构如图 2-8 所示。

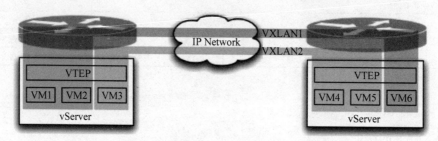

图 2-8　VXLAN 虚拟网络结构示意图

4. VXLAN 网关

为了让 VXLAN 虚拟网络之间以及虚拟网络与物理网络之间能够进行通信,VXLAN 标准还定义了一个 VXLAN 网关实体。其工作示意图如图 2-9 所示。

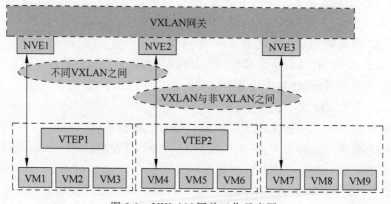

图 2-9　VXLAN 网关工作示意图

图中 VM 之间的通信模式主要有三种:同 VNI 下的不同 VM(分布在同一实体和不同实体两种),不同 VNI 下的跨网访问,VXLAN 和非 VXLAN 之间的访问。NVE(Network

Virtrualization Edge,网络虚拟边缘结点)是实现网络虚拟化的功能实体,VM 里的报文经过 NVE 封装后,NVE 之间就可以在基于第三层的网络基础上建立起二层虚拟网络。网络设备实体以及服务器实体上的 VSwitch 都可以作为 NVE。

2.3.5 VLAN 配置实例

该配置用到的技术有 VTP、STP、RIP V2 和 EthetnetChannel。配置完成后,实现 VLAN 之间的互相通信,并实现做到三层交换机的负载均衡和冗余备份。另要实现和外网通信的线路备份。实验的拓扑图如图 2-10 所示。

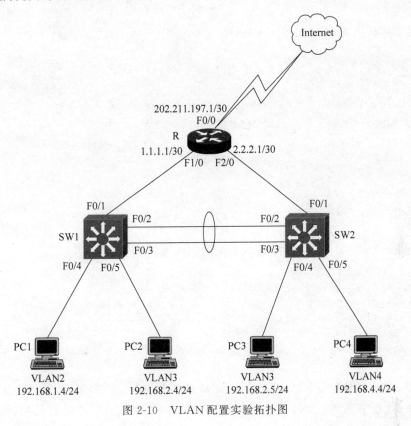

图 2-10　VLAN 配置实验拓扑图

SW1 配置(SW2 也配置 VTP 模式为 Server,它可以自动学习 SW1 的 VLAN 信息。配置略):

(1) 划分 VLAN 配置 VTP 为 Server 模式。

```
Sw1 > en
Sw1#vl da    (完整命令:vlan database)
Sw1(vlan)#vtp d accp     (完整命令:vtp domain accp)
Sw1(vlan)#vtp pa 123      (完整命令:vtp password 123)
Sw1(vlan)#vtp pr   (完整命令:vtp pruning)
Sw1(vlan)#vtp s    (完整命令:vtp server)
Sw1(vlan)#exit
Sw1#vl da
```

有线局域网集成技术

```
Sw1(vlan)#vl 2
VLAN 2 added:
Name: VLAN0002
Sw1(vlan)#vl 3
VLAN 3 added:
Name: VLAN0003
Sw1(vlna)#exit
APPLY completed.
Exiting....
```

(2) 将 F0/4‐5 端口加入相应 VLAN。

```
Sw1#conf  t
Sw1(config)#in f0/4
Sw1(config‐if)#sw m a      (完整命令: switchport mode access)
Sw1(config‐if)#sw a v 2       (完整命令: switchport access vlan 2)
Sw1(config‐if)#exit
Sw1(config)#in f0/5
Sw1(config‐if)#sw m a
Sw1(config‐if)#sw a v 3
Sw1(config‐if)#exit
```

(3) 将 F0/2‐3 端口设置中继模式并配置以太通道。

```
Sw1(config)#in r f0/2 ‐ 3      (完整命令: interface range f0/2 ‐ 3)
Sw1(config‐if‐range)#sw m t    (完整命令: switchport mode trunk)
Sw1(config‐if‐range)#exit
Sw1(config)#in r f0/2 ‐ 3
Sw1(config‐if‐range)#ch 1 m o    (完整命令: channel‐group 1 mode on)
```

(4) 在 SW1 上配置为 VLAN2 和 VLAN3 的主根网桥,为 VLAN4 的备份根网桥。

在 SW2 上配置为 VLAN4 的主根网桥,为 VLAN2 和 VLAN3 的备份根网桥(配置步骤略)。

```
Sw1(config)#spa vl 2    (完整命令: spanning‐tree vlan 2)
Sw1(config)#spa vl 3
Sw1(config)#spa vl 2 r p      (完整命令: spanning‐tree vlan 2 root primary)
Sw1(config)#spa vl 3 r p      (完整命令: spanning‐tree vlan 3 root primary)
Sw1(config)#spa vl 4 r s    (完整命令: spanning‐tree vlan 4 root secondary)
```

(5) 在交换机上启用上行速链路和速端口(SW2 配置方法相同,略)。

```
Sw1(config)#spa u     (完整命令: spanning‐tree uplinkfast)
Sw1(config)#in r f0/4 ‐ 5 (完整命令: interface range f0/4 ‐ 5)
Sw1(config‐if‐range)#spa portf    (完整命令: spanning‐tree portfast)
```

(6) 在三层交换机 SW1 上启用路由,并配置每个 VLAN 的 IP 地址。

```
Sw1(config)♯ip routing
Sw1(config)♯in vl 2 (完整命令:interface vlan 2)
Sw1(config-if)♯ip ad 192.168.1.1 255.255.255.0  (完整命令:ip address IP 子掩)
Sw1(config-if)♯no sh(完整命令:no shutdown)
Sw1(config-if)♯exit
Sw1(config)♯in vl 3
Sw1(config-if)♯ip ad 192.168.2.1 255.255.255.0
Sw1(config-if)♯no sh
Sw1(config-if)♯exit
```

(7) 配置三层交换机 SW1 的 F0/1 端口为路由接口,并配置 IP 地址。

```
Sw1(config)♯in f0/1
Sw1(config-if)♯no sw (完整命令:no switchport)
Sw1(config)♯in f0/1
Sw1(config-if)♯ip ad 1.1.1.2 255.255.255.252
Sw1(config-if)♯no sh
Sw1(config-if)♯exit
Sw2(config)♯in f0/1
Sw2(config-if)♯ip ad 2.2.2.2 255.255.255.252
Sw2(config-if)♯no sh
Sw2(config-if)♯exit
```

两台交换机全部进行完以上配置后可以发现,SW1 上的 VLAN2 和 VLAN3 可以相互通信,SW2 上的 VLAN3 和 VLAN3 可以相互通信,SW1 和 SW2 上的 VLAN3 可相互通信。原因如下所述。

在三层交换机上启用路由后可以使不同的 VLAN 之间相互通信,所以每台交换机上的两个不同 VLAN 可通信;另因两台交换机上配置了以太通道,并且捆绑成以太通道的 4 个端口都启用了 TRUNK,这样以太通道就相当于一条逻辑上的中继链路,中继链路可以使不同交换机上的相同 VLAN 之间相互通信,所以此时两台交换机上的不同 VLAN 之间是不能相互通信的。要想使两台交换机上的不同 VLAN 也能相互通信,就要对路由器配置相应的静态或动态路由。另动态路由可实现与外网通信的线路备份功能,静态路由则不能完全实现。

配置过程如下(两种配置方法:动态路由 RIP V2 版本、静态路由)。

1. 动态路由配置过程

(1) SW1 交换机配置(SW2 配置和 SW1 完全相同,此处略)。

```
Sw1(config)♯router rip
Sw1(config-router)♯ve 2    (完整命令:version 2)启用 V2 版本
Sw1(config-router)♯no au    (完整命令:no auto-summary)关闭路由汇总功能
Sw1(config-router)♯net 192.168.1.0    (完整命令:network 192.168.1.0)宣告主网络号
Sw1(config-router)♯net 192.168.2.0
Sw1(config-router)♯net 1.1.1.0
Sw2(config-router)♯net 192.168.2.0
```

有线局域网集成技术

```
Sw2(config - router) # net 192.168.4.0
Sw2(config - router) # net 2.2.2.0
Sw1(config - router) # exit
```

（2）R 路由器配置：对路由器三个端口分别配置 IP 地址。

```
R > en
R # conf t
R(config) # in f0/0
R(config - if) # ip ad 202.211.197.1    255.255.255.252
R(config - if) # no sh
R(config - if) # exit
R(config) # in f1/0
R(config - if) # ip ad 1.1.1.1    255.255.255.252
R(config - if) # no sh
R(config - if) # exit
R(config) # in f2/0
R(config - if) # ip ad 2.2.2.1    255.255.255.252
R(config - if) # no sh
R(config - if) # exit
```

（3）R 路由器动态路由 RIP 配置。

```
R(config) # router rip
Rconfig - router) # ve 2
R(config - router) # no au
R(config - router) # net 1.1.1.0
R(config - router) # net 2.2.2.0
R(config - router) # net 202.211.197.0
```

2. 静态路由配置过程

（1）SW1 交换机配置（SW2 配置和 SW1 完全相同，此处略）。

（2）配置 F0/1 端口的 IP 地址，启用默认路由。

```
Sw1(config) # in f0/1
Sw1(config - if) # ip ad 1.1.1.2 255.255.255.252
Sw1(config - if) # no sh
Sw1(config - if) # exit
Sw1(config) # ip route 192.168.3.0    255.255.255.0    192.168.2.2
Sw2(config) # ip route 192.168.1.0    255.255.255.0    192.168.2.1
```

通过以上两台交换机上静态路由条目的配置，可以实现内网互相通信；当路由器中也进行了相关的静态路由条目配置后，内网可以和外网互通，但两条出网线路无法备份，当其中一条断开后，必有一台内网 PC 无法和外网通信，所以要想实现出网线备份功能必须用动态 RIP V2 版本协议。

2.4 虚拟专用网

虚拟专用网(Virtual Private Network,VPN)指的是依靠 ISP(Internet 服务提供商)和其他 NSP(网络服务提供商),在公用网络中建立专用的数据通信网络的技术。在虚拟专用网中,任意两个结点之间的连接并没有传统专网所需的端到端的物理链路,而是利用某种公众网的资源动态组成的。IETF 草案解释基于 IP 的 VPN 为"使用 IP 机制仿真出一个私有的广域网",即通过私有的隧道技术在公共数据网络上仿真一条点到点的专线技术。VPN 逻辑结构如图 2-11 所示。

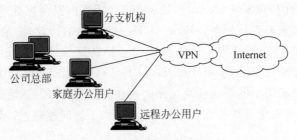

图 2-11 VPN 逻辑结构图

当移动用户或远程用户通过拨号方式远程访问公司或企业内部专用网络的时候,采用传统的远程访问方式不但通信费用比较高,而且在与内部专用网络中的计算机进行数据传输时,不能保证通信的安全性。为了避免以上的问题,通过拨号与企业内部专用网络建立 VPN 连接是一个理想的选择。

2.4.1 VPN 的解决方案

目前常用的 VPN 解决方案分别是 MPLS VPN、IPSec VPN 和 SSL VPN。

1. MPLS VPN

MPLS VPN 是一种基于 MPLS 技术的 IP VPN,是在网络路由和交换设备上应用 MPLS(Multiprotocol Label Switching,多协议标记交换)技术,简化核心路由器的路由选择方式,利用结合传统路由技术的标记交换实现的 IP 虚拟专用网络(IP VPN),可用来构造宽带的 Intranet、Extranet,满足多种灵活的业务需求。

在 MPLS/BGP VPN 的模型中,如图 2-12 所示,网络由运营商的骨干网与用户的各个 Site 组成,所谓 VPN 就是对 Site 集合的划分,一个 VPN 就对应一个由若干 Site 组成的集合。VPN 用户站点(Site):VPN 中的一个孤立的 IP 网络。一般来说,不通过骨干网不具有连通性,公司总部、分支机构都是 Site 的具体例子。

MPLS VPN 能够利用公用骨干网络强大的传输能力,降低企业内部网络的建设成本,极大地提高用户网络运营和管理的灵活性,同时能够满足用户对信

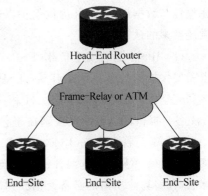

图 2-12 MPLS/BGP VPN 示意图

息传输安全性、实时性、宽频带和方便性的需要。目前,在基于 IP 的网络中,MPLS 具有降低了成本、提高资源利用率、提高了网络速度、提高了灵活性和可扩展性、安全性高、业务综合能力强、MPLS 的 QoS 保证和适用于较大的企事业单位等特点。

适用于具有以下明显特征的企业:高效运作、商务活动频繁、数据通信量大、对网络依靠程度高、有较多分支机构,如网络公司、IT 公司、金融业、贸易行业、新闻机构等。企业网的结点数较多,通常将达到几十个以上。而像城域网这样的网络环境,业务类型多样、业务流向流量不确定,特别适合使用 MPLS。

2. IPSec VPN

IPSec VPN 即指采用 IPSec 协议来实现远程接入的一种 VPN 技术,如图 2-13 所示。IPSec 全称为 Internet Protocol Security,是由 IETF 定义的安全标准框架,用以提供公用和专用网络的端对端加密和验证服务。IPSec 不是一个单独的协议,它给出了应用于 IP 层上网络数据安全的一整套体系结构。该体系结构包括认证头协议(Authentication Header,AH)、封装安全负载协议(Encapsulating Security Payload,ESP)、密钥管理协议(Internet Key Exchange,IKE)和用于网络认证及加密的一些算法等。IPSec 规定了如何在对等体之间选择安全协议、确定安全算法和密钥交换,向上提供了访问控制、数据源认证、数据加密等网络安全服务。

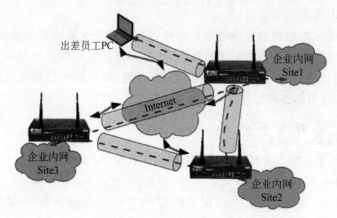

图 2-13　IPSec VPN 示意图

(1) 认证头协议(AH)。IPSec 体系结构中的一种主要协议,它为 IP 数据包提供无连接完整性与数据源认证,并提供保护以避免重播情况。AH 尽可能为 IP 头和上层协议数据提供足够多的认证。

(2) IPSec 封装安全负载(ESP)。ESP 是 IPSec 体系结构中的一种主要协议。ESP 加密需要保护的数据并且在 IPSec ESP 的数据部分进行数据的完整性校验,以此来保证机密性和完整性。ESP 提供了与 AH 相同的安全服务并提供了一种保密性(加密)服务,ESP 与 AH 各自提供的认证根本区别在于它们的覆盖范围。

(3) 密钥管理协议(IKE)。IKE 是一种混合型协议,由 Internet 安全联盟(SA)和密钥管理协议(ISAKMP)这两种密钥交换协议组成。IKE 用于协商 AH 和 ESP 所使用的密码算法,并将算法所需的必备密钥放到恰当位置。

VPN 只是 IPSec 的一种应用方式,IPSec VPN 的应用场景分为以下三种。

① Site-to-Site(站点到站点或者网关到网关)。如企业的三个机构分布在互联网的三个不同的地方,各使用一个网关相互建立 VPN 隧道,企业内网(若干 PC)之间的数据通过这些网关建立的 IPSec 隧道实现安全互连。

② End-to-End(端到端或者 PC 到 PC)。两个 PC 之间的通信由两个 PC 之间的 IPSec 会话保护,而不是网关。

③ End-to-Site(端到站点或者 PC 到网关)。两个 PC 之间的通信由网关和异地 PC 之间的 IPSec 进行保护。

基于 IPSec 的 VPN 的特点如下。

(1) 首先,利用不可靠的公用互联 VPN 作为信息传输媒介,通过附加的安全隧道技术对包进行 IP 封装,并通过用户认证等技术实现与专用网络相类似的安全性能,从而实现对重要信息的安全传输。运用协议实现的网关所体现的安全隧道封装技术 IPSec 有着多方面的优点:信息的安全性、方便的扩充性、方便的管理性、显著的成本效益等。基于 IPSec 的技术已成为 VPN 一种标准的安全协议。

(2) 其次,IPSec 方案安全级别高,基于 Internet 实现多专用网安全连接,IPSec VPN 是比较理想的方案。IPSec 工作于网络层,对终端站点间所有传输数据进行保护,而不管是哪类网络应用。它在事实上将远程客户端"置于"企业内部网,使远程客户端拥有内部网用户一样的权限和操作功能。IPSec VPN 能顺利实现企业网资源访问,用户不一定要采用 Web 接入(可以是非 Web 方式),这对同时需要以两种方式进行自动通信的应用程序来说是最好方案。

(3) 再次,IPSec 的提出使得 VPN 有了更好的解决方案,这是因为在网络层就进行安全服务,使得密钥协商的开销被大大削减了,这是由于多种传送协议和应用程序可共享由网络层提供的密钥管理结构(IKE)。而且,假如网络安全服务在较低层实现,那么需要改动的应用程序就要少得多。

3. SSL VPN

SSL VPN 即指采用 SSL(Security Socket Layer)协议来实现远程接入的一种新型 VPN 技术,如图 2-14 所示。SSL 协议是网景公司提出的基于 Web 应用的安全协议,它包括服务器认证、客户认证、SSL 链路上的数据完整性和 SSL 链路上的数据保密性。对于内、外部应用来说,使用 SSL 可保证信息的真实性、完整性和保密性。目前,SSL 协议被广泛应用于各种浏览器应用,也可以应用于 Outlook 等使用 TCP 传输数据的 C/S 应用。正因为 SSL 协议被内置于 IE 等浏览器中,使用 SSL 协议进行认证和数据加密的 SSL VPN 就可以免于安装客户端。相对于传统的 IPSec VPN 而言,SSL VPN 具有部署简单、无客户端、维护成本低、网络适应强等特点。

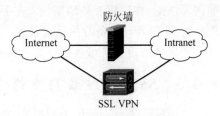

图 2-14　SSL VPN 示意图

SSL VPN 是解决远程用户访问敏感公司数据最简单最安全的解决技术。与复杂的 IPSec VPN 相比,SSL 通过简单易用的方法实现信息远程连通。任何安装浏览器的机器都可以使用 SSL VPN,这是因为 SSL 内嵌在浏览器中,它不需要像传统 IPSec VPN 一样必须为每一台客户机安装客户端软件,另外它兼容性好,可以适用于任何的终端及操作系统。这

有线局域网集成技术

些对于拥有大量机器(包括家用机、工作机和客户机等)需要与公司机密信息相连接的用户至关重要。

SSL VPN 并不能完全取代 IPSec VPN,这两种技术目前应用在不同的领域,是可以进行互补的。SSL VPN 考虑的是单点接入网络,是应用在点对网结构的接入模式;而 IPSec VPN 主要用在两个局域网之间通过 Internet 建立的安全连接,保护的是网对网之间的通信。在现代的商业机构模式中,普遍都存在着这两种需求,所以在选择 VPN 技术的时候应该根据实际的业务需求出发,选择某一种或者二合一的 VPN 技术。

2.4.2 VPN 安全技术

目前,VPN 主要采用 4 项技术来保证安全,这 4 项技术分别是隧道技术(Tunneling)、加解密技术(Encryption & Decryption)、密钥管理技术(Key Management)、使用者与设备身份认证技术(Authentication)。

1. 隧道技术

隧道技术是 VPN 的基本技术,类似于点对点连接技术,它在公用网建立一条数据通道(隧道),让数据包通过这条隧道传输。隧道是由隧道协议形成的,分为第二、三层隧道协议。第二层隧道协议是先把各种网络协议封装到 PPP 中,再把整个数据包装入隧道协议中。这种双层封装方法形成的数据包靠第二层协议进行传输。第二层隧道协议有 L2F、PPTP、L2TP 等。L2TP 是目前 IETF 的标准,由 IETF 融合 PPTP 与 L2F 而形成。

第三层隧道协议是把各种网络协议直接装入隧道协议中,形成的数据包依靠第三层协议进行传输。第三层隧道协议有 GRE、IPSec 等。IPSec 由一组 RFC 文档组成,定义了一个系统来提供安全协议选择、安全算法,确定服务所使用密钥等服务,从而在 IP 层提供安全保障。

2. 加解密技术

加解密技术是数据通信中一项较成熟的技术,VPN 可直接利用现有技术。

3. 密钥管理技术

密钥管理技术的主要任务是如何在公用数据网上安全地传递密钥而不被窃取。现行密钥管理技术又分为 SKIP 与 ISAKMP/OAKLEY 两种。SKIP 主要是利用 Diffie-Hellman 的演算法则,在网络上传输密钥;在 ISAKMP 中,双方都有两把密钥,分别用于公用、私用。

4. 使用者与设备身份认证技术

使用者与设备身份认证技术最常用的是使用者名称与密码或卡片式认证等方式。

2.4.3 SSL VPN 应用案例

某银行作为一个国内大型银行,每天面临着巨大的信息量,要求其及时对众多的市场、金融信息做出处理。为提升数据整合速度,提高运营效率,银行建立了一套数据网络平台用于信息数据的整合与共享;所有邮件系统、业务系统的信息传输均在该平台上实现。

1. 远程移动办公面临的问题

因为该行需要对各分支机构进行监督、管理,其业务人员需要经常出差,移动办公需求急剧增加。该行员工不仅需要在单位局域网内访问 OA、邮件系统、业务系统等网络资源,在外出差期间他们同样需要安全便捷地接入总行局域网访问相关办公系统。

为进一步提高工作人员的工作效率,有效地解决数据传输中的通道安全、数据安全、接入安全等问题,实现现有邮件系统的安全访问,该行信息中心的管理者考虑通过 VPN 接入的方式来实现工作人员对内网邮件系统的安全访问和操作,要求对访问、邮件接收都达到高级别的安全性和稳定性。

2. SSL VPN 解决方案

该行采用深信服科技的 SSL VPN 解决方案,部署了两台深信服千兆级 SSL VPN 设备,为远程接入构建了安全高效的接入平台;同时考虑到线路稳定性、设备稳定性等因素,以双机热备的方式实现系统连接,保障即使一条线路出现故障也能实现远程移动办公接入;并且引入了多因素身份认证方式,实现了静态认证和动态认证的混合模式身份认证体系,这样就保证了所有员工接入总行内网时,可以做到完备的身份安全认证。其 VPN 组网示意图如图 2-15 所示。

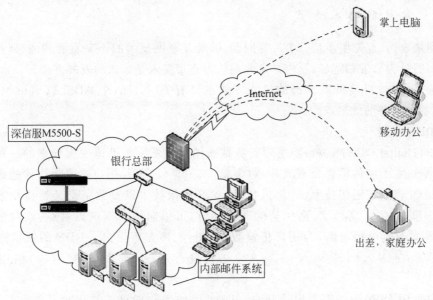

图 2-15　国内某行 VPN 组网示意图

3. 远程移动办公所达到的效果

(1) 通过 SSL VPN,远程办公和移动用户可以随时访问内部办公平台,获取、提交信息非常便捷。

(2) SSL VPN 提供丰富的认证,包括 USB Key、短信口令、软键盘、动态令牌、CA、硬件特征码等,最大程度上确保接入用户身份的合法性。

(3) 对内网的访问权限进行细致的设定,对不同的用户分配不同的权限规则,避免内部出现安全隐患。

(4) 操作简易,支持多种部署模式,不会对现有网络造成任何影响,各种服务及应用均可正常使用,与该行的各种 IT 办公系统结合良好。

目前,该行相关部门的邮件、OA 等应用都承载在这个网络中,所有移动办公人员在各个场所包括酒店、住宅、候机室等环境下都可通过 SSL VPN 接入总部的 IDC,进行信息交互,为日常业务的开展提供了有力的保障和支撑。

2.5 接 入 技 术

网络接入技术通常指计算机主机和局域网接入广域网的技术,即用户终端与 ISP 的互连技术。

广域网具有以下特点。

(1) 主要提供面向通信的服务,支持用户使用计算机进行远距离的信息交换。

(2) 覆盖范围广,通信的距离远。

(3) 由电信部门或公司负责组建、管理和维护,并向全社会提供面向通信的有偿服务、流量统计和计费问题。

(4) 与局域网相比较,广域网传输速率较低,传输延时较大,误码率较高。

2.5.1 常见的接入方式

提到接入网,首先要涉及一个带宽问题,随着互联网技术的不断发展和完善,接入网的带宽被人们分为窄带和宽带,业内专家普遍认为宽带接入是未来的发展方向。

在接入网中,目前可供选择的接入方式主要有 DDN、LAN、ADSL、Cable Modem 和 PON,它们各有各的优缺点。

1. DDN 专线

DDN(Digital Data Network)是随着数据通信业务发展而迅速发展起来的一种新型网络。DDN 的主干网传输媒介有光纤、数字微波、卫星信道等,用户端多使用普通电缆和双绞线。DDN 将数字通信技术、计算机技术、光纤通信技术以及数字交叉连接技术有机地结合在一起,提供了高速度、高质量的通信环境,可以向用户提供点对点、点对多点透明传输的数据专线出租电路,为用户传输数据、图像、声音等信息。DDN 的通信速率可根据用户需要在 $N \times 64\text{kb/s}(N=1\sim32)$ 之间进行选择,当然,速度越快,租用费用也越高。

用户租用 DDN 业务需要申请开户。DDN 的收费一般可以采用包月制和计流量制,这与一般用户拨号上网的按时计费方式不同。DDN 的租用费较贵,普通个人用户负担不起,DDN 主要面向集团公司等需要综合运用的单位。DDN 按照不同的速率带宽收费也不同。

2. xDSL

ADSL(Asymmetrical Digital Subscriber Line,非对称数字用户环路)是一种能够通过普通电话线提供宽带数据业务的技术,也是目前极具发展前景的一种接入技术。ADSL 素有"网络快车"的美誉,因其下行速率高、频带宽、性能优、安装方便、不需要交纳电话费等特点而深受广大用户喜爱,成为继 Modem、ISDN 之后的又一种全新的高效接入方式。

ADSL 接入技术示意如图 2-16 所示。ADSL 方案的最大特点是不需要改造信号传输线路,完全可以利用普通铜质电话线作为传输介质,配上专用的 Modem 即可实现数据高速传输。ADSL 支持上行速率 640kb/s~1Mb/s,下行速率 1~8Mb/s,其有效的传输距离在 3~5km 范围以内。在 ADSL 接入方案中,每个用户都有单独的一条线路与 ADSL 局端相连,它的结构可以看作星状结构,数据传输带宽是由每一个用户独享的。

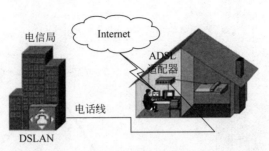

图 2-16　ADSL 接入技术示意图

3. Cable Modem

Cable Modem(线缆调制解调器)是一种超高速 Modem,它利用现成的有线电视(CATV)网进行数据传输,已是比较成熟的一种技术。随着有线电视网的发展壮大和人们生活质量的不断提高,通过 Cable Modem 利用有线电视网访问 Internet 已成为越来越受业界关注的一种高速接入方式。

由于有线电视网采用的是模拟传输协议,因此网络需要用一个 Modem 来协助完成数字数据的转换。Cable Modem 与以往的 Modem 在原理上都是将数据进行调制后在 Cable 的一个频率范围内传输,接收时进行解调,传输机理与普通 Modem 相同,不同之处在于它是通过有线电视 CATV 的某个传输频带进行调制解调的。

Cable Modem 连接方式可分为两种:对称速率型和非对称速率型。前者的 Data Upload(数据上传)速率和 Data Download(数据下载)速率相同,都为 500kb/s~2Mb/s;后者的数据上传速率为 500kb/s~10Mb/s,数据下载速率为 2~40Mb/s。

采用 Cable Modem 上网的缺点是由于 Cable Modem 模式采用的是相对落后的总线型网络结构,这就意味着网络用户共同分享有限带宽;另外,购买 Cable Modem 和初装费也都不算很便宜,这些都阻碍了 Cable Modem 接入方式在国内的普及。但是,它的市场潜力是很大的。

4. 无源光网络接入

PON(无源光网络)技术是一种点对多点的光纤传输和接入技术,下行采用广播方式,上行采用时分多址方式,可以灵活地组成树状、星状、总线型等拓扑结构,在光分支点不需要结点设备,只需要安装一个简单的光分支器即可,具有节省光缆资源、带宽资源共享、节省机房投资、设备安全性高、建网速度快、综合建网成本低等优点。其网络架构如图 2-17 所示,由光线路终端(Optical Line Terminal,OLT)、光网络单元(Optical Network Unit,ONU)和无源分光器(Passive Optical Splitter,POS)组成。

1) PON 的分类

PON 包括 APON(ATM-PON)、EPON(Ethernet-PON)和 GPON(Gigabit-Capable PON)三种。APON 技术发展得比较早,它具有综合业务接入、QoS 服务质量保证等独有的特点;EPON 是基于以太网的 PON 技术,它采用点到多点结构、无源光纤传输,在以太网之上提供多种业务,具有低成本、高带宽、扩展性强、与现有以太网兼容、方便管理等优点;GPON 技术是基于 ITU-TG.984.x 标准的最新一代宽带无源光综合接入标准,具有高带宽、高效率、大覆盖范围、用户接口丰富等众多优点,被大多数运营商视为实现接入网业务宽

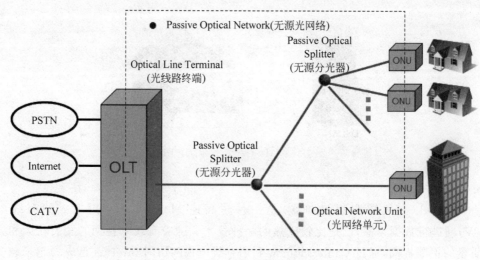

图 2-17　无源光网络架构

带化,综合化改造的理想技术。

　　目前,GPON 已成为光接入的首选技术,GPON 产业链标准具有全球化优势,GPON 产业链上的芯片厂家和设备厂商数量已超过 EPON,且大部分都是全球主流的宽带芯片厂家和主流的设备厂家,产业链发展的后劲更强。

　　2) GPON 的优点

　　GPON 的技术优势主要有以下几点。

　　(1) GPON 是运营商驱动标准,提供 1.25Gb/s 上行速率和 2.5Gb/s 的下行速率,传输距离 20km,分路比可扩展到 1∶128。GPON 无论编码效率、汇聚层效率、承载协议率和业务适配效率都最高。

　　(2) GPON 具有更精细的业务 QoS 能力。GPON 独有的链路层机制支持 5 种带宽类型,可对宽带业务进行精细的分类,在支持未来多业务上,GPON 优势明显。

　　(3) GPON 能更好地支持业务运营和管理。GPON 定义了详细的终端管理协议(OMCI),可以对全球范围内多种厂家 ONU 进行维护管理;GPON 还定义了光纤链路检测技术,可对光纤网络进行测试和故障诊断。

　　3) GPON 的传输方式

　　GPON 系统在一根光纤上采用 WDM 技术,实现强制的单纤双向传输机制,如图 2-18所示。为了分离同一根光纤上多个用户的来去方向的信号,采用两种复用技术:下行数据流采用广播技术,上行数据流采用 TDMA 技术。

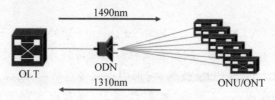

图 2-18　GPON 传输示意图

（1）下行数据。

GPON 的下行数据采用广播方式，如图 2-19 所示。下行帧长为固定的 $125\mu s$，所有的 ONU 都能收到相同的数据，但是通过 ONUID 来区分不同的 ONU 数据，ONU 通过过滤来接收属于自己的数据。

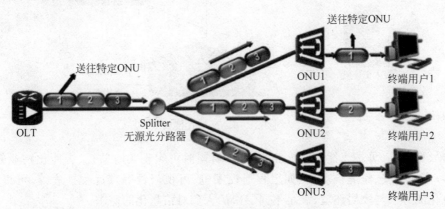

图 2-19　GPON 下行数据

（2）上行数据。

GPON 的上行数据是通过 TDMA（时分复用）的方式进行传输，如图 2-20 所示。上行链路被分成不同的时隙，根据下行帧的上行带宽映射（Upstream Bandwidth Map）字段来给每个 ONU 分配上行时隙，这样所有的 ONU 就可以按照一定的秩序发送自己的数据了，不会为了争夺时隙而产生冲突。

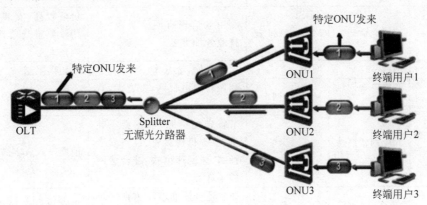

图 2-20　GPON 上行数据

5. LAN

LAN 方式接入是利用以太网技术，采用光缆＋双绞线的方式对社区进行综合布线。具体实施方案是：从社区机房敷设光缆至住户单元楼，楼内布线采用 5 类双绞线敷设至用户家里，双绞线总长度一般不超过 100m，用户家里的计算机通过 5 类跳线接入墙上的 5 类模块就可以实现上网。社区机房的出口是通过光缆或其他介质接入城域网。LAN 方式接入示意图如图 2-21 所示。

采用 LAN 方式接入可以充分利用小区局域网的资源优势。以太网技术成熟、成本低、

有线局域网集成技术

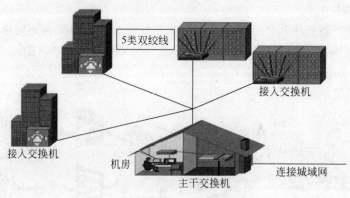

图 2-21　LAN 方式接入

结构简单、稳定性、可扩充性好；便于网络升级，同时可实现实时监控、智能化物业管理、小区/大楼/家庭保安、家庭自动化(如远程遥控家电、可视门铃等)、远程抄表等，可提供智能化、信息化的办公与家居环境，满足不同层次的人们对信息化的需求。

2.5.2　接入方式比较

用户在选择 Internet 接入方式时，究竟应该选择哪种方式？表 2-2 给出了几种常见方式的对比。

表 2-2　接入方式对比

比较内容	传输介质	用户终端设备	优　点	缺　点
xDSL	普通电话线	ADSL Modem 和滤波分离器	利用电信现有网络资源，支持业务种类多	价格较高，安装不方便；传输质量受传输距离影响较大
以太网	网线	网卡	简单方便，带宽大	受距离限制
Cable Modem	有线电视同轴电缆	Modem 网卡	利用有限电视网，带宽大，普及性高	双向改造投资较大
PON	光纤到楼网线到户	网卡	节省光缆资源、带宽资源共享、节省机房投资、设备安全性高、建网速度快、综合建网成本低等	前期投入成本高
无线	红外微波卫星	无线网卡	非常适合于布线不方便的场合移动多媒体；可以随时随地获取信息	带宽比以太网接入方式小，易受环境影响

2.6　有线局域网安全技术

2.6.1　访问控制技术

大家熟悉的如防火墙、入侵检测、VPN、安全网关等安全产品实际上都是针对用户数字身份的权限管理，而身份认证和访问控制则解决了用户的物理身份、数字身份及用户"能够做什么"等相对应的问题,给他们提供了权限管理的依据。身份认证和访问控制技术是网络安全的最基本要素,是用户登录网络时保证其使用和交易"门户"安全的首要条件。

1. 身份认证的概念

身份认证(Identity and Authentication Management)是计算机网络系统的用户在进入系统或访问不同保护级别的系统资源时,系统确认该用户的身份是否真实、合法和唯一的过程。

从上面的定义不难看出,身份认证就是为了确保用户身份的真实、合法和唯一,防止非法人员进入系统,防止非法人员通过违法操作获取不正当利益,访问受控信息,恶意破坏系统数据的完整性的情况的发生。同时,在一些需要具有较高安全性的系统中,通过用户身份的唯一性,系统可以自动记录用户所做的操作,进行有效的稽核。一个系统的身份认证的方案,必须根据各种系统的不同平台和不同安全性要求来进行设计,比如,有些公用信息查询系统可能不需要身份认证,而有些金融系统则需要很高的安全性。同时,身份认证要尽可能地方便、可靠,并尽可能地降低成本。在此基础上,还要考虑系统扩展的需要。

图 2-22 为认证和访问控制模型。

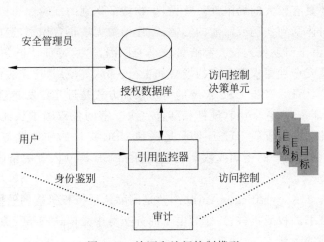

图 2-22 认证和访问控制模型

2. 身份认证技术方法

现在计算机及网络系统中常用的身份认证方式主要有以下几种。

(1) 用户名/密码方式。用户名/密码是最简单也是最常用的身份认证方法,每个用户的密码是由这个用户自己设定的,只有他自己才知道,因此只要能够正确输入密码,计算机就认为他就是这个用户。然而实际上,由于密码保存不当,或者由于密码在验证过程中被驻留在计算机内存中的木马程序或网络中的监听设备截获,极易造成密码泄漏。因此,用户名/密码方式是一种极不安全的身份认证方式。

(2) IC 卡认证。IC 卡是一种内置集成电路的卡片,卡片中存有与用户身份相关的数据,IC 卡由专门的厂商通过专门的设备生产,可以认为是不可复制的硬件。IC 卡由合法用户随身携带,登录时必须将 IC 卡插入专用的读卡器读取其中的信息,以验证用户的身份。IC 卡认证是基于"what you have"的手段,通过 IC 卡硬件不可复制来保证用户身份不会被仿冒。然而由于每次从 IC 卡中读取的数据还是静态的,通过内存扫描或网络监听等技术还

有线局域网集成技术

是很容易截取到用户的身份验证信息。因此,静态验证的方式还是存在根本的安全隐患。

(3) 动态口令。动态口令技术是一种让用户的密码按照时间或使用次数不断动态变化,每个密码只使用一次的技术。它采用一种称为动态令牌的专用硬件:内置电源、密码生成芯片和显示屏,密码生成芯片运行专门的密码算法,根据当前时间或使用次数生成当前密码并显示在显示屏上。认证服务器采用相同的算法计算当前的有效密码。用户使用时只需要将动态令牌上显示的当前密码输入客户端计算机,即可实现身份的确认。由于每次使用的密码必须由动态令牌来产生,只有合法用户才持有该硬件,所以只要密码验证通过就可以认为该用户的身份是可靠的。而用户每次使用的密码都不相同,即使黑客截获了一次密码,也无法利用这个密码来仿冒合法用户的身份。

(4) 生物特征认证。生物特征认证是指采用每个人独一无二的生物特征来验证用户身份的技术。常见的有指纹识别、虹膜识别等。从理论上说,生物特征认证是最可靠的身份认证方式,因为它直接使用人的物理特征来表示每一个人的数字身份,不同的人具有相同生物特征的可能性可以忽略不计,因此几乎不可能被仿冒。

生物特征认证基于生物特征识别技术,受到现在的生物特征识别技术成熟度的影响,采用生物特征认证还具有较大的局限性。首先,生物特征识别的准确性和稳定性还有待提高,特别是如果用户身体受到伤病或污渍的影响,往往导致无法正常识别,造成合法用户无法登录的情况。其次,由于研发投入较大和产量较小的原因,生物特征认证系统的成本非常高,目前只适合于一些安全性要求非常高的场合如银行、部队等使用,还无法做到大面积推广。

(5) USB Key 认证。基于 USB Key 的身份认证方式是近几年发展起来的一种方便、安全、经济的身份认证技术,它采用软硬件相结合一次一密的强双因子认证模式,很好地解决了安全性与易用性之间的矛盾。USB Key 是一种 USB 接口的硬件设备,它内置单片机或智能卡芯片,可以存储用户的密钥或数字证书,利用 USB Key 内置的密码学算法实现对用户身份的认证。

(6) CA 认证。CA(Certificate Authority)是国际认证授权机构的通称,它是负责发放、管理和取消数字证书的权威机构,并作为电子商务交易中受信任的第三方,承担公钥体系中公钥的合法性检验的责任。

CA 中心为每个使用公开密钥的用户发放一个数字证书,数字证书的作用是证明证书中列出的用户合法拥有证书中列出的公开密钥。CA 机构的数字签名使得攻击者不能伪造和篡改证书。

为保证用户之间在网上传递信息的安全性、真实性、可靠性、完整性和不可抵赖性,不仅需要对用户的身份真实性进行验证,也需要有一个具有权威性、公正性、唯一性的机构,负责向电子商务的各个主体颁发并管理符合国内、国际安全电子交易协议标准的电子商务安全证,并负责管理所有参与网上交易的个体所需的数字证书,因此是安全电子交易的核心环节。

3. 访问控制技术

访问控制(Access Control)指对网络中的某些资源访问进行的控制,是在保障授权用户能够获得所需资源的同时拒绝非授权用户的安全机制。访问控制的目的是为了限制访问主体(用户、进程等)对访问客体(文件、系统等)的访问权限,从而使计算机系统在合法范围内使用。它决定用户能做什么,也决定代表一定用户利益的程序能做什么。

访问控制是网络安全防范和保护的主要策略,它的主要任务是保证网络资源不被非法使用和访问,是实现数据保密性和完整性机制的主要手段。访问控制是对信息系统资源进行保护的重要措施,也是计算机系统中最重要和最基础的安全机制。

1) 访问控制三要素

访问控制包括三个要素,即主体、客体和控制策略。

(1) 主体(Subject)。主体是可以对其他实体施加动作的主动实体,有时也称为用户或访问者(被授权使用计算机的人员)。主体的含义是广泛的,可以是用户所在的组织、用户本身,也可以是用户使用的计算机终端、卡机、手持终端等,甚至可以是应用服务程序或进程。

(2) 客体(Object)。客体是接受其他实体访问的被动实体。客体的概念也很广泛,凡是可以被操作的信息、资源、对象都可以认为是客体。在信息社会中,客体可以是信息、文件、记录等的集合体,也可以是网络上的硬件设施、无线通信中的终端,甚至一个客体可以包含另外一个客体。

(3) 控制策略。控制策略是主体对客体的操作行为集合约束条件集。简单地讲,控制策略是主体对客体的访问规则集,这个规则集直接定义了主体对客体的作用行为和客体对主体的条件约束。访问策略体现了一种授权行为,也就是客体对主体的权限允许,这种允许不超越规则集。

访问控制策略是网络安全防范和保护的主要策略,各种网络安全策略必须相互配合才能真正起到保护作用,而访问控制是保证网络安全最重要的核心策略之一。

2) 访问控制的内容

访问控制包括认证、控制策略实现和安全审计三个内容。

(1) 认证。认证包括主体对客体的识别认证和客体对主体的检验认证。

(2) 控制策略实现。控制策略实现如何设定规则集合从而确保正常用户对信息资源的合法使用。既要防止非法用户,也要考虑敏感资源的泄漏,对于合法用户而言,更不能越权行使控制策略所赋予其权利以外的功能。

(3) 安全审计。安全审计是对网络系统的活动进行监视、记录并提出安全意见和建议的一种机制。利用安全审计可以有针对性地对网络运行状态和过程进行记录、跟踪和审查,是网络用户对网络系统中的安全设备、网络设备、应用系统及系统运行状况进行全面的监测、分析、评估,保障网络安全的重要手段。

3) 访问控制策略

访问控制策略隶属于系统安全策略,可以在计算机系统和网络中自动地执行授权,其主要任务是保证网络资源不被非法使用和访问。应用方面的访问控制策略包括以下 7 个方面的内容。

(1) 入网访问控制

入网访问控制为网络访问提供了第一层访问控制。它控制哪些用户能够登录到服务器并获取网络资源,控制准许用户入网的时间和准许他们在哪台工作站入网。用户的入网访问控制可分为三个步骤:用户名的识别与验证、用户口令的识别与验证、用户账号的默认限制检查。三道关卡中只要任何一关未过,该用户便不能进入该网络。网络应对所有用户的访问进行审计。如果多次输入口令不正确,则认为是非法用户的入侵,应给出报警信息。

（2）网络权限控制

网络的权限控制是针对网络非法操作所提出的一种安全保护措施。用户和用户组被赋予一定的权限。网络控制用户和用户组可以访问哪些目录、子目录、文件和其他资源。可以指定用户对这些文件、目录、设备能够执行哪些操作。根据访问权限将用户分为以下几类：①特殊用户（即系统管理员）；②一般用户，系统管理员根据用户的实际需要为他们分配操作权限；③审计用户，负责网络的安全控制与资源使用情况的审计。用户对网络资源的访问权限可以用访问控制表来描述。

（3）目录级安全控制

网络应允许控制用户对目录、文件、设备的访问。用户在目录一级指定的权限对所有文件和子目录有效，用户还可进一步指定对目录下的子目录和文件的权限。对目录和文件的访问权限一般有 8 种：系统管理员权限、读权限、写权限、创建权限、删除权限、修改权限、文件查找权限、访问控制权限。一个网络管理员应当为用户指定适当的访问权限，这些访问权限控制着用户对服务器的访问。8 种访问权限的有效组合可以让用户有效地完成工作，同时又能有效地控制用户对服务器资源的访问，从而加强了网络和服务器的安全性。

（4）属性安全控制

当用文件、目录和网络设备时，网络系统管理员应给文件、目录等指定访问属性。属性安全在权限安全的基础上提供更进一步的安全性。网络上的资源都应预先标出一组安全属性。用户对网络资源的访问权限对应一张访问控制表，用以表明用户对网络资源的访问能力。属性往往能控制以下几个方面的权限：向某个文件写数据、复制一个文件、删除目录或文件、查看目录和文件、执行文件、隐含文件、共享、系统属性等。

（5）网络服务器安全控制

网络允许在服务器控制台上执行一系列操作。用户使用控制台可以装载和卸载模块，也可以安装和删除软件等操作。网络服务器的安全控制包括可以设置口令锁定服务器控制台，以防止非法用户修改、删除重要信息或破坏数据；可以设定服务器登录时间、非法访问者检测和关闭的时间间隔等。

（6）网络监测和锁定控制策略

网络管理员应对网络实施监控，服务器要记录用户对网络资源的访问。如有非法的网络访问，服务器应以图形、文字或声音等形式报警，以引起网络管理员的注意。如果入侵者试图进入网络，网络服务器会自动记录企图尝试进入网络的次数，当非法访问的次数达到设定的数值，该用户账户就自动锁定。

（7）防火墙控制策略

防火墙通过制定严格的安全策略实现内外网络或内部网络不同信任域之间的隔离与访问控制。根据防火墙的性能和功能，这种控制可以达到不同的级别。防火墙可实现几类访问控制：①连接控制，控制哪些应用程序结点之间可建立连接；②协议控制，控制用户通过一个应用程序可以进行什么操作；③数据控制，防火墙可以控制应用数据流的通过。防火墙实现访问控制的尺度依赖于它所能实现的技术。

2.6.2　入侵检测技术

入侵检测技术实际上就是一种信息识别与检测技术，具体而言，就是在计算机网络系统中设置若干关键点来收集信息,并将信息输入到检测系统之中来分析判断,看网络中是否存在违反安全策略的行为或遭到袭击的迹象,从而帮助系统管理人员对付网络攻击的安全管理能力(包括安全审计、监视、进攻识别和响应)。

1. 入侵检测系统的概念及功能

入侵检测系统(Intrusion-Detection System,IDS)是一种对网络传输进行即时监视,在发现可疑传输时发出警报或者采取主动反应措施的软件与硬件的组合系统。它与其他网络安全设备的不同之处在于,IDS是一种积极主动的安全防护技术。

IDS最早出现在1980年4月,James P. Anderson在为美国空军所做的一份题为 *Computer Security Threat Monitoring and Surveillance* 的技术报告中提出了IDS的概念。20世纪80年代中期,IDS逐渐发展成为入侵检测专家系统(IDES)。1990年,IDS分化为基于网络的IDS和基于主机的IDS。后又出现分布式IDS。图2-23为经典的入侵检测系统部署拓扑图。

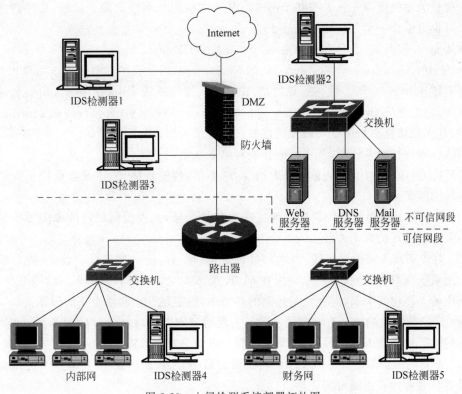

图 2-23　入侵检测系统部署拓扑图

入侵检测技术虽然能对网络攻击进行识别并做出反应,但其侧重点还是在于发现,而不能代替防火墙系统执行整个网络的访问控制策略。防火墙系统能够将一些预期的网络攻击阻挡于网络外面,而入侵检测技术除了减小网络系统的安全风险之外,还对一些非预期的攻击进行识别并做出反应,切断攻击连接或通知防火墙系统修改控制准则,将下一次的类似攻击阻挡于网络外部。因此通过网络安全检测技术和防火墙系统结合,可以实现一个完整的网络安全解决方案。

2. 入侵检测系统分类

(1) 根据采用的技术和检测原理分类。根据采用的技术和原理分类,可以分为异常检测(Anormaly Detection)、误用检测(Misuse Detection)和特征检测三种。

(2) 按照数据源分类。根据监测的数据源分类,分为基于主机(Host-based)的入侵检测系统、基于网络(Network-based)的入侵检测系统和分布式入侵检测系统。

(3) 按照工作方式分类。根据工作方式分类,可以分为离线检测系统与在线检测系统。

3. 常用的入侵检测工具

经过几年的发展,入侵检测产品开始步入快速的成长期。一个入侵检测产品通常由两部分组成:传感器(Sensor)与控制台(Console)。传感器负责采集数据(网络包、系统日志等)、分析数据并生成安全事件。控制台主要起到中央管理的作用,商品化的产品通常提供图形界面的控制台,这些控制台基本上都支持 Windows NT 平台。

从技术上看,这些产品基本上分为以下几类:基于网络的产品和基于主机的产品。混合的入侵检测系统可以弥补一些基于网络与基于主机的片面性缺陷。此外,文件的完整性检查工具也可看作一类入侵检测产品。

常用的入侵检测工具包括 Cisco 公司的 NetRanger、Network Associates 公司的 CyberCop、Internet Security System 公司的 RealSecure,以及我国启明星辰产品和北方计算中心的 NIDS detector 等。值得一提的是,在网络入侵检测系统中,有多个久负盛名的开放源码软件,它们是 Snort、NFR、Shadow 等,其中,Snort 的社区(http://www.snort.org)非常活跃,其入侵特征更新速度与研发的进展已超过了大部分商品化产品。

当选择入侵检测系统时,要考虑的要点有以下 9 个。

(1) 系统的价格。价格是必须考虑的要点,不过,性能价格比,以及要保护系统的价值是更重要的因素。

(2) 特征库升级与维护的费用。像反病毒软件一样,入侵检测的特征库需要不断更新才能检测出新出现的攻击方法。

(3) 对于网络入侵检测系统,最大可处理流量(包/秒,pps)是多少。首先,要分析网络入侵检测系统所部署的网络环境,如果在 512K 或 2M 专线上部署网络入侵检测系统,则不需要高速的入侵检测引擎,而在负荷较高的环境中,性能是一个非常重要的指标。

(4) 产品效能及响应。有些常用的躲开入侵检测的方法,如分片、TTL 欺骗、异常 TCP 分段、慢扫描、协同攻击等,产品对于常见的躲避方法是否有效能。

(5) 产品的可伸缩性。系统支持的传感器数目、最大数据库大小、传感器与控制台之间通信带宽和对审计日志溢出的处理。

(6) 运行与维护系统的开销。产品报表结构、处理误报的方便程度、事件与事志查询的方便程度以及使用该系统所需的技术人员数量。

(7) 产品支持的入侵特征数。不同厂商对检测特征库大小的计算方法都不一样,所以不能偏听一面之词。

(8) 产品有哪些响应方法。要从本地、远程等多个角度考察。自动更改防火墙配置较灵活、便捷,但是自动配置防火墙是一个极为危险的举动。

(9) 是否通过了国家权威机构的评测。主要的权威测评机构有国家信息安全测评认证中心、公安部计算机信息系统安全产品质量监督检验中心。

2.6.3　数据安全技术

大数据时代,数据种类多,数据增长快,数据流动变化场景复杂,因此做好数据识别工作是数据安全的基础工作。数据安全标识(标记、标注)是与对象数据安全有关的(如数据密级、数据种类、数据保护方式、数据摘要值、数据责任人等属性)的格式化封装,是数据安全属性的信息载体。它由安全可靠的数据安全标识认证系统发布,并使用密码技术,以确保标识信息的完整性和真实性,并防止被篡改和伪造。因此,由数据安全标识承载的数据安全属性信息是可靠的,可以作为数据全生命周期的重要信息基础。数据安全标识处理包括安全标识生成、标识编码、标识绑定和标识保护。

数据安全技术贯穿数据的全生命周期,具体来讲分为数据采集、数据存储、数据传输、数据处理、数据交换以及数据销毁 6 个阶段,如图 2-24 所示。下面以数据安全标识为主线,介绍如何做好 6 个阶段的数据安全。

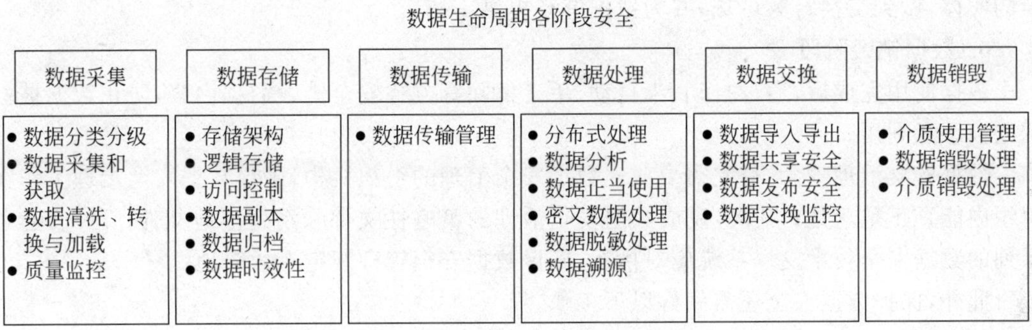

数据生命周期各阶段安全

数据采集	数据存储	数据传输	数据处理	数据交换	数据销毁
● 数据分类分级 ● 数据采集和获取 ● 数据清洗、转换与加载 ● 质量监控	● 存储架构 ● 逻辑存储 ● 访问控制 ● 数据副本 ● 数据归档 ● 数据时效性	● 数据传输管理	● 分布式处理 ● 数据分析 ● 数据正当使用 ● 密文数据处理 ● 数据脱敏处理 ● 数据溯源	● 数据导入导出 ● 数据共享安全 ● 数据发布安全 ● 数据交换监控	● 介质使用管理 ● 数据销毁处理 ● 介质销毁处理

图 2-24　数据生命周期各阶段安全

1. 数据采集阶段

在数据采集阶段,数据安全标识认证系统生成数据安全标识,并存入数据安全标识库,为数据生命全周期中的后续各阶段提供安全可信的数据安全属性信息支撑,对源系统访问数据资源进行资源访问控制、可信认证、确保用户和设备身份的合法性及未超出授权使用范围。

2. 数据存储阶段

基于数据安全标识中的安全等级信息,对数据进行分级存储保护、访问控制和按需备份。如可为存储在各类数据库、数据仓库和非结构化数据源中的数据,利用密码进行加密存储和密文访问控制,以降低数据泄露的风险;提高安全等级的数据备份等级,以降低数据丢失的风险。

3. 数据传输阶段

在本阶段,可以依据数据安全标识来实施数据分级传输保护和传输控制。

在数据传输前,可根据数据安全标识中的数据安全等级,对客体数据如数据库、文件、流式数据等进行分级传输保护。如对于涉密数据,应进行传输的机密性保护。对于单位内部的数据,应进行传输的完整性保护;对于公开数据,可不进行传输保护。

在数据传输的过程中,可基于数据安全标识中的数据类别、数据安全等级等信息进行传输控制。如应禁止高安全等级数据流向低安全等级的主体;根据数据类别,杜绝无关主体接收到数据,以控制知悉的范围。

4. 数据处理阶段

对数据资源访问、数据处理与计算、异常数据访问行为的监控和阻塞提供细粒度的权限管控。通过脱敏和访问代理,可以降低数据在外部攻击和内部数据侵犯过程中的泄漏风险。

5. 数据交换阶段

基于数据安全标识对数据进行识别,为共享提供认证并授权;数据聚合控制、依据安全等级识别出数据的敏感等级,对其中的高敏感数据进行脱敏处理;在出现数据质量问题时,基于安全标识中的所有者信息进行数据溯源,确保数据来源真实、交换实体可信;根据数据类别进行数据的聚合控制,杜绝不同类别的低安全等级的数据经聚合所形成高安全等级的数据导致泄密。

在数据交换过程中,可根据数据标识,识别数据的安全等级、数据类别等信息,在数据交换时,防止高安全等级的数据被非法泄露;还可根据安全标识中的所有者信息确定数据交换的实体,做到交换行为可查,并为数据资产提供支持。

6. 数据销毁阶段

数据使用完成后,通过自动、半自动、手工擦除等方式安全销毁数据内容,防止数据被盗用或被恶意利用。

数据安全治理理念,首先需要成立数据安全治理的组织机构,确保数据安全治理工作在组织内能真正地落地;其次,完成数据安全治理的策略性文件和系列落地文件;再次,通过系列的数据安全技术支撑系统应对挑战,确保数据安全管理规定有效落地。

此外,保护数据安全还需做好以下工作。

(1) 加强安全意识培训。

(2) 建立文件保密制度。

(3) 弥补系统漏洞。

(4) 密切监管重点岗位的核心数据。

(5) 部署文档安全管理系统。

2.6.4　网络病毒防治技术

病毒对于计算机、黑客和 Internet 来说是一个永恒的话题,形形色色的病毒伴随着局域网和互联网的发展而愈加猖狂起来,浏览器配置被修改、数据受损或丢失、系统使用受限、网络无法使用、密码被盗是计算机病毒造成的主要破坏后果。要保证计算机系统的安全运行,除了运行服务安全技术措施外,还要专门设置计算机病毒检测、诊断、杀除设施,并采取系统的预防方法防止病毒再入侵。

1. 病毒的概念

计算机病毒,英文名字为 Computer Viruses,简称 CV。由于计算机病毒与生物学"病毒"特性有很多相似之处,因此得名。目前对于计算机病毒最流行的定义是:一段附着在其他程序上的可以实现自我繁殖的程序代码。

计算机病毒能将自身传染给其他的程序,并能破坏计算机系统的正常工作,如系统不能正常引导,程序不能正确执行,文件莫明其妙地丢失,干扰打印机正常工作等。从而有这样一个概念:计算机病毒是通过某种途径传染并寄生在磁盘特殊扇区或程序中,在系统启动或运行带毒的程序时伺机进入内存,当达到某种条件时被激活,可以对其他程序或磁盘特殊扇区进行自我传播,并可能对计算机系统进行干扰和破坏活动的一种程序。

与生物病毒不同的是,几乎所有的计算机病毒都是人为地故意制造出来的,有时一旦扩散出来后连编者自己也无法控制。它已经不是一个简单的纯计算机学术问题,而是一个严重的社会问题了。计算机病毒主要来自于从事计算机相关工作的人员和业余爱好者的恶作剧、软件公司及用户为保护自己的软件被非法复制而采取的报复性惩罚措施,旨在攻击和摧毁计算机信息系统和计算机系统,用于研究或有益目的而设计的程序等渠道。

计算机病毒可以从不同的角度分类。若按其表现性质,可分为良性的和恶性的;若按激活的时间,可分为定时的和随机的;若按其入侵方式,可分为操作系统型病毒、原码病毒、外壳病毒、入侵病毒;若按其是否有传染性,又可分为不可传染性和可传染性病毒;若按传染方式,可分为磁盘引导区传染的计算机病毒、操作系统传染的计算机病毒和一般应用程序传染的计算机病毒;若按其病毒攻击的机种分类,可分为攻击微型计算机的病毒、攻击小型计算机的病毒、攻击工作站的病毒。

2017 年最著名的病毒之一应该是 WannaCry(又叫 Wanna Decryptor)。WannaCry 是一种“蠕虫式”的勒索病毒软件,由不法分子利用 NSA(National Security Agency,美国国家安全局)泄漏的危险漏洞 EternalBlue(永恒之蓝)进行传播。勒索软件通过骚扰、恐吓甚至采用绑架用户文件等方式,使用户数据资产或计算资源无法正常使用,并以此为条件向用户勒索钱财。这类用户数据资产包括文档、邮件、数据库、源代码、图片、压缩文件等多种文件。赎金形式包括真实货币、比特币或其他虚拟货币。一般来说,勒索软件作者还会设定一个支付时限,有时赎金数目也会随着时间的推移而上涨。有时,即使用户支付了赎金,最终也还是无法正常使用系统,无法还原被加密的文件。

2. 单机环境下的网络病毒防治技术

尽管现代流行的操作系统平台具备了某些抵御计算机病毒的功能特性,但还是未能摆脱计算机病毒的威胁。单机环境下(一般是指个人)的计算机病毒,也已是一个严重问题。因为现代个人计算机大部分都离不开网络,或都使用了携带病毒的工具软件,所以单机计算机病毒的感染率也是非常高的。

单机环境下的网络病毒防治,除了培养个人安全意识外,还有下面的技巧是很重要的。

(1) 用防毒软件保护计算机,及时升级防毒软件。

(2) 不要打开不明来源的邮件。

(3) 使用比较复杂的密码。

(4) 使用防火墙,防止计算机受到来自互联网的攻击。

(5) 不要让陌生用户连接到用户个人的计算机上。

(6) 不使用互联网时及时断开连接。

(7) 备份计算机数据。

(8) 定期下载安全更新补丁。

(9) 定期检查计算机。

(10) 进行主要的防护工作。关注在线安全,了解和掌握计算机病毒的发作时间,并事先采取措施。

3. 网络环境下的网络病毒防治技术

企业网络中计算机病毒一旦感染了其中的一台计算机,将会很快地蔓延到整个网络,而且不容易一下子将网络中传播的计算机病毒彻底清除。所以对于企业网络的计算机病毒防范必须要全面,预防计算机病毒在网络中的传播、扩散和破坏,客户端和服务器端必须要同时考虑。

1) 企业网络体系结构

目前大多数的企业网络都具有大致相似的体系结构,这种体系结构的相似性表现在网络的底层基本协议构架、操作系统、通信协议以及高层企业业务应用上,这就为通用的企业网络防病毒软件提供了某种程度上可以利用的共性。

从网络的应用模式上看,现代企业网络都是基于一种叫作客户/服务器的计算模式,由服务器来处理关键性的业务逻辑和企业核心业务数据,客户端处理用户界面以及与用户的直接交互。企业网络往往有一台或多台主要的业务服务器,在此之下分布着众多客户机或工作站,以及不同的应用服务器。

从操作系统上看,企业网络的客户端基本上都是 Windows 平台,中小企业服务器一般采用 Windows Server 系列系统,部分行业用户或大型企业的关键业务应用服务器采用 UNIX 操作系统。Windows 平台的特点是价格比较便宜,具有良好的图形用户界面,而 UNIX 系统的稳定性和大数据量可靠处理能力使得它更适合于关键性业务应用。

对于大型网络的计算机病毒防护,除了要对各个内网严加防范外,更重要的是要建立多层次的网络防范架构,并同网络管理结合起来。主要的防范点有 Internet 接入口、外网上的服务器、各内网的中心服务器等。

2) 企业网络防病毒系统的主要功能需求

(1) 贯彻"层层设防,集中控管,以防为主,防治结合"的企业防毒策略。在全企业网络中所有可能遭受病毒攻击的点或通道中设置对应的防病毒软件,通过全方位、多层次的防毒系统配置,使企业网络免遭所有病毒的入侵和危害。

(2) 应用先进的"实时监控"技术,在"以防为主"的基础上,不给病毒入侵留下任何可乘之机。

(3) 对新病毒的反应能力是考察一个防病毒软件好坏的重要方面。供应商对用户发现的新病毒的反应周期不仅体现了厂商对新病毒的反应速度,实际上也反映了厂商对新病毒查杀的技术实力。

(4) 智能安装、远程识别。由于企业网络中服务器、客户端承担的任务不同,在防病毒方面的要求也不大一样,因此在安装时如果能够自动区分服务器与客户端,并安装相应的软件,这对管理员来说将是一件十分方便的事。远程安装、远程设置,这也是网络防毒区分单机防毒的一点。这样做可以大大减轻管理员"奔波"于每台机器进行安装、设置的繁重工作,既可以对全网的机器进行统一安装,又可以有针对性地设置。

(5) 对现有资源的占用情况。防病毒程序进行实时监控都或多或少地要占用部分系统资源,这就不可避免地要带来系统性能的降低。尤其是对邮件、网页和 FTP 文件的监控扫描,由于工作量相当大,因此对系统资源的占用较大。如一些单位上网速度感觉太慢,有一部分原因是防病毒程序对文件"过滤"带来的影响。另一部分原因是升级信息的交换,下载和分发升级信息都将或多或少地占用网络带宽。

4. 病毒防治软件产品

下面列出国内外主要的病毒防治产品及其查询网址。

1）国外病毒防治产品

（1）诺顿（NAV），网址为 http://www.symantec.com/。

（2）卡巴斯基（Kaspersky），网址为 http://www.kaspersky.com.cn/。

（3）McAfee 防病毒（VirusScan），网址为 http://www.mcafee.com/。

2）国内病毒防治产品

（1）360 杀毒，网址为 http://sd.360.cn/。

（2）瑞星（RAV），网址为 http://www.rising.com.cn/。

（3）金山毒霸（Kingsoft Anti-Virus），网址为 http://www.duba.net/。

（4）江民（KV），网址为 http://www.jiangmin.com/。

2.6.5 态势感知技术

态势感知（Situational Awareness 或 Situation Awareness，SA）是对一定时间和空间内的环境元素进行感知，并对这些元素的含义进行理解，最终预测这些元素在未来的发展状态。

"网络安全态势感知"即将态势感知的相关理论和方法应用到网络安全领域中。网络安全态势感知系统具备网络空间安全持续监控能力，对收集到的防火墙、路由器、IDS、杀毒软件和安全审计系统等各种安全防护系统的各种安全因素的状态值进行数据融合；利用融合后的数据，对当前整体的网络安全态势进行感知评估，并且对网络安全的发展趋势进行预测和预警，进行主动响应和有效的控制动作。

网络安全态势感知可以使网络安全人员从宏观上把握整个网络的安全状态，识别出当前网络中存在的问题和异常活动，并做出相应的反馈或改进。并通过对一段时间内的网络安全状况进行分析、预测，为高层决策提供参考和有力的支撑。

网络安全态势感知涉及数据融合、数据挖掘、特征提取、态势预测和数据可视化等多项技术。

1. 数据融合技术

由于网络空间态势感知的数据来自众多的路由器、网关、防火墙、主机以及 IDS 等网络设备，其数据格式、内容和质量差异很大，存储形式不同，表达式的语义也不同。如果能够对使用不同途径、来源于不同网络位置、具有不同格式的数据进行预处理和归一化融合操作，就能够为网络安全态势感知提供更全面、更精准的数据源，并进而得到更为准确的网络安全态势。

数据融合技术，包括对各种信息源给出的有用信息的采集、传输、综合、过滤、相关及合成，以便辅助网络安全人员进行态势的判定、规划、探测、验证、诊断。根据信息抽象程度，数据级融合可分为三个层次：数据融合、特征级融合和决策级融合。

2. 数据挖掘技术

网络安全态势感知将采集的大量网络设备的数据经过数据融合处理后，转换为统一格式的数据单元。这些数据单元数量庞大，有用信息与无用信息混杂，难以辨识。要掌握相对准确、实时的网络安全态势，必须剔除干扰信息。

75

有线局域网集成技术

数据挖掘技术是指对海量、冗余数据进行分析,发现其内在隐含规律和潜在关联关系,并将其服务于特定应用场合的过程。

数据挖掘可分为描述性挖掘和预测性挖掘,描述性挖掘用于刻画数据库中数据的一般特性;预测性挖掘在当前数据上进行推断,并加以预测。数据挖掘方法主要有:关联分析法、序列模式分析法、分类分析法和聚类分析法。

关联分析法综合考虑挖掘的数据之间的联系,即在给定的数据集中,挖掘出支持度和可信度分别大于用户给定的最小支持度和最小可信度的关联规则,常用算法有 Apriori 和 FP-growth 算法。

序列模式分析法侧重于分析数据间的因果关系。

分类分析法通过对预先定义好的类建立分析模型,对数据进行分类,常用的模型有决策树模型、贝叶斯分类模型、神经网络模型等。

聚类分析法是指依据数据的不同特性将数据聚集为不同的簇,每个簇在数据特征上具有一定的相似性。聚类分析方法不要求对数据进行事先分类,其应用场景较为广泛。常用的方法有模糊聚类法、动态聚类法、基于密度的方法等。

3. 特征提取技术

网络安全态势的特征提取技术是指通过一系列的数学计算,将海量的网络安全信息归并融合成一组或多组在一定阈值范围内的数值,这些数值可以体现网络实时运行状况的一系列特征,能够反映网络受威胁的程度和安全状况等情况。网络安全态势特征提取是网络安全态势评估和预测的基础。网络安全态势的特征提取方法主要有层次分析法、模糊层次分析法、德尔菲法和综合分析法。

4. 态势预测技术

在不同时刻的网络安全态势存在关联,网络安全态势的变化存在某种内部的规律,通过该规律可以有效地预测在未来时刻的网络安全态势,进而提前、有预见性地进行安全策略的配置,实现实时、动态的网络安全管理,预防大规模的网络安全事件的发生。网络安全态势预测即根据网络运行状况发展变化的历史资料和实际数据,运用科学的理论、方法和各种经验、判断、知识系统地去推测、估计、分析其在将来一定的时期内可能发生的变化情况,是网络安全态势感知的重要组成部分。网络安全态势预测方法主要有神经网络预测法、时间序列预测法、基于灰色理论预测法。

5. 数据可视化技术

数据可视化技术是指通过计算机图形学和图像处理技术将数据信息通过图形或图像的形式表现出来,并进行交互处理的理论、方法和技术。它涉及计算机图形学、图像处理、计算机视觉、计算机辅助设计等多个领域。目前已有很多研究将可视化技术和可视化工具应用于态势感知领域,在网络安全态势感知的每一个阶段都充分利用可视化方法,将网络安全态势合并为连贯的网络安全态势图,快速发现网络安全威胁,直观把握网络安全状况。

2.6.6 网络安全设备

1. 防火墙

硬件防火墙比较著名的有深信服、思科、华为、飞塔、天融信等。不同价位的防火墙的保护能力不同,用户可根据自己的实际需要,选择合适的产品。防火墙厂商中做网络版软件防火墙中著名的有 COMODO、ZoneAlarm Pro、Outpost Firewall、Checkpoint、Ashampoo FireWalld 等。其中,COMODO 是目前世界排名第一的防火墙。如 COMODO 是基于云计算的行为分析,基于云计算的白名单,是获奖的并受到高度评价的防火墙。Checkpoint 在统一的下一代防火墙平台中,为各种规模客户提供最新的数据和网络安全防护,从而降低复杂性和总体拥有成本。

2. 漏洞扫描设备

这里所说的漏洞扫描工具,包括主机漏洞扫描工具、远程系统扫描工具、网站安全检测工具、数据库系统安全检测工具、应用安全检测工具、恶意代码检测工具等。目前,国内外较知名的漏洞扫描设备厂商有 WebRAY、中科网威、北京国舜、H3C、深信服和绿盟等。如远程漏洞扫描设备有天镜脆弱性扫描与管理系统、极光远程安全评估系统、榕基网络隐患扫描系统、Nessus 等。网站安全检查常见工具如 AppScan、WebRavor、WebInspect、Acunetix Web Vulnerability Scanner、N-Stealth 等。

3. 安全隔离网闸

安全隔离网闸是使用带有多种控制功能的固态开关读写介质连接两个独立网络系统的信息安全设备。物理隔离网闸从物理上隔离、阻断了具有潜在攻击可能的一切连接,使"黑客"无法入侵,无法攻击,无法破坏,实现了真正的安全。

安全隔离网闸是实现两个相互业务隔离的网络之间的数据交换,通用的网闸模型设计一般分为三个基本部分。内网处理单元包括内网接口单元与内网数据缓冲区。接口部分负责与内网的连接,并终止内网用户的网络连接,对数据进行病毒检测、防火墙、入侵防护等安全检测后剥离出"纯数据",同时也完成来自内网对用户身份的确认,确保数据的安全通道;数据缓冲区是存放并调度剥离后的"纯数据",负责与隔离交换单元的数据交换。外网处理单元与内网处理单元功能相同,但处理的是外网连接。隔离硬件,是指隔离与交换控制单元,它是网闸隔离控制的摆渡控制,控制交换通道的开启与关闭。控制单元中包含一个数据交换区,即数据交换中的摆渡船。对交换通道的控制方式目前有两种技术:摆渡开关与通道控制。

如果针对网络七层协议,安全隔离网闸是在硬件链路层上断开。通常应用于涉密网与非涉密网之间,或应用于局域网与互联网之间(内网与外网之间),或应用于办公网与业务网之间,或应用于业务网与互联网之间等。

目前,较知名的安全隔离网闸厂商有华安保、网神、天行网安、伟思信安和启明星辰等公司。

4. 流量监控设备

流量监控一般是通过网络协议得到网络设备的流量信息,并将流量负载以图形或表格方式显示给用户,以非常直观的形式显示网络设备流量负载。流量监控还可以以网络应用层协议方式进行更精细化的监控。通过流量监控,网络管理人员可以对网络带宽需求、网络设备运行情况等信息进行分析。主要功能如全面透视网络流量,快速发现与定位网络故障,保障关键应用的稳定运行,确保重要业务顺畅地使用网络。在使用方式上,具有以下三种模式。

(1) 网关模式。即设备置于出口网关,所有数据流直接经由设备端口通过。

(2) 网桥模式。如同集线器的作用,设备置于网关出口之后,设置简单、透明。

（3）旁路模式。与交换机镜像端口相连,通过对网络出口的交换机进行镜像映射,设备获得链路中的数据"拷贝",主要用于监听、审计局域网中的数据流及用户的网络行为。

目前,较知名的流量监控设备厂商有天融信、蓝盾、网神等。

5. 防病毒网关

防病毒网关是一种网络设备,用以保护网络内(一般是局域网)进出数据的安全。主要体现在病毒查杀、关键字过滤(如色情、反动)、垃圾邮件阻止的功能,同时部分设备也具有一定防火墙的功能。主要工作原理是对进出防病毒网关的数据进行监测,以特征码匹配技术为主;对监测出的病毒数据进行查杀,采取将数据包还原成文件的方式进行病毒处理。主要的查杀方式有基于代理服务器的方式,基于防火墙协议还原的方式,基于邮件服务器的方式。

目前,防病毒网关通过 license 授权方式,通过模块化部署在防火墙上。国内各大安全厂商都具备类似产品。

小　　结

本章重点讨论了局域网的相关技术。

高速局域网技术包括快速以太网、千兆以太网、万兆以太网。本章重点学习千兆以太网和万兆以太网。

生成树协议是一个二层的链路管理协议,它用于维护一个无环路的网络。当交换机和网桥在拓扑中发现环路时,它们自动地在逻辑上阻塞一个或多个冗余端口,从而获得无环路的拓扑。本章学习了 STP、RSTP、PVST、PVST＋和 MSTP。

HSRP 和 VRRP 是三层冗余技术,为了解决路由器的冗余备份问题,保障网络的稳定性,减少因网络设备故障而导致网络瘫痪。

VLAN 是一种通过将局域网内的设备逻辑地而不是物理地划分成一个个网段从而实现虚拟工作组的新兴技术。

VLAN 中继协议负责在一个公共的网络管理域内维持 VLAN 配置的一致性。

虚拟专用网指的是依靠 ISP 和其他 NSP,在公用网络中建立专用的数据通信网络的技术。

接入技术通常指计算机主机和局域网接入广域网的技术,即用户终端与 ISP 的互连技术。

有线局域网安全技术是有线局域网网络安全的重要保障,常见的网络安全技术包括访问控制技术、入侵检测技术、数据安全技术、病毒防范技术、态势感知技术等。

习题与实践

1. 填空题

（1）链路聚合的三种方式有_____、_____和_____。

（2）VLAN 在交换机上的实现方法可分为_____、_____、_____三类。

（3）VTP 是一种_____协议,使用_____在一组交换机之间进行 VLAN 通信,管理整个网络上 VLAN 的添加、删除和重命名。

　　(4) 在 VTP 域里操作的三种模式是_____、_____、_____。

　　(5) 运行生成树算法的交换机定期发送_____。

　　(6) 在第三层有_____和_____解决路由器的冗余备份问题。

　　(7) VPN 的三种解决方案是_____、_____和_____。

　　(8) SSL VPN 即指采用_____协议来实现远程接入的一种新型 VPN 技术。

　　(9) 目前 VPN 主要采用 4 项技术来保证安全,这 4 项技术分别是_____、_____、_____和_____。

　　(10) 访问控制包括三个要素,即_____、_____和_____。访问控制的内容包括_____、_____和_____三个方面。

　　(11) ADSL(Asymmetrical Digital Subscriber Line,非对称数字用户环路)是一种_____技术。

　　(12) 网络安全态势感知涉及_____、_____、_____、_____和_____等多项技术。

2. 简答题

　　(1) STP 如何把网络收敛为一个逻辑上无环路的网络拓扑?

　　(2) 简述 HSRP 和 VRRP 的主要区别。

　　(3) VLAN 的优点有哪些?

　　(4) 试阐述 VLAN 中继协议 VTP 的工作原理。

　　(5) 生成树协议 STP 的选举过程是如何进行的?

　　(6) 什么是入侵检测技术?

　　(7) 典型的网络安全设备都有哪些?

　　(8) 试举出一个 VPN 应用的例子。

　　(9) 你们家庭目前采用的上网方式是哪种?试阐述该网络接入方式的优点。

3. 实验

实验一:配置 VTP

(1) 实验目的。

熟练掌握 VTP 的配置方法,了解 VTP 的工作原理。

(2) 实验内容。

该实验个人独立完成。实验主要内容包括:

① 打开 VTP 服务器选项。

② 配置 VTP 客户端。

③ 配置 VLAN Trunk。

④ 验证 VLAN Trunk。

⑤ 测试 VLAN 和 Trunk。

(3) 实验设备与环境

交换机两台,PC 两台。

第3章 无线局域网集成技术

本章学习目标

- 熟悉 Wi-Fi 标准、接入方式、关键技术和 Wi-Fi6；
- 熟悉 ZigBee 标准、协议框架和各层规范；
- 熟悉 5G 移动通信的应用场景、网络部署和新空口等相关技术；
- 熟悉 NB-IoT 和 LoRa 窄带物联网标准和技术；
- 熟悉无线移动局域网的安全技术。

无线网络正在从人和人连接，向人与物以及物与物的连接迈进，万物互联是必然的趋势。众多的网络互联场景层出不穷，各种技术不断涌现，从短距离无线技术到远距离无线技术，包括万众瞩目的 5G 移动通信都蓬勃发展。无线网络安全问题和技术也与时俱进。

3.1 概　　述

近年来，物联网、移动互联网、大数据和云计算迅猛发展，这逐步改变了社会的生产方式，大大提高了生产效率和社会生产力。根据不同的需求，产生了各种短距离和长距离无线通信技术。

短距离局域网无线通信技术代表有 Bluetooth（蓝牙）、Wi-Fi、NFC（Near-Field Communication，近场通信）、ZigBee、UWB（Ultra Wide Band，超宽带）。

远距离广域网无线通信技术包括 GSM、CDMA、LTE 等移动网络通信技术以及各种低功耗广域网（Low Power Wide Network，LPWAN）技术，典型代表有 NB-IoT 和 LoRa。

LPWAN 物联网技术又可以划分为非授权频段和授权频段技术。非授权频段物联网技术包括 LoRa、Sigfox 等。授权频段物联网技术包括 eMTC（Enhance Machine Type Communication）、NB-IoT 等。

4G 改变生活，5G 改变社会。全球的 5G 部署正在如火如荼地进行。华为、爱立信、诺基亚、中兴在全球 5G 市场上进行着激烈的角逐。

无线移动局域网的安全问题和技术也越来越重要，本章主要介绍了无线加密技术、认证技术以及典型安全协议。

本章主要介绍 Wi-Fi、ZigBee、5G、NB-IoT、LoRa 以及无线移动局域网的安全等技术。

3.2 Wi-Fi 技术

无线局域网(WLAN)是计算机与无线通信技术相结合的产物,它使用无线信道来接入网络,为通信的移动化、个人化和多媒体应用提供了潜在的手段,并成为宽带接入的有效手段之一。

3.2.1 Wi-Fi 概述

1. 无线局域网标准

(1) IEEE 802.11 无线局域网标准。IEEE 802.11 标准定义了单一的 MAC 层和多样的物理层,其物理层标准主要有 IEEE 802.11b/a/g/n。

(2) IEEE 802.11b。IEEE 802.11b 标准是 IEEE 802.11 协议标准的扩展,1999 年 9 月正式通过。它可以支持最高 11Mb/s 的数据速率,运行在 2.4GHz 的 ISM 频段上,采用的调制技术是 CCK。

(3) IEEE 802.11a。IEEE 802.11a 工作在 5GHz 频段上,使用 OFDM 调制技术可支持 54Mb/s 的传输速率。

(4) IEEE 802.11g。2003 年 7 月,802.11 工作组批准了 IEEE 802.11g 标准,IEEE 802.11g 在 2.4G 频段使用 OFDM 调制技术,使数据传输速率提高到 20Mb/s 以上;IEEE 802.11g 标准能够与 IEEE 802.11b 的 Wi-Fi 系统互相联通。

(5) IEEE 802.11n。IEEE 802.11n 计划将 WLAN 的传输速率从 IEEE 802.11a 和 IEEE 802.11g 的 54Mb/s 增加至 108Mb/s 以上,最高速率可达 320Mb/s。IEEE 802.11n 计划采用 MIMO 与 OFDM 相结合,使传输速率成倍提高。IEEE 802.11n 标准全面改进了 IEEE 802.11 标准,不仅涉及物理层标准,同时也采用新的高性能无线传输技术提升 MAC 层的性能,优化数据帧结构,提高网络的吞吐量性能。

2. 无线局域网组件

无线网络的硬件设备主要包括 4 种,即无线网卡、无线 AP、无线路由和无线天线。当然,并不是所有的无线网络都需要这 4 种设备。事实上,只需几块无线网卡,就可以组建一个小型的对等式无线网络。当需要扩大网络规模时,或者需要将无线网络与传统的局域网连接在一起时,才需要使用无线 AP。只有当实现 Internet 接入时,才需要无线路由。而无线天线主要用于放大信号,以接收更远距离的无线信号,从而延长无线网络的覆盖范围。

(1) 无线 AP。无线接入点或称无线 AP(Access Point),如图 3-1 所示,其作用类似于以太网中的集线器。当网络中增加一个无线 AP 之后,即可成倍地扩展网络覆盖直径。另外,也可使网络中容纳更多的网络设备。通常,一个 AP 可以支持多达 80 台计算机的接入。

无线 AP 都拥有一个或多个以太网接口,用于无线与有线网络的连接,可以将安装双绞线网卡的计算机与安装无线网卡的计算机连接在一起,从而实现无线与有线的无缝融合。借助于 AP 可接入固定网络的特性,还可以将分散布置在各处的无线 AP 利用双绞线连接在一起,实现无线漫游。另外,借助于 AP,还可以实现若干固定网络的远程廉价连接,既无须架设光缆,也无须考虑由施工而可能带来的各种麻烦。

(2) 无线路由器。无线路由器(如图 3-2 所示)事实上就是无线 AP 与宽带路由器的结合。借助于无线路由器,可实现无线网络中的 Internet 连接共享,实现 ADSL、Cable Modem 和小区宽带的无线共享接入。如果不购置无线路由,就必须在无线网络中设置一台代理服务器才可以实现 Internet 连接共享。

图 3-1　无线 AP

图 3-2　无线路由器

无线路由器也通常拥有一个或多个以太网接口。如果家庭中原来拥有安装双绞线网卡的计算机,可以选择多端口无线路由器,实现无线与有线的连接,并共享 Internet。否则,可只选择拥有一个以太网端口的无线路由器,从而节约购置资金。

(3) 其他无线产品。远程供电模块用于借助双绞线为无线网桥提供远程供电,避免线缆随着距离延长而导致的信号衰减,从而便于无线网桥的部署。

无线打印共享器直接连接打印机的并行口,从而实现无线网络与打印机的连接,使无线网络中的计算机能够共享打印机。如图 3-3 所示为无线打印共享器。除此之外,还有无线摄像头(如图 3-4 所示),用于远程无线监控等。

图 3-3　无线打印共享器

图 3-4　无线摄像头

3.2.2　无线局域网的接入方式

目前,无线局域网的接入方式主要有以下 4 种:无线对等网络、独立无线网络、接入以太网的无线网络和无线漫游的无线网络。

1. 无线对等网络

无线对等网络方案通常只使用无线网卡。因此,仅为每台计算机插上无线网卡,就可以实现计算机之间的连接,构建成最简单的无线网络,它们之间可以相互直接通信。无线对等网络方案最适用于组建小型的办公网络和家庭网络(如图 3-5 所示)。

2. 独立无线网络

独立无线网络,是指无线网络内的计算机之间构成一个独立的网络,无法实现与其他无线网络和以太网络的连接,如图 3-6 所示。独立无线网络使用一个无线访问点 AP 和若干无线网卡。

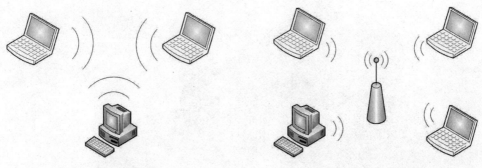

图 3-5　无线对等网络　　　　　　　　　　图 3-6　独立无线网络

独立无线网络方案与对等无线网络方案非常相似,所有的计算机中都安装有一块网卡。所不同的是,独立无线网络方案中加入了一个无线访问点 AP。无线访问点类似于以太网中的集线器,可以对网络信号进行放大处理,一个工作站到另外一个工作站的信号都可以经由该 AP 放大并进行中继。因此,拥有 AP 的独立无线网络的网络直径将是无线对等网络有效传输距离一倍,在室内通常为 60m 左右。

3. 接入以太网的无线网络

当无线网络用户足够多时,应当在有线网络中接入一个无线接入点 AP,从而将无线网络连接至有线网络主干。AP 在无线工作站和有线主干之间起网桥的作用,实现了无线与有线的无缝集成,既允许无线工作站访问网络资源,同时又为有线网络增加了可用资源。

该方案适用于将大量的移动用户连接至有线网络,从而以低廉的价格实现网络直径的迅速扩展,或为移动用户提供更灵活的接入方式(如图 3-7 所示)。

4. 无线漫游的无线网络

无线漫游的无线网络中访问点作为无线基站和现有网络分布系统之间的桥梁。当用户从一个位置移动到另一个位置时,以及一个无线访问点的信号变弱或访问点由于通信量太大而拥塞时,可以连接到新的访问点,而不中断与网络的连接。这种方式与蜂窝移动电话非常相似,将多个 AP 各自形成的无线信号覆盖区域进行交叉覆盖,实现各覆盖区域之间无缝连接。所有 AP 通过双绞线与有线骨干网络连接,形成以固定有线网络为基础,无线覆盖

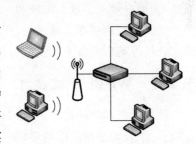

图 3-7　接入以太网的无线网络

为延伸的大面积服务区域,所有无线终端通过就近的 AP 接入网络,访问整个网络资源。蜂窝覆盖大大扩展了单个 AP 的覆盖范围,从而突破了无线网络覆盖半径的限制,用户可以在 AP 群覆盖的范围内漫游,而不会和网络失去联系,通信不会中断。

无线局域网集成技术

　　使用无线蜂窝覆盖结构具有以下优势:增加覆盖范围,实现全场覆盖;实现众多终端用户的负载平衡;可以动态扩展,系统可伸缩性大;对用户完全透明,保证覆盖场内服务无间断。

　　由于多个 AP 信号覆盖区域相互交叉重叠,因此,各个 AP 覆盖区域所占频道之间必须遵守一定的规范,邻近的相同频道之间不能相互覆盖,否则会造成 AP 在信号传输时的相互干扰,从而降低 AP 的工作效率。在可用的 11 个频道中,仅有三个频道是完全不覆盖的,它们分别是频道1、频道6 和频道 11,利用这些频道作为多蜂窝覆盖是最合适的(如图 3-8 所示)。

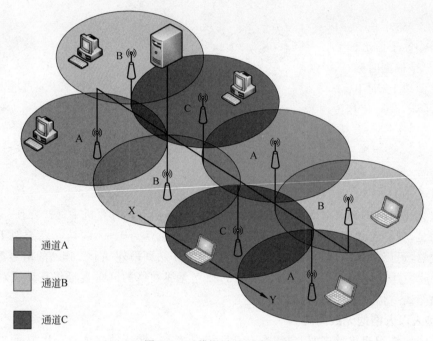

通道A

通道B

通道C

图 3-8　无线漫游的无线网络

　　由于无线蜂窝覆盖技术的漫游特性,使其成为应用最广泛的无线覆盖方案,适合在学校、仓库、机场、医院、办公室、会展中心等不便于布线的环境使用,快速简便地建立起区域内的无线网络,用户可以在区域内的任何地点进行网络漫游,从而解决了有线网络无法解决的问题,为用户带来了最大的便利。

　　无线局域网络在大楼之间、餐饮及零售、医疗、企业、仓储管理、货柜集散场、监视系统、展示会场等场所有较为广泛的应用。无线局域网络发展前景十分广阔。

3.2.3　Wi-Fi 关键技术

　　随着无线局域网技术的应用日渐广泛,用户对数据传输速率的要求越来越高。但是在室内,这个较为复杂的电磁环境中,多径效应、频率选择性衰落和其他干扰源的存在使得实现无线信道中的高速数据传输比有线信道中困难,WLAN 需要采用合适的调制技术。

　　IEEE 802.11 无线局域网络是一种能支持较高数据传输速率(1～54Mb/s),采用微蜂窝结构的自主管理的计算机局域网络。其关键技术有 DSSS/CCK 技术、PBCC 技术和 OFDM 技术。每种技术皆有其特点,扩频调制技术正成为主流,而 OFDM 技术由于其优越的传输性能成为人们关注的新焦点。本节重点介绍 OFDMA、MU-MIMO 和 1024QAM,其他关键技术,如空分复用及着色技术等,读者可以参考其他相关资料。

1. OFDMA

正交频分多址(Orthogonal Frequency-Division Multiple Access,OFDMA)是从 OFDM 演进来的,最早应用于 4G LTE 通信技术,后来被引入 Wi-Fi6 标准中。在此之前的几代 Wi-Fi 技术中,处理每个用户发送数据的时候(无论数据包的大小)都会占用整个通信信道。除此之外,在 Wi-Fi 网络中还需要传输大量的管理帧与控制帧,虽然此类帧数据包小,但要占用整个信道,以维持整个 Wi-Fi 系统的正常运作,就像一辆大货车只拉了一件小货品。而 Wi-Fi6 使用了 OFDMA 技术后,在频域上可以将无线通信信道划分为多个子信道(子载波),将最小的子信道称为"资源单位(Resource Unit,RU)",每个 RU 中至少包含 26 个子载波,用户是根据时频资源块 RU 区分出来的,形成一个个频率资源块,每个用户数据承载在每个资源块上,而不是占用整个通信信道,从而实现在每个时隙内有多个用户同时并行传输,不必排队等待、相互竞争,既提升了效率,又降低了排队等待时延。因此,OFDMA 特别适合传输大量小数据包的多用户场景,例如物联网或语音等。

Wi-Fi6 标准里采纳了这种新技术来提高频谱的利用效率,以 160MHz 的带宽为例,最多可以分成 74 个资源单元,同时供 74 个用户并发。

2. MU-MIMO

多进多出(Multiple-Input Multiple-Output,MIMO)技术最早起源于 Wi-Fi,并应用于 Wi-Fi4,之后又被应用于 Wi-Fi5 与 LTE。

多用户的多进多出(Multi-User MIMO,MU-MIMO)技术最早用于 Wi-Fi5 的 IEEE 802.11ac wave 2 阶段,但只支持 AP 到终端的下行传输过程,其 AP 结点可以同时向多个支持 MU-MIMO 的客户端发送数据包,解决了之前无线 AP 一次只能和一个终端通信的问题。Wi-Fi6 保持了这一技术,并进一步增强,在 Wi-Fi6 里增加了支持上行(Uplink MU-MIMO)传输,而且最多支持 8×8 的天线,即最多支持 8 个 1×1 用户的并发上行或下行。

总的来说,OFDMA 与 MU-MIMO 分别从频率空间和物理空间两方面提高多路并发处理能力,从而带来了多路并发处理能力,进而带来了整体网络性能和速度的极大提高,全面优化用户和应用体验,更好地适应万物互联以及高带宽、多并发场景应用。Wi-Fi6 标准允许 OFDMA 和 MU-MIMO 同时使用,但不要将二者的应用场景混淆。OFDMA 支持多用户通过细分信道(子信道)来提高并发效率,MU-MIMO 支持多用户通过不同的空间流来提高吞吐量。

OFDMA 与 MU-MIMO 技术特性对比如表 3-1 所示。

表 3-1　OFDMA 与 MU-MIMO 的技术特性对比

OFDMA	MU-MIMO
提升效率	提升容量
降低时延	每个用户速率更高
适合低速带宽应用	适合高带宽应用
适合小包报文传输	适合大包报文传输

3. 1024QAM

正交振幅调制(Quadrature Amplitude Modulation,QAM)是数字信号的一种调制方

式。QAM 调制实际上是幅度调制和相位调制的组合,相位＋幅度状态定义了一个数字或数字的组合。比如 16QAM 的星座图,信息"1100"可用相位 2250、振幅 25%的组合来表示。每一个星座点对应一个一定幅度和相位的信号,这个信号再被上变频到射频信号发射出去。

IEEE 802.11ax 标准的目标是增加系统容量、降低时延、提高高密度多用户的效率。IEEE 802.11ac 最大支持 256QAM,单位信号可以表达 8b(256)的信息。IEEE 802.11ax 引入了更高阶的编码,即 1024QAM,单位信号可以表达 10b(1024)的信息。从 8b 到 10b,提升了 25%,与 256QAM 相比,1024QAM 单条空间流的数据吞吐量提高了 25%。

由于 1024QAM 信息密度增加,对信号质量的要求也更高,因此该技术在无线环境较好、距离较近的场景中才能充分发挥优势,如信号良好的小型办公室、会议室等。

3.2.4　Wi-Fi6

1. 不同 Wi-Fi 的区别

Wi-Fi1 到 Wi-Fi6 命名规范:802.11ax＝Wi-Fi6、802.11ac＝Wi-Fi5、802.11n＝Wi-Fi4、802.11g＝Wi-Fi3、802.11a＝Wi-Fi2、802.11b＝Wi-Fi1。新一代 Wi-Fi6 的主要特点在于速度更快、延时更低、容量更大、更安全、更省电等。

1) 速度更快

Wi-Fi6 与 Wi-Fi5 都支持相同的信道带宽。频段方面 Wi-Fi5 只涉及 5GHz,而 Wi-Fi6 则覆盖 2.4/5GHz,完整涵盖低速和高速设备。调制模式方面,Wi-Fi6 支持 1024QAM,高于 Wi-Fi5 的 256QAM,数据容量更高,意味着更高的数据传输速度。此外,Wi-Fi6 加入了新的 OFDMA 技术,支持多个终端同时并行传输,有效提升了效率并降低延时,这也就是其数据吞吐量大幅提升的秘诀。

2) 延时更低

这主要归功于同时支持上行与下行的 MU-MIMO 和 OFDMA 新技术。上一代 Wi-Fi5 标准即支持 MU-MIMO 技术,但是仅支持下行。而 Wi-Fi6 则同时支持上行与下行 MU-MIMO,这意味着移动设备与无线路由器之间上传与下载数据时都可体验 MU-MIMO,进一步提高无线网络带宽利用率。Wi-Fi6 采用了 OFDMA 技术,它是 Wi-Fi5 所采用的 OFDM 技术的演进版本,将 OFDM 和 FDMA 技术结合,在利用 OFDM 对信道进行父载波化后,在部分子载波上加载传输数据的传输技术。

3) 容量更大

Wi-Fi6 还引入了 BSS Coloring 着色机制,标注接入网络的各个设备,同时对其数据也加入对应标签,传输数据时也就有了对应的地址,直接传输到位而不会发生混乱。MU-MIMO 技术允许多终端共享信道,使多台手机/计算机一起同时上网,从此前低效的排队顺序通过方式变成为"齐头并进"的高效方式。再结合 OFDMA 技术,Wi-Fi6 网络下的每个信道都可进行高效率数据传输,提升多用户场景下的网络体验,可以更好地满足 Wi-Fi 热点区域,多用户使用,并且不容易卡顿,容量更大。

4) 更安全

Wi-Fi6 无线路由器设备若需要通过 Wi-Fi 联盟认证,必须采用 WPA 3 安全协议,安全性更高。WPA 3 是 2018 年年初 Wi-Fi 联盟发布的新一代 Wi-Fi 加密协议,是目前广泛使用的 WPA 2 协议的升级版本,安全性进一步提升,可以更好地阻止强力攻击、暴力破解等。

5）更省电

Wi-Fi6引入了Target Wake Time(TWT)技术,允许设备与无线路由器之间主动规划通信时间,减少无线网络天线使用及信号搜索时间,这也就意味着能够一定程度上减少电量消耗,提升设备续航时间。

2. Wi-Fi分布式网络部署架构

Wi-Fi Mesh和Wi-Fi6是Wi-Fi领域内不同的两种技术,Wi-Fi6在基础技术上通过1024QAM、OFMDA、MU-MIMO、BSS Coloring和TWT等多项创新科技,获得了更高的网速、更多联网设备下的低时延、更强的抗干扰能力、更省电等多方面进步。而Mesh技术经过近年来的发展,也趋于成熟,尤其是EasyMesh协议的推出,使得不同品牌路由器之间的互联成为可能,更重要的是,Mesh技术可以增强对复杂户型、大户型等房屋Wi-Fi信号的覆盖,从而满足用户在室内无缝切换、不间断上网方面的刚需。

集合了Mesh、Wi-Fi6技术的Wi-Fi6分布式路由器,不仅信号强、覆盖好,而且安装起来非常简单,对用户的技能要求相对WDS(Wireless Distribution System)低得多。美国网件公司(NETGEAR)在2019年的IFA国际电子消费展上展示了具备Mesh功能的Wi-Fi6产品,国内包括360、华硕、TP-Link等多家公司也陆续推出了类似的产品。

目前主流的Mesh路由器在传输过程中,采用的是2.4 GHz +5 GHz +5 GHz的三频段收发,其中一个5 GHz频段是Mesh专门用来回传的,因此不会占用本身的网络带宽。可以说,Wi-Fi6 + Mesh的组网方式会逐渐普及。

3. Wi-Fi6应用场景

1）承载4K/8K/VR等大宽带视频

Wi-Fi6技术支持2.4G和5G频段共存,其中,5G频段支持160MHz频宽,速率最高可达9.6Gb/s的接入速率,其5G频段相对干扰较少,更适合传输视频业务,同时通过BSS着色技术、MIMO技术、动态CCA等技术降低干扰,降低丢包率,带来更好的视频体验。

2）承载网络游戏等低时延业务

网络游戏类业务属于强交互类业务,在宽带、时延等方面提出了更高的要求,对于VR游戏,最好的接入方式就是Wi-Fi无线方式,Wi-Fi6的信道切片技术提供游戏的专属信道,降低时延,满足游戏类业务特别是云VR游戏业务对低时延传输质量的要求。

3）智慧家庭智能互联

智慧家庭智能互联是智能家居、智能安防等业务场景的重要因素,当前家庭互联技术存在不同的局限性,Wi-Fi6技术将给智能家庭互联带来技术统一的机会,将高密度、大数量接入、低功耗优化集成在一起,同时又能与用户普遍使用的各种移动终端兼容,提供良好的互操作性。

4）行业应用

Wi-Fi6作为新一代高速率、多用户、高效率的Wi-Fi技术,在行业领域中有广泛的应用前景,如产业园区、写字楼、商场、医院、机场、工厂。

3.3　ZigBee 技术

随着通信技术的快速发展,短距离无线通信技术已经成为通信技术中的一大热点。工业控制自动化、家居智能化等短距离无线通信技术应用领域都需要具备低成本、近距离、组网能力强等优点的无线互联技术，ZigBee 就是在这样的背景下应运而生的。

3.3.1　ZigBee 标准概述

ZigBee 这个名字来源于蜂群的通信方式：蜜蜂之间通过跳 Zigzag 形状的舞蹈来交互消息，以便共享食物源的方向、位置和距离等信息。由于蜜蜂体积小，所需能量小，所以人们用 ZigBee 技术来代表这种近距离、低成本、体积小、低功耗、低复杂度、低数据速率的无线通信技术。它采用直接序列扩频(DSSS)技术，工作频率为 868MHz、915MHz 或 2.4GHz，都是无须申请执照的频率。该技术的突出特点是应用简单、电池寿命长、组网能力强、可靠性高以及成本低。主要应用领域包括工业控制、消费性电子设备、汽车自动化、农业自动化和医用设备控制等。

ZigBee 技术是基于 IEEE 802.15.4 无线标准开发的，IEEE 802.15.4 定义了两个底层，即物理层和媒体接入控制(Media Access Control，MAC)层。ZigBee 联盟则在 IEEE 802.15.4 的基础上定义了网络层和应用层。ZigBee 联盟成立于 2001 年 8 月，该联盟由霍尼韦尔、Invensys、三菱、摩托罗拉、飞利浦等公司组成，并吸引了上百家芯片公司、无线设备公司和开发商的加入，其目标市场是工业、家庭以及医学等需要低功耗、低成本、对数据速率和 QoS(服务质量)要求不高的无线通信应用场合。

3.3.2　ZigBee 技术特点

目前 ZigBee 技术也已经比较成熟，对于 ZigBee 设备来说，它并没有太大的体积，不但成本较低而且还是模块化设计的硬件，从开支上有了很大的节约。从整体的层面来看，ZigBee 技术的特点主要表现如下。

1. 设备能量消耗低

基于正常的模式下，ZigBee 网络结点主要工作在数据采集环节，没有较大的数据传输量；在传输的速率方面，要显著低于其他网络传输的速度，因此没有较大的能量消耗。而且为了进一步减少能耗，每个结点都不会全天处于工作状态，在数据传输较少的时间段一般都是采用结点休眠模式。

2. 通信数据可靠传输

在 ZigBee 网络内部，采用了碰撞避免机制，同时为需要固定带宽的通信业务预留了专用时隙，避免了发送数据时的竞争和冲突，所以数据在进行传输的时候，就不会产生碰撞的情况。不论是接收还是发送数据，务必经过确认之后才会给予回复。结点模块之间具有自动动态组网的功能，信息在整个 ZigBee 网络中通过自动路由的方式进行传输，从而保证了信息传输的可靠性。

3. 网络接入容量大

ZigBee 具备一个较大的网络接入容量，它可支持达 65 000 个结点。对于 ZigBee 来说，在传输的时候采用的是自组网的形式，在它逐级中转的终端结点信息就是经由路由结点而实现的，最终会到达协调器，进而形成一个巨大的网络系统。

4. 设备安全性

ZigBee 提供了数据完整性检查和鉴权功能，加密算法采用通用的 AES-128。

5. 时延短

ZigBee 针对时延敏感的应用做了优化,通信时延和从休眠状态激活的时延都非常短。

6. 成本低廉

对于 ZigBee 的通信频段来说,采取的通信频段是 2.4GHz 的,该频段在全球范围当中都是免费注册的,因此可以节约很大一部分成本。

3.3.3 ZigBee 协议框架

如图 3-9 所示,ZigBee 采用了分层的思想,其协议栈包括五层:物理层(PHY)、媒体访问控制层(MAC)、网络层(NWK)、应用层(APL)和安全服务提供层(SSP)。ZigBee 物理层和媒体访问控制层由 IEEE 802.15.4 标准规定,ZigBee 联盟在 IEEE 802.15.4 的基础上定义了网络层和应用层,应用层包含应用支持子层(APS)、ZigBee 设备对象(ZDO)以及厂商自定义的应用对象。ZigBee 协议利用安全服务供应商(SSP)向网络层和应用层提供数据加密服务。

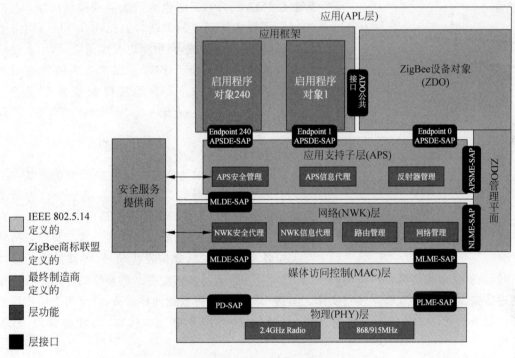

图 3-9　ZigBee 协议框架图

IEEE 802.15.4 有两个 PHY 层,运行在两个不同的频率上:868/915MHz 和 2.4GHz,分别支持 20kb/s、40kb/s 和 250kb/s 的传输速率。IEEE 802.15.4 MAC 层使用 CSMA/CA 冲突避免机制对无线信道访问进行控制,负责物理相邻设备间的可靠连接。

1. 网络层

网络层是协议栈的核心层,它负责网络的建立、设备的加入、路由搜索、消息传递等相关功能。

无线局域网集成技术

2. 应用层

应用层主要负责把不同的应用映射到 ZigBee 网络上,具体功能包括:安全与鉴权,多个业务数据流的会聚,设备发现,服务发现。它是由应用支持子层(APS)、应用框架和 ZigBee 设备对象(ZDO)构成。APS 层主要负责对等设备间数据传输与绑定表的建立和维护。ZDO 则负责定义设备在网络中的角色,发现设备以及它们所提供的服务。

3. 安全层

安全层用于保证网络中的便携设备不会意外泄漏其标识以及其他结点不会俘获传输中的信息。

3.3.4 ZigBee 各层规范

IEEE 802.15.4 采用 OSI/RM 的方法定义了低速无线个域网(LR-WPAN)结构。每一层负责标准规定的部分网络功能,并为其上层提供服务。

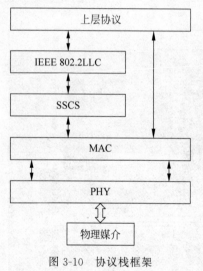

图 3-10 协议栈框架

IEEE 802.15.4 定义了物理层(PHY)和介质访问控制层(MAC),PHY 层包含射频器和控制机制,MAC 层规定了媒体访问控制方法。如图 3-10 所示,网络上层协议(包括网络管理,路由层以及应用层)利用链路层的服务来完成其功能。IEEE 802.2 逻辑链路控制层(Logic Link Control,LLC)通过特别服务汇聚子层(Service Specific Convergence Sublayer,SSCS)访问 MAC 子层。

1. 物理层

IEEE 802.15.4 的物理层规范实现的功能基本上与 OSI 参考模型的物理层相对应,只是个别地方做了改动。因为物理层位于设备结点的最底层,功能是实现并保障信号的有效传输,所以物理层会涉及与信号传输有关的各个方面,包括如何发生信号、怎样发送与接收信号,数据信号采用哪种传输编码机制、选择同步或者异步传输等。物理层的作用是在一条物理传输媒体上,实现数据链路实体之间透明地传输各种数据的比特流,并且为上层提供服务。服务包括:物理连接的建立、维持与释放、物理服务单元的传输、物理层管理、数据编码。

IEEE 802.15.4 标准的物理层处于射频收发器和 MAC 子层之间,它为射频信道和 MAC 子层都提供了接口。物理层的主要功能分为数据服务和管理服务两部分,其中,负责管理服务的部分称为物理层管理实体(Physical Layer Management Entity,PLME),该实体通过调用物理层的管理功能函数,为物理层管理服务提供其接入口。数据服务主要负责数据的接收和发送,管理服务主要负责射频收发器的激活和休眠、空闲信道评估、信道能量检测、信道的频段选择、链路质量指示等。

2. MAC 层

IEEE 802.15.4MAC 层负责相邻设备间的单跳数据通信。它负责建立与网络的同步,支持关联和去关联以及 MAC 层安全,它能提供两个设备之间的可靠链接。

MAC 协议的主要功能有：协调器产生网络信标、信标同步、支持关联和解关联、CSMA/CA 信道访问机制、处理和维护 GTS 机制、在两个对等 MAC 实体之间提供可靠链路等功能。

在基于竞争的信道接入方式当中，载波侦听多址机制（CSMA）得到了广泛的应用。CSMA 机制又分为两种：CSMA/CD 和 CSMA/CA，前者是载波侦听多址/冲突监测，若监测到信道接入冲突，则进行重传，这适用于有线网络，而相对于比较难监测到冲突的无线信道来说，只能采取冲突避免的方式，即 CSMA/CA。CSMA/CA 机制的基本思想是，如果某结点监测到当前信道不可用（即可能出现冲突），则该结点对数据发送进行一定的随机延时处理，延时完毕之后再进行信道监测，若信道仍不可用，则加大延时的长度，如此循环，直至数据发送成功或者尝试次数超过设定的最大值。

3. ZigBee 网络层

1）网络层概述

ZigBee 网络层需要提供一些必要的函数确保 ZigBee 的 MAC 层正常工作，并且为应用层提供合适的服务接口。为了向应用层提供其接口，网络层提供了两个必需的功能服务实体，分别为网络层数据服务实体（NLDE）和网络层管理实体（NLME）。图 3-11 给出了网络层各组成部分和接口。

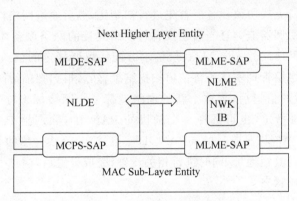

图 3-11　网络层参考模型图

2）网络层数据实体

网络层数据实体为数据提供服务，在两个或者更多的设备之间传送数据时，将按照应用协议数据单元（APDU）的格式进行传送，并且这些设备必须在同一个网络中，即在同一个内部个域网中。

网络层数据实体提供如下服务。

（1）生成网络层协议数据单元（NPDU）：网络层数据实体通过增加一个适当的协议头，从应用支持层协议数据单元中生成网络层的协议数据单元。

（2）指定拓扑传输路由，网络层数据实体能够发送一个网络层的协议数据单元到一个合适的设备，该设备可能是最终目的通信设备，也可能是在通信链路中的一个中间通信设备。

（3）安全：确保通信的真实性和机密性。

3）网络层管理实体

网络层管理实体提供网络管理服务，允许应用与堆栈相互作用。网络层管理实体应该提供如下服务。

(1) 配置一个新的设备：为保证设备正常工作的需要，设备应具有足够的堆栈，以满足配置的需要。配置选项包括对一个 ZigBee 协调器或者连接一个现有网络设备的初始化的操作。

(2) 初始化一个网络：使之具有建立一个新网络的能力。

(3) 连接和断开网络。具有连接或者断开一个网络的能力，以及为建立一个 ZigBee 协调器或者路由器，具有要求设备同网络断开的能力。

(4) 寻址：ZigBee 协调器和路由器具有为新加入网络的设备分配地址的能力。

(5) 邻居设备发现：具有发现、记录和汇报有关一跳邻居设备信息的能力。

(6) 路由发现：具有发现和记录有效地传送信息的网络路由的能力。

(7) 接收控制：具有控制设备接收状态的能力，即控制接收机什么时间接收、接收时间的长短，以保证 MAC 层的同步或正常接收等。

4) 网络层功能

ZigBee 网络层的主要功能有：构建一个新网络，设备加入已存在的网络，已加入网络的设备从网络中退出，路由功能。

(1) 新建网络。

网络设备上电后，无线协议栈各层首先进行初始化，然后通过网络请求原语来启动一个新的网络，仅当具有协调器能力且当前还没有与网络连接的网络设备才可以建立一个新的网络。组网开始时，网络层首先向 MAC 层请求分配协议所规定的信道，或者由 PHY 层进行有效信道扫描，网络层管理实体等待信道扫描结果，然后根据扫描情况选择可允许能量水平的信道。找到合适的信道后，为这个新的网络选择一个网络标识符(PAN ID)，PAN ID 可由网络形成请求时指定，也可选择一个随机的 PAN ID(除广播 PAN ID 0xFFFF 外)，PAN ID 在所选信道中应该是唯一的。PAN ID 一旦选定，无线网络协调器将选择 16 位网络地址 0x0000 作为自身短地址，同时进行相关设置，完成设置后，通过 MAC 层发出网络启动请求，返回网络形成状态。

(2) 设备加入网络。

设备加入网络功能就是通过与已加入网络的协调者或路由器设备建立连接来实现的。当设备与某一网络协调者或路由器连接后，将形成父子关系，前者为子设备，后者为父设备。

当子设备接收到加入网络命令后，如果子设备已经同网络连接，则返回出错标志，否则尝试连接网络协调者或路由器。首先，子设备要获取具有允许连接能力的网络协调者或路由器的地址信息。其次，在获取了要加入的父设备信息后，子设备向父设备发送连接请求命令。父设备接收到连接命令后，检查当前资源是否能够再接收新设备。若资源满足后，父设备将存储子设备地址，并为子设备分配 16 位的网络地址，同时向连接请求子设备发送有未处理数据的 Ack 应答帧；若资源不满足，则直接发送无未处理数据的 Ack 应答帧。子设备在一段时间内等待接收来自父设备的 Ack 应答帧，接收到后判断父设备是否有本设备的未处理数据，若无或在指定时间内未接收到 Ack 应答帧则退出；若有则向父设备发送数据请求命令，父设备接收到该命令后，发送缓存的连接响应命令帧。子设备接收到后，更新其设备网络地址、PAN ID、父设备地址信息等参数，此时子设备就完成了加入 PAN 的整个过程。

（3）地址分配。

网络中任一结点都含有唯一的 64 位 IEEE 地址（长地址）以及可分配的 16 位短地址，短地址在信息传输之前就已经被分配完成。网络协调器给自己分配短地址为 0x0000，网络深度为 0，给其子设备分配网络深度为 1，对于多跳网络则深度大于 1。为了最小化网络流量，同时简化设备结构，降低成本和设备功耗，ZigBee 网络层采用了分布式地址分配方案，短地址的分配由参数确定：网络的最大深度，每个父设备能最多连接子设备的数目，每个路由器能最多连接子路由器的数目。

设备地址分配完成后，设备之间通信主要依靠地址信息进行通信，为了延长电池的寿命，如果设备处于同一网内，数据传输一般可采用短地址，这样既可以缩小数据包的大小，同时还可以缩短数据在设备中间的传送时间，减小电量消耗，延长电池寿命。如果设备处于通信范围内不同子网内，则可根据 PAN ID 和短地址进行通信。

（4）已入网设备退出网络。

对于已连接网络的设备主要有两种从网络中断开连接的方式：子设备自身主动要求断开连接，父设备要求某一子设备从网络中断开连接。

① 子设备自身主动要求断开连接：子设备首先检查自身是否已经加入网络，并且父设备是否与要断开连接的对象相同；接着子设备组织断开连接请求命令帧，并发送给父设备；注意按照 ZigBee 协议规定，子设备在发送了断开连接请求命令后，无论父设备是否做出断开连接响应，子设备均将其父设备信息清空，表示子设备已经从网络中退出；当父设备成功接收到断开连接请求命令时，在其邻居表中检查是否存在该子设备，若存在则将该子设备从邻居表中移除。

② 父设备要求某一子设备从网络中断开连接：父设备首先检查要断开连接的对象是否在其邻居表中，若在则生成断开连接请求命令帧，并发送给指定子设备；与子设备主动要求断开连接一样，无论父设备是否收到子设备的应答，都将该子设备从邻居表中移除；当子设备成功接收到断开连接命令后，将父设备信息清空。

（5）路由功能。

ZigBee 网络层路由功能主要包括记录最佳有效路由、维护路由表、为上层初始化路由选择以及路由修复。其中，路由选择是根据路由成本进行度量，路由成本为组成路由的多跳链路成本之和。链路成本的获取是通过记录基于 IEEE 802.15.4 的 MAC 层和 PHY 层所提供的每一帧的链路质量（LQI）值，根据此链路成本大小进行路由选择，数据传递时选择低链路成本的路由设备作为目的设备进行跳转。

如果要求设备具有路由功能则必须提供路由算法，网络层协议设计了一套基本路由算法。基本路由设备首先检查与目的地址相对应的路由表入口，然后根据在该入口中所找到的下一跳地址，发送数据帧。如果该设备没有与目的地址相对应的路由表入口，则检查网络层帧头控制域中的路由选择子域；如果该选择子域为 1，则设备将根据链路成本算法进行路由选择；如果该选择子域的值为 0，则设备就会使用分级路由的方法选择路由。

4．ZigBee 应用层

ZigBee 应用层由三个部分组成：应用支持子层（APS）、ZigBee 设备对象（ZDO）和制造商定义的应用对象。

从应用角度看，通信的本质就是端点到端点的连接，端点之间的通信是通过称为簇的数据结构实现的,每个接口都能接收或发送簇格式的数据。一共有两个特殊的端点,即端点 0 和端点 255。端点 0 用于整个 ZigBee 设备的配置和管理。应用程序可以通过端点 0 与 ZigBee 协议栈的其他层通信,从而实现对这些层的初始化和配置。附属在端点 0 的对象被称为 ZDO,应用层通过 ZDO 对网络层参数进行配置和访问。端点 255 用于向所有端点的广播,端点 241～254 是保留端点。所有端点都使用 APS 提供的服务,APS 为数据传送、安全和绑定提供服务,能够适配不同且相互兼容的设备。

1) ZigBee 应用支持子层 APS

APS 提供了这样的接口:在网络层和上层实体(NHLE)之间,从 ZigBee 设备对象到供应商应用对象的通用服务集。这个服务由两个实体实现:APS 数据实体(APSDE)和 APS 管理实体(APSME)。图 3-12 描述了 APS 子层的构成和接口。

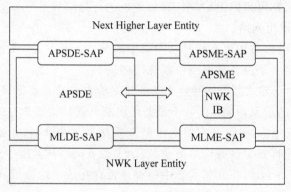

图 3-12　应用支持子层参考模型图

(1) APS 数据实体(APSDE)。

APSDE 向网络层提供数据服务,并且为 ZDO 和应用对象提供服务,完成两个或多个处于同一个网络中的设备之间传输应用层 PDU。

APSDE 将提供如下服务。

① 生成应用层的协议数据单元(APDU):APSDE 将应用层协议数据单元加上适当的协议帧头生成应用子层的协议数据单元。

② 绑定:两个设备服务和需求相匹配的能力。一旦两个设备绑定了,APSDE 将可以把从一个绑定设备接收到的信息传送给另一个设备。

③ 组地址过滤:提供了基于终点组成员的过滤组地址信息的能力。

④ 可靠传输:比从网络层仅通过端对端的传输增加了可靠性。

⑤ 拒绝重复:提供传送的信息不会被重复接收。

⑥ 支持大批量的传输:提供两个设备间顺序传输大批量数据的能力。

⑦ 碎片:当消息的长度大于单个网络层帧时,可以分割并重组消息。

⑧ 流控制:APS 提供避免传输消息淹没接收者的措施。

⑨ 阻塞控制:APS 层使用"尽力"原则,提供措施避免传输消息淹没中间网络。

(2) APS 管理实体(APSME)。

APSME 提供管理服务支持应用程序,其应具有基于两个设备的服务和需求将它们匹配的连接起来的能力,该能力称为绑定服务。APSME 还应具有能力来构建和维护绑定表来存储这些信息。

另外,APSME 还提供如下服务。

① 应用层信息库管理:读取与设置设备应用层信息库属性的能力。

② 安全:与其他设备通过使用安全密钥建立可信关系的能力。

2) ZigBee 设备对象

ZigBee 设备对象(ZDO)在应用对象、设备 profile 和 APS 之间提供了一个接口。ZDO 位于应用框架和应用支持子层之间,它满足所有在 ZigBee 协议栈中应用操作的一般需要。ZDO 还有以下作用。

(1) 初始化应用支持子层,网络层、安全服务规范和除了应用层中端点 1～240 以外的 ZigBee 设备层。

(2) 从终端应用中集合配置信息来确定和执行发现、安全管理、网络管理,以及绑定管理。

3.4　5G 技术

3.4.1　5G 概述

1. 5G 和 3GPP

第五代移动通信技术(5th Generation Mobile Communication Technology,5G)是具有高速率、低时延和大连接等特点的新一代宽带移动通信技术,是实现人机物互联的网络基础设施。2015 年 10 月,国际电信联盟无线电通信部门(ITU-R)正式确定了 5G 的法定名称是"IMT-2020"。

从 3G 系统开始,到 4G、5G 系统,3GPP(3rd Generation Partnership Project,第三代合作伙伴计划)协议一直是移动制式的"圣经"。3GPP 协议演进的过程就是移动制式从 3G 系统演进到 4G、5G 系统的过程。从本质上来说,3GPP 就是一个行业协会。5G 的协议规范是由 3GPP 来制定,可以从 3GPP 的网站 www.3gpp.org 获得。

互联网(Information Technology,IT)、通信网(Communication Technology,CT)和物联网(Internet of Things,IoT)起源于不同的技术,遵循不同的互通标准,成长于不同的应用场景。随着业务需求的不断发展,移动网和互联网逐渐走到了一起,成为移动互联网;与此同时,将物联网融入现有移动网的呼声也与日俱增。移动互联网和物联网成为 5G 产生和发展的最主要动力。

5G 需要完成承接移动网、增强互联网、使能物联网的使用,实现 CT、IT、IoT 这"三 T"的深度融合。

2. 5G 三大场景

从最终用户的角度看,5G 的三个场景特征就是:干活快、不拖沓、挤不爆;用专业术语讲就是:超越光纤的传输速度(Mobile Beyond Giga)、超越工业总线的实时能力(Real-Time World)以及全空间的连接(All-Online Everywhere)。

(1) eMBB(enhanced Mobile BroadBand,增强移动带宽)场景。

大流量移动宽带业务,如高清视频业务,是 4G、5G 乃至 6G 的主要应用,主要的信息交互对象是人与人或人与视频源。在 5G 的支持下，用户体验速率可提升至 1Gb/s，峰值速度甚至达到 20Gb/s，用户可以轻松实现在线 4K/8K 视频以及 VR/AR 视频。因此，用户数据业务流量还将爆发式增长，这会极大地释放远程智能视觉系统的需求，会出现层出不穷的新的行业应用。

（2）uRLLC（Ultra-Reliable Low Latency Communications，高可靠低时延连接）场景。

这个场景是物联网中的一个重要场景。像车联网、工业远程控制、远程医疗、无人驾驶等的特殊应用，对时延和可靠连接的要求比较严格。时延过大，将会导致严重的事故；可靠性低，将会造成财产损失。

在这样的场景下，连接时延要达到 10ms 以下，甚至是 1ms 的级别。对很多远程应用来说，操作体验能达到"零"时延，才会有很强的既视感和现场感。

（3）mMTC（massive Machine-Type Communications，海量机器类通信）场景。

这个场景也是物联网中的一个重要场景，针对的是大规模物联网业务，如智慧城市、智慧楼宇、智能交通、智能家居、环境监测等场景。

这类业务场景对数据速率要求较低，且时延不敏感，但对连接规模要求比较高，属于小数据包业务，信令交互比例较大，海量连接可能导致信令风暴。在 5G 时代，每平方千米的物联网连接数将突破百万，连接需求将覆盖社会、工作和生活的方方面面。5G 的海量连接能力是渗透到各垂直行业的关键特性之一。

5G 的三个场景就是我们选取 5G 网络架构技术和无线技术的出发点和归宿。5G 网络构架技术和无线技术，最终要满足三个场景的需求。三个场景的行业应用发展又会进一步促进 5G 网络架构技术和无线技术的向前发展。

3. 5G 组网方式

5G 是移动通信网部署的大势所趋，但 4G 仍是当前网络设备的主流。建设和部署 5G 网络包括两个部分：无线接入网（Radio Access Network，RAN）和核心网（Core Network，CN）。无线接入网主要由基站组成，为用户提供无线接入功能。核心网主要为用户提供互联网接入服务和相应的控制管理等功能。

5G 网络部署方式有两种：非独立组网模式（Non-Stand Alone，NSA）和独立组网模式（Stand Alone，SA）。

1）NSA

NSA 指的是使用现有的 4G 基础设施，进行 5G 网络的部署。基于 NSA 架构的 5G 载波仅承载用户数据，其控制信令仍通过 4G 网络传输。在 NSA 组网中，大多是以 LTE 为锚点来实现 5G NR（New Radio）与 LTE（Long Term Evolution，长期演进）的双连接。

2）SA

SA 指的是新建 5G 网络，包括 5G 基站、5G 回程链路以及 5G 的核心网。SA 组网在引入了全新网元与接口的同时，还将大规模采用网络 NFV、SDN 等新技术，并与 5G 无线侧的关键技术结合，其协议开发、网络规划部署及互通互操作所面临的挑战是巨大的。

将 4G 和 5G 组网部署方式结合起来考虑，在 3GPP 协议上提出了 8 个选项。其中，选项 1、2、5、6 是独立组网，选项 3、4、7、8 是非独立组网。非独立组网的选项 3、4、7 还有不同的子选项。在这些选项中，选项 1 是 4G 网络的结构。选项 6 和选项 8 仅是理论上存在的部署场景，不具有实际部署价值。

4. 5G 应用

1）5G 基础业务类型

5G 的基本业务类型，从大的方面，可以分为移动互联网和物联网类。移动互联网类包括 5 种基本业务类型，物联网业务（含采集类和控制类）包括 2 种基本业务类型，如表 3-2 所示。

表 3-2　5G 基础业务类型

网　络	类　型	业　务
移动互联网	流类	音频播放、视频播放、高清视频会话类
	会话类	语音类、视频通话、虚拟现实交互类
	交互类	浏览类、位置类、交易类、搜索类、游戏类、增强现实、虚拟现实传输类
	传输类	邮件类、下载类、上传类消息类
	消息类	SMS 类、MMS 类、OTT 消息
物联网	采集类	低速采集、高速采集控制类
	控制类	时延敏感、时延非敏感

2）端管云架构

5G 应用解决方案架构的设计思路就是"端管云"架构。任何 5G 应用，都可以套用这个架构。

从"端管云"的作用来看，"端"就是人、物和 5G 网络的界面和接口，是信息发送的源结点，也可以是信息接收的目的结点。人类的信息接收和发送，物联网感知层信息采集和控制命令接收都依赖于"端"侧。"管"就是 5G 网络，它满足了将"端"侧采集到的信息进行远距离快速传输和大范围共享的需求；"云"就是指平台层，借助"ABCD"（人工智能、区块链、云计算和大数据）技术满足随着连接数指数级增长带来的数据分析和计算的需求。

3）常见 5G 应用

4G 以前，移动制式上的应用主要属于个人消费型。个人消费型的应用也将在 5G 能力的助力下继续迅猛发展。跨界融合是 5G 应用的关键词，垂直行业是 5G 施展网络能力的关键。5G 会逐步完成产业型应用场景的全覆盖。

各行各业的信息交互场景和业务需求，与 5G 的管道能力相组合，会产生各行各业的专用的产业型应用，如智能电网、智能物流、智慧医疗、工业物联网；也可以产生许多行业共用的智能型应用，如车联网、VR ＋ AR、无人机、智慧城市等。

3.4.2　5G 新空口

为了应对 5G 新场景的挑战，系统化地提出了 5G 新空口的理念和关键使能技术，全面覆盖基础波形、多址方式、信道编码等领域。下面介绍三大空口物理层技术：F-OFDM、SCMA 和 Polar 码。F-OFDM 是实现统一空口的基础波形，结合灵活的 Numerology 参数集以实现空口切片；SCMA 和 Polar 码在 F-OFDM 的基础上，进一步提升了连接数、可靠性和频谱效率，满足了对 5G 的能力要求。因此，这三大物理层关键技术成为构建 5G 新空口理念的基石。

1. 新波形 F-OFDM（Filtered OFDM）

基础波形的设计是实现统一空口的基础，同时兼顾灵活性和频谱的利用效率。4G 的 OFDM 虽然较好地解决了令人头疼的码间串扰问题，但 OFDM 最大的问题就是不够灵活。未来不同的应用对空口技术的要求迥异。

例如，毫秒级时延的车联网业务要求极短的时域符号 Symbol 和调度时间间隔 TTI，这就需要频域较宽的子载波间隔；而物联网的多连接场景中，单传感器传送数据量极低，对系统整体连接数要求很高，这就需要在频域上配置比较窄的子载波间隔，而在时域上，符号的长度以及调度时间间隔都可以足够长，这时不需要考虑码间串扰问题，不需要再引入循环前缀（Cyclic Prefix，CP），同时异步操作还可以解决终端省电的问题。

F-OFDM 能为不同业务提供不同的子载波时频资源配置。不同带宽的子载波之间，本身不再具备正交的特性了，就需要引入保护带宽。在 LTE 中使用 OFDM，就需要 10% 的保护带宽。F-OFDM 增加了空口资源接入的灵活性，频谱利用率会不会因为保护带宽的增加而降低呢？灵活性与系统开销看起来就是一对矛盾。通过使用优化的滤波器，F-OFDM 可以把不同带宽子载波之间的保护频带最低做到单个子载波带宽，频谱利用率当然不会降低。

如果将系统的时频资源理解成一节火车车厢，采用 OFDM 方案生产的话，就相当于火车上只能提供一种固定大小的硬座（子载波带宽）。所有人，不管胖子瘦子、有钱没钱，都只能坐同样大小的硬座。这显然不科学也不够人性化，无法满足人民日益增长的物质文化需要。而 5G 采用 F-OFDM，就相当于可以根据乘客的需求进行座位的灵活定制，硬座、软座、硬卧、软卧、包厢都可以选用，想怎么调整都行，这才是自适应的和谐号列车。

总结一下：F-OFDM 在继承了 OFDM 的全部优点（频谱利用率高、适配 MIMO 等）的基础上，又克服了 OFDM 的一些固有缺陷，进一步提升了灵活性和频谱利用效率，是实现 5G 空口切片的基础技术。

2. 新多址技术 SCMA（Sparse Code Multiple Access）

F-OFDM 解决了业务灵活性问题，还要考虑如何利用有限的频谱，提高资源利用率，容纳更多用户，提升更高吞吐率。有限空间的火车里，如何装更多的人？

要提高资源利用率，哪些域的资源能够进一步复用？我们想到了 LTE 时代没有重用的码域资源。SCMA 技术，引入稀疏码本，通过码域的多址实现了频谱效率的 3 倍提升，相当于有限的火车座位上，坐了更多的用户。如同 4 个同类型的并排座位，坐 6 个人进去挤一挤，这就实现了 1.5 倍的频谱效率提升。

SCMA 的第一个关键技术就是低密度扩频。SCMA 的原理就是把单个子载波的用户数据扩频到 4 个子载波上，然后 6 个用户共享这 4 个子载波。之所以叫低密度扩频，是因为一个用户的数据只占用了其中两个子载波，另外两个子载波是空的。这也是 SCMA 中 Sparse（稀疏）的由来。如果不稀疏，就是在全载波上扩频，那同一个子载波上就有 6 个用户的数据，或者一个用户的数据占用 4 个子载波，冲突太厉害，无法准确解调用户的数据。

4 个座位（子载波）坐了 6 个用户之后，乘客之间就不严格正交了。这是因为每个座位有两个乘客了，没法再通过座位号（子载波）来区分乘客了。单一子载波上还是有 3 个用户的数据冲突,怎么把一个子载波上的多个用户数据解调出来?

这就需要 SCMA 第二个关键技术:高维调制。因为传统的 IQ 调制只有两维:幅度和相位,高维体现在哪里?如果两个乘客挤在一个座位上,没法再用座位号来区分乘客,但如果给这些乘客贴上不同颜色的标签,结合座位号,还是可以把乘客给区分出来。稀疏码本就是贴在不同用户上的标签,相当于乘客身上不同颜色的标签。高维调制技术是指每个用户的数据在幅值和相位的基础上,使用系统分配的稀疏码本再进行调制,接收端又知道每个用户的码本,这样就可以在不正交的情况下,把不同用户的数据解调出来。

总结一下:SCMA 在使用相同频谱的情况下,通过引入码域的多址,大大提升了频谱效率,通过使用数量更多的载波组,并调整单用户承载数据的子载波(即稀疏度),频谱效率可以提升 3 倍以上。

3. 新编码技术 Polar Code

编码技术的终极目标是香农极限:信道编码的目标,是以尽可能小的开销确保信息的可靠传送。在同样的误码率下,所需要的开销越小,编码效率越高,自然频谱效率也越高。对于信道编码技术的研究者而言,香农极限是无数人皓首穷经、孜孜以求的目标。

香农定理只是说明这类编码存在,可并没有说明什么编码可以达到,这可苦了编码学家们,在过去的半个多世纪中提出了多种纠错码技术,例如 RS 码、卷积码、Turbo 码和 LDPC 码等,并在各种通信系统中进行了广泛应用,但是以往所有实用的编码方法都未能达到香农极限,直到 Polar 码横空出世。

Polar 码基本原理:2007 年,土耳其比尔肯大学教授 Erdal Arikan 首次提出了信道极化的概念,基于该理论,他给出了人类已知的第一种能够被严格证明达到香农极限的信道编码方法,并命名为极化码(Polar Code)。这一突破如一道闪电,划破漫长而又黑暗的夜空,在编码技术史上具有划时代的意义。Polar 码具有明确而简单的编码和译码算法。通过信道编码学者的不断努力,当前 Polar 码所能达到的纠错性能超过目前广泛使用的 Turbo 码和 LDPC 码。

要理解 Polar 码,首先要理解信道极化的概念。信道极化,顾名思义就是信道出现了两极分化,是指针对一组独立的二进制对称输入离散无记忆信道,可以采用编码的方法,使各个子信道呈现出不同的可靠性,当码长持续增加时,一部分信道将趋向于完美信道(无误码),而另一部分信道则趋向于纯噪声信道。事实上,Polar Code 在使用改进后的 SCL(Successive Cancelation List)译码算法时能以较低复杂度的代价,接近最大似然译码的性能。

总结下 Polar 码的优点,首先是相比 Turbo 码更高的增益,在相同的误码率前提下,实测 Polar 码对信噪比的要求比 Turbo 低 $0.5 \sim 1.2$dB,更高的编码效率等同于频谱效率的提升。其次,Polar 码得益于汉明距离和 SC 算法设计,因此没有误码平层,可靠性相比 Turbo 大大提升(Turbo 采用的是次优译码算法,所以有误码平层),对于 5G 超高可靠性需求的业务应用,能真正实现 99.999% 的可靠性,解决垂直行业可靠性的难题。第三,Polar 码的译码采用了基于 SC 的方案,因此译码复杂度也大大降低,这样终端的功耗就大大降低了,在相同译码复杂度情况下相比 Turbo 码可以降低功耗 20 多倍,对于功耗十分敏感的物联网传感器而言,可以大大延长电池寿命。

3.4.3 大规模 MIMO 技术

1. 大规模天线阵列

MIMO 就是"多进多出"(Multiple-Input Multiple-Output),多根天线发送,多根天线接收。Massive MIMO(大规模天线阵列,也称 Large Scale MIMO)是 5G 中提高系统容量和频谱利用率的关键技术。Massive MIMO 带来很大的阵列增益,能够有效提升每个用户的信号质量,提升数据速率和链路可靠性。我们可以从天线数和信号覆盖的维度两方面来理解。

1) 天线数

传统的 TDD 网络的天线基本是 2 天线、4 天线或 8 天线;而到了 5G,受益于高频段技术、芯片技术以及并行计算能力的突破性发展,天线的通道数目大幅度增加,Massive MIMO 通道数达到 64/128/256。

2) 信号覆盖的维度

传统的 MIMO 称为 2D-MIMO,以 8 天线为例,实际信号在做覆盖时,只能在水平方向移动,垂直方向是不动的,信号类似一个平面发射出去,而 Massive MIMO,是信号水平维度空间基础上引入垂直维度的空域进行利用,信号的辐射状是个电磁波束。Massive MIMO 是三维 3D-MIMO。

2. Massive MIMO 技术优势

大规模天线阵列的基础技术有三大类:大规模天线阵子阵列、多波束、多频段。

大规模天线,会给 5G 系统的性能带来哪些好处?不外乎增加系统覆盖、提高系统容量、提高用户峰值速率、增加链路质量。这些好处是由下面各种类型的增益带来的。

首先是阵列增益,大小和天线个数 M 的对数 $\lg(M)$ 强相关。在单天线发射功率不变的情况下,增加天线个数,利用各天线上信号的相关性和噪声的非相关性,使接收端通过多路信号的相干合并,获得平均信噪比(SNR)的增加,从而改善系统的覆盖性能。

还有分集增益。同一路信号经过不同路径到达接收端,利用各天线上信号深衰落的不相关性,减少合并后信号的衰落幅度,可以对抗多径衰落,从而减少接收端信噪比的波动。独立衰落的分支数目越大,接收端的信噪比波动越小,分集增益越大。分集增益,可以改善系统的覆盖,增加链路的可靠性。

空间复用增益。在相同发射功率、相同带宽的前提下,通过增加空间信道的维数,让多个相互独立的天线并行地发送多路数据流,可以提高极限容量和改善峰值速率。这个容量的增长和峰值速率的提升就是空间复用增益。

干扰抑制增益。在多天线收发系统中,空间存在的干扰有一定的统计规律性,利用信道估计的技术,选择合适的干扰抑制算法,可以降低接收端的干扰,提高信噪比。干扰抑制可以改善系统覆盖,提高系统容量,增加链路可靠性,但是对峰值速率没有贡献。

从理论上看,天线数越多越好,系统容量也会成倍提升。但是天线规模变大,对芯片计算能力、工艺水平的要求呈指数级增长,对同步精度的要求也会增加,付出的成本也会大幅提升,所以现阶段天线数目最大是 256 个。

5G Massive MIMO 天线的使用可以带来下列好处。

(1) 提供丰富的空间资源,支持空分多址 SDMA。

(2) 相同的时频资源在多个用户之间复用,提升频谱效率。

(3) 同一信号有更多可能的到达路径,提升了信号的可靠性。

(4) 抗干扰能力强,降低了对周边基站的干扰。

(5) 窄波束可以集中辐射更小的空间区域,减少基站发射功率损耗。

(6) 提高小区峰值吞吐率、小区平均吞吐率、边缘用户平均吞吐率。

3. Massive MIMO 场景部署方案

Massive MIMO 适用于城区宏蜂窝小区和微小区联合部署的场景。微小区为大部分用户提供服务,而中心基站部署大规模天线为微小区范围外的用户提供服务。中心宏基站对微小区进行控制和调度。

根据不同场景需求配置不同的广播和控制信道波束,以匹配多种多样的覆盖场景。

(1) 广场覆盖:近点使用宽波束,保证接入;远点使用远波束,提升覆盖。

(2) 高楼场景:使用垂直面覆盖比较宽的波束,提升垂直覆盖范围。

(3) 混合场景:既有广场又有高楼,采用水平、垂直覆盖角度都比较大的波束。

(4) 区间干扰场景:可以使用水平扫描范围相对窄的波束,避免强干扰源。

3.4.4 毫米波无线通信技术

1. 毫米波技术简介

顾名思义,毫米波是波长 (λ) 约为 1mm(更准确地说是 1～10mm)的电磁波。使用公式 $f = c/\lambda$ 将该波长转换为频率,其中,c 是光速,得出的频率范围为 30～300GHz。毫米波频段被国际电信联盟 ITU 指定为"极高频"(EHF)频段。术语"毫米波"也经常缩写为"mmWave"。

全球 5G 网络频段分为 Sub-6GHz 和毫米波,而我国在 5G Sub-6GHz 网络建设基本成熟的情况下,将 5G 毫米波网络建设提上了日程。有些人可能会有疑问,既然 Sub-6GHz 和毫米波都能实现 5G,Sub-6GHz 已经成熟,为何要多此一举地建设毫米波呢?

其实毫米波与 Sub-6GHz 能形成互补关系,5G 毫米波的频段为 24～86GHz,是 Sub-6GHz 频段的 16 倍左右,因此传输速度和内容都会快很多;同样因为高频段,5G 毫米波的传播范围也比 Sub-6GHz 小很多。因此 5G 毫米波适合在车站、机场、体育场这些同一区域、同一时间、大量用户的场景使用,而 Sub-6GHz 适合在距离远且空旷的场合使用。

2. 毫米波优点和缺点

毫米波频率高、波长短,具有如下优点。

(1) 波束窄、方向性好,以直射波的方式在空间进行传播,典型的视距传输。在相同天线尺寸下毫米波的波束要比微波的波束窄得多。具有极高的空间分辨力、跟踪精度较高。在电子对抗中,通信系统使用毫米波窄波束,敌方难以截获。

(2) 可用频谱大、支持超大带宽。毫米波有上吉赫兹(GHz)的连续可用频谱。配合各种多址复用技术的使用可以极大提升信道容量,适用于高速多媒体传输业务。

(3) 由于频段高,干扰源很少,具有高质量、恒定参数的无线传输信道。

(4) 对沙尘和烟雾具有很强的穿透能力,几乎能无衰减地通过沙尘和烟雾。激光和红外在沙尘和烟雾的环境中传播损耗相当大,而毫米波在这样的环境中却有明显优势。

(5) 天线尺寸很小,易于在较小的空间内集成大规模天线阵列。

毫米波的缺点也非常明显。

(1) 相对于微波来说,由于频率高,在大气中传播衰减严重。无线电波频率升高一倍,大气中的传播损耗增加 6dB,所以毫米波在大气中衰减严重。降雨衰减大,降雨的瞬间强度越大、雨滴越大,所引起的衰减也就越严重。毫米波的单跳通信距离相对于微波来说较短。

(2) 毫米波器件加工精度要求高。与微波雷达相比,毫米波的元器件目前批量生产成品率低。再加上许多器件在毫米波频段均需涂金或者涂银,因此器件成本较高。

3. 毫米波 5G 应用场景

最适合部署 5G 毫米波的场景可以用四个字概括,“热点覆盖”。五个适合部署 5G 毫米波的场景如下。

(1) 企业室内场景:可以成为 Wi-Fi 的很好补充,下行链路突发数据可达 5Gb/s,比 Wi-Fi AP 更快更方便。

(2) 大型场馆:例如体育场、音乐厅、展览馆等,高通在超级碗的案例说明,在大型体育场里,5G 毫米波可以实现 4G LTE 二十倍的网络速率。

(3) 交通枢纽:例如地铁站、火车站、飞机场等。

(4) 固定无线接入:也就是用 5G 毫米波替代光纤实现高速宽带的接入,之前高通在乡村环境测试,用 5G 毫米波可以实现 10km 距离 1Gb/s 的高速连接。

(5) 工业互联网:工业制造环境里常常部署非常多的传感器,设备接入量大,工业控制对时延要求也极为严苛,5G 毫米波大带宽、低时延、大容量、高稳定的特性,可以很好地满足工业互联网应用的各种需求。

3.4.5 同时同频全双工技术

同时同频全双工(Co-time Co-frequency Full Duplex,CCFD)技术是指通信系统的发射机和接收机使用相同的时频资源进行通信,即上下行信号可以在相同时间、相同频率里发送。通信结点实现同时同频双向通信,频谱资源的使用更加灵活,突破了现有的频分双工(FDD)和时分双工(TDD)模式。

为了避免发射机信号对接收机信号在频域或时域上的干扰,同频同时全双工技术采用了干扰消除的方法,减少传统 TDD 或 FDD 双工模式中频率或时隙资源的开销,从而将无线资源的使用效率提升近一倍。

所有同时同频发射结点对于非目标接收结点都是干扰源,同时同频的发射信号对本地接收机来说是强自干扰,尤其是在多天线及密集组网的场景下(当然仍存在相邻小区的同频干扰问题)。因此,同时同频全双工系统的应用关键在于发射端对接收端的自干扰的有效消除。

根据干扰消除方式和位置的不同,有三种自干扰消除技术:天线干扰消除、射频干扰消除和数字干扰消除。

1. 天线干扰消除

天线干扰消除的方法是指将发射天线与接收天线在空间分离,使得两路发射信号在接收天线处相位相差 180°的奇数倍,这样可以使两路自干扰信号在接收点处对消。相位相差

180°，可以通过调整天线的布放位置实现，也可以通过在发射点或接收点安装相反转器件来实现。

2. 射频干扰消除

射频干扰消除的方法就是在发射端将发射信号一分为二，一路发射出去，另一路作为干扰参考信号，通过反馈电路将信号的幅值和相位调节后送到接收端，在接收端的信号中把干扰信号减去，实现自干扰信号的消除。

3. 数字干扰消除

数字干扰消除是将发射机的基带信号通过数字信道估计器和数字滤波器，在数字域模拟空中发射信号到达接收点的多径无线信号，在接收点完成干扰对消。

5G 要实现同一信道上同时接收和发送，主要有以下三大挑战。

（1）电路板件设计。自干扰消除电路需满足宽频（大于 100MHz）和多 MIMO（多于 32 个天线）的条件，且要求尺寸小、功耗低以及成本不能太高。

（2）物理层、MAC 层的优化设计问题。例如编码、调制、同步、检测、侦听、冲突避免、ACK 等，尤其是针对 MIMO 的物理层优化。

（3）对全双工和半双工之间动态切换的控制面优化，以及对现有帧结构和控制信令的优化问题。

3.5 窄带物联网技术

以 LoRa、NB-IoT 为代表的低功耗广域网 LPWAN 技术近年来已经是物联网领域最热门的部分。

3.5.1 NB-IoT

1. NB-IoT 概述

NB-IoT（Narrow Band Internet of Things）是一种基于蜂窝的窄带物联网技术，也是低功耗广域物联网（LPWAN）的最佳连接技术之一，承载着智慧家庭、智慧出行、智慧城市等智能世界的基础连接任务，广泛应用于如智能表计、智慧停车、智慧路灯、智慧农业、白色家电等多个方面，是智能时代下的基础连接技术之一。

2020 年，NB-IoT 全球连接数超 1 亿。根据预测，这一技术将在未来 5 年实现 10 亿级连接，并持续保持增长趋势，推动物联网设备实现爆发性成长。

NB-IoT 技术标准最早是由华为和沃达丰主导提出来的，之后又吸引了高通和爱立信等一些厂家。从一开始的 NB-M2M 经过不断的演进和研究，在 2015 年的时候演进为 NB-IoT。在 2016 年的时候，NB-IoT 的标准就正式被冻结了。当然，NB-IoT 的标准依然在持续的演进当中，在 2017 年的 R14 当中就新增了许多特性，到了 R14 版本，NB-IoT 具有了更高的速率，同时也支持站点定位和多播业务。在 2020 年 7 月 9 日最新召开的会议上，NB-IoT 这项技术已经被正式接纳为 5G 的一部分了。但是由于现阶段的 NB-IoT 并不支持接入 5G 网络，所以该技术在后续还需要经过不断的演化和技术的演进才能进入 5G 网络当中。

2. NB-IoT 技术特点和优势

1) 广覆盖(比 GSM 覆盖提高 20dB)

NB-IoT 与 GPRS 或 LTE 相比,在同样的频段下,最大链路预算提升了 20dB,覆盖面积相当于扩大了 100 倍,并将提供改进的室内覆盖,即使在地下车库、地下室、地下管道等普通无线网络信号难以到达的地方也容易覆盖到。NB-IoT 实现高覆盖的原因主要包括两个方面:①上行功率谱密度增强了 17dB;②覆盖+编码为 6~16dB。

2) 大连接

具备支撑海量连接的能力,NB-IoT 基站的单扇区可支持超过 5 万个终端与核心网的连接,窄带技术,上行等效功率提升,大大提升信道容量。比现有 2G、3G、4G 移动网络用户有50~100 倍容量提升。支持低延时敏感度、超低的设备资本、低设备功耗和优化的网络架构。

3) 低耗能(基于 AA 电池,使用寿命可超过 10 年)

NB-IoT 可以让设备一直在线,通过减少不必要的信令、更长的寻呼周期及终端进入PSM(节能模式)状态等机制来达到省电的目的。

4) 低成本

低速率、低功耗、低带宽可以带来终端的低复杂度,便于终端做到低成本。同时,NB-IoT 基于蜂窝网络,可直接部属于现有的 LTE 网络,运营商部署成本也比较低。

5) 授权频谱

NB-IoT 可直接部属于 LTE 网络,也可以利用 2G、3G 的频谱重耕来部署,无论是数据安全和建网成本,还是在产业链和网络覆盖,相对于非授权频谱都具有很强的优越性。

6) 安全性

继承 4G 网络安全的能力,支持双向鉴权和空口严格的加密机制,确保用户终端在发送接收数据时的空口安全性。

3. NB-IoT 网络体系架构

传统的 LTE 网络体系架构,其目的是给用户提供更高的带宽、更快的接入,以适应快速发展的移动互联网需求。但在物联网应用方面,由于 UE 数量众多、功耗控制严格、小数据包通信、网络覆盖分散等特点,传统的 LTE 网络已经无法满足物联网的实际发展需求。

NB-IoT 系统网络架构和 LTE 系统网络架构相同,都称为演进的分组系统(Evolved Packet System,EPS)。EPS 主要包括 3 个部分,分别是演进的核心系统(Evolved Packet Core,EPC)、基站(eNodeB,eNB)、UE。eNB 基站负责接入网部分,即无线接入网。NB-IoT 无线接入网由一个或多个基站 eNB 组成,eNB 基站通过 Uu 接口(空中接口)与 UE 通信。EPC 负责核心网部分,通过全 IP 连接的承载网络,对所有的基于 IP 的业务都是开放的,能提供所有基于 IP 业务的能力集。

NB-IoT 典型的端到端组网,如图 3-13 所示,主要包括 4 部分:终端、接入网、核心网和云平台。其中,终端与接入网之间是无线连接,即 NB-IoT,其他几部分之间一般是有线连接。

NB-IoT 终端:用户终端 UE,通过空口连接到基站 eNodeB。

eNodeB 无线网侧:包括两种组网方式,一种是整体式无线接入网(Singel RAN),其中包括 2G/3G/4G 以及 NB-IoT 无线网;另一种是 NB-IoT 新建网、主要承担空口接入处理、

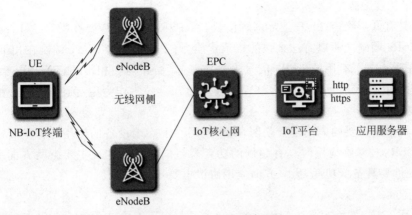

图 3-13　NB-IoT 端到端组网

小区管理等相关功能,并通过 S1-LITE 接口与 IoT 核心网连接,将非接入层数据转发给高层网元处理。这里,NB-IoT 可以独立组网,也可以与 E-UTRAN 融合组网。

IoT 核心网 EPC:EPC 承担与终端非接入层交互的功能,并将 IoT 业务相关数据转发到 IoT 平台进行处理。既可以独立组网,也可以与 LTE 共用核心网。

IoT 平台:汇聚从各种接入网得到的 IoT 数据,并根据不同类型转发至相应的业务应用进行处理。

应用服务器:是 IoT 数据的最终汇聚点,根据客户的需求进行数据处理等操作。

3.5.2　LoRa

1. LoRa 概述

LoRa 是 Long Range 的简称,意思是长距离通信,作为 LPWAN 通信技术的一种,是美国 Semtech 公司采用和推广的一种基于扩频调制技术(Chirp Spread Spectrum,CSS)的超远距离无线传输方案。

扩频技术是一种用宽带换取灵敏度的技术,Wi-Fi、ZigBee 等技术都使用了扩频技术,但是 LoRa 调制的特点是可以最大效率地提高灵敏度,以至于接近香农定理的极限。尤其是在低速率通信系统中,打破了传统的 FSK 窄带系统的实施极限。

LoRa Alliance 联盟与 2015 年由 Cisco、IBM 和 Semtech 等多家厂商共同发起创立。LA 联盟制定了 LoRa WAN 标准规范,主要完成的是 MAC 层规范以及物理层相关参数的约定。LoRa WAN 是为 LoRa 远距离通信网络设计的一套通信协议和系统架构。

CLAA(China LoRa Application Alliance)物联网生态圈是中国 LoRa 产业链的主导者。目前已经发展成为从 LoRa 芯片、模组、终端、系统集成商到解决方案提供商,以及互联网企业、电信运营商广泛参与的产业共同体。

2. LoRa 技术特点

1) 远距离

现在已经有多家卫星公司吧 LoRa 发射到了近地卫星上,一般近地卫星距离地面 600～2000km。LoRa 传感器可以放置在地球的任意角落(室外屋顶不遮挡),都可以将数据传输到卫星上,并通过地面接收站,最终数据进入互联网和服务器中。

2）抗干扰能力强

LoRa 具有低于噪声 20dB 正常调解信号,而 FSK 理论上需要在噪声之上 8dB 才能保证调解。LoRa 调制之所以有这么强的抗干扰能力,主要是因为 Chirp 调制在相干调解的时候可以把在噪声之下有用的 LoRa 信号聚集在一起,而噪声在相干调解后还是噪声。所以在一些信道干扰比较严重的区域,客户都会选择 LoRa 技术作为稳定通信的核心技术。

3）低功耗

LoRa 技术最主要的应用是物联网,而物联网对于终端设备的使用寿命的要求非常高。这就要求 LoRa 技术在应用时具有超低的功耗。超低功耗的实现主要由两方面决定,一方面芯片的硬件要具备低功耗,另一方面应用协议也要具备低功耗。

4）大容量

LoRa WAN 的网络容量决定因素很多,主要与以下几个参数相关:结点的发包频率、数据包的长度、信号质量及结点的速率、可用信道数量、基站/网关的密度、信令开销、重传次数等。LoRa WAN 协议的大容量是部署广域网的必要条件,广域网为去碎片化提供了有力支撑。一般情况下,一个智慧城市的项目中,中大型城市需要几百个 LoRa 网关来实现室外全覆盖;在智慧社区的项目中,一个工业园区或一个住宅小区使用 1～4 个中小型 LoRa 网关可以实现全覆盖。

5）按需部署、独立组网

LoRa 就是一个"长 Wi-Fi"技术,其部署特点与 Wi-Fi 非常相似。LoRa 的部署过程也很简单,只需要选择一个网关部署位置,连接网线和电源线即可。在没有网线连接的地方可以利用运营商的 4G 网络或本地的 Wi-Fi 无线网络完成 LoRa 网络部署。

在实际的物联网应用中,在运营商信号覆盖比较差的地方,如密集的居民楼、井盖内或者复杂的地下管道,可以根据具体需求进行 LoRa 网络架设。

6）轻量级、低成本

一个项目能否成功,成本是非常关键的因素。LoRa 技术是一个轻量级的技术,LoRa WAN 协议也是一个轻量级的物联网通信协议。LoRa 硬件在设计之初就充分考虑到了物联网市场对成本的苛刻要求以及对整体部署的要求。

3. LoRa 网络系统

LoRa WAN 网络系统由 4 部分组成,分别是终端结点(End Nodes)、网关、网络服务器(Network Server)、应用服务器(Application Server),如图 3-14 所示。其中,终端结点也叫终端设备(End Device)、传感器(Sensor)或者结点(Nodes);网关也可以叫集中器(Concentrator)或者基站(Base Station)。由于 LoRa WAN 应用于物联网中,所以服务和连接的对象是终端结点,对应于移动通信网络中的用户(也叫移动台)。LoRa WAN 中网关对应于移动通信网络中的基站;LoRa WAN 中的网络服务器对应于移动通信网中的移动交换中心(MSC)或移动台辅助切换(MAHO);而 LoRa WAN 中的网关与网络服务器之间的连接方式采用 3G/4G 等移动通信网络或以太网网线连接的方式,对应于移动通信网络中的公众通信网(PSTN、PSDN)。根据应用和服务不同,LoRa WAN 网络系统需要应用服务器的支持,它是 LoRa WAN 系统组成的必要部分,而移动通信网络中并非必要组成项。这是因为 LoRa WAN 的结点一定是为了满足某种业务而存在,几乎不存在没有服务业务而挂在网上的情况。这个情况与移动通信网络不同,移动通信服务的目的是让用户一直连接在网络上,对于运行什么业务并不关心。这也是物联网的网络系统与移动通信网系统的重要差别之一。

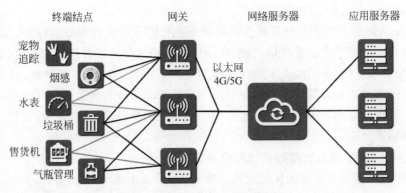

图 3-14　LoRa WAN 的系统组成

在 LoRa WAN 中,终端结点通过 LoRa 无线通信与网关连接,网关通过现有的有线/无线网络(以太网/蜂窝网)与网络服务器连接,网络服务器再通过以太网与应用服务器连接。一次通信过程可以是终端结点发起或由应用服务器发起,网关和网络服务器只是实现透传和网络管理的工作,与业务没有直接关系。LoRa WAN 网关只是不断接收结点发来的数据并传给网络服务器,而网络服务器会整理数据发往应用服务器;应用服务器收到结点的业务数据后,响应应答指令发往网络服务器,网络服务器管理网关下发命令到达原业务结点。

从 LoRa WAN 的系统与移动通信网系统的类比中,可以发现两个系统的构造非常相似,不过在网络连接上有以下几点不同。

(1) 终端结点与网关的连接方式不同。从图中可以看出,有的终端结点(图中宠物追踪)与一个 LoRa WAN 网关的连接,有的终端结点(图中水表)同时连接两个网关,而有的终端结点(图中的垃圾桶)连接三个网关。这与移动通信网系统中一个用户连接一个网关的方式完全不同。

(2) 网关与网关间的连接不同。在移动通信网中,每个区域的 MSC 管理 BSS 中的多个基站,而 LoRa WAN 网络系统中所有的网关之间是独立的,没有任何关系,不需要做频率分配,也不要做跨网管理。

(3) 网关与网络服务器的连接不同。移动通信网中由于系统对于网络的稳定性要求很高,对于上下行通信延迟要求非常高,一般通过光纤交换进行快速数据交互,其延迟在几毫秒;而 LoRa WAN 采用传统的网线或 3/4G 网络作为连接数据交互手段,这样的网络延迟和稳定性很差,数据交互经常需要上百毫秒。

4. LoRa 的标准及规范

本节针对 LoRa 应用的一些标准和规范进行介绍,其中,LoRa WAN 协议标准是重点部分。由于 LoRa WAN 协议在一些高速响应或结点间通信应用中仍然存在一些问题,因而出现了一些协议的更新和创新,其中包括中继 Relay 协议,阿里巴巴推广的 LoRa D2D 协议等。这些协议都是基于 LoRa WAN 协议的创新,都是在兼容原有 LoRa WAN 协议的前提下的协议创新。Yosmart 公司开发的 YoLink 协议是一个吸收了 LoRa WAN、Dash 7 等多种协议优点的智能家居协议,既具有 LoRa WAN 的网络优势,又具有智能家居的快速响应的优势。

LoRa WAN 协议分为基础类型 Class A 和可选功能类别 Class B、Class C。

1）Class A（双向传输终端）

Class A 的终端在每次上行后都会紧跟两个短暂的下行接收窗口，以此实现双向传输。终端基于自身通信需求来安排传输时隙，在随机时间的基础上具有较小的变化（属于随机多址 ALOHA 协议）。这种 Class A 操作为应用提供了最低功耗的终端系统，只要求应用在终端上行传输后的很短时间内进行服务器的下行传输。服务器在其他任何时间进行的下行传输都需要等待终端的下一次上行。通常用于低功耗的物联网设备，如水表、气表、烟感、门磁等多种传感器。

2）Class B（划定接收时隙的双向传输终端）

Class B 的终端会有更多的接收时隙。除了 Class A 的随机接收窗口，Class B 设备还会在指定时间打开另外的接收窗口。为了让终端可以在指定时间打开接收窗口，终端需要从网关接收时间同步的信标（Beacon）。这使得服务器可以知道终端何时处于监听状态。一般应用于下行控制且有低功耗需求的场景，如水闸、气闸、门锁等。

3）Class C（最大化接收时隙的双向传输终端）

Class C 的终端一直打开着接收窗口，只在发送时短暂关闭。Class C 的终端会比 Class A 和 Class B 更加耗电，但同时从服务器下发给终端的时延也是最短的。一般 Class C 用于长带电的场景，如电表、路灯等。

学习 Class A/B/C 的时候经常忘记其特征，这里的 A 代表英文单词"All"，意思就是所有的 LoRa WAN 终端都必须满足 Class A 的规定；B 代表英文单词"Beacon"；C 代表英文单词"Continuous"。

3.6　无线移动局域网安全技术

无线局域网与传统有线局域网相比优势不言而喻，它可实现移动办公，其架设与维护更容易，但在巨大的应用与市场面前，无线局域网络的安全问题就显得尤为重要。在传统的有线网络上，一个攻击者可以物理接入到有线网络内或设法突破边缘防火墙或路由器。对一个无线网络而言，所有潜在的无线攻击者只需要携带其可移动设备待在一个舒服的位置，用无线嗅探软件就可展开工作。

无线局域网面临的主要安全威胁包括：非授权用户、地址欺骗、会话欺骗和高级入侵等。

1. 非授权用户

由于无线局域网的开放式访问方式，在一个 AP 所覆盖的区域中，包括未授权的客户端都可以接收到此 AP 的电磁波信号。未授权用户非法获取 SSID（Service Set Identifier），就可以接入无线局域网，从而未经授权而擅自使用网络资源，占用宝贵的无线信道资源，增加带宽费用，降低合法用户的服务质量。

2. 地址欺骗和会话拦截

在无线环境中，入侵者也可以首先通过窃听获取授权用户的 MAC 地址，然后篡改自己计算机的 MAC 地址而冒充合法终端。另外，由于 IEEE 802.11 没有对 AP 身份进行认证，非法用户很容易装扮成 AP 进入网络，并进一步获取合法用户的鉴别身份信息，通过会话拦截实现网络入侵。

3. 高级入侵

一旦攻击者进入无线网络,它将成为进一步入侵其他系统的起点。多数企业部署的WLAN都在防火墙之后,这样WLAN的安全隐患就会成为整个安全系统的漏洞,只要攻破无线网络,就会使整个网络暴露在非法用户面前。

3.6.1 加密技术

加密技术的基础是密码学。密码学为系统、网络、应用安全提供密码机制,是诸多网络安全机制的基石。密码学旨在发现、认识、掌握和利用密码内在规律,由密码编码学(Cryptography)和密码分析学(Cryptanalysis)两部分组成。

根据密钥数量和工作原理的不同,现代密码系统通常可划分为对称密钥密码系统和公开密钥密码系统两类。

1. 对称密钥密码系统

对于对称密钥密码系统,加密密钥和解密密钥完全相同,这种密码系统也称为单钥密码系统或秘密密钥密码系统。

对称密钥密码系统对明文信息加密主要采用序列密码(Stream Cipher)和分组密码(Block Cipher)两种形式。

典型的对称密钥密码系统有:DES、AES 和 RC4。

数据加密标准(Data Encryption Standard, DES)是一种分组密码,对二进制数据加密,明文分组的长度为 64 位,相应产生的密文分组也是 64 位。DES 加密流程可以划分为初始置换、子密钥生成、乘积变换、逆初始置换等步骤。DES 的解密与加密使用的是相同算法,仅仅在子密钥的使用顺序上存在差别。在 DES 的基础上,研究人员提出了 3DES 算法,增加了密钥长度。3DES 算法使用 3 个密钥,并执行 3 次 DES 运算,遵循"加密-解密-加密"的工作流程。

高级数据加密标准(Advanced Encryption Standard, AES)是分组大小为 128b 的分组密码,支持密钥长度为 128b、192b 和 256b。AES 算法又称 Rijndael 算法。AES 算法采用替换/转换网络,每轮包含三层。线性混合层:通过列混合变换和行移位变换确保多轮密码变换之后密码的整体混乱和高度扩散。非线性层:字节替换,由 16 个 S-盒并置而成,主要作用是字节内部混淆。轮密钥加层:简单地将轮(子)密钥矩阵按位异或到中间状态矩阵上。

RC4(Rivest Cipher 4)是一种流密码算法。RC4 具有算法简单,运算速度快,软硬件实现十分容易等优点,使其在一些协议和标准里得到了广泛应用。如 IEEE 802.11 无线局域网安全协议 WEP 与 WPA 中均使用了 RC4 算法。

2. 公开密钥密码系统

典型的密钥密码系统:RSA 密码体制、ElGamal 公钥密码体制度、椭圆曲线密码体制、基于身份的密码体制,以及 Diffie-Hellman 密钥交换协议。

RSA 公钥密码系统基于"大数分解"这一著名数论难题。将两个大素数相乘十分容易,但要将乘积结果分解为两个大素数因子却极端困难。

椭圆曲线密码(Elliptic Curve Cryptography, ECC)以椭圆曲线为基础,利用有限域上椭圆曲线的点构成的 Abel 群离散对数难解性,实现加密、解密和数字签名,将椭圆曲线中的加法运算与离散对数中模乘运算相对应,就可以建立基于椭圆曲线的对应密码体质。ECC 的主要优势是密钥小,算法实施方便,计算速度快,非常适用于无线应用环境,而且安全性也能与 RSA 相当。

3.6.2 认证技术

认证或鉴别(Authentication)是信息安全领域的一项重要技术,主要用于证实身份合法有效或者信息属性名副其实。身份认证是最常见的一种认证技术,可以确保只有合法用户才能进入系统。其次是消息认证,在网络通信过程中,黑客常常伪造身份发送信息,也可能对网络上传输的信息内容进行修改,或者将在网络中截获的信息重新发送。因此要验证信息的发送者是合法的,即信源的认证和识别;验证消息的完整性,即验证信息在传输和存储过程中是否被篡改;验证消息的顺序,即验证是否插入了新的消息、是否被重新排序、是否延时重放等。最后,在通信过程中,还需要解决通信双方互不信任的问题,如发送方否认消息是自己发送的,或接收方伪造一条消息谎称是发送方发送的,这就需要用到数字签名技术。

1. 身份认证

身份认证可以基于以下四种与用户有关的内容之一或它们的组合实现。

(1) 所知:个人所知道的或所掌握的知识或信息,如密码、口令。

(2) 所有:个人所具有的东西,如身份证、护照、信用卡、智能门卡等。

(3) 所在:个人所用的机器的 IP 地址、办公地址等。

(4) 用户特征:主要是个人生物特征,如指纹、笔迹、声纹、手形、脸形、视网膜、虹膜、DNA,还有个人的一些行为特征,如走路姿势、按键动作等。

目前,身份认证技术主要包括口令认证、信物认证、地址认证、用户特征认证和密码学认证。

2. 消息认证

消息认证也称为"消息认证""消息鉴别"。以下介绍消息属性的主流认证方法。

1) 报文源的认证

报文源的认证是指认证发送方的身份,确定消息是否由所声称的发送方发送而来。

2) 报文宿的认证

报文宿的认证是对报文接收方的身份进行认证。具体来看,它指的是消息的接收方在接收到报文以后判断报文是否是发送给自己的。

3) 报文内容的认证

报文内容的认证是指接收方在接收到报文以后对报文进行检查,确保自己接收的报文与发送方发送的报文相同,即报文在传输过程中的完整性没有受到破坏也称为"完整性检测"。

4) 报文顺序的认证

报文的发送顺序在通信中具有重要的安全意义。重放攻击就是攻击者对报文顺序的一种攻击方式。对报文顺序进行认证,最重要的一点就是在通信中增加标识报文顺序的信息。报文顺序信息可以多种形式出现,如序列号、时间戳等。

3. 数字签名

前面介绍的报文认证可以保护信息交换双方不受第三方的攻击,但是它不能处理通信双方自己产生的攻击。在收发双方不能完全相互信任的情况下,就需要除报文认证之外的其他方法来解决问题。这就需要数字签名技术。可以使用 RSA 密码系统实现数字签名,可以使用 ElGamal 密码系统实现数字签名,也可以使用椭圆曲线密码实现数字签名。

3.6.3 密钥交换技术

对称加密算法解决了数据加密的问题。以 AES 加密为例,在现实世界中,用户 A 要向用户 B 发送一个加密文件,A 可以先生成一个 AES 密钥,对文件进行加密,然后把加密文件发送给对方。因为对方要解密,就必须需要 A 生成的密钥。现在问题是:如何传递密钥?在不安全的信道上传递加密文件是没有问题的,因为黑客拿到加密文件没有用。但是,如何在不安全的信道上安全地传输密钥?要解决这个问题,密钥交换算法 Diffie-Hellman 应运而生。

Diffie-Hellman 密钥交换算法(简称"DH 算法"或"DH 交换")由 Whitfield Diffie 和 Martin Hellman 于 1976 年提出,是最早的密钥交换算法之一。它使得通信的双方能在非安全的信道中安全地交换密钥,用于加密后续的通信消息。DH 算法解决了密钥在双方不直接传递密钥的情况下完成密钥交换,这个神奇的交换原理完全由数学理论支持。Diffie-Hellman 算法的有效性依赖于计算离散对数的难度。

下面简要看一下 DH 算法交换密钥的步骤。假设甲乙双方需要传递密钥,他们之间可以这么做:甲首先选择一个素数 p,例如 509;底数 g,任选,例如 5;随机数 a,例如 123,然后计算 $A=g^a \bmod p$,结果是 215;然后,甲发送 $p=509$,$g=5$,$A=215$ 给乙;乙收到后,也选择一个随机数 b,例如 456,然后计算 $B=g^b \bmod p$,结果是 181,乙再同时计算 $s=A^b \bmod p$,结果是 121;乙把计算的 $B=181$ 发给甲,甲计算 $s=B^a \bmod p$ 的余数,计算结果与乙算出的结果一样,都是 121。所以最终双方协商出的密钥 s 是 121。注意到这个密钥 s 并没有在网络上传输。而通过网络传输的 p,g,A 和 B 是无法推算出 s 的,因为实际算法选择的素数是非常大的。

所以,更确切地说,DH 算法是一个密钥协商算法,双方最终协商出一个共同的密钥,而这个密钥不会通过网络传输。

3.6.4 安全体系

无线网络安全体系包含方方面面的技术,例如认证、加密、安全策略、无线入侵检测等。本节主要介绍一下安全策略和无线入侵检测。

网络安全防护是一种网络安全技术,指致力于解决诸如如何有效进行介入控制,以及如何保证数据传输的安全性的技术手段,主要包括物理安全分析技术,网络结构安全分析技术,系统安全分析技术,管理安全分析技术,及其他的安全服务和安全机制策略。

防护措施:①对用户访问网络资源的权限进行严格的认证和控制。例如,进行用户身份认证,对口令加密、更新和鉴别,设置用户访问目录和文件的权限,控制网络设备配置的权限等。②数据加密防护。加密是防护数据安全的重要手段。加密的作用是保障信息被人截获后不能读懂其含义。③网络隔离防护。网络隔离有两种方式,一种是采用隔离卡来实现的,一种是采用网络安全隔离网闸实现的。④其他措施。包括信息过滤、容错、数据镜像、数据备份和审计等。

入侵检测系统(IDS)通过分析网络中的传输数据来判断破坏系统和入侵事件。如今,入侵检测系统已用于无线局域网,来监视分析用户的活动,判断入侵事件的类型,检测非法的网络行为,对异常的网络流量进行报警。

无线入侵检测系统同传统的入侵检测系统类似。但无线入侵检测系统加入了一些无线局域网的检测和对破坏系统反应的特性。

无线入侵检测系统有集中式和分散式两种。

集中式无线入侵检测系统通常用于连接单独的 sensors(探测器,俗称探头),搜集数据并转发到存储和处理数据的中央系统中。分散式无线入侵检测系统通常包括多种设备来完成 IDS 的处理和报告功能。分散式无线入侵检测系统比较适合较小规模的无线局域网,因为它价格便宜和易于管理。

无线局域网通常被配置在一个相对大的场所。像这种情况,为了更好地接收信号,需要配置多个无线基站(WAPs),在无线基站的位置上部署 sensors,这样会提高信号的覆盖范围。由于这种物理架构,大多数的黑客行为将被检测到。另外的优点就是加强了同无线基站(WAPs)的距离,能更好地定位黑客的详细地理位置。

3.6.5　典型安全协议

无线网络常见的安全协议有 WEP、TKIP 和 WPA 等。

1. WEP

WEP(Wired Equivalent Privacy,有线等效保密协议)是常见的资料加密措施。WEP安全技术源自于名为 RC4 的 RSA 数据加密技术,以满足用户更高层次的网络安全需求。在链路层采用 RC4 对称加密技术,当用户的加密密钥与 AP 的密钥相同时才能获准存取网络的资源,从而防止非授权用户的监听以及非法用户的访问。

WEP 的目的是向无线局域网提供与有线网络相同级别的安全保护,它用于保障无线通信信号的安全,即保密性和完整性。当 WEP 提供 40 位长度的密钥机制时,它存在许多缺陷,非法用户往往能够在有限的几个小时内就能将加密信号破解掉。另外,由于同一个无线局域网中的所有用户往往都共享使用相同的一个密钥,只要其中一个用户丢失了密钥,那么整个无线局域网网络都将变得不安全。

2. WPA 保护访问

WEP 存在的缺陷不能满足市场的需要,而最新的 IEEE 802.11i 安全标准的批准被不断推迟,Wi-Fi 联盟适时推出了 WPA(Wi-Fi Protected Access)技术。WPA 使用的加密算法还是 WEP 中使用的加密算法 RC4,所以不需要修改原来无线设备的硬件,其原理为根据通用密钥,配合表示计算机 MAC 地址和分组信息顺序号的编号,分别为每个分组信息生成不同的密钥。然后与 WEP 一样将此密钥用 RC4 加密处理。通过这种处理,所有客户端的所有分组信息所交换的数据将由各不相同的密钥加密而成。WPA 还具有防止数据中途被篡改的功能和认证功能。

WPA 标准采用了 TKIP(Temporal Key Integrity Protocol,临时密钥完整性协议)、EAP(Extensible Authentication Protocol,扩展认证协议)和 802.1X 等技术,在保持 Wi-Fi

认证产品硬件可用性的基础上，解决 IEEE 802.11 在数据加密、接入认证和密钥管理等方面存在的缺陷。因此，WPA 在提高数据加密能力、增强网络安全性和接入控制能力方面具有重要意义。WPA 是一种比 WEP 更为强大的加密方法。作为 IEEE 802.11i 标准的子集，WPA 包含了认证、加密和数据完整性校验三个组成部分，是一个完整的安全性方案。Wi-Fi6 使用最新的 WPA3。

3. WLAN 验证与安全标准——IEEE 802.11i

为了进一步加强无线网络的安全性和保证不同厂家之间无线安全技术的兼容，IEEE 802.11 工作组于 2004 年 6 月正式批准了 IEEE 802.11i 安全标准，从长远角度考虑解决 IEEE 802.11 无线局域网的安全问题。IEEE 802.11i 标准主要包含的加密技术是 TKIP 和 AES(Advanced Encryption Standard)，以及认证协议 IEEE 802.1x。定义了强壮安全网络(Robust Security Network,RSN)的概念，并且针对 WEP 加密机制的各种缺陷做了多方面的改进。

IEEE 802.11i 规范了 802.1x 认证和密钥管理方式，在数据加密方面，定义了 TKIP、CCMP(Counter-Mode/CBC2 MAC Protocol) 和 WRAP(Wireless Ro2bust Authenticated Protocol)三种加密机制。其中，TKIP 可以通过在现有的设备上升级固件和驱动程序的方法实现，达到提高 WLAN 安全的目的。CCMP 机制基于 AES 加密算法和 CCM 认证方式，使得 WLAN 的安全程度大大提高，是实现 RSN 的强制性要求。AES 是一种对称的块加密技术，有 128/192/256 位不同加密位数，提供比 WEP/TKIP 中 RC4 算法更高的加密性能，但由于 AES 对硬件要求比较高，因此 CCMP 无法在现有设备的基础上进行升级实现。

小　结

本章重点讨论了无线局域网和无线广域网的相关技术，主要包括 Wi-Fi、ZigBee、5G、NB-IoT 和 LoRa，以及无线安全技术。

Wi-Fi 是 IEEE 802.11 无线局域网的代名词，其物理层标准主要有 IEEE 802.11b/a/g/n。重点介绍了 Wi-Fi 的主要设备、接入方式、关键技术和 Wi-Fi6。

ZigBee 作为短距离无线技术，以 IEEE 802.15.4 为起点，重点介绍了 ZigBee 的标准、技术特点、协议框架和各层规范。

5G 以无线接入网侧 RAN 为主，重点介绍了 5G 网络的三大应用场景 eMBB、uRLLC 和 mMTC；独立组网(SA)和非独立组网(NSA)；新空口的三大物理层技术 F-OFDM、SCMA 和 Polar 码；以及 Massive MIMO、毫米波、同时同频全双工 CCFD 技术。

NB-IoT 是一种基于蜂窝的窄带物联网技术，也是低功耗广域物联网(LPWAN)通信技术之一。重点介绍了 NB-IoT 的特点和优势，网络体系结构以及端到端的组网。

LoRa 作为 LPWAN 通信技术之一，采用基于扩频调制技术的超远距离无线传输方案。重点介绍了 LoRa 的技术特点、网络系统、标准规范。

无线局域网安全技术是网络的重要安全保障，常见的技术包括加密技术、认证技术、密钥交换技术、安全体系和安全协议等。

习题与实践

1. 填空题

(1) Wi-Fi6 的协议标准是_____,Wi-Fi5 的协议标准是_____。

(2) ZigBee 协议栈包含 5 层,分别是_____,_____,_____,_____和_____。

(3) 5G 蜂窝网络的三大应用场景是_____,_____,_____。

(4) 常见的窄带物联网有_____,_____。

2. 简答题

(1) 简述 Wi-Fi5 和 Wi-Fi6 的主要区别。

(2) 简述 ZigBee 协议框架。

(3) 简述 5G 的新空口技术。

(4) 简述 NB-IoT 的组网方式。

(5) 简述 LoRa 的组网方式。

(6) 简述常见的无线安全协议。

3. 实践

(1) 使用 Wi-Fi6 网络设备,在办公室或寝室组建一个小型的 Wi-Fi 网络。

(2) 进一步了解 5G 移动通信网络的核心网和承载网。

第4章 广域网集成技术

本章学习目标

- 了解广域网的概念、组成、特点；
- 熟悉 ISDN,X.25,DDN,ATM,SDH 等广域网的典型技术；
- 掌握广域网的分组交换及组网技术；
- 掌握广域网的路由选择技术。

广域网的覆盖范围可以从几十千米到几千千米，能连接多个城市或国家。如果位于不同局域网内的主机希望通信或共享资源，方法之一就是让它们所在的局域网都接入同一个广域网。

本章着重讲解广域网的分组交换技术、广域网的寻址方式以及路由选择技术等。此外，对广域网的概念、组成及特点，广域网的典型技术也做了一定的阐述。

4.1 简　介

1. 广域网的概念

广域网（Wide Area Network,WAN）也称远程网，它是将地理位置上相距较远的多个计算机系统，通过通信线路按照网络协议连接起来，实现计算机之间相互通信、资源共享的计算机系统的集合。广域网覆盖的范围比局域网（LAN）和城域网（MAN）都大，如因特网（Internet）是世界范围内最大的广域网。广域网并不等同于互联网。

广域网的通信子网主要使用隧道技术实现分组的存储转发。

2. 广域网的组成

广域网由交换机、路由器、网关、调制解调器等多种数据交换设备、数据传输设备构成。

3. 广域网的特点

（1）主要提供面向通信的服务，支持用户使用计算机进行远距离的信息交换。

（2）覆盖范围广，通信距离远，需要考虑的因素增多，如媒体的成本、线路的冗余、媒体带宽的利用和差错处理等。

（3）由电信部门或公司负责组建、管理和维护，并向全社会提供面向通信的有偿服务、流量统计和计费问题。

与覆盖范围较小的局域网相比，广域网的特点如下。

（1）覆盖范围广，可达数千千米甚至全球。

（2）广域网没有固定的拓扑结构。

（3）广域网通常使用高速光纤作为传输介质。

（4）局域网可以作为广域网的终端用户与广域网连接。

（5）广域网主干带宽大,但提供给单个终端用户的带宽小。

（6）数据传输距离远,往往要经过多个广域网设备转发,延时较长。

（7）广域网管理、维护困难。

4. 广域网的类型

广域网可以分为公共传输网络、专用传输网络和无线传输网络。

（1）公共传输网络：一般是由政府电信部门组建、管理和控制,网络内的传输和交换装置可以提供(或租用)给任何部门和单位使用。

公共传输网络大体可以分为以下两类。

① 电路交换网络。主要包括公共交换电话网(PSTN)和综合业务数字网(ISDN)。

② 分组交换网络。主要包括 X.25 分组交换网、帧中继和交换式多兆位数据服务(SMDS)。

（2）专用传输网络：是由一个组织或团体自己建立、使用、控制和维护的私有通信网络。一个专用网络起码要拥有自己的通信和交换设备,它可以建立自己的线路服务,也可以向公用网络或其他专用网络进行租用。

专用传输网络主要是数字数据网(DDN)。DDN 可以在两个端点之间建立一条永久的、专用的数字通道。它的特点是在租用该专用线路期间,用户独占该线路的带宽。

（3）无线传输网络：主要是移动无线网,典型的有 GSM 和 GPRS 技术等。

以我国为例,广域网包括以下几种类型通信网。

（1）公用电话网。用电话网传输数据,用户终端从连接到切断,要占用一条线路,所以又称电路交换方式,其收费按照用户占用线路的时间而决定。在数据网普及以前,电路交换方式是最主要的数据传输手段。

（2）公用分组交换数据网。分组交换数据网将信息分“组”,按规定路径由发送者将分组的信息传送给接收者,数据分组的工作可在发送终端进行,也可在交换机进行。每组信息都含有信息目的的“地址”。分组交换网可对信息的不同部分采取不同的路径传输,以便最有效地使用通信网络。在接收点上,必须对各类数据组进行分类、监测以及重新组装。

（3）数字数据网。它是利用光纤(或数字微波和卫星)数字电路和数字交叉连接设备组成的数字数据业务网,主要为用户提供永久、半永久型出租业务。数字数据网可根据需要定时租用或定时专用,一条专线既可通话与发传真,也可以传送数据,且传输质量高。

4.2 分组交换技术

4.2.1 广域网的建立

组建广域网的方法很多,可以根据不同的要求选用不同的组网技术,一般来说,可以分为电路交换网,分组交换网和专用线路网等。

4.2.2 分组交换

在通信过程中,通信双方以分组为单位、使用存储-转发机制实现数据传输的通信方式,被称为分组交换(Packet Switching,PS)。

分组交换也称为包交换,它根据通过的网络带宽将用户通信的数据划分成若干数据段,在每个数据段的前面加上必要的控制信息作为该数据段的首部,每个带有首部的数据段就构成了一个分组。首部中指明了该分组发送的地址,当路由器收到分组之后,将根据首部中的地址信息将分组转发到目的地,这个过程就是分组交换。能够进行分组交换的通信网被称为分组交换网。

分组交换的本质就是存储转发,它将所接收的分组暂时存储下来,然后查找转发表,根据转发表把分组转发到下一跳路由器上,从而完成分组的转发。其存储转发的过程就是分组交换的过程。

4.2.3 广域网中的寻址

由于广域网中包含着数量庞大、类型多样的网络,导致广域网中的路由器包含的路由表的项目往往太多。此时,当数据到达路由器时,如仍采用先查找路由表,然后按最长前缀比配原则查找下一跳的 IP 地址的方式进行寻址的话,必然会花费较长的时间;当出现突发性的通信量时,还可能会使得路由器的缓存溢出,造成分组丢失等一系列问题。为了解决这一问题,在广域网中普遍采用多协议标签交换(Multi-Protocol Label Switching,MPLS)的方式来完成数据通信的寻址问题。

MPLS 是新一代的 IP 高速骨干网络交换标准,它是由因特网工程任务组(Internet Engineering Task Force,IETF)在 2001 年开发的。

MPLS 是一种在开放的通信网络上利用标签引导数据高速、高效传输的新技术。多协议的含义是指 MPLS 不但可以支持多种网络层层面上的协议,如 IP,IPX,还可以兼容第二层的多种协议,如 PPP,ATM 等协议。MPLS 将 IP 地址映射为简单的具有固定长度的标签 MPLS,从而实现了第三层的路由到第二层的交换的转换,实现不同的包转发和包交换技术。

在 MPLS 中,数据传输发生在标签交换路径(LSP)上。LSP 是每个沿着从源端到终端的路径上的结点的标签序列。

1. MPLS 体系结构

MPLS 域(MPLS Domain)是指由支持 MPLS 协议的标签交换路由器(Label Switch Router,LSR)所构成的区域,各 LSR 使用专门的标签分配协议(Label Distribution Protocol,LDP)交换数据报。

LSR 由控制单元和转发单元两部分组成。控制单元负责标签的分配、路由的选择、标签转发表的建立、标签交换路径的建立、拆除等工作;转发单元则依据标签转发表对收到的分组进行转发。因此,LSR 同时具有标签交换和路由选择这两种功能。

按照 LSR 在 MPLS 域中所处位置的不同,可分为标签边缘路由器(Label Edge Router,LER)和 MPLS 核心路由器(Label Switching Router,LSR)。其中,LER 位于 MPLS 网络边缘并与其他网络或用户相连,LSR 位于 MPLS 网络的内部。

在 MPLS 的体系结构中,控制平面(Control Plane)之间利用现有 IP 网络实现无连接服务;转发平面(Forwarding Plane,也称为数据平面(Data Plane))是面向连接的,可以使用 ATM、帧中继等二层网络。

对于 LER,在转发平面既要使用标签转发表 LFIB 完成标签分组的转发,也需要使用传统转发表 FIB(Forwarding Information Base)完成 IP 分组的转发;由于 MPLS 是面向连接的,因此入口 LER(被称为 Ingress)需要根据 IP 数据报的初始标记确定整个的标签交换路径 LSP,而出口 LER(被称为 Egress)负责去掉标签。

对于核心 LSR(被称为 Transit),在转发平面只需要使用标签转发表 LFIB 进行标签分组的转发。

2. 工作原理

在 MPLS 域的入口处,入口 LER 会给每个 IP 数据报打上一个固定长度的标签,然后将其与 IP 数据报一起封装成新的 MPLS 数据报,并由该入口 LER 来决定此 IP 数据报的传输路径 LSP,并按照转发表把该 MPLS 数据报发给下一个核心 LSR;而该 LSP 中的所有核心 LSR 在转发数据报时仅读取该 MPLS 数据报的报头标签,而不是读取数据报中的 IP 地址的信息,因此转发数据报的速度就大大提高了。具体过程如图 4-1 所示。

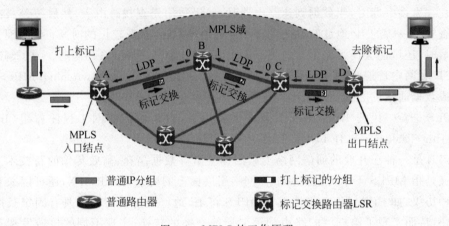

图 4-1   MPLS 的工作原理

由于无法在整个广域网内统一分配全局标签,因此一个标签仅在两个相邻的 LSR 之间才有意义。分组每经过一个 LSR,LSR 就要根据转发表做两件事:一是转发,二是更换新的标记,即把入标记更换成为出标记,即标记交换。如图 4-1 中的标记交换路由器 B 从入接口 0 收到一个入标记为 6 的 IP 数据报,查找了如表 4-1 所示的转发表后,标记交换路由器 B 就知道应当把该 IP 数据报从出接口 1 转发出去,同时把标记对换为 2。当 IP 数据报进入下一个 LSR 时,这时的入标记就是刚才得到的出标记。因此,标记交换路由器 C 接着在转发该 IP 数据报时,又把入标记 2 对换为出标记 9。

表 4-1   转发表

入接口	入标记	出接口	出标记
0	6	1	2

当 IP 数据报离开 MPLS 域时,出口 LER 就把 MPLS 的标记去除,把 IP 数据报交给

非 MPLS 的主机或路由器，以后就按照普通的转发方法进行转发。

4.3　路由选择技术

路由选择技术按协议类型分类可以分为距离矢量路由选择协议（RIP、BGP）和链路状态路由选择协议（OSPF、ISIS）。

距离矢量路由选择协议是路由器对全网拓扑不完全了解，即"传言路由"。路由器 A 发送路由信息给路由器 B，路由器 B 加上自己的度量值又发给路由器 C，所以路由器路由表里的大部分条目是从别的路由器听来的。

链路状态路由选择协议则是路由器对全网拓扑信息完全了解，即"传信路由"。路由器 A 将自己的拓扑信息放在一封信里发给路由器 B，路由器 B 对其不做任何改变，而是复制下来，并将自己的拓扑信息放在另一封信里，两封信一起给路由器 C，这样，信息没有任何改变和丢失，最后所有路由器都收到相同的一堆信，这一堆信就是 LSDB，也即全网拓扑信息。然后，每个路由器都运用相同的算法，以自己为根计算出到达目的地的路径，并选出最佳路径放入路由表中。

4.3.1　距离矢量路由选择

距离矢量路由选择协议名称的由来是因为路由是以矢量（包括距离和方向）的方式被通告出去的，这里的距离是根据度量来决定的。通俗理解就是：往某个方向上的距离。距离矢量算法是以 R. E. Bellman，L. R. Ford 和 D. R. Fulkerson 所做的工作为基础的，鉴于此，通常把距离矢量路由选择协议称为 Bellman-Ford 算法或者 Ford-Fulkerson 算法。该协议直接传送各自的路由表信息。网络中的路由器从自己的邻居路由器得到路由信息，并将这些路由信息连同自己的本地路由信息发送给其他邻居，这样一级级的传递下去以达到全网同步。每个路由器都不了解整个网络拓扑，它们只知道与自己直接相连的网络情况，并根据从邻居得到的路由信息更新自己的路由。该协议无论是实现还是管理都比较简单，但是它的收敛速度慢，报文量大，占用较多网络开销，并且为避免路由环路还得做各种特殊处理。

距离矢量路由选择协议算法的基本思想如下：每个路由器维护一个距离矢量表，然后通过相邻路由器之间的距离矢量通告进行距离矢量表的更新。每个距离矢量表项包括两部分：到达目的结点的最佳输出线路；和到达目的结点所需时间或距离。通信子网中的其他每个路由器在表中占据一个表项，并作为该表项的索引。每隔一段时间，路由器会向所有邻居结点发送它到每个目的结点的距离表，同时它也接收每个邻居结点发来的距离表。以此类推，经过一段时间后便可将网络中各路由器所获得的距离矢量信息在各路由器上统一起来，这样各路由器只需要查看这个距离矢量表就可以为不同来源分组找到一条最佳的路由。

距离矢量路由选择协议的属性包括：

（1）定期更新。经过特定时间周期，就要发送更新信息。

（2）邻居。共享相同数据链路的路由器或更高层上的逻辑邻居关系。距离矢量路由协议向邻居发送路由器更新信息，并依靠邻居再向它们的邻居传递更新信息。

（3）广播更新。路由器通过广播向网络中发送更新信息。

（4）全路由选择表更新。向邻居发送整个路由表。

目前基于距离矢量算法的协议包括 RIP、BGP。BGP 协议使用的算法是路径矢量路由选择协议（path-vector protocol），它是距离矢量路由选择协议的升级版。一般用于运营商之间的大型网络。BGP 属于外部网关路由协议，可以实现自治系统间无环路的域间路由。BGP 是沟通 Internet 广域网的主用路由协议，例如不同省份、不同国家之间的路由大多要依靠 BGP 协议。BGP 可分为 IBGP(Internal BGP)和 EBGP(External BGP)。BGP 的邻居关系（或称通信对端/对等实体）是通过人工配置实现的，对等实体之间通过 TCP(端口 179)会话交互数据。BGP 路由器会周期地发送 19 字节的保持存活 keep-alive 消息来维护连接（默认周期为 30 秒）。BGP 对网络拓扑结构没有限制，其特点包括：

（1）实现自治系统间通信，传播网络的可达信息。BGP 是一个外部网关协议，允许一个 AS 与另一个 AS 进行通信。BGP 允许一个 AS 向其他 AS 通告其内部的网络的可达性信息，或者是通过该 AS 可达的其他网络的路由信息。同时，AS 也能够从另一个 AS 中了解这些信息。与距离向量选路协议类似，BGP 为每个目的网络提供的是下一跳（next-hop）结点的信息。

（2）多个 BGP 路由器之间的协调。如果在一个自治系统内部有多个路由器分别使用 BGP 与其他自治系统中对等路由器进行通信，BGP 可以协调者一系列路由器，使这些路由器保持路由信息的一致性。

（3）BGP 支持基于策略的选路（policy-base routing）。一般的距离向量选路协议确切通告本地选路中的路由，而 BGP 则可以实现由本地管理员选择的策略。BGP 路由器可以为域内和域间的网络可达性配置不同的策略。

（4）可靠的传输。BGP 路由信息的传输采用了可靠的 TCP。

（5）路径信息。在 BGP 通告目的网络的可达性信息时，处理指定目的网络的下一跳信息之外，通告中还包括了通路向量（path vector），即去往该目的网络时需要经过的 AS 的列表，使接受者能够了解去往目的网络的通路信息。

（6）增量更新。BGP 不需要再所有路由更新报文中传送完整的路由数据库信息，只需要在启动时交换一次完整信息。后续的路由更新报文只通告网络的变化信息。这种网络变化的信息称为增量（delta）。

（7）BGP 支持无类型编制（CIDR）及 VLSM 方式。通告的所有网络都以网络前缀加子网掩码的方式表示。

（8）路由聚集。BGP 允许发送方把路由信息聚集在一起，用一个条目来表示多个相关的目的网络，以节约网络带宽。

（9）BGP 还允许接收方对报文进行鉴别和认证，以验证发送方的身份。

4.3.2 链路状态路由选择

链路状态路由选择协议基于 Edsger Dijkstra 的最短路径优先（SPF）算法，它比距离矢量路由协议复杂，但基本功能和配置却很简单，其算法也容易理解。路由器的链路状态信息称为链路状态，包括：接口的 IP 地址和子网掩码、网络类型、该链路的开销等。

链路状态路由协议是层次式的，网络中的路由器并不向邻居传递“路由表项”，而是通告给邻居一些链路状态。与距离矢量路由协议相比，链路状态协议对路由的计算方法有本质差别。距离矢量协议是平面式的，所有的路由学习完全依靠邻居，交换的是路由表项。链路状态协议则只是通告给邻居一些链路状态。运行该路由协议的路由器不是简单地从相邻的路由器学习路由，而是把路由器分成区域，收集区域的所有的路由器的链路状态信息，根据状态信息生成网络拓扑结构，每一个路由器再根据拓扑结构计算出路由。其工作过程如下：

（1）了解直连网络。

每台路由器了解其自身的链路（即与其直连的网络）。这通过检测哪些接口处于工作状态（包括第 3 层地址）来完成。对于链路状态路由协议来说，直连链路就是路由器上的一个接口，与距离矢量协议和静态路由一样，链路状态路由协议也需要下列条件才能了解直连链路：正确配置了接口 IP 地址和子网掩码并激活接口，并将接口包括在一条 network 语句中。

（2）向邻居发送 Hello 数据包。

路由器使用 Hello 协议来发现其链路上的所有邻居，形成一种邻接关系，这里的邻居是指启用了相同的链路状态路由协议的其他任何路由器。这些小型 Hello 数据包持续在两个邻接的邻居之间互换，以此实现"保持激活"功能来监控邻居的状态。如果路由器不再收到某邻居的 Hello 数据包，则认为该邻居已无法到达，该邻接关系破裂。

（3）建立链路状态数据包。

每台路由器创建一个链路状态数据包（LSP），其中包含与该路由器直连的每条链路的状态。这通过记录每个邻居的所有相关信息，包括邻居 ID、链路类型和带宽来完成。一旦建立了邻接关系，即可创建 LSP，并仅向建立邻接关系的路由器发送 LSP。LSP 中包含与该链路相关的链路状态信息、序列号、过期信息等。

（4）将链路状态数据包泛洪给邻居。

每台路由器将 LSP 泛洪到所有邻居，然后邻居将收到的所有 LSP 存储到数据库中。接着，各个邻居将 LSP 泛洪给自己的邻居，直到区域中的所有路由器均收到那些 LSP 为止。每台路由器会在本地数据库中存储邻居发来的 LSP 的副本。

路由器将其链路状态信息泛洪到路由区域内的其他所有链路状态路由器，它一旦收到来自邻居的 LSP，不经过中间计算，立即将这个 LSP 从除接收该 LSP 的接口以外的所有接口发出，此过程在整个路由区域内的所有路由器上形成 LSP 的泛洪效应。距离矢量路由协议则不同，它必须首先运行贝尔曼-福特算法来处理路由更新，然后才将它们发送给其他路由器；而链路状态路由协议则在泛洪完成后再计算 SPF 算法，因此达到收敛状态的速度比距离矢量路由协议快得多。LSP 在路由器初始启动期间，或路由协议过程启动期间，或在每次拓扑发生更改（包括链路接通或断开）时，或是邻接关系建立、破裂时发送，并不需要定期发送。

（5）构建链路状态数据库。

每台路由器使用数据库构建一个完整的拓扑图并计算通向每个目的网络的最佳路径。就像拥有了地图一样，路由器现在拥有关于拓扑中所有目的地以及通向各个目的地的路由的详图。SPF 算法用于构建该拓扑图并确定通向每个网络的最佳路径。所有的路由器将会有共同的拓扑图或拓扑树，但是每一个路由器独立确定到达拓扑内每一个网络的最佳路径。

在使用链路状态泛洪过程将自身的 LSP 传播出去后,每台路由器都将拥有来自整个路由区域内所有链路状态路由器的 LSP,都可以使用 SPF 算法来构建 SPF 树。这些 LSP 存储在链路状态数据库中。有了完整的链路状态数据库,即可使用该数据库和 SPF 算法来计算通向每个网络的首选(即最短)路径。

链路状态路由协议主要有两个:OSPF(开放式最短路径优先协议)和 IS-IS(中间系统到中间系统协议)。其中 IS-IS 最初是为 OSI 协议族而非 TCP/IP 协议族而设计的,后来为了提供对 IP 路由的支持,通过对 IS-IS 进行扩充和修改,使 IS-IS 能够同时应用在 TCP/IP 和 OSI 环境中,形成了集成化 IS-IS(或双 IS-IS),现在提到的 IS-IS 协议都是指集成化 IS-IS 协议。尽管 IS-IS 路由协议一直主要供 ISP 和电信公司使用,但已有越来越多的企业开始使用 IS-IS。

IS-IS 属于内部网关路由协议,用于自治系统内部。它是一种链路状态协议,与 TCP/IP 网络中的 OSPF 协议非常相似,使用最短路径优先算法进行路由计算。ISO 网络和 IP 网络的网络层地址的编址方式不同。IP 网络的三层地址是常见的 IPv4 地址或 IPv6 地址,IS-IS 协议将 ISO 网络层地址称 NSAP(网络服务接入点),用来描述 ISO 模型的网络地址结构。

运行 IS-IS 协议的网络包含了终端系统 ES、中间系统 IS、区域和路由域。一个路由器是中间系统 IS,一个主机就是终端系统 ES。主机和路由器之间运行的协议称为 ES-IS,路由器与路由器之间运行的协议称为 IS-IS。区域是路由域的细分单元,IS-IS 允许将整个路由域分为多个区域,IS-IS 就是用来提供路由域内或一个区域内的路由。

IS-IS 路由协议的特征点如下:

(1) 维护一个链路状态数据库,并使用 SPF 算法来计算最佳路径;

(2) 用 Hello 数据包建立和维护邻居关系;

(3) 为了支持大规模的路由网络,采用骨干区域与非骨干区域两级的分层结构;

(4) 在区域之间可以使用路由汇总来减少路由器的负担;

(5) 支持 VLSM 和 CIDR,可以基于接口、区域和路由域进行验证,验证方法支持明文验证、MD5 验证和 Keychain 验证;

(6) IS-IS 只支持广播和点到点两种网络类型,在广播网络类型中通过选举指定 IS(DIS)来管理和控制网络上的泛洪扩散;

(7) IS-IS 路由优先级为 15,支持宽度量(Wide Metric)和窄度量(Narrow Metric),IS-IS 路由度量的类型包括默认度量、延迟度量、开销度量和差错度量,默认情况下 IS-IS 采用默认度量,接口的链路开销为 10;

(8) 收敛快速,适合大型网络。

4.4 广域网典型技术

纵观广域网技术的发展,是一个带宽不断升级的过程:最早出现的 X.25 只能提供 64Kb/s 的带宽,其后的 DDN(数字数据网)和 Frame Relay(帧中继)使带宽提高到了 2Mb/s,SDH(Synchronous Digital Hierachy,同步数字体系)和 ATM(Asynchronous Transfer Mode,异步传输模式)又把带宽提升到了 2.5Gb/s,而后出现了 10G 及 100G 骨干网络等。

本节简要介绍几种先后出现的广域网典型技术。

4.4.1 ISDN

在 20 世纪 70 年代，电信网只是用来传输语音信息，而电报、数据等其他业务皆需要各自独立的网络来传送，这种多种网络并存的现状为用户的使用带来许多不便，并且存在着线路利用率低，资源不能共享，管理不便等问题。为了克服上述缺点，人们提出了建立一个能够将话音、数据、图像、视频等业务综合在一个网络内的设想。由此，国际电报电话咨询委员会 CCITT(后更名为国际电信联盟 ITU)和各国标准化组织开发了综合业务数字网(Integrated Service Digital Network，ISDN)极其标准，这些标准将决定用户设备到全局网络的连接，使之能方便地用数字形式处理声音、数据和图像通信。ISDN 提供了各种服务访问，提供开放的标准接口，提供端到端的数字连接。用户通过公共通道、端到端的信令实现灵活的智能控制。ISDN 不同于专线连接模式，它是拨号激活的，相对于昂贵的专用线路，可以很大程度的节省费用。

1. ISDN 的信道

所有的 ISDN 连接都基于两种信道：B 信道和 D 信道。B 信道采用线路交换技术，通过 ISDN 来传输用户数据和语音。单个 B 信道是最大传输速率是 64kb/s，每个 ISDN 连接的 B 信道数目可以不同。D 信道采用分组交换技术，通过 ISDN 来传输控制信号和网络管理等指令信号。单个 D 信道的最大传输速率是 16kb/s，每个 ISDN 只能使用一个 D 信道。

2. ISDN 的连接

常用的 ISDN 连接有两种类型：基本速率接口 BRI 和一次群速率接口 PRI。

BRI 接口包括两条全双工的 B 信道和一条全双工的 D 信道，简称为 2B+D。B 信道的速率为 64kb/s，用来传送用户信息，D 信道的速率为 16kb/s，用来传送用户网络信令或低速的分组数据示。这 3 个分离的信道提供的总带宽为 144kb/s。

PRI 接口由于各国数字传输系统的体系不同，因此又分为两种速率。欧洲和中国采用 2.048Mb/s 的速率，此时基群接口的信道结构为 30B+D，其中 B 信道的速率为 64kb/s，用来传送用户信息，D 信道的速率也为 64kb/s，但用来传送用户网络指令。在美国和日本采用 1.544Mb/s 的速率，此时基群接口的信道结构为 23B+D。

3. ISDN 的组成

ISDN 的组成包括终端、终端适配器、网络终端设备、线路终端设备和交换终端设备等，其中，ISDN 的终端分为两种类型，即标准 ISDN 终端和非标准 ISDN 终端；网络终端也被分为网络终端 1(NT1)和网络终端 2(NT2)两种类型。

- 标准 ISDN 终端(TE1)：TE1 是符合 ISDN 接口标准的用户设备，如数字电话机和四类传真机等。
- 非标准 ISDN 终端(TE2)：TE2 是不符合 ISDN 接口标准的用户设备，TE2 需要经过终端适配器 TA 的转换，才能接入 ISDN 标准接口。
- 终端适配器 TA：完成适配功能，包括速率适配和协议转换等，使 TE2 能够接入 ISDN。
- 网络终端 1(NT1)：NT1 是放置在用户处的物理和电器终端装置，它属于网络服务提供商的设备，是网络的边界。

- 网络终端 2(NT2)：NT2 又称为智能网络终端，如数字 PBX、集中器等，它可以完成交换和集中的功能。

4. ISDN 的特点

(1) 从定义角度分析：

- ISDN 是一个全数字的网络，实现了端到端的数字连接。现代电话网络中采用了数字程控交换机和数字传输系统，在网络内部的处理已全部数字化，但是在用户接口上仍然用模拟信号传输话音业务。而在 ISDN 中，用户环路也被数字化，不论原始信息是语音、文字，还是图像，都先由终端设备将信息转换为数字信号，再由网络进行传送。

- 由于 ISDN 实现了端到端的数字连接，它能够支持包括语音、数据、图像在内的各种业务，所以是一个综合业务网络。从理论上说，任何形式的原始信号，只要能够转变为数字信号，都可以利用 ISDN 来进行传送和交换，实现用户之间的信息交换。

- 各类业务终端使用一个标准接口接入 ISDN。同一个接口可以连接多个用户终端，并且不同终端可以同时使用。这样，用户只要一个接口就可以使用各类不同的业务。

(2) 从应用的角度分析：

- 多路性。对大部分用户来说，ISDN 的最大优点之一是其具有多路性。ISDN 用户可以在一对双绞线上提供两个 B 信道（每个 64kb/s）和一个 D 信道（16kb/s），同时使用多种业务。

- 传输质量高。ISDN 采用端到端的数字连接，不像模拟线路那样会受到静电和噪音的干扰，因此传输质量很高。由于采用了纠错编码，ISDN 中传输的误码特性比电话网传输数据的误码特性至少改善了 10 倍。

- 综合性。ISDN 提供各种业务，用户只需一个入网接口，就能使用网络提供的各种业务，例如，用户可以在一个基本速率接口上接入电话、计算机、会议电视和路由器等设备。

- 高速数据传输。使用 ISDN，最高的数据传输速率可达 128kb/s，且是全双工的，是一般 V.90 调制解调器的理论上行速率的 2 倍多。

5. ISDN 的应用

ISDN 的应用领域几乎涉及有通信需求的各行各业，在语音通信、电视会议、计算机联网、远端接入局域网、文件传递、传真、远程医疗诊断、远程教学、多媒体信息通信和快速接入 Internet 网等。它为用户提供了一系列综合的业务，这些业务分为承载业务、用户终端业务和补充业务三大类。所谓承载业务是指由 ISDN 网络提供的单纯的信息传输业务，其任务是将信息从一个地方传送到另一个地方，在传送过程中对数据不做任何处理。用户终端业务指那些由网络和用户终端设备共同完成的业务，除了电话、可视图文、用户电报、可视电话等业务外，ISDN 主要用于接入因特网。个人用户使用因特网接入这项业务主要是利用 ISDN 的远程接入功能，接入时采用拨号方式。企业用户则可以使用 ISDN 作为备份线路，如远程办公室和中心办公室之间的备份线路，这样不但可以防止断线，同时还可以分担主干线路的数据流量。用户补充业务是对承载业务和用户终端业务的补充和扩展，它为用户提供更加完善和灵活的服务，如主叫用户线识别、被叫用户线识别、呼叫等待等。

4.4.2　X.25

X.25 是 CCITT 制定的在公用数据网上供分组型终端使用的,数据终端设备(DTE)与数据通信设备(DCE)之间的接口协议。简单地说,X.25 只是一个以虚拟电路服务为基础对公用分组交换网接口的规格说明,其数据分组包含 3 字节头部和 128 字节数据部分。它动态地对用户传输的信息流分配带宽,能够有效地解决突发性、大信息流的传输问题,分组交换网络同时可以对传输的信息进行加密和有效的差错控制。虽然各种错误检测和相互之间的确认应答浪费了一些带宽,增加了报文传输延迟,当对早期可靠性较差的物理传输线路来说是一种提高报文传输可靠性的有效手段。X.25 在推动分组交换网的发展中曾做出了很大的贡献,它是第一个面向连接的网络,也是第一个公共数据网络。它运行 10 年后,上世纪 80 年代被无错误控制、无流控制、面向连接的帧中继网络所取代。

1. X.25 的体系结构

X.25 标准在三个层次定义协议,它和 OSI 协议栈的底下三层是紧密相关的,即物理层、数据链路层和网络层。

- 物理层又称为 X.21 接口,定义从计算机、终端到 X.25 分组交换网络中的结点的物理接口,RS-232-C 通常用于 X.21 接口。
- 数据链路层定义像帧序列那样的数据传输,使用的协议是平衡式链路访问规程(LAP-B),它是高级数据链路控制(HDLC)协议的一部分。LAP-B 的设计是为了点对点连接,它为异步平衡模式会话提供帧结构、错误检查和流控机制,它为确信一个分组已经抵达网络的每个链路提供了一条途径。
- 网络层定义了通过分组交换网络的可靠虚电路。这样,X.25 就提供了点对点数据发送,而不是一点对多点发送。

2. X.25 中的虚电路

X.25 使用呼叫建立分组,一旦这个呼叫建立了,在这两个站点之间的数据分组就可以传输信息了。注意,由于 X.25 是一种面向连接的服务,因而分组不需要源地址和目的地址。虚电路为传输分组通过网络到达目的地提供了一条通信路径。

在 X.25 中,虚电路的概念是非常重要的,一条虚电路在穿越分组交换网络的两个地点之间建立一条临时性或永久性的"逻辑"通信信道。使用一条电路可以保证分组是按照顺序抵达的,这是因为它们都按照同一条路径进行传输,它为数据在网络上传输提供了可靠的方式。在 X.25 中有两种类型的虚电路:

- 临时虚电路:建立基于呼叫的虚电路,然后在数据传输会话结束时拆除。
- 永久虚电路:网络指定的固定虚电路,像专线一样,无须建立和清除连接,可直接传送数据。

无论是临时虚电路还是永久虚电路,都是由几条"虚拟"连接共享一条物理信道。一对分组交换机之间至少有一条物理链路,几条虚电路可以共享该物理链路。每一条虚电路有相邻结点之间的一对缓冲区实现,这些缓冲区被分配给不同的虚电路代号以示区别,建立虚电路的过程就是在沿线各结点上分配缓冲区和虚电路代号的过程。分组中的虚电路代号用 12 位二进制数字表示(4 位组号和 8 位信道号),除虚电路代号 0 为诊断分组保留之外,建立虚电路时可以使用其余的 4095 个代号,因而理论上说,一个 DTE 最多可建立 4095 条虚电路,这些虚电路多路复用 DTE、DCE 之间的物理链路,进行全双工通信。

3. X.25 的优缺点

(1) X.25 的优点。

- 易实现:X.25 很容易建立,很容易理解,是一种很好实现的分组交换服务,这种服务为同时使用的用户提供任意点对任意点的连接。来自一个网络的多个用户的信号,可以通过多路选择进入分组交换网络,并且被分发到不同的远程地点。

- 寻址能力强:X.25 协议使用相对较小的分组,一般为 128 字节或 256 字节。它是第一个提供三层网络地址信息,从而使得较小分组能够在中间结点和网络中进行路由和中继的技术,具有很强的寻址功能。

- 较高的带宽利用率:X.25 协议使用了统计复用技术,因此其带宽利用率较高。

- 拥塞控制能力:在 X.25 协议使用的较小分组传输中,这些分组能够绕开发生拥塞的结点,并能够通过其它结点重新进行路由选择,因此其拥塞控制能力较好。

- 差错控制功能:通过 X.25 协议能够持续地在每一个中间结点上对所有类型的差错进行检测和纠错,因此具有较高的差错控制功能。

- 可用性强:在结点和线路发生故障时,可以重新进行路由选择,即用户可以与多个不同的结点进行连接,而不像面向电路的网络那样在任何两点间仅存在一条专用线路。

(2) X.25 的缺点。

- 时延大:X.25 通过分组传输数据,而分组可以通过路由器的共享端口进行传输,因此就存在一定的分发延迟。虽然许多网络能够通过采用回避拥挤区域的路由方法来支持过载的通信量,但是随着访问网络人数的增多,用户还是能够感觉到其通信性能已经变慢,不能适应许多实时 LAN 对 LAN 应用的要求。

- 通信开销大:X.25 通信开销很大,它的一个分组传输路径上的每个结点都必须完整地接收一个分组,并且在发送之前还必须完成错误检查,X.25 中必须在每个中间结点中存放用于处理管理、流控和错误检查的状态表,端点结点必须对丢失的帧进行检查,并请求重发。

由于 X.25 分组交换网络是在早期低速、高出错率的物理链路基础上发展起来的,其特性已不适应现在高速远程连接的要求。目前,通信主干线路已大量使用光纤技术,数据传输质量大大提高,使得误码率降低好几个数量级。在这种情况下,重复地在链路层和网络层实施差错控制,不仅显得冗余而且浪费带宽并增加报文传输的延迟,因此 X.25 逐渐被新一代的技术取代了。

4.4.3　DDN

数字数据网(Digital Data Network,DDN),是利用数字信道来传输数据信号的数据传输网,它既可用于计算机之间的通信,也可用于传送数字化传真、数字语音和数字图像等信号。DDN 是一个公共数字数据传输网络,它为用户提供一个高质量、高带宽的数字传输通道。DDN 可以支持任何类型的用户设备入网,如 PC、终端,也可以是图像设备、语音设备或 LAN 等,支持数据、图像、声音等多种业务。DDN 具有传输时延短,用户可选用的传输带宽范围大,信息传输质量高等优点,适合于广域网中传输的信息量大,实时性要求高的业务,如视频。

1. DNN 的组成

DDN 主要由六个部分组成：光纤或数字微波通信系统；智能结点或集线器设备；网络管理系统；数据电路终端设备；用户环路；用户端计算机或终端设备。DDN 的主要作用是向用户提供永久性和半永久性连接的数字数据传输信道，既可用于计算机之间的通信，也可用于传送数字化传真，数字话音，数字图像信号或其他数字化信号。永久性连接的数字数据传输信道是指用户间建立固定连接，传输速率不变的独占带宽电路。半永久性连接的数字数据传输信道对用户来说是非交换性的。但用户可提出申请，由网络管理人员对其提出的传输速率、传输数据的目的地和传输路由进行修改。网络经营者向广大用户提供了灵活方便的数字电路出租业务，供各行业构成自己的专用网。

2. DNN 的特点

（1）传输速率高，网络时延小：DDN 采用了时分多路复用技术，有效地提高了网络传输速率，减小了时延。

（2）传输质量较高：DDN 的主干传输为光纤传输，用户之间是专用的固定连接，高速安全。

（3）协议简单：DDN 由智能化程度较高的用户端设备来完成协议的转换，本身不受任何规程的约束。

（4）灵活的连接方式：DDN 可以支持多种业务，它不仅可以和用户终端设备进行连接，也可以和用户网络连接。

（5）电路可靠性高：采用路由迂回和备用方式，使电路安全可靠。

（6）网络运行管理简便：DDN 的网管中心能以图形化的方式对网络设备进行集中监控，使网络管理趋于智能化。

3. DNN 的优缺点

（1）DNN 的优点。

- 采用数字电路，传输速率高，传输质量好，网络时延小，通信速率可根据需要在 0.24Mb/s～2048kb/s 之间选择。
- 电路采用全透明传输，并可自动迂回，可靠性高。
- 一线可以多用，可开展传真、接入因特网、会议电视等多种多媒体业务。
- 方便地组建虚拟专用网（VPN），建立自己的网管中心，自己管理网络。

（2）DNN 的缺点。

使用 DDN 专线上网，需要租用一条专用通信线路，费用太高，一般个人用户无法承受。

4. DDN 提供的业务

（1）提供速率可在一定范围内任选的信息量大、实时性强的中高速数据通信业务。如局域网互连、大中型主机互连、计算机互联网业务提供者（ISP）等。

（2）为分组交换网、公用计算机互联网等提供中继电路。

（3）可提供点对点、一点对多点的业务，适用于金融证券公司、科研教育系统、政府部门租用 DDN 专线组建自己的专用网。

（4）提供语音、传真、图像、智能用户电报等通信业务。

（5）提供虚拟专用网业务。大的集团用户可以租用多个方向、较多数量的电路，通过自己的网络管理工作站,进行自己管理,自己分配电路带宽资源,组成虚拟专用网。

总之,DDN 作为一种数据业务的承载网络,不仅可以实现用户终端的接入,而且可以满足用户网络的互连,扩大信息的交换与应用范围。在各行各业、各个领域中的应用也是较广泛的。

4.4.4　帧中继

帧中继(Frame Relay,FR)技术被提出之前,X.25 分组交换在广域网中被大量的采用,它是借助于虚电路来提供面向连接服务的一种技术。X.25 丰富的检、纠错机制特别适合于当时广泛使用铜缆的网络环境。但是,随着容量大、质量高的光纤被大量使用,通信网的纠错能力就不再成为评价网络性能的主要指标。这样以来,以往的 X.25 分组交换的某些优点在光纤传输系统中已经得不到体现(如丰富的检、纠错机制等),相反有些功能显得累赘,在此背景下就产生了帧中继技术。

帧中继技术是在 X.25 分组交换技术的基础上发展起来的一种快速分组交换技术,其采用包交换和虚电路相结合的技术,在每对设备之间都预先定义好一条帧中继通信链路,即帧中继虚电路。帧中继服务通过帧中继虚电路实现,每条帧中继虚电路都以数据链路识别码(DLCI)标识自己,DLCI 的值一般由帧中继服务提供商指定。帧中继技术充分利用网络资源,能够支持比 X.25 网络传输更高的带宽,并提供更大的吞吐量,适合突发性业务。

1. 帧中继对 X.25 的改进

(1) 帧中继仅包含数据链路层和物理层,简化了 X.25 协议的网络层,从而大大缩短了结点的时延,提高了数据传输速度,有效地利用了高速数据通道。

(2) 帧中继省略了 X.25 的一些通信管理功能,不提供窗口技术和数据重发技术,而是依靠高层协议提供纠错功能,通过将流量控制、纠错等数据分组处理过程留给智能端设备完成,简化了结点设备之间的传输进程。

2. 帧中继的组成

帧中继网络是由用户设备与网络交换设备组成。作为帧中继网络核心设备的 FR 交换机其作用类似于以太网交换机,都是在数据链路层完成对帧的传送,只不过 FR 交换机处理的是 FR 帧而不是以太帧。帧中继网络中的用户设备负责把数据帧送到帧中继网络,用户设备分为帧中继终端和非帧中继终端两种,其中非帧中继终端必须通过帧中继装、拆设备(FRAD)接入帧中继网络,FRAD 既可设置在帧中继结点机内,也可单独设置。

3. 帧中继组网技术

在帧中继网络中无论从经济上还是建设方面,考虑到目前难以使每个帧中继结点机两两相连,所以如何合理地组建网络是非常重要的。在进行帧中继组网时,应考虑以下一些因素:

- 用户的业务要求,以业务的流量和流向为依据;
- 易于网络的扩展和升级;
- 兼顾现有网络的资源和互通;
- 网络建设的经济性;
- 网络的可靠性和安全性;
- 保证网络的服务质量。

此外,组网帧中继网络还应特别注意网络可扩展性、互连性和灵活性。所谓可扩展性是指网络的容量(包括结点数量、中继线数量的扩展能力)和用户端口的增加(包括各种速率的端口配置能力)。灵活性是指帧中继网络对各种数据型应用的支持能力,用户速率的可变化性和用户的接入能力。而互连性是指帧中继网络应该能够与其它网络互通,包括设备和业务的互通。

4. 帧中继的优点

(1) 减少了网络互连的代价,当使用专用帧中继网络时,将不同的源站产生的通信量复用到专用的主干网上,可以减少在广域网中使用的电路数。多条逻辑连接复用到一条物理连接上可以减少接入代价。

(2) 帧中继采用统计复用技术为用户提供共享的网络资源,提高了网络资源的利用率。帧中继不仅可以提供用户事先约定的带宽,而且在网络资源富裕时,允许用户使用超过预定值的带宽,而只用付预定带宽的费用。

(3) 从网络实现角度,由于使用了国际标准,帧中继简化的链路协议实现起来不难,接入设备通常只需要一些软件修改或简单的硬件改动就可支持接口标准,现有的分组交换设备和 T1/E1 复用器都可进行升级,以便在现有的主干网上支持帧中继。

(4) 帧中继在 OSI 模型中仅实现物理层和链路层的核心功能,这样以来大大简化了网络中各个结点机之间的处理过程,更加有效地利用高速数据传输线路,明显改善了网络的性能和响应时间。

(5) 帧中继提供了较高的传输质量,高质量的线路和智能化的终端是实现帧中继技术的基础,前者保证了传输中的误码率很低,即使出现了少量的错误也可以由智能终端进行端到端的恢复。另外,在网络中还采取了 PVC 管理和拥塞管理,客户智能化终端和交换机可以清楚了解网络的运行情况,不向发生拥塞和已删除的 PVC 上发送数据,以避免造成信息的丢失,进一步保证了网络的可靠性。

(6) 协议的独立性。帧中继可以很容易地配置成容纳多种不同的网络协议(如 IP,IPX 和 SNA 等)的通信量。可以用帧中继作为公共的主干网,这样可统一所使用的硬件,也更加便于进行网络管理。

5. 帧中继的应用

(1) 处理突发性数据:当数据业务量为突发性时,由于帧中继具有动态分配带宽的功能,选用帧中继可以有效的处理突发性数据。

(2) 局域网的互联:帧中继支持不同的数据传输速率,非常适合于处理局域网之间的突发数据流量。

(3) 图像和文件的传输:帧中继使用的是虚电路,信号通路及带宽都可以动态分配,既能保证用户所需的带宽,又能获得满意的传输时延,因此非常适合于大流量的图象和文件传输。

(4) 组建虚拟专用网(VPN):帧中继可以将网络上的部分结点划分为一个分区,对分区内的数据流量及各种资源进行统一管理。这种结构就是虚拟专用网,它比组建一个实际的专用网要经济划算。

4.4.5 ATM

异步传输模式(Asynchronous Transfer Mode,ATM)是一种以信元而不是帧为单位的技术,ATM 能够通过私有和公共网络传输语音、视频和数据,其信元的长度是固定的,即 53 字节,包含一个 5 字节的 ATM 头(载有信元的地址信息和其他一些控制信息)和 48 字节的 ATM 负载(载来自各种不同业务的用户信息)。小尺寸的定长信元非常适合传输语音和视频流量,因为这种流量无须等待较大的数据包,所以不会出现延迟。

1. ATM 的技术特点

ATM 是面向连接的,任何一个 ATM 终端与另一个用户通信的时候都需要建立连接。"异步"意味着来自任一用户的信息信元流不必是周期性的,主要指异步时分复用和异步交换。

(1) 异步时分复用:将一条线路按照传输速率所确定的时间周期将时间划分成为帧的形式,一帧又划分成若干时隙来承载用户数据。但 ATM 中的用户数据不再固定占用各帧中某个时隙,而是由网络根据用户的请求和网络的资源来动态分配。在接收端,不再按固定时隙关系来提取相应用户数据,而是根据所传输数据的目的信息来接收信息。在 ATM 中,用户数据并不固定地占用某一时隙,而是具有一定的随机性。

(2) 异步交换:在 ATM 中,交换是非固定时隙的,当输入帧进入 ATM 交换机时,先在缓存器中缓存,交换机根据输出帧中时隙的空闲情况,随机地占用某一个或若干个时隙,而且时隙的位置也是随机的。

2. ATM 的交换模式

传统的交换模式为电路交换与分组交换,电路交换采用同步时分复用方式,通信双方周期性地占用重复出现的时隙,信道以其在一帧中的时隙来区分,而且在通信过程中无论是否有信息发送,所分配的时隙均为相应的两端独占。分组交换则不分配任何时隙,采用存储转发方式,属于统计复用。显然,电路交换模式的实时性好,适合于发送对延迟敏感的数据,但信道带宽的浪费较大;分组交换方式的灵活性好,适合突发性业务,且信道带宽的利用率高,但分组间不同的延时会导致传输抖动,因此不适合实时通信。

ATM 技术综合了电路交换的可靠性与分组交换的高效性,借鉴了两种交换方式的优点,形成了基于信元异步时分复用技术的新型交换模式。对电路交换,它采用异步时分复用代替同步时分复用,解决了电路交换信道利用率低和不适于突发业务的问题。吸取了电路交换低时延的优点,摒弃了电路交换信道利用率低的缺点。对于分组交换,它采用固定分组方式,吸取了分组交换信息分组带来的传输灵活、信道利用率高的优点,摒弃了分组交换时延大、协议复杂的缺点。固定长度的短信元可以充分利用信道的空闲带宽,信元在异步时分复用的时隙中出现,所有信元在底层采用面向连接方式传送,并对信元交换采用硬件以并行处理方式去实现,减少了结点的时延,其交换速度远远超过总线结构的交换机,科研承载多种通信业务,并且能够保证 Qos。

3. ATM 网络的组成

ATM 网络包括两种网络元素,即 ATM 端点和 ATM 交换机:

- ATM 端点又称为 ATM 端系统,即在 ATM 网络中能够产生或接收信元的源站或目的站。ATM 端点通过点到点链路与 ATM 交换机相连。

- ATM 交换机就是一个快速分组交换机(交换容量高达数百 Gb/s),其主要构件是交换结构、若干个高速输入端口和输出端口、以及必要的缓存。

由于 ATM 网络存在交换机与终端、交换机与交换机之间的两种连接,因此交换机支持两类接口:用户与网络的接口和网络结点间的接口。对应两类接口,ATM 信元有两种不同的信元头。

4. ATM 的优缺点

ATM 具有许多优点:

(1) 选择固定长度的短信元作为信息传输的单位,有利于宽带高速交换。信元长度为 53 字节,其首部(可简称为信头)为 5 字节。长度固定的首部可使 ATM 交换机的功能尽量简化,只用硬件电路就可对信元进行处理,因而缩短了每一个信元的处理时间。在传输实时话音或视频业务时,短的信元有利于减小时延,也节约了结点交换机为存储信元所需的存储空间。

(2) 能支持不同速率的各种业务。ATM 允许终端有足够多比特时就去利用信道,从而取得灵活的带宽共享。来自各终端的数字流在链路控制器中形成完整的信元后,即按先到先服务的规则,经统计复用器,以统一的传输速率将信元插入一个空闲时隙内。链路控制器调节信息源进网的速率。不同类型的服务都可复用在一起,高速率信源就占有较多的时隙。交换设备只需按网络最大速率来设置,它与用户设备的特性无关。

(3) 所有信息在最低层是以面向连接的方式传送,大大降低了信元丢失率,保证了传输的可靠性,保持了电路交换在保证实时性和服务质量方面的优点。但对户来说,ATM 既可工作于确定方式(即承载某种业务的信元周期性地出现)以支持实时型业务;也可以工作于统计方式(即信元不规则地出现)以支持突发型业务。

(4) ATM 使用光纤信道传输。由于光纤信道的误码率极低,且容量很大,因此在 ATM 网内不必在数据链路层进行差错控制和流量控制,因而明显地提高了信元在网络中的传送速率。

ATM 最明显缺点就是信元首部的开销太大,即 5 字节的信元首部在整个 53 字节的信元中所占的比例相当大,其次 ATM 的技术复杂且价格较高,同时 ATM 能够直接支持的应用不多。

总之,由于 ATM 的高可靠性和高带宽使得其能有效传输不同类型的信息,因此在 ATM 技术出现后,不少人曾认为 ATM 必然成为未来网络的基础,但实际上 ATM 只是用在因特网的一些主干网中。ATM 的发展之所以不如当初预期的那样顺利,除了它本身的一些缺点外,主要是因为无连接的因特网发展非常快,各种应用与因特网的衔接非常好。在 100Mb/s 的快速以太网和千兆以太网推向市场后,万兆以太网又问世了,这就进一步削弱了 ATM 在因特网高速主干网领域的竞争能力。

4.4.6 SDH

SDH(Synchronous Digital Hierarchy,同步数字体系)是为不同速度的数位信号的传输提供相应等级的信息结构,包括复用方法、映射方法和相关同步方法组成的一个技术体系。最早提出 SDH 概念的是美国贝尔通信研究所,当时命名为光同步网络(SONET),它是高速、大容量光纤传输技术和高度灵活又便于管理控制的智能网技术的有机结合。最初的目的是在光路上实现标准化,便于不同厂家的产品能在光路上互通,从而提高网络的灵活性。1988 年,CCITT 接受了 SONET 的概念,重新命名为 SDH,使它不仅适用于光纤,也适用于微波和卫星传输的技术体制,并且使其网络管理功能大大增强,成为广域网中普遍采用的技术。

1. SDH 诞生的背景

随着通信的发展,要求传送的信息不仅是话音,还有文字、数据、图像和视频等,加之数字通信和计算机技术的发展,在 20 世纪 70—80 年代,陆续出现了 T1/E1 载波系统、X.25、帧中继、ISDN 和 FDDI 等多种网络技术。随着信息社会的到来,人们希望现代信息传输网络能快速、经济、有效地提供各种电路和业务,而上述网络技术由于其业务的单调性、扩展的复杂性、带宽的局限性,仅在原有框架内修改或完善已无济于事。SDH 就是在这种背景下发展起来的,在各种宽带光纤接入网技术中,采用了 SDH 技术的接入网系统是应用最普遍的。SDH 的诞生解决了由于入户媒质的带宽限制而跟不上骨干网和用户业务需求的发展,而产生的用户与核心网之间的接入瓶颈问题,同时提高了传输网上大量带宽的利用率。SDH 技术自从引入以来,已经是一种成熟、标准的技术,在骨干网中被广泛采用,且价格越来越低,在接入网中应用 SDH 技术可以将核心网中的巨大带宽优势和技术优势带入接入网领域,充分利用 SDH 同步复用、标准化的光接口、强大的网管能力、灵活网络拓扑能力和高可靠性带来好处。

2. SDH 的原理

SDH 采用的信息结构等级称为同步传送模块 STM-N(Synchronous Transport Mode,N=1,4,16,64),最基本的模块为 STM-1,四个 STM-1 同步复用构成 STM-4,16 个 STM-1 或四个 STM-4 同步复用构成 STM-16,四个 STM-16 同步复用构成 STM-64。

SDH 采用块状的帧结构来承载信息,如图 4-2 所示,每帧由纵向 9 行和横向 270×N 列字节组成,每个字节含 8b,整个帧结构分成段开销(Section OverHead,SOH)区、STM-N 净负荷区和管理单元指针(AU PTR)区三个区域。其中段开销区主要用于网络的运行、管理及维护以保证信息能够正常灵活地传送;净负荷区用于存放真正用于信息业务的比特和少量的用于通道维护管理的通道开销字节;管理单元指针用来指示净负荷区内的信息首字节在 STM-N 帧内的准确位置以便接收时能正确分离净负荷。SDH 的帧传输时按由左到右、由上到下的顺序排成串型码流依次传输。

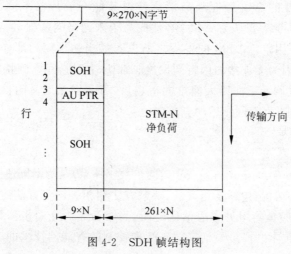

图 4-2　SDH 帧结构图

SDH 传输业务信号时各种业务信号要进入 SDH 的帧都要经过映射、定位和复用三个步骤：

- 映射是将各种速率的信号先经过码速调整装入相应的标准容器，再加入通道开销形成虚容器的过程，帧相位发生偏差称为帧偏移。
- 定位即是将帧偏移信息收进支路单元或管理单元的过程，它通过支路单元指针或管理单元指针的功能来实现。
- 复用是一种使多个低阶通道层的信号适配进高阶通道层，或把多个高阶通道层信号适配进复用层的过程。

3．SDH 的优缺点

SDH 具有许多优点：

（1）SDH 传输系统在国际上有统一的帧结构、数字传输标准速率和标准的光路接口，使网管系统互通，因此有很好的横向兼容性，并容纳各种新的业务信号，形成了全球统一的数字传输体制标准，提高了网络的可靠性。

（2）SDH 接入系统的不同等级的码流在帧结构净负荷区内的排列非常有规律，而净负荷与网络是同步的，它利用软件能将高速信号一次直接分插出低速支路信号，实现了一次复用的特性，克服了准同步复用方式对全部高速信号进行逐级分解然后再生复用的缺陷，减少了背靠背的接口复用设备，改善了网络的业务传送透明性。

（3）SDH 提出了自愈网的新概念，用 SDH 设备组成的带有自愈保护功能的环网，可以在传输媒体主信号被切断时，自动通过自愈功能恢复正常通信，具有较强的生存率。

（4）SDH 帧结构中安排了信号的 5% 开销比特，它的网管功能显得特别强大，并能统一形成网络管理系统，为网络的自动化、智能化、信道的利用率以及降低网络的维管费和生存能力起到了积极作用。

（5）由于 SDH 具有多种网络拓扑结构，它所组成的网络非常灵活，它能增强网监、运行管理和自动配置功能，优化了网络性能，同时也使网络运行灵活、安全、可靠，使网络的功能非常齐全和多样化。

（6）SDH 并不专属于某种传输介质，它可用于双绞线、同轴电缆，但 SDH 用于传输高数据率则需用光纤。这一特点表明，SDH 既适合用作干线通道，也可作支线通道。例如，我国的国家与省级有线电视干线网就是采用 SDH，而且它也便于与光纤电缆混合网（HFC）相兼容。

（7）从 OSI 模型的观点来看，SDH 属于其最底层的物理层，并未对其高层有严格的限制，便于在 SDH 上采用各种网络技术，支持 ATM 或 IP 传输。

（8）SDH 是严格同步的，从而保证了整个网络稳定可靠，误码少，且便于复用和调整。

SDH 也有一些缺点：

（1）频带利用率低。

有效性和可靠性是一对矛盾，增加可靠性会相应的使有效性降低。SDH 的一个很大的优势是系统的可靠性大大的增强了，这是由于在 SDH 的信号帧中加入了大量的用于 OAM（即操作 Operation、管理 Administration、维护 Maintenance）功能的开销字节，这样必然会使在传输同样多有效信息的情况下，占用的更多的传输频带。

（2）指针调整机制复杂。

SDH 可将高速信号一次直接分插出低速支路信号，省去了多级复用、解复用过程。而这种功能的实现是通过指针机制来完成的,指针的作用就是时刻指示低速信号的位置,以便在"拆包"时能正确地拆分出所需的低速信号。可以说指针是 SDH 的一大特色,但是指针功能的实现增加了系统的复杂性。

(3) 软件的大量使用对系统安全性的影响。

SDH 的一大特点是 OAM 的自动化程度高,这也意味软件在系统中占用相当大的比重,这就使系统很容易受到计算机病毒的侵害,特别是在计算机病毒无处不在的今天。另外,在网络层上人为的错误操作、软件故障,对系统的影响也是致命的。这样系统的安全性就成了很重要的一个方面。

4. SDH 的应用

由于 SDH 的良好性能,使得其作用越来越重要,成为信息高速公路不可缺少的主要物理传送平台,它在国民经济建设中被广泛地使用,如公用/专用市话网、长话网都普遍地采用 SDH 网络。在我国大部分中等城市以上都使用 SDH 作为公用市话网的通信干线。除在市话网和长话网中的应用外,SDH 在当前还广泛地应用于有线电视网和因特网中,并在广域网领域和专用网领域也得到了巨大的发展。中国移动、电信、联通、广电等电信运营商都大规模建设了基于 SDH 的骨干光传输网络。利用大容量的 SDH 环路承载 IP 业务、ATM 业务或直接以租用电路的方式出租给企事业单位。而一些大型的专用网络也采用了 SDH 技术,架设系统内部的 SDH 光环路,以承载各种业务。比如电力系统,就利用 SDH 环路承载内部的数据、远控、视频、语音等业务。

对于组网更加迫切而又没有可能架设专用 SDH 环路的单位,很多都采用了租用电信运营商电路的方式。由于 SDH 基于物理层的特点,单位可在租用电路上承载各种业务而不受传输的限制。承载方式有很多种,可以是利用基于 TDM 技术的综合复用设备实现多业务的复用,也可以利用基于 IP 的设备实现多业务的分组交换。SDH 技术可真正实现租用电路的带宽保证,安全性方面也优于 VPN 等方式。在政府机关和对安全性非常注重的企业,SDH 租用线路得到了广泛的应用。一般来说,SDH 可提供 E1、E3、STM-1 或 STM-5 等接口,完全可以满足各种带宽要求。同时在价格方面,也已经为大部分单位所接受。

总之,SDH 作为新一代理想的传输体系,具有路由自动选择能力,上下电路方便,维护、控制、管理功能强,标准统一,便于传输更高速率的业务等特点,能很好地适应通信网飞速发展的需要。SDH 技术与一些先进技术相结合,如光波分复用(WDM)、ATM 技术、Internet 技术(Packet over SDH)等,使 SDH 网络的作用越来越大。在标准化方面,已建立和即将建立的一系列建议已基本上覆盖了 SDH 的方方面面。SDH 已被各国列入 21 世纪高速通信网的应用项目,以其明显的优越性已成为传输网发展的主流。

4.4.7 OTN

OTN(光传送网,Optical Transport Network),是以波分复用技术为基础、在光层组织网络的传送技术,是下一代的骨干传送网,它可以实现从 GE 到 100GE 的大颗粒业务长距离调度,在各个行业得到了越来越广泛的应用。

OTN 是通过 G.872、G.709、G.798 等一系列 ITU-T 的建议所规范的新一代"数字传送体系"和"光传送体系",将解决传统波分复用网络无波长、子波长业务调度能力差、组网能力弱、保护能力弱等问题。OTN 跨越了传统的电域(数字传送)和光域(模拟传送),是管理电域和光域的统一标准。OTN 处理的基本对象是波长级业务,它将传送网推进到真正的多波长光网络阶段。由于结合了光域和电域处理的优势,OTN 可以提供巨大的传送容量、完全透明的端到端波长/子波长连接以及电信级的保护,是传送宽带大颗粒业务的最优技术。

1. OTN 的演化过程

随着网络业务对带宽的需求越来越大,运营商和系统制造商一直在不断地考虑改进业务传送技术的问题。数字传送网的演化也从最初的基于 T1/E1 的第一代数字传送网,而后的基于 SONET/SDH 的第二代数字传送网,发展到了以 OTN 为基础的第三代数字传送网。第一、二代传送网最初是为支持话音业务而专门设计的,虽然也可用来传送数据和图像业务,但是传送效率并不高。相比之下,第三代传送网技术从设计上就支持话音、数据和图像业务,配合其他协议时可支持带宽按需分配、可裁剪的服务质量及光虚拟专网等功能。

1998 年,国际电信联盟电信标准化部门(ITU-T)正式提出了 OTN 的概念。从其功能上看,OTN 在子网内可以以全光形式传输,而在子网的边界处采用光-电-光转换。这样,各个子网可以通过再生器连接,从而构成一个大的光网络。在 OTN 的功能描述中,光信号是由波长来表征,光信号的处理可以基于单个波长,或基于一个波分复用组。OTN 在光域内可以实现业务信号的传递、复用、路由选择、监控,并保证其性能要求和生存性。OTN 可以支持多种上层业务或协议,如 SONET/SDH,ATM,Ethernet,IP,PDH,FibreChannel,GFP,MPLS,OTN 虚级联,ODU 复用等,是网络演进的理想基础。

2. OTN 的技术特征

OTN 概念涵盖了光层和电层两层网络,其技术继承了 SDH 和 WDM(波分复用)的双重优势,关键技术特征体现为:

(1) 多种客户信号封装和透明传输。

基于 ITU-TG.709 的 OTN 帧结构可以支持多种客户信号的映射和透明传输,如 SDH、ATM、以太网等。对于 SDH 和 ATM 可实现标准封装和透明传送,但对于不同速率以太网的支持有所差异,ITU-TG.sup43 为 10GE 业务实现不同程度的透明传输提供了补充建议。

(2) 大颗粒的带宽复用、交叉和配置。

OTN 定义的电层带宽颗粒为光通路数据单元,即 ODU0(GE,1000M/S)、ODU1(2.5Gb/s)、ODU2(10Gb/s)和 ODU3(40Gb/s),光层的带宽颗粒为波长,相对于 SDH 的 VC-12/VC-4 的调度颗粒,OTN 复用、交叉和配置的颗粒明显要大很多,能够显著提升高带宽数据客户业务的适配能力和传送效率。

(3) 强大的开销和维护管理能力。

OTN 提供了和 SDH 类似的开销管理能力,OTN 光通路层的 OTN 帧结构大大增强了该层的数字监视能力。另外 OTN 还提供 6 层嵌套串联连接监视(TCM)功能,这样使得OTN 组网时,采取端到端和多个分段同时进行性能监视的方式成为可能,为跨运营商传输提供了合适的管理手段。

(4) 增强了组网和保护能力。

通过 OTN 帧结构、ODUk 交叉和多维度可重构光分插复用器(ROADM)的引入,大大增强了光传送网的组网能力。前向纠错(FEC)技术的采用,显著增加了光层传输的距离。另外,OTN 将提供更为灵活的基于电层和光层的业务保护功能,如基于 ODUk 层的光子网连接保护(SNCP)、基于光层的光通道或复用段保护等。

3. OTN 的应用

传送网主要由省际干线传送网、省内干线传送网、城域(本地)传送网构成,而城域(本地)传送网可进一步分为核心层、汇聚层和接入层。由于 OTN 技术的最大优势就是提供大颗粒带宽的调度与传送,因此在不同的网络层面是否采用 OTN 技术,取决于主要调度业务带宽颗粒的大小。按照网络现状,省际干线传送网、省内干线传送网以及城域(本地)传送网的核心层调度的主要颗粒一般在 Gb/s 以上,因此这些层面均可优先采用优势和扩展性更好的 OTN 技术来构建。对于城域(本地)传送网的汇聚与接入层,当主要调度颗粒达到 Gb/s 量级,亦可优先采用 OTN 技术构建。

而随着企业网应用需求的增加,大型企业、政府部门等也有了大颗粒的电路调度需求,而专网相对于运营商网络光纤资源十分贫乏,OTN 的引入除了增加了大颗粒电路的调度灵活性,也节约了大量的光纤资源。

4. OTN 的发展

OTN 对于应用来说是新技术,但其自身的发展已有多年的历史,已趋于成熟。ITU-T 从 1998 年就启动了 OTN 系列标准的制订,到 2003 年主要标准已基本完善,如 OTN 逻辑接口 G.709、OTN 物理接口 G.959.1、设备标准 G.798、抖动标准 G.8251、保护倒换标准 G.873.1 等。除了在标准上日臻完善之外,OTN 技术在设备方面也进展迅速,主流设备厂商一般都支持一种或多种类型的 OTN 设备。

近年来,大数据的显著增长及其带来的全球运营商网络上流量的剧增,使网络运营商面临巨大挑战,需要将网络带宽提升至 100G,来满足庞大的流量增长,同时保持盈利。而通过将光带宽有效虚拟化,OTN 允许各种网络流量在 100G 光管道上按照 1G 的粒度动态进行分配。OTN 提供了高性价比、扩展性强且低延迟的一个层次,来解决包流量增长所带来的带宽扩展需求。换句话说,OTN 使得 100G 成为了可以大规模部署的一项经济有效而且十分可靠的技术。因此,作为传送网技术发展的最佳选择,该项技术已为中国、欧洲及北美的网络运营商所采纳并进行了部署,可以预计,在不久的将来,OTN 技术将会得到更广泛应用。

小　　结

广域网通常跨接从几十千米到几千千米的物理范围,它可将多个地区、城市和国家的主机连接起来,实现主机之间的相互通信和资源共享。

广域网主要位于 OSI 参考模型的物理层、数据链路层和网络层,由交换机、路由器、网关、调制解调器等多种数据交换设备、数据传输设备构成。

广域网中的数据交换可以采用电路交换和分组交换两种方式,但以分组交换作为主要的数据交换方式。

在广域网中普遍采用多协议标签交换的方式来完成数据通信的寻址问题。

广域网中的路由选择技术主要采用距离矢量路由选择协议(RIP、BGP)和链路状态路由选择协议(OSPF、ISIS)。

习题与实践

1. 填空题

(1) 广域网的类型有_____专用传输网络和_____。

(2) 分组交换的本质就是_____。

(3) 在广域网中普遍采用_____的方式来完成数据通信的寻址问题。

2. 选择题

(1) 关于矢量距离算法以下那些错误的说法是( )。

    A. 矢量距离算法不会产生路由环路问题

    B. 矢量距离算法是靠传递路由信息来实现的

    C. 路由信息的矢量表示法是(目标网络,metric)

    D. 使用矢量距离算法的协议只从自己的邻居获得信息

(2) 选择动态路由选择协议时,以下( )不需要考虑。

    A. 所用的度量值   B. 共享路由选择信息的方式

    C. 处理路由选择信息的方式   D. 网络中 PC 的数量

(3) 距离矢量协议包括( )。

    A. RIP   B. BGP   C. IS-IS   D. OSPF

(4) 下列关于链路状态算法的说法正确的是( )。

    A. 链路状态是对路由的描述

    B. 链路状态是对网络拓扑结构的描述

    C. 链路状态算法本身不会产生自环路由

    D. OSPF 和 IS-IS 都使用链路状态算法

(5) X.25 网络是一种( )。

    A. 企业内部网   B. 帧中继网

    C. 局域网   D. 公用分组交换网

(6) 帧中继技术本质上是( )交换技术。

    A. 报文   B. 线路   C. 信元   D. 分组

(7) 对于缩写词 X.25、ISDN、PSTN 和 DDN,分别表示的是( )。

    A. 数字数据网、公用电话交换网、分组交换网、帧中继

    B. 分组交换网、综合业务数字网、公用电话交换网、数字数据网

    C. 帧中继、分组交换网、数字数据网、公用电话交换网

    D. 分组交换网、公用电话交换网、数字数据网、帧中继

(8) 综合业务数字网的基本速率接口和基群速率接口的传输速率分别为( )。

    A. 128kb/s 和 1.544Mb/s

    B. 144kb/s 和 2.048Mb/s

    C. 144kb/s 和 1.544Mb/s

    D. 64kb/s 和 2.048Mb/s

广域网集成技术

(9) SDH 通常在宽带网的( )使用。

    A. 传输网   B. 交换网   C. 接入网   D. 存储网

(10) ATM 每个信元具有固定长度的( )字节。

    A. 48   B. 50   C. 53   D. 60

3. 简答题

(1) 请简述 MPLS 的工作原理。

(2) 什么是 ISDN? 有何特点?

(3) 简述 X.25 和 DDN 的异同点。

(4) 帧中继的主要技术特点是什么?

第5章　软件定义网络集成技术

本章学习目标

- 了解软件定义网络的概念、历史、分类及产业生态系统;
- 熟悉 OpenFlow 通信协议和控制器 OpenDaylight;
- 掌握软件定义网络的工作原理和整体架构。

构成网络的核心是交换机、路由器以及诸多的网络中间盒。而这些设备的制造规范大多为 Cisco、Broadcom 等通信厂商所垄断,并不具有开放性与扩展性。因此,长期以来,网络设备的硬件规范和软件规范都十分闭塞。尤其是对于路由协议等标准的支持,用户并没有主导权。对于新的网络控制协议的支持,需要通过用户与厂商沟通之后,经过长期的生产线流程,才能形成最终可用的产品。尽管对于网络的自动化管理,已有 SNMP 等规范化的协议来定义,但这些网络管理协议并不能直接对网络设备的行为,尤其是路由转发策略等进行控制。

为了能够更快速地改变网络的性能,软件定义网络的理念便应运而生。

5.1　SDN 概述

软件定义网络(Software Defined Network,SDN),是由美国斯坦福大学 Clean Slate 研究组提出的新型网络创新架构。SDN 将网络分为控制层(Control Plane)和数据层(Data Plane)。控制层的控制器软件,通过特定传输通道,统一下达命令给数据层设备,数据层设备仅依靠控制层的命令转发数据包。

5.1.1　SDN 介绍

SDN 的核心理念是希望应用软件可以参与对网络的控制管理,满足上层的业务需求,并通过自动化业务部署简化网络的运维。

传统网络设备紧耦合的网络架构被拆分成应用、控制、转发三层分离的架构。控制功能被转移到了服务器,上层应用、底层转发设施被抽象成多个逻辑实体。

1. SDN 的工作原理

SDN 的核心思想就是控制和转发分离。

众所周知,网络的作用就是连接。通过无数的结点(例如路由器、交换机),将数据从起点传送到终点,这就是网络的基本功能。数据传输过程中,各结点不断接收和转发数据包。

140

控制负责下命令,转发负责传输。然而,考虑到安全冗余等因素,现实中的网络绝对不会是一条直线那么简单,它会是一个复杂的拓扑结构。于是,命令该怎么下,直接决定了网络的效率。传统网络中,各个转发结点都是独立工作的,内部管理命令和接口也是厂商私有的,不对外开放。每个结点,都在说各自的"方言",我们可以把它理解为"各自为战"的模式。虽然"战略层面"的规划和设计可能是统一的,但"战术层面"的执行却是复杂且低效的。

而 SDN,就是在网络之上建立了一个 SDN 控制器结点,统一管理和控制下层设备的数据转发。所有的下级结点,管理功能被剥离(交给了 SDN 控制器),只剩下转发功能。

SDN 控制下的网络,变得更加简单。管理者只需要像配置软件一样,进行简单部署,就可以让网络实现新的路由转发策略,如果是传统网络,每个网络设备都需要单独配置。

除了简化部署之外,SDN 更深层次的意义,是赋予了网络的"可编程性"。也就是说,控制和转发分离之后,借助规范化的 API,用户可以通过编写软件的方式,对网络进行管理。整个网络,就像个完整的机器人一样可供驱使。

2. SDN 的整体架构

SDN 的整体架构分为三层,从上到下分别是应用平面、控制平面和转发平面,如图 5-1 所示。其中,转发平面由交换机等网络通用硬件组成,各个网络设备之间通过不同规则形成的 SDN 数据通路连接;控制平面包含逻辑上为中心的 SDN 控制器,它掌握着全局网络信息,负责各种转发规则的控制;应用平面包含着各种基于 SDN 的网络应用,用户无须关心底层细节就可以编程、部署新应用。

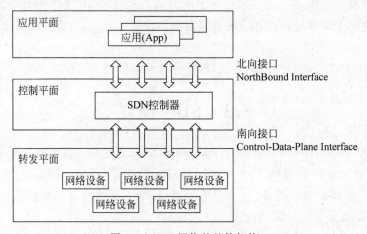

图 5-1　SDN 网络的整体架构

整个架构的核心,就是 SDN 控制器。SDN 控制器向上与应用平面进行通信的接口,叫作北向接口,也叫 NBI 接口(NorthBound Interface),而 NBI 并无统一标准,它允许用户根据自身需求定制开发各种网络管理应用。SDN 控制器向下与转发平面(也即数据平面)进行通信的接口,叫作南向接口,也叫 CDPI(Control-Data-Plane Interface,控制数据平面接口),它具有统一的通信标准,主要负责将控制器中的转发规则下发至转发设备,最主要应用的是 OpenFlow 协议。

SDN 中的接口具有开放性,以控制器为逻辑中心,南向接口负责与数据平面进行通信,北向接口负责与应用平面进行通信,东西向接口负责多控制器之间的通信。最主流的南向接口 CDPI 采用的是 OpenFlow 协议。针对北向接口，应用程序通过北向接口编程来调用所需的各种网络资源，实现对网络的快速配置和部署。东西向接口使控制器具有可扩展性，为负载均衡和性能提升提供了技术保障。

上述 SDN 体系结构实现物理设施与功能的分离，带来如下几方面的技术优势。

(1) 开放网络创新能力：平面间标准化的数据面配置协议(即 OpenFlow 协议)实现控制面与数据面分离，实现廉价、水平可伸缩和开放的网络体系结构，替代传统昂贵、垂直集成和封闭的路由器体系结构，避免底层网络的复杂性，使得新的网络业务能够快速构建和测试。

(2) 网络控制可伸缩性、灵活性和可编程能力：SDN 域内数据面结点和域间结点通过集中全局控制避免传统动态路由控制系统所带来的局部性问题，如域内路由震荡、路由环路、路由黑洞、流量控制局部最优以及路由收敛过程路由结点上控制状态不一致等问题。

(3) 网络安全性与可管性：现有 BGP、OSPF、IS-IS 和 RIP 等协议的控制的稳定过程难以确保安全性，而 SDN 有助于避免现有网络中出现的 Sybil、RIB Poisoning 和 DoS 攻击等问题，并通过控制策略的实施实现端到端的资源管理。

(4) 数据面可扩展性：SDN 允许控制面通过对流表动态编程实现交换机转发行为的动态控制，现有相关研究表明，在 SDN 上扩展 IP 协议或新的非 IP 协议更容易。

(5) 网络测量感觉能力：OpenFlow 交换机流表项能够快速响应数据面流的高度动态性(通过在交换机中优化其中 Heavy-hitters 项)，通过准确测量，快速响应网络的异常问题和动态变化，提高网络控制系统实时性。

3. SDN 的分类

网络作为企业和运营商客户的基础设施，本质是上层业务的支撑系统，任何网络的技术或者架构变革都是为上层业务服务的。SDN 作为网络领域的技术热点也是一次技术革新，同样最终目的是服务于上层业务的需要。总结起来，当前业界对于 SDN 的认识，主要分为以下两种。

转发型 SDN：从架构上主要围绕转控分离展开，从业务角度主要围绕满足客户对于网络带宽的集中调控和提升带宽使用效率进行，因此将其归类为 Software Defined Network (forwarding)，即转发型 SDN。SDN 是一种集中控制的架构，与是否使用 OpenFlow 无必然关系。SDN 只是一种结构，主要特征为控制转发分离与集中式的控制，转控分离架构的具体实现多种多样，OpenFlow 只是其中一种。控制与转发分离不等价于网络的设备转发面与控制面彻底分离，并不意味着一定要使用 OpenFlow 这类新标准去改变传统的网络架构，相反，在保留设备的控制平面的同时，仍然可以在控制器上部署统一集中的控制面，通过传统的控制接口(如 BGP、静态路由等，而非 OpenFlow)，实现对于传统设备的集中控制，因此 OpenFlow 不是必要选择。例如，华为的 Agile TE 和 PCE＋都属于此类产品。

业务型 SDN：本质是为了实现面向业务的网络快速自动化发放以及提升网络运营效率而设计，将其归类为 Software Defined Network(Provision/Policy)，简称为业务型 SDN。网络软件 Overlay 就是 SDN 业界软件 Overlay 技术的典型代表，是 Nicira 的软件网络虚拟化，Nicira 是一家专注于 SDN 与网络虚拟化的公司，由 OpenFlow 发明者 Martin Casado 创建，Nicira 创建了自己私有的 OpenFlow、Open vSwitch 等软件产品和技术。其 SDN 的核心是基于 OpenFlow 的控制转发分离＋基于软件的网络虚拟化。原理是在传统的物理网络上叠加一层虚拟网络,虚拟网络和底层物理网络解耦,虚拟网络集中控制。具体虚拟网络平台由虚拟交换机 Open vSwitch 和控制器组成。这个虚拟交换机是开源的,可以对任何人开放使用,虚拟交换机之间的连接由控制器进行管理。Nicara 将网络的控制从网络硬件中脱离出来,交给虚拟的网络层处理,实现了对物理网络的解耦,基于软件的虚拟化,物理网络被泛化为网络能力池。

无论是控制与转发分离,还是管理与控制分离,还是强调开放可编程,都不是 SDN 的本质定义,都是实现 SDN 的手段。为了实现 SDN 的核心诉求,转发型 SDN 和业务型 SDN 都有用武之地,但是总体来说,未来业务型 SDN 的发展空间将更大,更多地解决客户的问题,从而得到客户的青睐。SDN 起源于转发型 SDN,将大发展于业务型 SDN。

4. SDN 的实现方式及局限性

SDN 就是靠转控分离、集中控制、开放可编程这三个途径来颠覆传统网络。具体的实现有以下三个方案。

1) 基于开放协议的方案

此类协议方案根据 SDN 理念创建理想网络架构,能够真正意义、全方位地将控制层和转发层剥离,是最具有革命性意义的方案,能为用户摆脱厂商锁定而推出的方案,实现的方案包括 ONF SDN 和 ETSI NFV。当然,这种方案要求也更高,目前能够推出的厂商屈指可数,代表企业有华为、博科、戴尔和 NICIRA(已被 VMware 收购)。

2) 基于叠加网络的方案

这种方案通过在原有网络基础上创建虚拟网络隔离底层设备之间的不同和复杂性,从而实现网络资源池化。对已有的网络资源进行逻辑分离,并运用多租户的模式来管理网络,更好地满足大数据、云计算等新兴业务的需求。目前主要实现的方案包括 VXLAN、NVGRE、NVP 等,代表企业有 VMvare 和微软。

3) 基于专用接口的方案

这种方案的实现思路和以上两种不太一样,它不会改变传统网络的实现机制和工作方式,而是通过改动网络设备和操作系统,在网络设备上开发出专用的 API。管理人员可以通过 API 实现网络设备的统一配置管理和下发,替换了原先需要一台台设备登录配置的手工操作方式。同时,这些 API 也可供用户自主开发网络应用,将网络设备可编程化,这类方案由目前主流的网络设备厂商主导,应用最广。

尽管 SDN 在网络技术上的改变巨大,但不可否认的是,它自身仍存在着不小的缺陷。

(1) 标准化

虽然 SDN 自提出已经时隔多年,但仍旧没有一个统一的标准,各大厂家在细节上都有差异,很难对接。所以客户只能选择同一个厂家的控制器和硬件设备,造成的后果就是数据中心网络就必须一家网络厂商绑定,需要承担不小的风险。数据是非常重要的,一旦出现意外后果极其严重。在这种大环境下,SDN 部署的意愿不够强烈,很多人不愿意去试。这也是 SDN 始终不能做大的最主要原因。

(2) 安全性

这是个老生常谈的问题了,SDN 简化了操作层面,但像 Underlay(物理网络)、Overlay(控制转发)在部署和运行中同样会发生故障,排查起来也有不小的难度,更关键的是,SDN 不出问题还好,一旦出现故障影响的就是网络全局,造成的后果远比传统网络严重得多,只能用灾难性来形容,尤其是核心网域。所以出于安全考虑,不少企业对 SDN 都心怀忌惮。

（3）网络设备

SDN 是一种比较新颖的技术,它需要新式的网络设备支持。而现在网络设备五花八门,各种品牌,什么年代的都有。想要全部更换是一个很长的过程,保守估计也要十年时间,这样的网络环境不具备部署 SDN 的条件。毕竟现在网络规模已经基本成型,转型绝非易事,在这种情况下选择支持 SDN 的设备自然也要比传统网络设备价格要高得多,投入成本反而更高,这是厂家和客户都不能接收的。

综合以上种种原因,SDN 想要大规模普及并投入使用,还有很长的一段路要走。

5.1.2　SDN 历史

2006 年,美国斯坦福大学启动了一个名叫 Clean Slate 的研究课题。该课题由美国 GENI 项目资助,目的是“重塑互联网”。当时的互联网,已经历经了 30 多年的高速发展,从最初的小型专用局域网络,变成了空前庞大和复杂的世界级网络。网络规模的持续扩张,网络设备的不断增加,超过了早期设计的承受能力,也使得网络维护变得举步维艰。于是,专家们开始探讨未来网络的可能性架构,希望在互联网崩溃之前,将它拉回正轨。而 GENI 项目和 Clean Slate 课题,就是这些尝试之一。

2007 年,斯坦福大学博士生 Martin Casado 等提出了关于网络安全与管理的项目——Ethane。该项目试图通过一个集中式的控制器,将网络管理人员制定的安全控制策略,下发到各个网络设备中,从而实现对整个网络的安全控制。

2008 年,Clean Slate 课题的项目负责人,斯坦福大学教授 Nick McKeown 及其团队,受到 Ethane 项目的启发,提出了 OpenFlow 的概念,并发布了名为 *OpenFlow：Enabling Innovation in Campus Networks*（OpenFlow：校园网的创新使能）的论文。OpenFlow,字面意思就是“开放的流”。

2009 年,基于 OpenFlow,Nick McKeown 教授正式提出了 SDN（Software Defined Network,软件定义网络）。同年,SDN 概念成功入围 Technology Review 年度十大前沿技术,获得了行业的广泛关注和重视。12 月,OpenFlow 规范的 1.0 版本正式发布。这是首个可用于商业化产品的版本,具有里程碑意义。

在 SDN 被提出之后,第一个控制器平台是 NOX。它是一种单一集中式结构的控制器,南向接口采用的是 OpenFlow 协议。

2011 年,由 Google、Facebook、微软、雅虎、德国电信等公司共同发起成立了一个对 SDN 影响深远的组织,那就是 ONF(Open Networking Foundation,开放网络基金会)。

早在 SDN 被提出之前,Google 就在寻找提升自身网络效率的方法。当看到 SDN 之后,Google 确认,这就是他们想要的。于是,它们果断决定将 SDN 应用于自己的数据网络。

2010 年,Google 开始将数据中心与数据中心之间的网络连线（G-scale）,转换成 SDN 架构。整个改造分为三个阶段。到了 2012 年,整个 Google B4 网络完全切换到了 OpenFlow 网络。改造之后,Google B4 网络的链路带宽利用率提高了 3 倍以上,接近 100%。这样的结果毫无疑问是令人震撼的,也坚定了行业对 SDN 的信心。

2013 年,Google 在 SIGCOMM 上发表了论文 *B4：Experience with a Globally— Deployed Software Defined WAN*,详细介绍了 Google 的 WAN 加速 SDN 方案。论文中

提及,Google 使用的控制器名叫 ONIX。

2013 年 4 月 8 日,在 Linux 基金会的支持下,作为网络设备商中的领导者,Cisco 与 IBM、微软等公司一起,发起成立了开源组织 OpenDaylight,共同开发 SDN 控制器。ODL 的发起公司有 IBM、微软、Big Switch、博科、思杰、戴尔、爱立信、富士通、英特尔、Juniper、NEC、惠普、红帽和 VMware 等,基本都是设备厂商。

OpenDaylight 提出,SDN 不等于 OpenFlow,人们需要对 SDN 进行"重新定义"。也就是说,OpenDaylight 强调 SDN 控制器不仅局限于 OpenFlow,而是应该支持多种南向协议。同时,OpenDaylight 还强调,应该用分布式的控制平台,取代单实例的控制器。这样可以管理更大的网络,提供更强劲的性能,还能增强系统的安全性和可靠性。

OpenDaylight 成立之后,成员数量增长迅速。Cisco 作为 OpenDaylight 项目的牵头人,主导了其中大部分项目的开发,推出了 OpFlex。Big Switch 推出 Big Network Controller 以及对应的开源版本 Floodlight。Juniper 推出的是 Contrial 以及对应的开源版本 OpenContrial。总而言之,这一时期各种各样的 SDN 控制器处于百家争鸣的状态,发展势头一片大好。OpenDaylight 也成了行业里最具影响力的技术组织之一。

2014 年 12 月 5 日,ON. Lab 推出了一款创新性的网络操作系统——ONOS(Open Network Operating System),对 OpenDaylight 发起了强有力的挑战。ONOS 直接将自身定位提升到网络操作系统层面。ON. Lab 全名是 Open Networking Lab(开放网络实验室),最初是由 Parulkar 和 Nick McKeown 共同成立的。On. Lab 的某些职能和 ONF 很类似。2016 年 10 月 19 日,两个组织宣布正式合并,组成了新的 ONF。

就这样,围绕 SDN 控制器和协议,各大流派及厂商进行了十多年的明争暗斗,并最终形成了现在的局面。

从趋势来看,网络操作系统的概念深入人心,是大势所趋。SDN 控制器作为网络操作系统的核心,重要性不言而喻。

未来,随着网络规模的扩大,SDN 控制器肯定会继续往分布式的方向发展。控制器之间的分工协作会更加深入,甚至可能出现集群。控制器也会引入 NFV 虚拟化技术,与 OpenStack 等云平台进行整合。

5.1.3 SDN 产业生态系统

目前,SDN 的产业生态系统已初现雏形,基本形成了芯片提供商、设备和解决方案提供商、互联网企业和运营商三大产业角色。

1. 芯片提供商

伴随着网络形态的变化,交换设备厂商一方面对芯片尺寸、系统成本、功耗等方面的要求不断提升,另一方面,它们也从定制化、大型模块化交换芯片转向了采用通用的商用交换芯片,通过外形尺寸固定的交换机实现数据中心的部署。目前可以提供支持 SDN 设备的芯片厂商包括盛科、博通、英特尔等。

(1) 盛科。盛科在最新发布的第 3 代 GreatBelt 系列以太网芯片中,推出 N-FlowTM 技术,以支持 SDN 的更多高级应用,为 OpenFlow 技术的大规模商用创造条件。N-FlowTM 技术引入了基于 TCAM 的模糊匹配和基于哈希的精确匹配相结合的流表模式,从而在保持灵活性、低功耗、低成本的前提下大大增加流表的数目。

（2）博通。博通也宣布推出实现 SDN 的芯片解决方案,其 StrataXGS 芯片是业界首款支持 VXLAN 虚拟化的芯片。基于智能虚拟化技术,可以线速转发支持云网络基础设施的虚拟化,支持 NVGRE、VXLAN 等网络虚拟化技术;基于智能缓冲器技术,可以实现基于负载均衡的动态数据分组,提升对突发流量的处理性能,提升缓存利用效率;基于智能哈希技术,在业务量繁重及业务量分布多种多样的树形网络中,消除极化和负载失衡问题,提高网络性能和可视性。芯片支持 VXLAN 的交换和网关功能,可提供多用户网络的扩展能力,使基于软件的逻辑网络可以按需创建,通过在物理服务器上增加虚拟机规模来保证用户所需的服务质量。

2. 设备和解决方案提供商——传统设备制造商

传统的网络设备制造商,以思科、瞻博、华为、阿朗等为代表。思科目前有 3 个 SDN 控制器的应用程序,分别是 Network Slicing、Network Tapping 和 Custom Forwarding。Network Slicing 可依据控制器所示的拓扑图,逻辑性地部署网络资源;Network Tapping 提供网络流量监控、分析及除错功能,这和 SDN 控制器厂商 Big Switch 推出的 Big Tap 应用程序提供的功能类似;Custom Forwarding 则可让网络管理者根据不同的参数来制定特别的转发规则。思科也公布了将会支持 onePK API 或 OpenFlow 代理程序的硬体平台。

3. 设备和解决方案提供商——创新公司

比较典型的创新公司包括 Nicira、Big Switch、Peca8 等,它们有可能打破传统网络设备巨头的垄断地位。

1) Nicira

Nicira 推出的产品是 NVP,其思路是在现有的 IP 网络上建立交叠的二层虚拟网络。在具体实现中,NVP 利用 Open vSwitch 虚拟交换机为各个数据流建立虚拟的网络连接。只要满足 IP 网络可达的条件,它就可以在现有的 IP 网络的基础上实现完全隔离的多租户网络环境,而无须升级或更换任何网络设备。基于 NVP 网络虚拟化方案,二层逻辑网络将不再受到传统的物理限制,属于同一个二层逻辑网络的结点之间可以跨越三层网络进行通信,有力地支撑了"大二层网络"的概念,因此在云数据中心领域拥有非常广阔的应用前景。

2) Big Switch

Big Switch 提出了 Open SDN 的架构。该架构主要包括三个层次:基于标准的南向协议、开放的核心控制器及北向开放的 API。其中,架构的核心是名为 Floodlight 的控制器,它已经获得了广泛的认可,拥有业界最大的 SDN 控制器开发社区支持。Floodlight 具有的模块化结构使得其功能易于扩展和增强,它既能够支持以 Open vSwitch 为代表的虚拟交换机,又能够支持众多 OpenFlow 物理交换机,并且可以对由 OpenFlow 交换机和非 OpenFlow 交换机组成的混合网络提供支持。

Big Switch 除了控制器之外,还提供网络应用平台 Big Network Controller 及运行在其上的网络虚拟化应用 Big Virtual Switch,统一网络监控应用 Big Tap 等产品。

4. 互联网企业和运营商

（1）互联网企业。由于 SDN 在数据中心网络虚拟化、流量优化和管理方面具有天然的优势,全球与数据中心相关的 ISP、ICP 企业都对 SDN 充满期待,部分巨头已经开始在自身的内部网络中部署 SDN。

（2）运营商。SDN 在数据中心、融合接入、网络管理等应用领域有望给网络运营商带来诸多好处,因此 SDN 自诞生以来一直受到来自网络运营企业的高度关注。

5.2 OpenFlow 规范

OpenFlow 是 SDN 最重要的实现方案,分别由 OpenFlow 控制器和交换机构成,之间通过标准化 OpenFlow(OF)协议通信;其中,控制器以集中方式控制本管理域内的多个交换机,通过提供北向接口来实现业务逻辑,支撑多种网络业务创新研发,诸如流量控制、路由控制、安全控制等功能。现有 SDN/OF 多纳入虚拟化技术,如以 OpenStack 为首的云计算平台也已广泛采用了 SDN 技术为业务提供网络支撑环境,Nicira 以虚拟化技术为基础构建第一个 SDN 操作系统。

5.2.1 OpenFlow 概述

OpenFlow 是在 2008 年 3 月由 Nick Mckeown 等提出并在斯坦福大学成立了 OpenFlow 论坛,它是 SDN 的一个实例,是第一个遵循 SDN 架构的协议。

1. OpenFlow 组件

OpenFlow 网络由 OpenFlow 网络设备(OpenFlow 交换机)、控制器(OpenFlow 控制器)、用于连接设备和控制器的安全通道(Secure Channel)以及 OpenFlow 表项组成。其中,OpenFlow 交换机设备和 OpenFlow 控制器是组成 OpenFlow 网络的实体,要求能够支持安全信道和 OpenFlow 表项。OpenFlow 结构如图 5-2 所示。

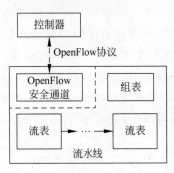

图 5-2 OpenFlow 结构

1) OpenFlow 控制器

OpenFlow 控制器位于 SDN 架构中的控制层,通过 OpenFlow 协议南向指导设备的转发。目前主流的 OpenFlow 控制器分为两大类:开源控制器和厂商开发的商用控制器。较为知名的开源控制器有:NOX/POX、ONOS、OpenDaylight 等。

2) OpenFlow 交换机

OpenFlow 交换机由硬件平面上的 OpenFlow 表项和软件平面上的安全通道构成,OpenFlow 表项为 OpenFlow 的关键组成部分,由 Controller 下发来实现控制平面对转发平面的控制。

OpenFlow 交换机主要有下面两种。

(1) OpenFlow-Only Switch:仅支持 OpenFlow 转发。

(2) OpenFlow-Hybrid Switch:既支持 OpenFlow 转发,也支持普通二三层转发。

一个 OpenFlow 交换机可以有若干个 OpenFlow 实例,每个 OpenFlow 实例可以单独连接控制器,相当于一台独立的交换机,根据控制器下发的流表项指导流量转发。OpenFlow 实例使得一个 OpenFlow 交换机同时被多组控制器控制成为可能。

OpenFlow 交换机实际在转发过程中,依赖于 OpenFlow 表项,转发动作则是由交换机的 OpenFlow 接口完成。OpenFlow 接口有下面三类。

物理接口:比如交换机的以太网口等。可以作为匹配的入接口和出接口。

逻辑接口：如聚合接口、Tunnel 接口等。可以作为匹配的入接口和出接口。

保留接口：由转发动作定义的接口，实现 OpenFlow 转发功能。

2．OpenFlow 表项

OpenFlow 的表项在 V1.0 阶段，只有普通的单播表项，也即人们通常所说的 OpenFlow 流表。随着 OpenFlow 协议的发展，更多的 OpenFlow 表项被添加进来，如组表 (Group Table)、计量表(Meter Table)等，以实现更多的转发特性以及 QoS 功能。

1) OpenFlow 流表

OpenFlow 最基本的特点是基于流(Flow)的概念来匹配转发规则，每个交换机都维护一个流表(Flow Table)，依据流表中的转发规则进行转发，而流表的建立、维护和下发都是由控制器完成的。

OpenFlow 使用了广义流的概念：符合某些可识别特征的所有数据包的集合。这些特征主要是数据包的头部字段，如 MAC 层源地址和目的地址、IP 层源地址与目的地址、VLAN 标签以及用户自动字段 TLV(Type Length Vaule)等。流是对网络数据包特征的高度抽象，流表代替路由表并提供更多功能，以流为单位来指定数据包的处理比以 IP 目的地址指定数据包的处理更具灵活性。

流表是交换机支持 OpenFlow 的最关键技术，它由多个流表项组成，如图 5-3 所示。每个流表项代表一个流，定义了匹配和处理数据包的规则，这些流表项都由控制器写入。每个流表项由三部分组成：特征域、指令集和计数器。特征域包含用来识别流的所有域，指令集指定了与该流表项匹配的数据包将被如何处理，计数器记录每个流表项的一些统计信息。

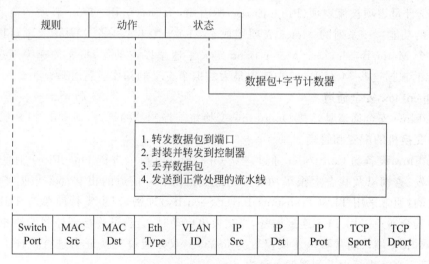

图 5-3　OpenFlow 流表示例

OpenFlow 交换机通过流水线来处理数据包，如图 5-4 所示。当数据包进入 OpenFlow 交换机后，随即进入数据包处理流水线，OpenFlow 交换机为每个数据包关联一个操作集（操作集中的操作等到数据包要退出流水线时执行）。数据包从第一个流表开始匹配，把被匹配流表中某条能满足该数据包所有域的最靠前的流表项称为命中表项。一般会把流表中最后一个表项配置为能匹配所有的数据包，其优先级最低。若没有配置此表项，未与所有流表项匹配成功的数据包将被丢弃。匹配完成后，命中表项中的指令会被执行：修改数据包，把操作加入到操作集,通过把数据包发到后面的流表或组表来改变流水线处理。当命中表项中的指令没有指定下一个流表或组表,流水线处理就结束,此时,与数据包关联的集中操作会被执行。

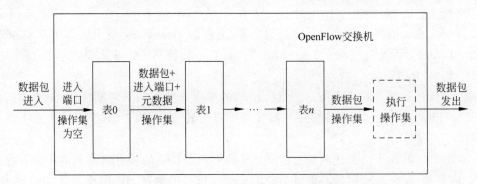

图 5-4　数据包的流水线处理过程

2) OpenFlow 组表

OpenFlow 组表的表项被流表项(Flow Entry)所引用,提供组播报文转发功能。一系列的 Group 表项组成了 Group Table。组表定义了比流表更加复杂的转发语法,组表由多个组表项组成,每个组表项由一系列操作桶组成,可以根据每个组表项中定义的组类型选择一个或多个操作桶执行,从而有效地实现多播或广播、高效的聚合、快速故障恢复等。

3) OpenFlow 计量表

Meter 计量表项被流表项(Flow Entry)所引用,为所有引用 Meter 表项的流表项提供报文限速的功能。一系列的 Meter 表项组成了 Meter Table,一个 Meter 表项可以包含一个或者多个 Meter Bands,每个 Meter Band 定义了速率以及动作,报文的速率超过了某些 MeterBand,根据这些 MeterBand 中速率最大的那个定义的动作进行处理。

3. OpenFlow 安全通道

OpenFlow 安全通道是连接 OpenFlow 交换机与控制器的接口,通常由 TLS 加密,实现控制器对交换机的配置和管理。

OpenFlow 设备与 Controller 通过建立 OpenFlow 信道,进行 OpenFlow 消息交互,实现表项下发、查询以及状态上报等功能。通过 OpenFlow 信道的报文都是根据 OpenFlow 协议定义的,通常采用 TLS(Transport Layer Security)加密,但也支持简单的 TCP 直接传输。如果安全通道采用 TLS 连接加密,当交换机启动时,会尝试连接到控制器的 6633 TCP 端口(Openflow 端口通常默认建议设置为 6633)。双方通过交换证书进行认证。因此,在加密时,每个交换机至少需配置两个证书。

5.2.2　OpenFlow 通信协议

1. OpenFlow 信道建立

1) OpenFlow 消息类型

要了解 OpenFlow 信道的建立过程,首先需要了解 OpenFlow 协议目前支持的三种报文类型:控制器-交换机消息、异步消息、同步消息。

（1）Controller to Switch 消息。

由 Controller 发起、Switch 接收并处理的消息。这些消息主要用于 Controller 对 Switch 进行状态查询和修改配置等管理操作,可能不需要交换机响应,如图 5-5 所示。

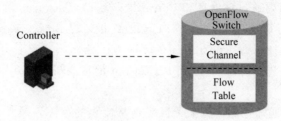

图 5-5　Controller to Switch

Controller to Switch 消息主要包含以下几种类型。

Features：用于控制器发送请求来了解交换机的性能,交换机必须回应该报文。

Modify-State：用于管理交换机的状态,如流表项和端口状态。该命令主要用于增加、删除、修改 OpenFlow 交换机内的流表表项、组表表项以及交换机端口的属性。

Read-State：用于控制器收集交换机各方面的信息,例如当前配置、统计信息等。

Flow-Mod：Flow-Mod 消息用来添加、删除、修改 OpenFlow 交换机的流表信息。Flow-Mod 消息共有五种类型：ADD、DELETE、DELETE-STRICT、MODIFY、MODIFY-STRICT。

Packet-out：用于通过交换机特定端口发送报文,这些报文是通过 Packet-in 消息接收到的。通常 Packet-out 消息包含整个之前接收到的 Packet-in 消息所携带的报文或者 buffer ID(用于指示存储在交换机内的特定报文)。这个消息需要包含一个动作列表,当 OpenFlow 交换机收到该动作列表后会对 Packet-out 消息所携带的报文执行该动作列表。如果动作列表为空,Packet-out 消息所携带的报文将被 OpenFlow 交换机丢弃。

Asynchronous-Configuration：控制器使用该报文设定异步消息过滤器来接收其只希望接收到的异步消息报文,或者向 OpenFlow 交换机查询该过滤器。该消息通常用于 OpenFlow 交换机和多个控制器相连的情况。

（2）异步（Asynchronous）消息。

由 Switch 发送给 Controller,用来通知 Switch 上发生的某些异步事件的消息,主要包括 Packet-in、Flow-Removed、Port-Status 和 Error 等。例如,当某一条规则因为超时而被删除时,Switch 将自动发送一条 Flow-Removed 消息通知 Controller,以方便 Controller 做出相应的操作,如重新设置相关规则等,如图 5-6 所示。

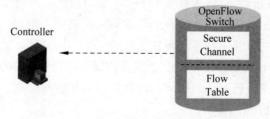

图 5-6　Switch to Controller

异步消息具体包含以下几种类型。

Packet-in：转移报文的控制权到控制器。对于所有通过匹配流表项或者 Table Miss 后转发到 Controller 端口的报文均要通过 Packet-in 消息送到 Controller。也有部分其他流程（如 TTL 检查等）也需要通过该消息和 Controller 交互。Packet-in 既可以携带整个需要转移控制权的报文，也可以通过在交换机内部设置报文的 Buffer 来仅携带报文头以及其 Buffer ID 传输给 Controller。Controller 在接收到 Packet-in 消息后会对其接收到的报文或者报文头和 Buffer ID 进行处理，并发回 Packet-out 消息通知 OpenFlow 交换机如何处理该报文。

Flow-Removed：通知控制器将某个流表项从流表的移除。通常该消息在控制器发送删除流表项的消息或者流表项的定时器超时后产生。

Port-Status：通知控制器端口状态或设置的改变。

（3）同步（Symmetric）消息。

顾名思义，同步（Symmetric）消息是双向对称的消息，主要用来建立连接、检测对方是否在线等，是控制器和 OpenFlow 交换机都会在无请求情况下发送的消息，如图 5-7 所示，包括 Hello、Echo 和 Experimenter 三种消息，这里介绍应用中最常见的前两种。

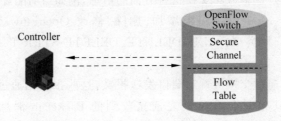

图 5-7　同步消息

Hello：当连接启动时交换机和控制器会发送 Hello 交互。

Echo：用于验证控制器与交换机之间连接的存活，控制器和 OpenFlow 交换机都会发送 Echo Request/Reply 消息。对于接收到的 Echo Request 消息必须能返回 Echo Reply 消息。Echo 消息也可用于测量控制器与交换机之间链路的延迟和带宽。

2）信道建立过程解析

OpenFlow 控制器和 OpenFlow 交换机之间建立信道连接的基本过程如下。

（1）OpenFlow 交换机与 OpenFlow 控制器之间通过 TCP 三次握手过程建立连接，使用的 TCP 端口号为 6633。

（2）TCP 连接建立后，交换机和控制器就会互相发送 Hello 报文。Hello 报文负责在交换机和控制器之间进行版本协商，该报文中 OpenFlow 数据头的类型值为 0。

（3）功能请求（Feature Request）：控制器发向交换机的一条 OpenFlow 消息，目的是为了获取交换机性能、功能以及一些系统参数。该报文中 OpenFlow 数据头的类型值为 5。

（4）功能响应（Feature Reply）：由交换机向控制器发送的功能响应（Feature Reply）报文，描述了 OpenFlow 交换机的详细细节。控制器获得交换机功能信息后，OpenFlow 协议相关的特定操作就可以开始了。

（5）Echo 请求（Echo Request）和 Echo 响应（Echo Reply）属于 OpenFlow 中的对称型

报文,通常用于 OpenFlow 交换机和 OpenFlow 控制器之间的保活。通常 Echo 请求报文中 OpenFlow 数据头的类型值为 2,Echo 响应的类型值为 3。不同厂商提供的不同实现中,Echo 请求和响应报文中携带的信息也会有所不同。

3)信道连接断开模式

当 OpenFlow 设备与所有 Controller 断开连接后,设备进入 Fail Open 模式。OpenFlow 设备存在以下两种 Fail Open 模式。

Fail Secure mode 交换机:在该模式下的 OpenFlow 交换机,流表项继续生效,直到流表项超时删除。OpenFlow 交换机内的流表表项会正常老化。

Fail Standalone mode 交换机:所有报文都会通过保留端口 Normal 处理。即此时的 OpenFlow 交换机变成传统的以太网交换机。Fail Standalone mode 只适用于 OpenFlow-Hybrid 交换机。

安全通道也有两种模式,不同模式下安全通道重连的机制不同。

并行模式:并行模式下,Switch 允许同时与多个 Controller 建立连接,Switch 与每个 Controller 单独进行保活和重连,互相之间不影响。当且仅当 Switch 与所有 Controller 的连接断开后,Switch 才进入 Fail Open 状态。

串行模式:串行模式下,Switch 在同一时刻仅允许与一个 Controller 建立连接。一旦与该 Controller 连接断开后,Switch 并不会进入 Fail Open 状态,而是立即根据 Controller 的 ID 顺序依次尝试与 Controller 连接。如果与所有 Controller 都无法建立连接,则等待重连时间后,继续遍历 Controller 尝试建立连接。在三次尝试后,仍然没有成功建立连接,则 Switch 进入 Fail Open 状态。

2. OpenFlow 消息处理

1)OpenFlow 流表下发与初始流表

OpenFlow 流表下发分为主动和被动两种机制。

主动模式下,Controller 将自己收集的流表信息主动下发给网络设备,随后网络设备可以直接根据流表进行转发。

被动模式下,网络设备收到一个报文没有匹配的 FlowTable 记录时,会将该报文转发给 Controller,由后者进行决策该如何转发,并下发相应的流表。被动模式的好处是网络设备无须维护全部的流表,只有当实际的流量产生时才向 Controller 获取流表记录并存储,当老化定时器超时后可以删除相应的流表,因此可以大大节省交换机芯片空间。

在实际应用中,通常是主动模式与被动模式结合使用。

当 OpenFlow 交换机和 Controller 建立连接后,Controller 需要主动给 OpenFlow 交换机下发初始流表,否则进入 OpenFlow 交换机的报文查找不到流表项,就会做丢弃处理。这里的初始流表保证了 OpenFlow 的未知报文能够上送控制器。而后续正常业务报文的转发流表,则在实际流量产生时,由主动下发的初始流表将业务报文的首包上送给控制器后,触发控制器以被动模式下发。

这里以 H3C VCFC 控制器给交换机下发的一个初始流表举例。

前面了解到,OpenFlow 流表是分级匹配的,通常按 0 表、1 表、2 表这样依次匹配过去,每个级别的表中则由优先级高的表项先进行匹配。

如图 5-8 所示,0 表优先级最高为 65535 的两条流表匹配到的是端口号为 67、68 的

UDP 报文，也就是 DHCP 报文，匹配动作为 goto_table 1，剩下的其他所有报文也命中优先级最低为 0 的表项后 goto_table 1。而在表 1 中，优先级最低的表项对应的动作为 output controller，这保证了虚拟机的 DHCP 请求可以发送给控制器，由控制器作为网络中的 DHCP Server，避免 DHCP 请求泛洪，同时还保证了交换机上所有未知的无流表匹配的报文都可以上送控制器，触发控制器被动下发流表给交换机指导转发。这里，把表 1 里优先级最低为 0，匹配所有未知报文的表项叫作 table-miss 表项。

Datapath 80:23:9c:29:60:40:e9:02

概要 端口 流表 组表 显示流表 匹配项 上一页 下一页 流表总数：6 页数：1/1

表ID	优先级	报文	字节	匹配项	动作指令集
0	0	271345	29776377		goto_table: 1
0	65535	0	0	eth_type: ipv4 ip_proto: udp udp_dst: 68	goto_table: 1
0	65535	20	7132	eth_type: ipv4 ip_proto: udp udp_dst: 67	goto_table: 1
1	0	162260	21709739		apply_actions: output: controller

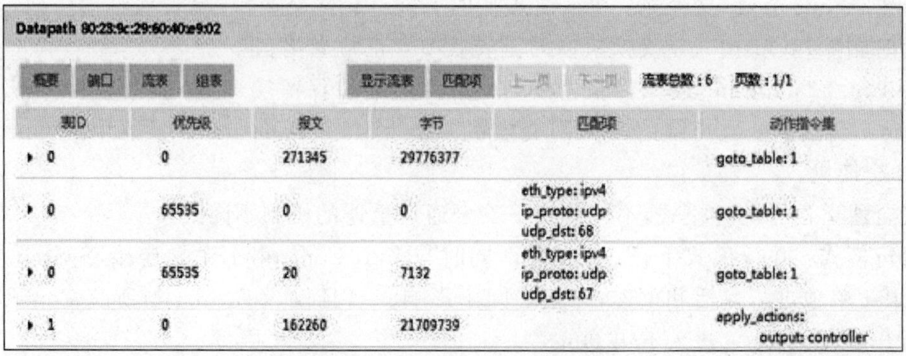

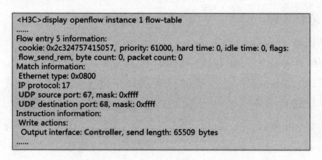

图 5-8　OpenFlow 流表举例

我们在 OpenFlow 交换机上同样可以观察到初始流表，这里以 H3C S6800 交换机上的一个初始流表举例。如图 5-9 中的这条表项匹配报文类型为以太网报文，UDP 端口 67、68 说明匹配 DHCP 请求报文，动作为上送控制器。

```
<H3C>display openflow instance 1 flow-table
......
Flow entry 5 information:
 cookie: 0x2c324757415057, priority: 61000, hard time: 0, idle time: 0, flags:
 flow_send_rem, byte count: 0, packet count: 0
Match information:
 Ethernet type: 0x0800
 IP protocol: 17
 UDP source port: 67, mask: 0xffff
 UDP destination port: 68, mask: 0xffff
Instruction information:
 Write actions:
  Output interface: Controller, send length: 65509 bytes
......
```

图 5-9　OpenFlow 交换机上流表举例

2）OpenFlow 报文上送控制器

OpenFlow 报文上送控制器详细过程如图 5-10 所示。

（1）控制器和交换机建立连接事件是 Packet-in 事件发生的前提。

（2）当 OpenFlow 交换机收到数据包后，如果明细流表中与数据包没有任何匹配条目，就会命中 table-miss 表项，触发 Packet-in 事件，交换机会将这个数据包封装在 OpenFlow 协议报文中发送至控制器。

（3）一旦交换机触发了 Packet-in 事件，Packet-in 报文就将发送至控制器。

Packet-in 数据头包括：缓冲 ID、数据包长度和输入端口。

Packet-in 的原因分为以下两种。

0：无匹配。

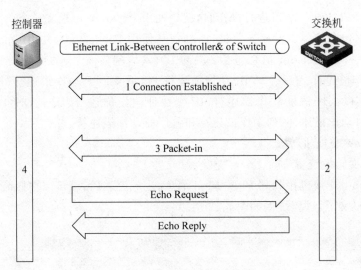

图 5-10　OpenFlow 报文上送控制器过程

1：流表中明确提到将数据包发送至控制器。

3）控制器回应 OpenFlow 报文

控制器收到 Packet-in 消息后，可以发送 Flow-Mod 消息向交换机写一个流表项。并且将 Flow-Mod 消息中的 buffer_id 字段设置为 Packet-in 消息中的 buffer_id 值，从而控制器向交换机写入了一条与数据包相关的流表项，并且指定该数据包按照此流表项的 action 列表处理。

Controller 根据报文的特征信息（如 IP、MAC 等）下发一条新的流表项到 OpenFlow 交换机或者做其他处理之后，下发 Packet-out 消息动作为 output 到 table，具体过程如图 5-11 所示。

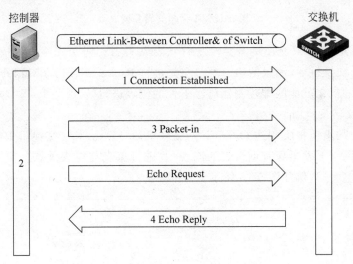

图 5-11　控制器回应 OpenFlow 报文过程

（1）控制器和交换机之间建立连接事件是 Packet-out 事件发生的前提。

（2）控制器要发送数据包至交换机时，就会触发 Packet-out 事件将数据包发送至交换机。这一事件的触发可以看作控制器主动通知交换机发送一些数据报文的操作。通常，当

软件定义网络集成技术

控制器想对交换机的某一端口进行操作时,就会使用 Packet-out 报文。

(3) 该数据包由控制器发往交换机,内部信息使用 Packet-out,并由 OpenFlow 数据头封装。OpenFlow Packet-out 信息包括:缓冲 ID、入口端口编号、动作明细(添加为动作描述符)、输出动作描述符、VLAN VID 动作描述符、VLAN PCP 动作描述符、提取 VLAN 标签动作描述符、以太网地址动作描述符、IPv4 地址动作描述符、IPv4 DSCP 动作描述符、TCP/UDP 端口动作描述、队列动作描述符和各厂商动作描述符。

3. OpenFlow 交换机转发

1) 单播报文转发流程

当 OpenFlow 交换机接收到 Flow-Mod 消息,生成流表后,就可以按照流表转发接收到的 Packet-out 报文了,过程举例如图 5-12 所示。

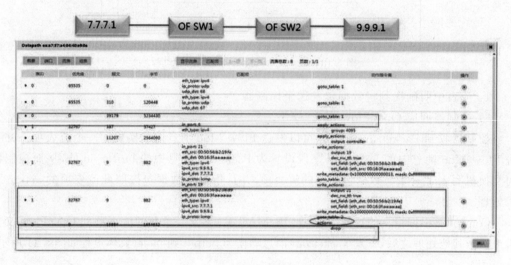

图 5-12　单播报文转发流表

在本例中,OpenFlow 交换机需要转发一个从 7.7.7.1 到 9.9.9.1 的流量。当流量上送到 OpenFlow 交换机后,流量的第一个包会先进行 Packet-in、Flow-Mod、Packet-out 的过程,之后同流量的报文就能匹配控制器已经下发的流表进行转发了。

2) 组播报文转发

当终端发出的组播报文到达 OpenFlow 交换机后,OpenFlow 交换机 Packet-in 给控制器,控制器会为网络下发指导查询组表的流表,并进行流表与组表关联。交换机参考流表,引用组表进行转发。举例如图 5-13 所示。

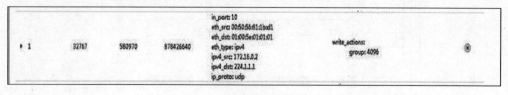

图 5-13　组播报文转发流表

上条流表的动作为引用组表 4096,组表 4096 详细内容如图 5-14 所示。

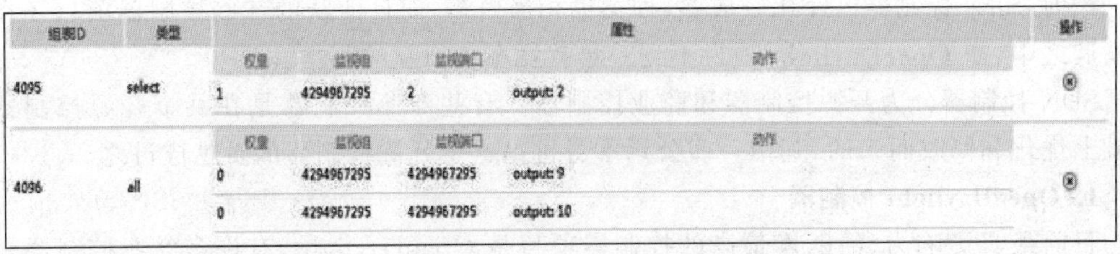

组表ID	类型	属性				操作
		权重	监视组	监视端口	动作	
4095	select	1	4294967295	2	output: 2	⊗
		权重	监视组	监视端口	动作	
4096	all	0	4294967295	4294967295	output: 9	⊗
		0	4294967295	4294967295	output: 10	

图 5-14　组表详细内容

5.3　控制器与 OpenDaylight

　　传统的网络控制功能是由分布式设备实现的。SDN 实现了控制平面与数据平面的分离,将控制平面迁移到一个可控的计算设备之中,使得上层的网络服务和应用程序可以抽象和控制底层的网络设备,并最终通过开放可编程的软件模式实现网络的自动化控制。控制层主要负责集中维护网络拓扑和状态信息,针对用户需求定制数据传输模式并对数据平面的资源编排进行处理等。控制层通过控制平面和数据平面之间的南向接口获取底层网络设施信息,同时为应用层提供可扩展的北向接口。应用层调用控制层的北向接口以实现不同网络功能的应用程序。通过这种调用模式,网络管理者可以动态地配置、管理和优化底层的网络资源,实现灵活、可控的网络功能。

5.3.1　控制器概述

　　从第一个控制器平台 NOX 出现至今,已有了一系列基于 OpenFlow 的网络控制器平台。这些控制器平台在向下封装与交换机通信的 OpenFlow 协议的同时,也向上层网络控制应用提供相对更高层的开放编程接口。SDN 控制器的基本架构如图 5-15 所示。

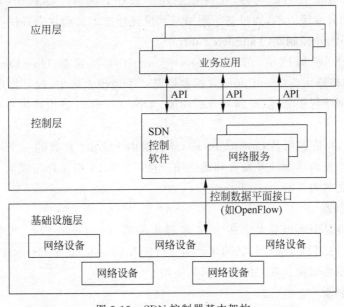

图 5-15　SDN 控制器基本架构

软件定义网络集成技术

当前,SDN 控制器已经比较成熟,种类也相当繁多,而且活跃的一些控制器项目还在不断发展之中,如 OpenDaylight 项目不到一年就发布一个新的版本。

SDN 控制器分为开源控制器和商业控制器。有些商业控制器是在某个开源控制器的基础上优化和修改而来的,其中一些公司本身也是这个开源控制器的贡献成员之一。

1. OpenDaylight 控制器

目前最具影响力、活跃度最高的控制器项目是 OpenDaylight,有许多商业控制器是基于 ODL 改造生成的。OpenDaylight 项目中的很多子项目已经在商用领域得到了部署,成效不断。

2. ONOS 控制器

ONOS(Open Network Operating System,开放网络操作系统)是一款为服务提供商打造的基于集群的分布式 SDN 操作系统,具有可扩展性、高可用性、高性能以及南北向的抽象化,使得服务提供商能轻松地采用模块化结构来开发应用提供服务。

3. Floodlight 控制器

Floodlight 控制器是较早出现的知名度较广的开源 SDN 控制器之一,它实现了控制和查询一个 OpenFlow 网络的通用功能集,而在此控制器上的应用集则满足了不同用户对于网络所需的各种功能。

4. Ryu 控制器

Ryu 是一个基于组件的 SDN 网络框架,它是由日本 NTT 公司使用 Python 语言研发完成的开源软件,采用 Apache License 标准。Ryu 提供了包含良好定义的 API 的网络组件,开发者使用这些 API 能轻松地创建新的网络管理和控制应用。Ryu 支持管理网络设置的多种协议。

5. 思科公司的 APIC 控制器和 OpenSDN 控制器

思科公司的 SDN 控制器有两个:APIC 控制器和 OpenSDN 控制器。思科的 APIC 控制器在商业上有着很大的影响力,在商业上到了很好的部署。OpenSDN 控制器是一个 OpenDaylight 的商业级版本,通过基于网络基础设施标准的自动化来提供业务的灵活性。

6. OpenContrail 控制器(Tungsten Fabric)

Juniper 网络(瞻博网络)发布的 OpenContrail 项目包括 OpenContrail 控制器和 OpenContrail 虚拟路由。OpenContrail 控制器是一个逻辑上集中,但是物理上分布的 SDN 控制器,为虚拟网络提供管理、控制和分析功能。OpenContrail 虚拟路由是一个分布式的路由服务。

Tungsten Fabric 曾用名 OpenContrail,最初是由 Juniper 开源的一个可扩展的多云网络平台,拥有一个充满活力的开发者和最终用户社区。2018 年 3 月完成向 Linux 基金会的迁移,并且正式更名为 Tungsten Fabric。

7. NOX 控制器

NOX 控制器是由斯坦福大学在 2008 年提出的第一款 Open Flow 控制器,NOX 控制器是第一个实现的 SDN 控制器,它的早期版本(NOX-Classic)是由 C++ 和 Python 语言实现的,其中,NOX 核心架构及其关键部分都是使用 C++ 实现的。

8. POX 控制器

POX 控制器是由 NOX 控制器分割演变出来的一款基于 Open Flow 控制器,是使用

Python 语言开发的。POX 控制器具有将交换机送来的协议包交给制定软件模块的功能。

9. Beacon 控制器

Beacon 项目是基于 Java 语言开发实现的开源控制器,依赖于 OpenFlow 项目,以高效性和稳定性应用在多个科研项目实验环境中。除此之外,具有很好的跨平合性,并支持多线程,可以通过相对友好的 UI 界面进行访问控制、使用和部署。

10. Big Network 控制器

Big Network 项目是一款 SDN 商用控制器,由 Big Switch 网络公司推出。Big Switch 网络公司将此控制器放入 Open SDN 套件中,供数据中心运营商使用。

11. Brocade SDN 控制器

2015 年,博科推出基于 OpenDaylight 代码研发的 Brocade SDN 控制器(原名称为博科 Vyatta 控制器),新版本控制器基于 OpenDaylight 项目进行了优化,添加了两个管理应用,以加强提供对 SDN 操作的支持。Brocade SDN 控制器实际上就是 OpenDaylight 控制器的商用版。

12. Maestro 控制器

Maestro 是莱斯大学于 2011 年的一篇学位论文中提出的用 Java 语言实现的一款基于 LGPI V2.1 开源协议标准的 OpenFlow 多线程控制器。Maestro 主要应用于科研领域,具有很好的平台适应性,可以有效地在多种操作系统和体系结构上运行。

13. IRIS 控制器

IRIS 是由 ETRI 研究团队创建的递归式 SDN OpenFlow 控制器,OpenIRIS 是 IRS 的一个开源版本。IRIS 旨在解决 SDN 中可扩展性和可用性的问题。IRIS 是在 Beacon 控制器和 Floodlight 控制器的基础上构建的。

14. OneController 控制器

OneController 控制器是 Extreme 公司基于开源控制器 OpenDaylight 的 Helium SR 1.1 版本开发的。One Controller 控制器旨在提供一个开放、功能灵活加载或卸载、可拓展的平台,使得 SDN 和 NFV 的规则能达到任意规模大小。

5.3.2 OpenDaylight 控制器

2013 年,Linux 基金会联合思科、Juniper 和 Broadcom 等多家网络设备商创立了开源项目 OpenDaylight,它的发起者和赞助商多为设备厂商而非运营商等网络设备消费者。OpenDaylight 项目的发展目标在于推出一个通用的 SDN 控制平台和网络操作系统,从而管理不同的网络设备,正如 Linux 和 Windows 等操作系统可以在不同的底层设备上运行一样。OpenDaylight 支持多种南向协议,如 OpenFlow 和 BEG-LS 等,底层支持混合模式交换机和经典 OpenFlow 交换机。OpenDaylight 是一个广义的 SDN 控制平台,而不是仅支持 OpenFlow 的狭义 SDN 控制器。

OpenDaylight 的架构如图 5-16 所示,可分为南向接口层、控制平面层、北向接口层和网络应用层。

南向接口层中包含如 OpenFlow、NET-CONF 和 SNMP 等多种南向协议的实现。控制平面层是 OpenDaylight 的核心,包括 MD-SALI、基础的网络功能模块、网络服务和网络抽象等模块,其中,MD-SAL 是 OpenDaylight 最具特色的设计,也是 OpenDaylight 架构中

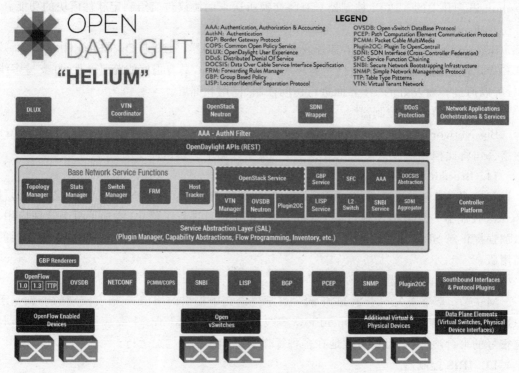

图 5-16　OpenDaylight 的架构

最重要的核心模块。无论是南向模块还是北向模块，或者其他模块，都需要在 MD-SAL 中注册才能正常工作。MD-SAL 也是逻辑上的信息容器，是 OpenDaylight 控制器的管理中心，负责数据存储、请求路由、消息的订阅和发布等内容。北向接口层包含开放的 REST API 及 AAA 认证部分。应用层是基于 OpenDaylight 北向接口层的接口所开发出的应用集合。

OpenDaylight 基于 Java 语言编写，采用 Maven 来构建模块项目代码。Maven 构建工程有许多好处，可以允许 OpenDaylight 对某些模块进行单独编译，使得在只修改某些模块代码时快速完成编译。为了实现 OpenDaylight 良好的拓展性，OpenDaylight 基于 OSGi（Open Service Gateway Initiative）框架运行，所有的模块均作为 OSGi 框架的 bundle 运行。OSGi 是一个 Java 框架，其中定义了应用程序即 bundle 的生命周期模式和服务注册等规范。OSGi 的优点是支持模块动态加载、卸载、启动和停止等行为，尤其适合需要热插拔的模块化大型项目。OpenDaylight 作为一个网络操作系统平台，基于 OSGi 框架开发可以实现灵活的模块加载和卸载等操作，而无须在对模块进行操作时重启整个控制器，在新版本中，其使用了 Kaaf 容器来运行项目。Kaaf 是 Apache 旗下的一个开源项目，是一个基于 oSGi 的运行环境，提供了一个轻量级的 oSGi 容器。基于 OpenDaylight 控制器开发模块时，还需要使用 YANG 语言来建模，然后使用 YANG Tools 生成对应的 Java API，并与其他 Maven 构建的插件代码共同完成服务实现。

特性方面，OpenDaylight 支持丰富的特性，而且在目前版本迭代中依然不断增加特性。南向协议支持方面，OpenDaylight 支持 OpenFlow、NET-CONF、SNMP 和 PCEP 等多种南向协议，所以 OpenDaylight 可以管理使用不同南向协议的网络。核心功能部分，

OpenDaylight 除了支持如拓扑发现等基础的控制器的功能以外,还支持许多新的服务,San VTN(Virtual Tenant Network)、ALTO(Application Layer Traffic Optimization)、DDoS 防御及 SDNi Wrapper 等服务和应用。值得一提的是,SDNi 是华为开发并提交给 IETF 的 SDN 域间通信的协议草案,目的是实现 SDN 控制器实例之间的信息交互。

此外,OpenDaylight 还正在大力开展 NFV 的研发。正如之前提到的,OpenDaylight 不仅是一个 SDN 控制器,OpenDaylight 是一个网络操作系统。除了 SDN 控制器的基础功能以外,还包括 NFV 等其他应用服务,可见其旨在打造一个通用的 SDN 操作系统。

5.4　SDN 应用案例

招商银行 SDN 实践之路介绍如下。

从 2013 年至今,招商银行(以下简称招行)陆续完成了数据中心服务能力成熟标准的制定,主机系统的异地容灾建设,能够实现业务在两分钟内"一键切换",实现了所有应用系统的异地双活,以及部分数据库的异地双活,完成了 IT 基础架构的高可用性设计,实现重要业务系统的"双区接入",全行所有业务系统、所有信息平台实现了统一管理,开展了招行金融云的建设,IaaS、PaaS 平台都正在逐步完善中,并且专门成立专有云。

由于招行的数据中心拥有庞大规模的 IT 基础设施,同时需要支撑种类繁多的开发测试项目,而在 Iaas 和 Saas 平台的建设过程中,网络的建设遇到了前所未有的挑战,具体来讲可以分为以下几点。

(1)随着计算和存储的虚拟化进程不断加快,网络与业务尚处于紧耦合状态,这成为制约业务快速部署和上线的主要因素。

(2)面对数据中心不同厂商、不同类型的网元,传统网络对于进行统一的自动化管理显得非常困难,例如,招行的数据中心有着不同厂商的不同设备,想要统一管理谈何容易?

(3)银行对于数据流量和质量要求越来越高,而传统网络无法保障,例如,当某个业务变得缓慢,排查过程显得异常复杂,需要做大量的配置且容易出错。

因此金融云急需一套灵活、弹性、可扩展的网络架构来解决上述困难,提高业务部署的速度,对数据流量做一个精细化的控制,并且能够对接到云平台实现网络资源的统一管理。

SDN 的三大特性如集中化的管理、控制转发分离、开放的 API 正好可以弥补传统网络在云化过程中暴露出来的如上缺陷。

在抓住这些痛点需求之后,招行开始着手构建 SDN,选择实践部署的是招行位于深圳的科兴园区,该园区是一个拥有一千多人办公的场地,既有开发人员,又有测试人员,还有一部分是业务的数据中心。由于科兴园区主要承载的招行手机银行、网上银行产品的开发测试环境,它的特点是对于资源的分配和回收频率很快,网络的变化比生产环境更加频繁,这也是选择在此实践 SDN 的主要原因之一。

科兴园区网络的 SDN 化采取的是基于 Overlay 的方式实现,由于科兴园区的现有网络中存在虚拟化和非虚拟化的服务器,若采取彻底转发控制相分离的狭义 SDN 方案显然不现实。为了保证兼容已有的网络和其他 IT 设备,招行最终采取的是新华三提供的云平台、Overlay、SDN 的整体解决方案,该方案的特点如下。

(1)采用业界通用的 Spine-Leaf 模型进行组网,其中,Spine 结点为 L3 网关,蓝色的

Leaf 结点用于做 VXLAN 的 VTEP 的起点,而红色的 Leaf 只是用于接入非虚拟化的服务器。

(2) 通过 SDN 控制器,对 Overlay 进行集中部署管理,实现了 IT 资源的自动化分配和弹性扩展,提高了网络快速部署和灵活扩展能力,并且通过控制器集群来保证控制层面的高可靠性。

(3) 在物理网络之上构建了一层虚拟 Overlay 网络,各类 IT 资源统一接入 Overlay 网络。Overlay 网络的部署,实现了服务器的接入位置、IP 地址与物理网络的解耦合,实现了网络资源与物理网络设备的解耦合。

科兴园区的物理拓扑中使用静态路由跟传统网络对接,避免了传统网络和 SDN 之间的相互影响。其中,Spine 结点使用的是 H3C 125X,两台之间做 IRF2,接入层用的 H3C 的 SDN 68-1,这样可以保证物理网络这块没有环路,Spine 和 Leaf 之间通过 OSPF 连接。但是对于 SDN 来说,如何保证其安全性对于金融行业来说是至关重要的。

在虚拟化的网络中如何实现安全防护?由于虚拟机漂移等原因,传统网络的那套安全策略实施起来会非常困难且低效,那么通过灵活自定义服务链的方式可以解决这一问题,具体来说就是将原来的从源到目的之间通过防火墙的形式,转变为通过定义服务链时将流指定到某个虚拟的防火墙,这里虚拟防火墙是通过 NFV 来提供的安全的服务结点。总结起来如下。

(1) NFV 提供虚拟安全服务结点。

(2) VSwitch 支持嵌入式安全。

(3) SDN 控制器提供服务链的自定义和安全资源统一编排和控制。

虽然整个科兴园区用 SDN 的仅仅是开发测试网络,但是这仍旧给网络的运维管理成本带来了极大的降低,目前管理整个园区网络的只有三个人,这要是在以前是不可想象的。

小　　结

SDN 的本质是一种新的网络管理和运营模式,面对网络规模扩张、网络管理动态化的挑战,传统以设备为中心、基于人工静态配置的模式已经不能适应发展的需要。SDN 基于网络控制器将网络资源、网络管理和网络控制集中,形成网络服务能力,并且通过 RESTful (一种互联网软件架构)化的机机接口将这些网络服务开放给部署在网络之上的 IT 业务系统。也就是希望代表业务的应用软件可以参与对网络的控制管理,满足上层业务需求,通过网络自动化部署,提升业务的敏捷性,提升网络运维效率,这是 SDN 的核心诉求。

本章首先介绍了 SDN 历史、SDN 的工作原理、SDN 的整体架构、SDN 的分类、SDN 产业生态系统及 SDN 应用案例。然后介绍了 OpenFlow 及其通信协议。最后概述了 SDN 控制器的种类并重点介绍了 OpenDaylight 控制器。

习题与实践

1. 填空题

(1) SDN 是_____的缩写。

（2）SDN 的核心思想是：_____和_____分离。

（3）SDN 控制器的基本架构包括_____层、_____层和_____层。

（4）OpenFlow 是 SDN 最重要的实现方案，分别由_____和_____构成，之间通过标准化 OpenFlow（OF）协议通信。

（5）OpenDaylight 的架构可分为南向接口层、_____、_____和网络应用层。

2. 判断题

（1）SDN 的整体架构分为三层，从下到上分别是应用平面、控制平面和转发平面。（　　）

（2）OpenFlow 是 SDN 最重要的实现方案，分别由 OpenFlow 控制器和交换机构成，之间通过标准化 OpenFlow（OF）协议通信。（　　）

（3）OpenFlow 网络由 OpenFlow 网络设备（OpenFlow 交换机）、控制器（OpenFlow 控制器）、用于连接设备和控制器的安全通道（Secure Channel）以及 OpenFlow 表项组成。（　　）

（4）OpenFlow 是在 2008 年 3 月由 Nick McKeown 等提出并在斯坦福大学成立了 OpenFlow 论坛，它是 SDN 的一个实例，是第一个遵循 SDN 架构的协议。（　　）

（5）OpenFlow 安全通道是连接 OpenFlow 交换机与控制器的接口，通常由 TLS 加密，实现控制器对交换机的配置和管理。

（6）为了实现 OpenDaylight 良好的拓展性，OpenDaylight 基于 OSGi（Open Service Gateway Initiative）框架运行，所有的模块均作为 OSGi 框架的 bundle 运行。（　　）

3. 简答题

（1）什么是 DHCP？引入 DHCP 的好处有哪些？

（2）如何实现 IP 地址与 MAC 地址的绑定？

（3）什么是 DNS 域名系统？详细描述域名解析的过程。

第 6 章　数据中心集成技术

本章学习目标

- 了解结构化布线系统的概念和特点;
- 掌握结构化布线系统的结构;
- 掌握结构化布线系统的标准与设计等级;
- 掌握结构化布线系统的设计;
- 熟悉结构化布线系统的施工与验收;
- 掌握数据中心机房建设范围和原则;
- 掌握数据中心机房环境建设技术的设计;
- 了解数据中心机房的建设施工。

建立局域网的环境平台是为网络工程奠定物理基础。环境平台的设计包括结构化布线系统设计、数据中心机房系统的设计等内容。随着信息系统的广泛铺开,大数据、云计算等技术的深入实施,各个行业及部门均开始建设大规模的数据中心机房,对数据的处理和存储进行集中管理,以提高稳定性并有效降低运行及维护成本。本章从系统设计者以及系统集成方法的角度介绍局域网环境设计的相关知识。

6.1　结构化布线系统概述

结构化布线系统的对象是建筑物或楼宇内的传输网络,它包含建筑物内部和外部线路(网络线路、电话局线路)间的民用电缆及相关的设备连接措施。结构化布线系统是由许多部件组成的,主要有传输介质、线路管理硬件、连接器、插座、插头、适配器、传输电子线路、电气保护设施等,并由这些部件来构造各种子系统。

6.1.1　结构化布线系统的概念和特点

结构化布线系统(Structured Cabling Systems,SCS)是指按标准的、统一的和简单的结构化方式编制和布置各种建筑物(或建筑群)内各种系统的通信线路,包括网络系统、电话系统、监控系统、电源系统和照明系统等。因此,结构化布线系统是一种标准通用的信息传输系统,是建筑物内的"信息高速公路"。

结构化布线系统的代表产品是建筑与建筑群综合布线系统(Premises Distribution System,PDS)。建筑物综合布线系统的兴起与发展,是在计算机技术和通信技术发展的基础上,进一步适应社会信息化和经济国际化的需要而发展起来的。它也是建筑技术与信息技术相结合的产物,是计算机网络工程的基础。

1. 结构化布线系统特点

(1) 结构清晰,便于管理维护。

结构化布线是一套完整的系统工程,在实施过程中能做到统一选材、统一设计、统一布线、施工的工作流程,因此结构清晰,便于集中管理和维护。

(2) 材料统一先进,符合国内外布线标准。

结构化布线系统采用的材料均是当前布线技术中最先进的材料,至少满足未来10～20年的发展需要,有效地保证了投资效率。

(3) 灵活性强,适应各种不同的需求。

结构化布线系统的设计同时兼容话音及数据通信应用。这样就减少了对传统线路的需求,同时提供了一种结构化的设计来实现与管理这一系统,无论用户位置如何调整,结构化布线系统往往只需要做一些跳线的改动就可以适应新的需求。

(4) 开放式设计,扩展性强。

结构化布线系统采用的主要是星状结构的布线方式,既提高了设备的工作能力,又便于用户扩充。每一个布线子系统都考虑到了用户的需求,留下足够的冗余设计和备选空间,未来无论是扩充整个系统还是单独扩充某一个子系统都很容易。

2. 结构化布线系统的应用场合

结构化布线系统的应用场合非常广泛,主要适应以下环境。

(1) 智能化建筑的布线系统。在智能化建筑和高档住宅小区中,通常拥有相当数量的先进设备,其通信容量大,自动化程度高。

(2) 商业贸易类型的布线系统。它覆盖的范围领域包括商务贸易中心、商业大厦等;银行、保险公司、证券公司等金融机构;宾馆、饭店等服务行业。

(3) 机关办公类型的布线系统。它覆盖的范围领域包括政府机关、企事业单位、群众团体、公司机关等办公大楼或综合型大厦等。

6.1.2 结构化布线系统标准

布线工业标准是布线制造商和布线工程行业共同遵守的技术规范。它规定了从网络布线产品制造,到布线系统设计、安装施工、测试等一系列技术规范。结构化布线系统的标准有多个体系:北美标准体系(由 ANSI/EIA/TIA 制定)、国际标准体系(由 ISO/IEC 制定)、欧洲标准体系(由 CENELEC 制定)和网络应用标准(由一些网络标准化组织制定)。

方案设计及选用的国际标准主要有:

(1) ISO/IEC 11801 用户建筑通用布线标准。

(2) CENELECEN50173 用户建筑布线标准。

(3) CENELECEN50174 用户建筑布线安装规范。

(4) CENELECEN50167/68/69。

(5) EIA/TIA568A、EIA/TIA568B。

(6) EIA/TIA569A 电信通道和空间的商业建筑标准。

(7) EIA/TIA570A 住宅和半商业通信布线标准。

方案设计依据的中国国内规范主要有:

(1) GB 50311—2016《综合布线系统工程设计规范》。

(2) GB 50312—2007《综合布线系统工程验收规范》。

(3) GB/T 50173—2000 建筑与建筑群综合布线系统工程验收规范。

(4) CECS72:95/97 建筑与建筑群综合布线系统工程设计规范。

(5) YD/T926 大楼通信综合布线系统。

6.1.3 结构化布线系统的设计等级

对于建筑物的结构化布线系统,一般分为三种不同的布线系统等级:基本型布线系统、增强型布线系统、综合型布线系统。

1. 基本型布线系统

基本型布线系统方案是一个经济有效的布线方案。它支持语音或综合型语音/数据产品,并能够全面过渡到数据的异步传输或综合型布线系统。

基本型布线系统的基本配置如下。

(1) 每一个工作区有一个信息插座。

(2) 每一个工作区有一条水平布线 4 对 UTP 系统。

(3) 完全采用 110A 交叉连接硬件,并与未来的附加设备兼容。

(4) 每个工作区的干线电缆至少有两对双绞线。

基本型布线系统的特性如下。

(1) 支持语音、数据或高速数据系统使用。

(2) 支持多种计算机系统的数据传输。

(3) 便于维护人员维护、管理。

(4) 采用气体放电管式过电压保护和能自复的过电流保护。

2. 增强型布线系统

增强型布线系统不仅支持语音和数据的应用,还支持图像、影像影视、视频会议等。它具有为增加功能提供发展的余地,并能够利用接线板进行管理。

增强型布线系统的基本配置如下。

(1) 每个工作区有两个以上信息插座。

(2) 每个信息插座均有水平布线 4 对 UTP 系统。

(3) 具有 110A 交叉连接硬件。

(4) 每个工作区的电缆至少有 8 对双绞线。

增强型布线系统的特点如下。

(1) 每个工作区有两个信息插座,灵活方便、功能齐全。

(2) 任何一个插座都可以提供语音和高速数据传输。

(3) 可统一色标,利用端子板进行管理,维护简单方便。

(4) 能够为众多厂商提供服务环境的布线方案。

(5) 采用气体放电管式过电压保护和能自复的过电流保护。

3. 综合型布线系统

综合型布线系统是将双绞线和光缆纳入建筑物布线的系统。

综合型布线系统的基本配置如下。

(1) 在建筑、建筑群的干线或水平布线子系统中配置 62.5μm 的光缆。

(2) 在每个工作区的电缆内配有 4 对双绞线。

(3) 每个工作区的电缆中应有两对以上的双绞线。

综合型布线系统的特点如下。

(1) 每个工作区有两个以上的信息插座,连接灵活、功能齐全。

(2) 任何一个信息插座都可供语音和高速数据传输。

(3) 采用光缆为主与铜芯导线电缆混合组网。

(4) 采用统一色标,利用端子板进行管理,维护简单方便。

(5) 适应多种产品的要求,具有适应性强、经济有效等特点。

6.1.4 结构化布线系统的设计原则

目前,国际上各综合布线产品都提出 15 年质量保证体系。为了保护建筑物投资者的利益,可采取"总体规划,分步实施,水平布线尽量一步到位"的思想实施结构化布线工程。具体设计原则如下。

(1) 用户至上。按照建筑与建筑群对结构化综合布线系统的要求为基础,并以满足用户需求为目标,最大限度满足用户提出的功能需求,并针对业务特点,确保可用性。

(2) 先进性。在满足用户需求的前提下,充分考虑信息社会迅猛发展的趋势,在技术上适度超前,提出的方案要保证将建筑与建筑群建成先进的、现代化的信息大楼。

(3) 灵活性和可扩展性。充分考虑楼宇内所涉及的各部门信息的集成和共享,保证整个系统的先进性、合理性,实现分散式控制,集中统一式管理。总体结构具有可扩展性和兼容性,可以集成不同厂商不同类型的先进产品,使整个系统可随技术的进步和发展,不断得到充实和提高。

(4) 标准化。网络结构化布线系统的设计依照国际和国家的有关标准进行。此外,根据系统总体结构的要求,各个子系统必须结构化和标准化,并代表当今最新的技术成就。

(5) 经济性。在实现先进性、可靠性的前提下,达到功能和经济的优化设计。结构化布线系统的设计采用新技术、新材料、新工艺使综合化布线大楼能够满足智能大厦的各项指标。

6.1.5 结构化布线系统的设计范围与步骤

结构化布线系统是一个模块化结构、星状布线,并具有开放特性的布线系统。按照设计原则,设计步骤如下。

(1) 获取建筑物平面图。

(2) 分析用户需求。生成问题清单。

(3) 系统结构设计。生成物理拓扑技术文档。

(4) 布线路由设计。生成逻辑拓扑,插座和电缆索引表,设备 MAC 地址和 IP 地址索引表等技术文档。

(5) 绘制布线施工图。生成插座标号,布设电缆标号等技术文档。

（6）编制布线用料清单。

6.1.6　结构化布线系统的组成

结构化布线系统是将各种不同组成部分构成一个有机的整体,而不是像传统的布线那样自成体系,互不相干。国家标准及国际标准化组织/国际电工委员会的标准都对结构化布线系统的组成进行了规定。只不过有些标准以一个建筑群为设计单元,有的是以一幢建筑物为设计单元。这里以一个建筑群为单元进行讨论,一般分为 6 个子系统:工作区子系统、水平子系统、管理子系统、垂直子系统、建筑群子系统、设备间子系统。结构化布线系统如图 6-1 所示。

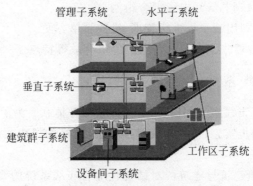

图 6-1　结构化布线系统

1. 工作区子系统

工作区子系统由终端设备连接到信息插座的跳线组成。它包括信息插座、信息模块、网卡和连接终端所需的跳线,并在终端设备和输入/输出(I/O)之间搭接,相当于电话配线系统中连接话机的用户线及话机终端部分。典型的终端连接系统如图 6-2 所示。终端设备可以是电话、微机和数据终端,也可以是仪器仪表和传感器的探测器。

一个独立的工作区,服务面积可按 $5\sim30\mathrm{m}^2$ 估算,每个工作区设置一部电话机或计算机终端设备,或按用户要求设置。工作区的设计根据需要参照基本型、增强型和综合型要求。目前普遍采用增强型设计等级,为语音点与数据点互换奠定了基础。

工作区子系统设计安装要考虑以下几点。

（1）工作区内线槽要布得合理、美观。

（2）信息插座要设计在距离地面 30cm 以上,与电源保持 20cm 以上距离(如图 6-3 所示)。

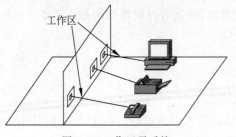

图 6-2　工作区子系统

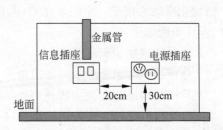

图 6-3　工作区插座与电源

（3）信息插座与计算机设备的距离保持在5m范围内。

（4）购买的网卡类型接口要与线缆类型接口保持一致。

（5）充分考虑工作区所需的信息模块、信息插座、面板的数量。

（6）RJ-45所需的数量。

2. 水平子系统

水平子系统也称为水平干线子系统，是指从楼层配线间至工作区用户信息插座的线缆部分（如图6-4所示），由用户信息插座、水平线缆、配线设备等组成。水平子系统由4对UTP（非屏蔽双绞线）组成，能支持大多数现代化通信设备，如果有磁场干扰或信息保密时可用屏蔽双绞线。在高宽带应用时，可以采用光缆。

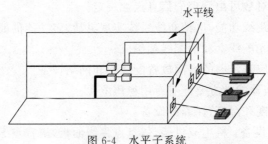

图6-4　水平子系统

水平干线子系统涉及水平子系统的传输介质和部件集成，主要有以下几点。

（1）水平干线子系统用线一般为双绞线，采用星状拓扑结构，长度一般不超过90m（如图6-5所示）。

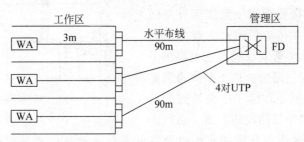

图6-5　水平布线拓扑和距离示意图

（2）确定线路走向。

（3）确定线缆、槽、管的数量和类型。

（4）确定电缆的类型和长度。

（5）如果打吊杆走线槽，则需要使用吊杆的数量；如果不用吊杆走线槽，则需要使用托架的数量。

确定线路走向一般要由用户、设计人员、施工人员到现场根据建筑物的物理位置和施工难易度来确定。

3. 管理子系统

管理子系统为连接其他子系统提供手段，用于连接垂直干线子系统和水平子系统（如图6-6所示）。其管理是针对设备间和工作区的配线设备和缆线按一定的规模进行标志和记录。内容包括管理方式、标识、色标、交叉连接等。

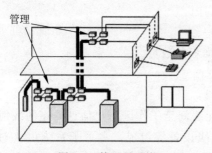

图 6-6　管理子系统

现在,许多大楼在结构化布线时都考虑在每一楼层都设立一个管理间,用来管理该层的信息点,摒弃了以往几层共享一个管理间子系统的做法,这也是布线的发展趋势。

作为管理间子系统,应根据管理的信息点的多少安排使用房间的大小。如果信息点多,就应该考虑一个房间来放置;信息点少时,就没有必要单独设立一个管理间,可选用墙上型机柜来处理该子系统。

设计安装时要注意如下要点。

(1) 配线架的配线对数可由管理的信息点数决定。

(2) 利用配线架的跳线功能,可使布线系统实现灵活、多功能的能力。

(3) 配线架一般由光配线盒和铜配线架组成。

(4) 管理间子系统应有足够的空间放置配线架和网络设备。

(5) 有集线器、交换器的地方要配有专用稳压电源。

(6) 保持一定的温度和湿度,保养好设备。

管理间一般有以下设备:机柜或机架,信息点集线面板,语音点 S110 集线面板,可选设备,光电收发器等。

4. 垂直子系统

垂直子系统也称干线子系统,它是整个建筑物综合布线系统的一部分。它提供建筑物的干线电缆,是负责连接管理间子系统到设备间子系统的子系统(如图 6-7 所示),一般使用光缆或选用大对数的非屏蔽双绞线。它也提供了建筑物垂直干线电缆的路由。该子系统通常是在两个单元之间,特别是在位于中央结点的公共系统设备处提供多个线路设施。该子系统由

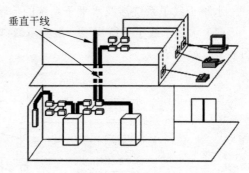

图 6-7　垂直子系统

所有的布线电缆组成,或由导线和光缆以及将此光缆连到其他地方的相关支撑硬件组合而成。

垂直子系统设计安装时应注意以下要点。

(1) 确定每层楼的干线要求。

(2) 确定整座楼的干线要求。

(3) 确定从楼层到设备间的干线电缆路由。

(4) 确定干线接线间的接合方法。

(5) 选定干线电缆的长度。

(6) 确定敷设附加横向电缆时的支撑结构。

垂直干线子系统的任务是通过建筑物内部的传输电缆,把各个服务接线间的信号传送到设备间,直到传送到最终接口,再通往外部网络。它必须满足当前的需要,又要适应今后的发展。

5. 建筑群子系统

建筑群子系统也称校园子系统,它是将一个建筑物中的电缆延伸到另一个建筑物的通信设备和装置(如图 6-8 所示),通常是由光缆和相应设备组成。建筑群子系统是结构化布线系统的一部分,它支持楼宇之间通信所需的硬件,其中包括导线电缆、光缆以及防止电缆上的脉冲电压进入建筑物的电气保护装置。

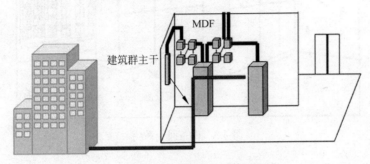

图 6-8　建筑群子系统

建筑群子系统设计安装时注意事项如下。

(1) 由于建筑群干线子系统的线路设施主要在户外,且工程范围大,易受外界条件的影响较难控制施工,因此和其他子系统相比,更应注意协调各方关系,建设中更需加以重视。

(2) 由于结构化布线系统较多采用有线通信方式,一般通过建筑群干线子系统与公用通信网连成整体,从全程全网来看,也是公用通信网的组成部分,它们的使用性质和技术性能基本一致,其技术要求也是相同的。因此,要从保证全程全网的通信质量来考虑。

(3) 建筑群子系统的线缆是室外通信线路,通常建在城市市区道路两侧。其建设原则、网络分布、建筑方式、工艺要求以及与其他管线之间的配合协调均与市区内的其他通信管线要求相同,必须按照本地区通信线路的有关规定办理。

(4) 当建筑群干线子系统的线缆在校园式小区或智能小区内敷设成为公用管线设施时,其建设计划应纳入该小区的规划,具体分布应符合智能小区的远期发展规划要求(包括总平面布置),且与近期需要和现状相结合,尽量不与城市建设和有关部门的规定发生矛盾,使传输线路建设后能长期稳定、安全可靠地运行。

(5) 在已建或正在建的智能小区内,如已有地下电缆管道或架空通信线路时,应尽量设法利用,以避免重复建设,节省工程投资,使小区内管线设施减少,有利于环境美观和小区布置。

(6) 在建筑群子系统中,会遇到室外敷设电缆问题,一般有 4 种情况:架空电缆、直埋电缆、地下管道电缆、隧道电缆,或者是这几种的任何组合,具体情况应根据现场的环境来决定。

6. 设备间子系统

设备间子系统也称设备子系统,是一个集中的总机房,连接系统公共设备(如图 6-9 所示)。设备间子系统由电缆、连接器和相关支撑硬件组成。它把各种公共系统设备的多种不同设备互连起来,其中包括邮电部门的光缆、同轴电缆、程控交换机等。

设备间设计安装时注意要点如下。

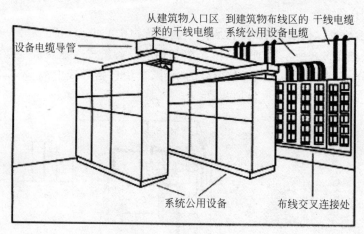

图 6-9 设备间子系统

（1）设备间要有足够的空间保障设备的存放。

（2）设备间要有良好的工作环境（温度湿度）。

（3）设备间的建设标准应按机房建设标准设计。

（4）设备间应设在位于干线综合体的中间位置，应尽可能靠近建筑物电缆引入区和网络接口。

（5）设备间应在服务电梯附近，便于装运笨重设备。

（6）设备间应防止可能的水害（如暴雨成灾、自来水管爆裂等）带来的灾害。

（7）设备间应防止易燃易爆物的接近和电磁场的干扰。

所以，设计设备间时，必须把握下述要素：最低高度、房间大小、照明设施、地板负重、电气插座、配电中心、管道位置、楼内气温控制、门的大小方向与位置、端接空间、接地要求、备用电源、保护设施和消防设施。

6.1.7 结构化布线系统的施工

1. 布线施工的主要步骤

布线施工的主要步骤如下。

（1）勘察现场。根据建筑物的实际情况确定具体的施工方案。

（2）申请施工。将施工方案和工程预算向用户方和相关部门申报，等待批准。

（3）指定工程负责人和工程监理人员，负责规划备料、备工、用户方配合要求等方面事宜，提出部门配合的时间表，负责内外协调和施工组织和管理。

（4）现场施工。

（5）现场认证测试，制作测试报告。

（6）制作布线标记系统。布线的标记系统要遵循 TIA-606 标准。

（7）测试。

2. 布线施工的基本要求

布线施工的基本要求如下。

（1）结构化布线系统工程的安装施工，须按照《建筑与建筑群综合布线系统工程验收规范》(GB/T 50312—2000)中的有关规定进行安装施工,也可以根据工程设计要求办理。

(2)智能化小区的结构化布线系统工程中,其建筑群主干布线子系统部分的施工,与本地电话网有关。因此,安装施工的基本要求应遵循我国通信行业标准《本地电话网用户线线路工程设计规范》(YD 5006—1995)等标准中的规定。

(3)结构化布线系统工程中所用的缆线类型和性能指标、布线部件的规格以及质量等均应符合我国通信行业标准《大楼通信综合布线系统第 1~3 部分》(YD/T 926、1~3—2001)等规范或设计文件的规定,工程施工中,不得使用未经鉴定合格的器材和设备。

(4)施工现场要有技术人员监督、指导。为了确保传输线路的工作质量,在施工现场要有参与该项工程方案设计的技术人员进行监督、指导。

(5)标记一定要清晰、有序。清晰、有序的标记会给下一步设备的安装、调试工作带来便利,以确保后续工作的正常进行。

(6)对于已敷设完毕的线路,必须进行测试检查。线路的畅通、无误是结构化布线系统正常可靠运行的基础和保证,测试检查是线路敷设工作中不可缺少的一项工作。要测试线路的标记是否准确无误,检查线路的敷设是否与图线一致等。

(7)须敷设一些备用线。备用线的敷设是必要的,其原因是:在敷设线路的过程中,由于种种原因难免会使个别线路出问题,备用线的作用就在于它可及时、有效地代替这些出问题的线路。

(8)高低压线须分开敷设。为保证信号、图像的正常传输和设备的安全,要完全避免电涌干扰,要做到高低压线路分管敷设,高压线需使用铁管;高低压线应避免平行走向,如果由于现场条件只能平行时,其间隔应保证按规范的相关规定执行。

3. 布线施工前的准备

施工前的准备工作主要包括技术准备、施工前的环境检查、施工前设备器材及施工工具检查、施工组织准备等环节。

(1)技术准备工作。

① 熟悉结构化布线系统工程设计、施工、验收的规范要求,掌握结构化布线各子系统的施工技术以及整个工程的施工组织技术。

② 熟悉和会审施工图纸。施工图纸是工程人员施工的依据,因此作为施工人员必须认真读懂施工图纸,理解图纸设计的内容,掌握设计人员的设计思想。

③ 熟悉与工程有关的技术资料,如厂家提供的说明书和产品测试报告、技术规程、质量验收评定标准等内容。

④ 技术交底。技术交底工作主要由设计单位的设计人员和工程安装单位的项目技术负责人一起进行。

⑤ 编制施工方案。

⑥ 编制工程预算。

(2)施工前的环境检查。

在工程施工开始以前应对楼层配线间、二级交接间、设备间的建筑和环境条件进行检查,具备下列条件方可开工。

① 楼层配线间、二级交接间、设备间、工作区土建工程已全部竣工。房屋地面平整、光洁,门的高度和宽度应不妨碍设备和器材的搬运,门锁和钥匙齐全。

② 房屋预留地槽、暗管、孔洞的位置、数量、尺寸均应符合设计要求。

③ 对设备间布设活动地板应专门检查,地板板块布设必须严密坚固。每平方米水平允许偏差不应大于 2mm,地板支柱牢固,活动地板防静电措施的接地应符合设计和产品说明要求。

④ 楼层配线间、二级交接间、设备间应提供可靠的电源和接地装置。

⑤ 楼层配线间、二级交接间、设备间的面积,环境温湿度、照明、防火等均应符合设计要求和相关规定。

(3) 施工前的器材检查。

工程施工前应认真对施工器材进行检查,经检验的器材应做好记录,对不合格的器材应单独存放,以备检查和处理。

① 型材、管材与铁件的检查要求。

② 电缆和光缆的检查要求。

③ 配线设备的检查要求。

6.1.8 结构化布线系统的测试与验收

结构化布线测试遵循 EIA/TIA 的测试标准对包括电缆、跳线架和信息插座等在内的整个链路进行测试,只有被测试确认为合格的布线工程才能通过验收投入使用。

1. 结构化布线测试连接方式定义

1) 水平布线测试连接方式

基本连接方式:基本连接是指通信回路的固定线缆安装部分,它不包括插座至网络设备的末端连接电缆。基本连接通常包括水平线缆和双端测试跳线,其中,F 小于或等于 90m,G 和 H 小于或等于 2m(F 指信息出口或转接点和水平跳线之间的连接线;G 指测试跳线;H 指测试跳线)。连接到测试仪上的连接头不包括在基本回路的定义中。

通道连接方式:通道连接是指网络设备的整个连接。通过通道回路测试,可以验证端到端回路(包括跳线、适配器)的传输性能。通道回路通常包括水平线缆、工作区子系统跳线、信息插座、靠近工作区的转接点及配线区的两个连接点。

水平布线光纤测试连接方式:光纤链路长度只要在楼宇内进行,就不受严格限制。

2) 楼宇内主干布线

楼宇使用多模光纤、单模光纤和大对数铜缆布线均可,测试起点为楼层配线架,测试终点为楼宇总配线架,主干链路程度小于 350m。

2. 测试参数和技术指标

1) 双绞线系统的测试元素及标准

连接图:连接图显示了双绞线的详细情况。连接图测试通常是一个布线系统的最基本测试。

线缆长度:线缆长度指的是电气长度。基本回路线缆长度小于或等于 94m(包括测试跳线),通道回路线缆长度小于或等于 100m(包括设备跳线和快接式跳线)。

衰减:由于趋肤效应、绝缘损耗、阻抗不匹配和连接电阻等因素,造成信号沿链路传输损失的能量,称为衰减。衰减是针对基本回路和通道回路信号损失程度的度量。

近端串扰:电磁波从一个传输回路(主串回路)串扰另一个传输回路(被串回路)的现象

称为串扰。在 UTP 布线系统中,近端串扰为主要影响因素。布线系统都应通过 NEXT 测试,而且 NEXT 的测试必须从两个方向进行。

以上只是介绍了几个测试参数,不同线缆的测试参数都有不同的测试标准,实际工程中应区别对待。

2) 光缆布线系统的测试元素及标准

光缆测试的主要内容包括:对整个光纤链路(包括光纤和连接器)的衰减进行测试,光纤链路的反射测量以确定链路长度及故障点位置。

光纤布线链路在规定的传输窗口测量出的最大光衰减以及任一接口测出的光回波损耗都有相应的标准值。

3. 结构化布线工程验收

结构化布线系统工程的验收是施工方向用户方移交的正式手续,也是用户对工程的认可。验收标准应基于国内最新的有关工程竣工验收项目的内容和方法,例如《建筑与建筑群综合布线系统工程验收规范》(GB/T 50312—2000),此标准与国际密切接轨,具有较强的操作性,建议在验收时予以参考。

6.1.9 结构化布线系统计算机辅助设计

1. 传统的结构化布线系统设计

当前各种结构化布线系统规范中没有提出对结构化布线系统设计的具体要求,如设计的方法论、系统思想以及可借鉴的软件工具。

要完成一项结构化布线系统工程,传统的做法如下。

(1) 调查用户需求及投资承受能力。

(2) 获取建筑物平面结构图及设计图。

(3) 通过各种手段设计系统结构和布线路由图。

(4) 计算材料清单,做出工程预算。

(5) 布线工程的组织实施和管理。

(6) 甲乙双方以及监理方对工程进行测试验收及竣工文档递交。

当前各系统集成商采用各种手段来进行设计和材料计算,其中包括以下几点。

(1) 在建筑物楼层平面图进行手工绘图标定布线的路由和信息点位置。

(2) 利用相应的绘图软件如 AutoCAD、Visio 等绘制结构化布线系统图、路由图及点位示意图。

(3) 利用数据库软件如 Excel、Access 等进行材料清单的统计以及材料费用的核算。

(4) 利用文本编辑软件如 Word、WPS 等书写标书的文案工作。

上述这种传统的结构化布线系统设计方法最大的缺陷如下。

(1) 设计的图形与材料数据分离,文件数量多,没有层次的概念。

(2) 设计人员难以根据方案路由图做出工程预算。

(3) 不能给甲方提供一个管理结构化布线以及网络的电子化平台,最终用户难以以此方案图作为日后维护管理在此结构化布线系统上运行的网络依据。

(4) 方案设计使用的计算机工作量大,软件工具多,难度大,需要较专业的人员。

2. 结构化布线系统计算机辅助设计

一项理想的结构化布线系统工程,在设计时要求系统中的图形和实际设备材料是一一对应的,数据资料完整,层次分明,而最终用户在管理结构化布线计算机网络系统时除了要了解网络的动态性能之外,从管理和维护维修网络的角度出发,更应关心它的静态配置。例如:

(1) 一个信息点所处的位置。

(2) 连接的水平系统电缆的长度。

(3) 连接到管理间配线架上的端口号。

(4) 此线缆通道的性能报告等。

(5) 网络工作站的网卡物理地址。

(6) IP 地址。

(7) 连接的交换机。

(8) 集线器的端口号。

(9) 对应的配线架的端口号。

(10) 设备的连接关系。

(11) 设备的详细配置信息。

(12) 其他相关信息。

这些对维护管理一个网络是非常有用的资源,但上述传统结构化布线系统设计出的方案达不到这一目的。

美国 NetViz 软件公司的 NetViz 绘图软件推出了全新的结构化布线系统计算机辅助设计的思想,实践证明,它是一个非常实用的设计工具。

6.2　数据存储技术

数据存储是数据流在加工过程中产生的临时文件或加工过程中需要查找的信息。数据以某种格式记录在计算机内部或外部存储介质上。数据存储要命名,这种命名要反映信息特征的组成含义。数据流反映了系统中流动的数据,表现出动态数据的特征;数据存储反映系统中静止的数据,表现出静态数据的特征。

6.2.1　磁盘阵列和数据存储

磁盘阵列(Redundant Arrays of Independent Disks,RAID)有"独立磁盘构成的具有冗余能力的阵列"之意。

1. RAID 工作原理

RAID 的基本思想是把多个相对便宜的硬盘组合成为一个硬盘阵列组,使性能达到甚至超过一个价格昂贵、容量巨大的硬盘。简单来说,RAID 把多个硬盘组合成为一个逻辑扇区,因此,操作系统只会把它当作一个硬盘。RAID 常被用在服务器上,并常使用完全相同的硬盘作为组合。

磁盘阵列可直连主机或通过网络与主机相连。磁盘阵列的多个端口可被不同主机或不同端口连接。一个主机连接磁盘阵列的不同端口可提升传输速度。RAID 为加快与主机交互速度,其内部都带有一定量的缓存。主机与 RAID 的缓存交互,缓存与具体的磁盘交互数据。

在应用中,有部分常用的数据是需要经常读取的,磁盘阵列根据其内部的算法,查找出这些经常读取的数据,存储在缓存中,这样就加快了主机读取这些数据的速度;对于 RAID 缓存中没有的数据,则由阵列从磁盘上直接读取传输给主机。对于主机写入的数据,只写在缓存中,主机可以立即完成写操作,然后由缓存再慢慢写入磁盘。

2. RAID 分类

磁盘阵列根据样式分为三类,即:外接式磁盘阵列柜、内接式磁盘阵列卡和利用软件来仿真。

1) 外接式磁盘阵列柜

外接式磁盘阵列柜常用于大型服务器,具有可热交换(Hot Swap)的特性,但价格都很贵。

2) 内接式磁盘阵列卡

内接式磁盘阵列卡,虽价格便宜,但需要较高的安装技术。能够提供在线扩容、动态修改阵列级别、自动数据恢复、驱动器漫游、超高速缓冲等功能。它能提供性能、数据保护、可靠性、可用性和可管理性的解决方案。

3) 利用软件仿真

利用软件仿真的方式,是指网络操作系统通过自身的磁盘管理功能将连接的多块硬盘配置成逻辑盘,从而组成阵列。软件阵列可以提供数据冗余功能,但是磁盘子系统的性能会有所降低,有的降低幅度还比较大,达 30% 左右。因此会拖累机器的速度,不适合大数据流量的服务器。

3. 标准 RAID 级别

RAID 按级别可分为 RAID 0, RAID 1, RAID 1E, RAID 5, RAID 6, RAID 7, RAID 10, RAID 50, RAID 53 和 RAID 60。其中,常用的级别有 RAID 0、RAID 1、RAID 10、RAID 5、RAID 6。

1) RAID 0

RAID 0 是最早出现的 RAID 模式,即 Data Stripping 数据分条技术。RAID 0 是组建磁盘阵列中最简单的一种形式,只需要两块以上的硬盘即可,成本低,可以提高整个磁盘的性能和吞吐量(如图 6-10 所示)。RAID 0 没有提供冗余或错误修复能力,但实现成本是最低的。

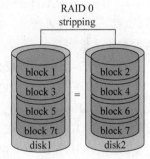

图 6-10　RAID 0 示意图

RAID 0 最简单的实现方式就是把 N 块同样的硬盘用硬件的形式通过智能磁盘控制器或用操作系统中的磁盘驱动程序以软件的方式串联在一起创建一个大的卷集。在使用中计算机数据依次写入到各块硬盘中,它的最大优点就是可以整倍地提高硬盘的容量。如使用了三块 80GB 的硬盘组建成 RAID 0 模式,那么磁盘容量就会是 240GB。其速度方面,各单独一块硬盘的速度完全相同。最大的缺点在于任何一块硬盘出现故障,整个系统将会受到破坏,可靠性仅为单独一块硬盘的 $1/N$。所以,RAID 0 一般只是在那些对数据安全性要求不高的情况下才被人们使用。

2) RAID 1

RAID 1 也称为镜像卷(如图 6-11 所示)。两组以上的 n 个磁盘相互作镜像,在一些多线程操作系统中能有很好的读取速度,理论上读取速度等于硬盘数量的倍数,与 RAID 0 相同。另外,写入速度有微小的降低。只要一个磁盘正常即可维持运作,可靠性最高。RAID 1 在主硬盘上存放数据的同时也在镜像硬盘上写完全一样的数据。当主硬盘损坏时,镜像硬盘则代替主硬盘的工作。因为有镜像硬盘做数据备份,所以 RAID 1 的数据安全性在所有的 RAID 级别上来说是最好的。但无论用多少磁盘做 RAID 1,仅算一个磁盘的容量,是所有 RAID 中磁盘利用率最低的一个级别。

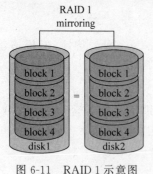

图 6-11　RAID 1 示意图

RAID 1 主要是通过二次读写实现磁盘镜像,所以磁盘控制器的负载也相当大,尤其是在需要频繁写入数据的环境中。为了避免出现性能瓶颈,使用多个磁盘控制器就显得很有必要。

3) RAID 2:带海明码校验

这是 RAID 0 的改良版,以海明码(Hamming Code)的方式将数据进行编码后分区为独立的比特,并将数据分别写入硬盘中。因为在数据中加入了错误修正码(Error Correction Code,ECC),所以数据整体的容量会比原始数据大一些,RAID 2 最少要三台磁盘驱动器方能运作。

4) RAID 3:带奇偶校验码的并行传送

RAID 3 采用带奇偶校验码的并行传送技术,它需要先通过编码,再将数据分割后分别存在不同的数据磁盘中,而将奇偶校验数据单独存在一个磁盘中(称为奇偶校验盘),如果某一数据磁盘失效,则奇偶校验盘及其他数据盘可以重新产生数据。如果奇偶盘失效,则不影响数据使用。由于 RAID 3 的数据分散在不同的硬盘上,因此就算要读取一小段数据资料都可能需要所有的硬盘进行工作,所以它适于读取大量数据时使用。但对于随机数据,奇偶盘会成为写操作的瓶颈。

5) RAID 4:带奇偶校验码的独立磁盘结构

RAID 4 和 RAID 3 很像。但它与 RAID 3 不同的是,它对数据的访问是按数据块进行的,也就是按磁盘进行的,每次是一个盘。但由于每次数据访问都要进行奇偶校验,因此访问数据的速度不高。

6) RAID 5:分布式奇偶校验的独立磁盘结构

RAID 5 是一种储存性能、数据安全和存储成本兼顾的存储解决方案。RAID 5 至少需要三块硬盘,RAID 5 不是对存储的数据进行备份,而是把数据和相对应的奇偶校验信息存储到组成 RAID 5 的各个磁盘上,并且奇偶校验信息和相对应的数据分别存储于不同的磁盘上。当 RAID 5 的一个磁盘数据发生损坏后,可以利用剩下的数据和相应的奇偶校验信息去恢复被损坏的数据。RAID 5 可以为系统提供数据安全保障,但保障程度要比镜像低而磁盘空间利用率要比镜像高。RAID 5 具有和 RAID 0 相近似的数据读取速度,只是因为多了一个奇偶校验信息,写入数据的速度相对单独写入一块硬盘的速度略慢,若使用"回写缓存"可以让性能改善不少。同时由于多个数据对应一个奇偶校验信息,RAID 5 的磁盘空间利用率要比 RAID 1 高,存储成本相对较便宜。

7）RAID 6：带有两种分布存储的奇偶校验码的独立磁盘结构

与 RAID 5 相比，RAID 6 增加第二个独立的奇偶校验信息块。两个独立的奇偶系统使用不同的算法，数据的可靠性非常高，任意两块磁盘同时失效时不会影响数据完整性。RAID 6 需要分配给奇偶校验信息更大的磁盘空间和额外的校验计算，相对于 RAID 5 有更大的 IO 操作量和计算量，其"写性能"强烈取决于具体的实现方案，因此 RAID 6 通常不会通过软件方式来实现，而更可能通过硬件/固件方式实现。

8）RAID 7：优化的高速数据传送磁盘结构

RAID 7 并非公开的 RAID 标准，它是在 RAID 3 及 RAID 4 的基础上扩展的，通过强化以解决原来的一些限制。另外，在实现中使用大量的高速缓存以及用以实现异步数组管理的专用即时处理器，使得 RAID 7 可以同时处理大量的 IO 要求，所以性能甚至超越了许多其他 RAID 标准的产品，但价格非常贵。

9）RAID 10：高可靠性与高效磁盘结构

RAID 10 是先做镜像卷 RAID 1，再做带区卷 RAID 0，而 RAID 01 则相反。因为镜像卷和带区卷各有优缺点，因此结合后能达到既高效又高速的目的。它们主要用于数据容量不大，但要求速度和差错控制的数据库中。具体如图 6-12 和图 6-13 所示，其中的 Ai 代表数据。

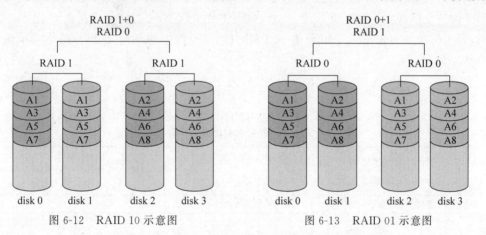

图 6-12　RAID 10 示意图　　　　图 6-13　RAID 01 示意图

10）RAID 50

RAID 50 是 RAID 5 与 RAID 0 的组合，先做 RAID 5，再做 RAID 0。由于 RAID 50 是以 RAID 5 为基础，而 RAID 5 至少需要 3 块硬盘，因此要以多组 RAID 5 构成 RAID 50，至少需要 6 块硬盘。以 RAID 50 最小的 6 块硬盘配置为例，先把 6 块硬盘分为两组，每组 3 块构成 RAID 5，如此就得到两组 RAID 5，然后再把两组 RAID 5 构成 RAID 0。

RAID 50 的任一组或多组 RAID 5 中出现 1 块硬盘损坏时，仍能维持运作，不过如果任一组 RAID 5 中出现两颗或两颗以上硬盘损毁，整组 RAID 50 就会失效。RAID 50 读写性能比起单纯的 RAID 5 高，容量利用率比 RAID 5 要低。比如同样使用 9 块硬盘，由各 3 块 RAID 5 再组成 RAID 0 的 RAID 50，每组 RAID 5 浪费一块硬盘，利用率为 $(1-3/9)$，RAID 5 则为 $(1-1/9)$。

11）RAID 53：高效数据传送磁盘结构

RAID 5 是 RAID 3 与 RAID 0 的组合（不是 RAID 5 和 RAID 3 的组合），因此速度快

且有容错功能。但价格非常高,且不易实现。

12) RAID 60

RAID 60 是 RAID 6 与 RAID 0 的组合:先做 RAID 6,再做 RAID 0。RAID 60 至少需要 8 块硬盘。由于底层是以 RAID 6 组成,所以 RAID 60 可以容许任一组 RAID 6 中损毁最多 2 块硬盘,而系统仍能维持运作。比起单纯的 RAID 6,RAID 60 的访问速度要快些。不过使用门槛高,而且容量利用率低是较大的问题。

13) JBOD

在分类上,磁盘族 JBOD(Just a Bunch Of Disks)并不属于 RAID。由于并没有规范,市场上有以下两类主流的做法。

(1) 使用单独的连接端口如 SATA、USB 或 1394 同时控制多个独立的硬盘,使用这种模式通常是较高级的设备,还具备 RAID 的功能,不需要依靠 JBOD 达到合并逻辑扇区的目的。

(2) 只是将多个硬盘空间合并成一个大的逻辑硬盘,没有容错机制。数据的存放是由第一块硬盘开始依序往后存放,即操作系统看到的是由许多小硬盘组成的一个大硬盘。但如果硬盘损坏,则该损坏硬盘上的所有数据将无法救回。它的好处是不会像 RAID,每次访问都要读写全部硬盘。但在部分的 JBOD 数据恢复实践中,可以恢复未损毁硬盘上的数据。同时,因为每次读写操作只作用于单一硬盘,JBOD 的传输速率与 I/O 表现均与单块硬盘无异。

表 6-1 是对常用 RAID 级别的一个比较,表中的 n 代表硬盘总数,JBOD 可接到现有硬盘上,直接增加容量。

表 6-1 常用 RAID 级别比较

RAID 档次	最少硬盘	最大容积	可用容量	读取性能	写入性能	安 全 性	目 的	应 用 产 业
单一硬盘	(参考)	0	1	1	1	无		
JBOD	1	0	n	1	1	无(同 RAID 0)	增加容量	个人(暂时)存储备份
6	4	2	$n-2$	$n-2$	$n-2$	安全性较 RAID 5 高	同 RAID 5,但较安全	个人、企业备份
5	3	1	$n-1$	$n-1$	$n-1$	高	追求最大容量、最小预算	个人、企业备份
10	4	$n/2$	$n/2$	n	$n/2$	安全性高	综合 RAID 0/1 优点,理论速度较快	大型数据库、服务器
1	2	$n-1$	1	n	1	最高,一个正常即可	追求最大安全性	个人、企业备份
0	2	0	n	n	n	一个硬盘异常,全部硬盘都会异常	追求最大容量、速度	视频剪接缓存用途

选购 RAID 设备时,要结合自己的使用环境和需求,根据上面 RAID 各级别的特点,去

选择适合自己的产品。目前,知名的 RAID 产品的公司有:戴尔、西数、奥睿科、华为、希捷等。

4. 数据存储方式

目前常用的数据存储方式有 3 种:DAS、NAS、SAN。

(1) DAS(Direct Access Storage Device,直接访问存储设备)。

DAS 是磁盘存储设备的术语,以前被用在大、中型计算机上。使用在 PC 上还包括硬盘设备 DAS 的最新形式是 RAID。"直接访问"指访问所有数据的时间是相同的,数据存储设备是整个服务器结构的一部分。

(2) NAS(Network Attached Storage,网络附加存储设备)。

NAS 方式则全面改进了以前低效的 DAS 存储方式。它采用独立于服务器,单独为网络数据存储而开发的一种文件服务器来连接所存储设备,自形成一个网络。这样数据存储就不再是服务器的附属,而是作为独立网络结点而存在于网络之中,可由所有的网络用户共享。

(3) SAN(Storage Area Networks,存储区域网)。

一种高速的专用网络,用于建立服务器、磁盘阵列和磁带库之间的一种直接连接。它如同扩展的存储器总线,将专用的集线器、交换器以及网关或桥路互相连接在一起。SAN 常使用光纤通道。一个 SAN 可以是本地的或者是远程的,也可以是共享的或者是专用的。SAN 打破了存储器与服务器之间的束缚,允许独立地选择最佳的存储器或者是最佳的服务器,从而提高可扩性和灵活性。

5. DAS、NAS 和 SAN 三种存储方式比较

存储应用最大的特点是没有标准的体系结构,这三种存储方式共存,互相补充,已经很好地满足企业信息化应用。

从连接方式上对比,DAS 采用了存储设备直接连接应用服务器,具有一定的灵活性和限制性;NAS 通过网络(TCP/IP、ATM、FDDI)技术连接存储设备和应用服务器,存储设备位置灵活,随着万兆网的出现,传输速率有了很大的提高;SAN 则是通过光纤通道(Fibre Channel)技术连接存储设备和应用服务器,具有很好的传输速率和扩展性能。三种存储方式各有优势,相互共存,占到了磁盘存储市场的 70% 以上。SAN 和 NAS 产品的价格仍然远远高于 DAS。许多用户出于价格因素考虑选择了低效率的直连存储而不是高效率的共享存储。

客观地说,SAN 和 NAS 系统已经可以利用类似自动精简配置这样的技术来弥补早期存储分配不灵活的短板。然而,之前它们消耗了太多的时间来解决存储分配的问题,以至于给 DAS 留有足够的时间在数据中心领域站稳脚跟。此外,SAN 和 NAS 依然问题多多,至今无法解决。

6.2.2 数据备份和数据安全

1. 数据备份

数据备份是容灾的基础,是指为防止系统出现操作失误或系统故障导致数据丢失,而将全部或部分数据集合从应用主机的硬盘或阵列复制到其他存储介质的过程。传统的数据备份主要是采用内置或外置的磁带机进行冷备份。但是这种方式只能防止操作失误等人为故障,而且其恢复时间也很长。随着技术的不断发展,数据的海量增加,不少企业开始采用网络备份。网络备份一般通过专业的数据存储管理软件结合相应的硬件和存储设备来实现。

1) 备份策略

选择了存储备份软件、存储备份技术(包括存储备份硬件及存储备份介质)后,首先需要确定数据备份的策略。备份策略指确定需备份的内容、备份时间及备份方式。各个单位要根据自己的实际情况来制定不同的备份策略。目前被采用最多的备份策略主要有以下三种。

(1) 完全备份(full backup)。

每天对自己的系统进行完全备份。例如,星期一用一盘磁带对整个系统进行备份,星期二再用另一盘磁带对整个系统进行备份,以此类推。这种备份策略的好处是:当发生数据丢失的灾难时,只要用一盘磁带(即灾难发生前一天的备份磁带),就可以恢复丢失的数据。然而它也有不足之处,首先,由于每天都对整个系统进行完全备份,造成备份的数据大量重复。这些重复的数据占用了大量的磁带空间,这对用户来说就意味着增加成本。其次,由于需要备份的数据量较大,因此备份所需的时间也就较长。对于那些业务繁忙、备份时间有限的单位来说,选择这种备份策略是不明智的。

(2) 增量备份(incremental backup)。

星期天进行一次完全备份,然后在接下来的六天里只对当天新的或被修改过的数据进行备份。这种备份策略的优点是节省了磁带空间,缩短了备份时间。但它的缺点在于,当灾难发生时,数据的恢复比较麻烦。例如,系统在星期三的早晨发生故障,丢失了大量的数据,那么现在就要将系统恢复到星期二晚上时的状态。这时系统管理员就要首先找出星期天的那盘完全备份磁带进行系统恢复,然后再找出星期一的磁带来恢复星期一的数据,然后找出星期二的磁带来恢复星期二的数据。很明显,这种方式很烦琐。另外,这种备份的可靠性也很差。在这种备份方式下,各盘磁带间的关系就像链子一样,一环套一环,其中任何一盘磁带出了问题都会导致整条链子脱节。比如在上例中,若星期二的磁带出了故障,那么管理员最多只能将系统恢复到星期一晚上时的状态。

(3) 差分备份(differential backup)。

管理员先在星期天进行一次系统完全备份,然后在接下来的几天里,管理员再将当天所有与星期天不同的数据(新的或修改过的)备份到磁带上。差分备份策略在避免了以上两种策略的缺陷的同时,又具有了它们的所有优点。首先,它无须每天都对系统做完全备份,因此备份所需时间短,并节省了磁带空间;其次,它的灾难恢复也很方便。系统管理员只需两盘磁带,即星期天的磁带与灾难发生前一天的磁带,就可以将系统恢复。

在实际应用中,备份策略通常是以上三种的结合。例如,每周一至周六进行一次增量备份或差分备份,每周日进行全备份,每月底进行一次全备份,每年底进行一次全备份。

2) 日常维护有关问题

备份系统安装调试成功结束后,日常维护包含两方面工作,即硬件维护和软件维护。如果硬件设备具有很好的可靠性,系统正常运行后基本不需要经常维护。一般来说,磁带库的易损部件是磁带驱动器,当出现备份读写错误时应首先检查驱动器的工作状态。如果发生意外断电等情况,系统重新启动运行后,应检查设备与软件的连接是否正常。磁头自动清洗操作一般可以由备份软件自动管理,一盘 DLT 清洗带可以使用 20 次,一般一个月清洗一次磁头。软件系统工作过程检测到的软硬件错误和警告信息都有明显提示和日志,可以通过电子邮件发送给管理员。管理员也可以利用远程管理的功能,全面监控备份系统的运行情况。

网络数据备份系统的建成,对保障系统的安全运行,保障各种系统故障的及时排除和数据库系统的及时恢复起到关键作用。通过自动化带库及集中的运行管理,保证数据备份的质量,加强数据备份的安全管理。同时,近线磁带库技术的应用,无疑对数据的恢复和利用提供了更加方便的手段。

3) 存储数据备份恢复

随着各单位局域网和互联网络的深入应用,系统内的服务器担负着企业的关键应用,存储着重要的信息和数据,为领导及决策部门提供综合信息查询的服务,为网络环境下的大量客户机提供快速高效的信息查询、数据处理和 Internet 等的各项服务。因此,建立可靠的网络数据备份系统,保护关键应用的数据安全是网络建设的重要任务,在发生人为或自然灾难的情况下,保证数据不丢失。

2. 数据安全

数据安全存在着多个层次,如制度安全、技术安全、运算安全、存储安全、传输安全、产品和服务安全等。对于计算机数据安全来说:制度安全治标,技术安全治本,其他安全也是必不可少的环节。数据安全是计算机以及网络等学科的重要研究课题之一。它不仅关系到个人隐私、企业商业隐私,而且数据安全技术直接影响国家安全。

6.3　数据中心虚拟化

VDC(Virtual Data Center,虚拟化数据中心)是将云计算概念运用于数据中心的一种新型的数据中心形态。VDC 可以通过虚拟化技术将物理资源抽象整合,动态进行资源分配和调度,实现数据中心的自动化部署,并将大大降低数据中心的运营成本。当前,虚拟化在数据中心发展中占据越来越重要的地位,虚拟化概念已经延伸到桌面、统一通信等领域。VDC 就是虚拟化技术在数据中心里的终极实现,未来在数据中心里,虚拟化技术将无处不在。当数据中心完全实现虚拟化,这时的数据中心才能称为 VDC。VDC 会将所有硬件(包括服务器、存储器和网络)整合成单一的逻辑资源,从而提高系统的使用效率和灵活性,以及应用软件的可用性和可测量性。

6.3.1　容器

对于容器(Container),它首先是一个相对独立的运行环境,这一点有点类似于虚拟机,但是不像虚拟机那样彻底。在容器内,应该最小化其对外界的影响,比如不能在容器内把宿主机上的资源全部消耗,这就是资源控制。

早在 1982 年,UNIX 系统内建的 chroot 机制也是一种 Container 技术。其他如 1998 年的 FreeBSD jails、2005 年出现的 Solaris Zones 和 OpenVZ,或像是 Windows 系统 2004 年就有的 Sandboxie 机制都属于在操作系统内建立孤立虚拟执行环境的做法,都可称为 Container 的技术。直到 2013 年,dotCloud 这家 PaaS 服务公司开源释出了一套将 Container 标准化的平台 Docker,大受欢迎,所以,dotCloud 决定以 Docker 为名成立新公司力推。

容器就是将软件和依赖一起打包的技术,解决了在不同环境下运行环境有差异的问题,可以很方便地在不同的系统发行版之间迁移,因为所有的操作系统都由内核空间和用户空间组成,而不同的发行版的内核空间是一样的,只需要提供用户文件系统就可以了,所有base 镜像可以做到很小;容器是基于 PaaS 的云服务,可以通过端口映射到宿主机,让外部用户可以访问容器服务,每个宿主机上可以跑很多容器服务,互不干涉。

1. 容器的优点

(1) 敏捷环境:容器技术最大的优点是创建容器实例比创建虚拟机示例快得多,容器轻量级的脚本可以从性能和大小方面减少开销。

(2) 提高生产力:容器通过移除跨服务依赖和冲突提高了开发者的生产力。每个容器都可以看作一个不同的微服务,因此可以独立升级,而不用担心同步。

(3) 版本控制:每一个容器的镜像都有版本控制,这样就可以追踪不同版本的容器,监控版本之间的差异等。

(4) 运行环境可移植:容器封装了所有运行应用程序所必需的相关细节,比如应用依赖以及操作系统。这就使得镜像从一个环境移植到另外一个环境更加灵活。例如,同一个镜像可以在 Windows 或 Linux 开发、测试或 stage 环境中运行。

(5) 标准化:大多数容器基于开放标准,可以运行在所有主流 Linux 发行版、Microsoft平台等。

(6) 安全:容器之间的进程是相互隔离的,其中的基础设施也是如此。这样其中一个容器的升级或者变化不会影响其他容器。

2. 容器的缺点

(1) 复杂性增加:随着容器及应用数量的增加,同时也伴随着复杂性的增加。在生产环境中管理如此多的容器是一个极具挑战性的任务,可以使用 Kubernetes 和 Mesos 等工具管理具有一定规模数量的容器。

(2) 原生 Linux 支持:大多数容器技术,如 Docker,基于 Linux 容器(LXC),相比于在原生 Linux 中运行容器,在 Microsoft 环境中运行容器略显笨拙,并且日常使用也会带来复杂性。

(3) 不成熟:容器技术在市场上是相对新的技术,需要时间来适应市场。开发者中的可用资源是有限的,如果某个开发者陷入某个问题,可能需要花些时间才能解决问题。

6.3.2 虚拟机

虚拟机技术(Virtual Machine)是虚拟化技术的一种。虚拟化技术就是将事物从一种形式转变成另一种形式,最常用的虚拟化技术有操作系统中内存的虚拟化,实际运行时用户需要的内存空间可能远远大于物理机器的内存大小,利用内存的虚拟化技术,用户可以将一部分硬盘虚拟化为内存,而这对用户是透明的。又如,可以利用虚拟专用网技术(VPN)在公共网络中虚拟化一条安全、稳定的"隧道",用户感觉像是使用私有网络一样。

虚拟机技术最早由 IBM 于 20 世纪 60—70 年代提出,被定义为硬件设备的软件模拟实现,通常的使用模式是分时共享昂贵的大型计算机。虚拟机监视器(Virtual Machine Monitor,VMM)是虚拟机技术的核心,它是一层位于操作系统和计算机硬件之间的代码,用来将硬件平台分割成多个虚拟机。VMM 运行在特权模式,主要作用是隔离并且管理上层运行的多个虚拟机,仲裁它们对底层硬件的访问,并为每个客户操作系统虚拟一套独立于实际硬件的虚拟硬件环境(包括处理器,内存,I/O 设备)。VMM 采用某种调度算法在各个虚拟机之间共享 CPU,如采用时间片轮转调度算法。

6.3.3 容器和虚拟机的区别

容器和虚拟机之间的主要区别在于虚拟化层的位置和操作系统资源的使用方式(如图 6-14 所示)。

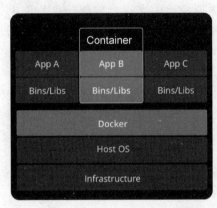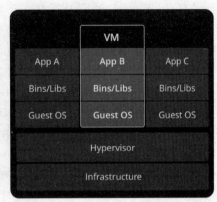

图 6-14　容器(左)与虚拟机(右)的区别

容器与虚拟机拥有着类似的使命:对应用程序及其关联性进行隔离,从而构建起一套能够随处运行的自容纳单元。此外,容器与虚拟机还摆脱了对物理硬件的需求,允许我们更为高效地使用计算资源,从而提升能源效率与成本效益。

虚拟机会将虚拟硬件、内核(即操作系统)以及用户空间打包在新虚拟机当中,虚拟机能够利用"虚拟机管理程序"运行在物理设备之上。虚拟机依赖于 Hypervisor,其通常被安装在"裸金属"系统硬件之上,这导致 Hypervisor 在某些方面被认为是一种操作系统。一旦 Hypervisor 安装完成,就可以从系统可用计算资源当中分配虚拟机实例了,每台虚拟机都能够获得唯一的操作系统和负载(应用程序)。简言之,虚拟机先需要虚拟一个物理环境,然后构建一个完整的操作系统,再搭建一层 Runtime,然后供应用程序运行。

对于容器环境来说,不需要安装主机操作系统,直接将容器层(例如 LXC 或 Libcontainer)安装在主机操作系统(通常是 Linux 变种)之上。在安装完容器层之后,就可以从系统可用计算资源当中分配容器实例了,并且企业应用可以被部署在容器当中。但是,每个容器化应用都会共享相同的操作系统(单个主机操作系统)。容器可以看成一个装好了一组特定应用的虚拟机,它直接利用了宿主机的内核,抽象层比虚拟机更少,更加轻量化,启动速度极快。

相比于虚拟机,容器拥有更高的资源使用效率,因为它并不需要为每个应用分配单独的操作系统——实例规模更小、创建和迁移速度也更快。这意味着相比于虚拟机,单个操作系统能够承载更多的容器。云提供商十分热衷于容器技术,因为在相同的硬件设备当中,可以部署数量更多的容器实例。此外,容器易于迁移,但是只能被迁移到具有兼容操作系统内核的其他服务器当中,这样就会给迁移选择带来限制。

因为容器不像虚拟机那样同样对内核或者虚拟硬件进行打包,所以每套容器都拥有自己的隔离化用户空间,从而使得多套容器能够运行在同一主机系统之上。我们可以看到全部操作系统层级的架构都可实现跨容器共享,唯一需要独立构建的就是二进制文件与库。正因为如此,容器才拥有极为出色的轻量化特性。

6.4 基于等级保护的数据中心机房建设

数据中心(Data Center)通常是指在一个物理空间内实现对数据信息的集中处理、存储、传输、交换、管理,一般含有计算机设备、服务器设备、网络设备、通信设备、存储设备等关键设备,为电子信息设备提供运行环境的建筑场所,可以是一栋或几栋建筑物,也可以是一栋建筑物的一部分,包括主机房、辅助区、支持区和行政管理区等。

数据中心机房是各种信息系统的中枢,中心机房工程必须保证服务器设备、网络设备、存储设备等高级设备能长期可靠运行。数据中心机房建设是一项复杂的系统工程,它综合了建筑装饰、网络布线、延时供电、防雷接地、新风空调、环保节能、消防安防、动力及环境监控等多种技术,是网络系统运行的重要基础。

6.4.1 建设范围和原则

1. 数据中心机房建设规范的范围

数据中心机房建设规范标准给出了数据中心机房的建设要求,包括数据中心机房分级与性能要求,机房位置选择及设备布置,环境要求,建筑与结构,空气调节,电气技术,电磁屏蔽,机房布线,机房监控与安全防范,给水排水、消防的技术要求,具体如图6-15所示。

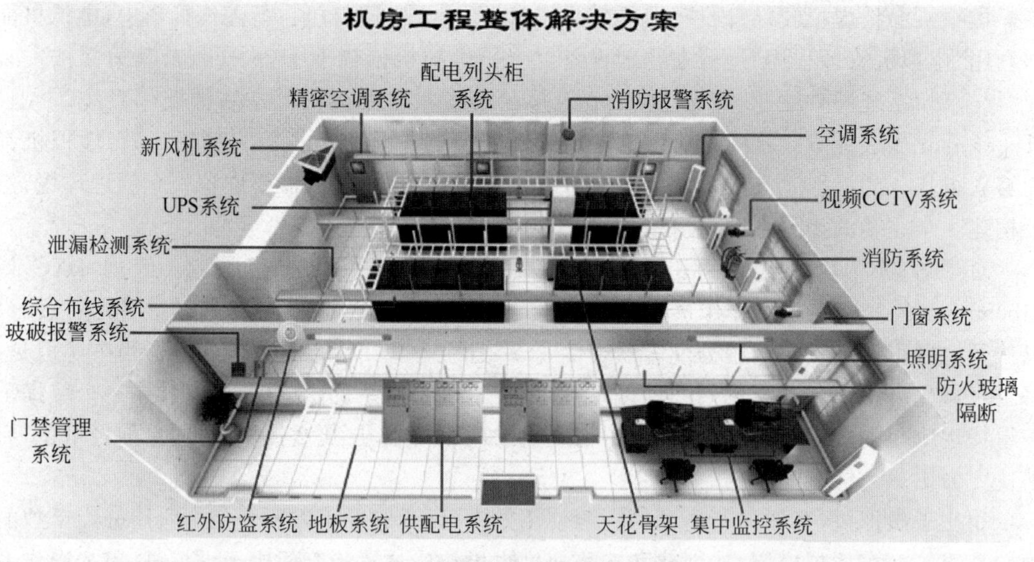

图 6-15　数据中心机房建设示意图

2. 数据中心机房建设原则

由于网络系统设备的高精密和系统的接插件多,所以数据中心机房环境的设计建设要求较高。建设的总体设计以"功能第一、实用为主、兼顾美观"的原则,充分论证其技术先进性和经济合理性,以业务完善为基础,力求功能齐全,安全可靠,以便于日后维护和管理,同时也考虑到扩充发展。在选材方面、投资方面根据功能及设备要求区别对待,做到投资有重点,确保系统的安全运行。建设原则如下。

(1) 先进性。使机房系统具有一定的超前性,确保机房系统长期高效运行。

(2) 可靠性。在意外情况下的抗干扰性和快速补充性,保证各环节都安全可靠。

(3) 标准性。严格按照国家技术场地的有关标准设计,图纸文件规范齐全。

(4) 实用性。充分考虑数据中心机房系统功能完善的基础,使其性价比达到最优。

(5) 扩充性。留有充分的扩展冗余,系统可进一步开发新应用及适应未来更新换代。

6.4.2　安全保护

1. 中心机房环境及场地安全

选择机房环境及场地时,安全方面应考虑以下几点。

(1) 为提高中心机房的安全可靠性,机房应有一个良好的环境。因此,机房的场地选择应避开有害气体来源以及存放腐蚀、易燃、易爆物品的地方,避开低洼、潮湿的地方,避开强振动源和强噪声源,避开电磁干扰源。

(2) 外部容易接近的进出口应有栅栏或监控措施。机房周围应有一定的安全保障,防止非法暴力入侵。

(3) 机房内应安装监视和报警装置。在机房内通风孔、隐蔽的地方安装监视器和报警器,用来监视和检测入侵者,预报意外灾害等。

(4) 建筑物周围要有足够亮度的照明设施和防止非法进入的设施。

(5) 机房供电系统应将动力、照明用电与计算机系统供电线路分开。

2. 中心机房装饰装修

中心机房的装饰装修应考虑以下几点。

(1) 机房装修材料应符合 GB 50016—2014《建筑设计防火规范》的规定,采用难燃材料或非燃材料,还应具有防潮、吸音、不起尘、抗静电、防辐射等功能。

(2) 机房应安装活动地板,活动地板应由难燃材料或者非燃材料制成,应有稳定的抗静电性能和承载能力,同时耐油、耐腐蚀、柔光、不起尘等。安装活动地板时,应采取相应措施,防止地板支脚倾斜、移位、横梁坠落等问题。

(3) 活动地板提供的各种规格的电线电缆进出口应光滑,以免损伤电线电缆。

(4) 活动地板下的建筑地面应平整、光洁、防潮、防尘。

(5) 机房应封闭门窗或采用双层密封玻璃等防音、防尘措施。

(6) 安装在活动地板下及吊顶上的送风口、回风口应采用难燃材料或非燃材料。

3. 中心机房的出入管理

应制定完善的机房安全出入管理制度,通过特殊标志、口令、指纹、通行证等标识对进入机房的人员进行识别和验证,以及对机房的关键通道加锁或设置警卫等,防止非法进入机房。

外来人员要进入机房,应先登记申请进入机房的时间和目的,经有关部门批准后由警卫领入或由相关人员陪同。进入机房应佩戴临时标志,且要限制一次性进入机房的人数。

另外，在机房建筑结构上，要考虑使电梯和步梯不能直接进入机房。

4. 中心机房的内部管理和维护

在机房的内部管理与维护方面应做到以下几点。

（1）机房的空气要经过净化处理，要经常排除废气，换入新风。

（2）工作人员要经常保证机房清洁卫生。

（3）工作人员进入机房要穿工作服，佩戴标志或标识牌。

（4）机房要制定一整套可行的管理制度和操作人员守则，并严格监督执行。

6.4.3 "三度"要求

为保证计算机网络系统的正常运行，对中心机房工作环境中的温度、湿度和洁净度都要有明确要求。为了使机房的这"三度"达到要求，机房应该配备空调系统、去/加湿机、除尘器等设备，甚至特殊场合要配备比公用空调系统在加湿、除尘等方面有更高要求的专用空调系统。

（1）温度。由于数据中心机房，特别是大型 IDC 机房里的网络设备发热量都非常大，导致数据中心机房的环境温度变化也大。统计表明，当温度超过规定范围时，每升高 $10℃$，设备的可靠性就下降 25％。所以机房的温度应控制在 $10℃\sim35℃$，更具体一些，温度要求 $20℃\pm2℃$。

（2）湿度。中心机房设备的工作环境要求湿度为 40％～55％。超过 65％ 的湿度，为湿度过高；超过 80％ 属于潮湿；低于 40％ 属于湿度过低（空气干燥）。当空气的相对湿度大于 65％ 时，容易造成"导电小路"或者飞弧，会使设备元件的绝缘能力降低，严重降低电路可靠性；湿度过低会导致系统设备中的某些器件龟裂，静电感应增加。

（3）洁净度。洁净度指洁净空气中空气含灰尘（包括微生物）量多少的程度。灰尘会造成设备接插件的接触不良、发热元器件的散热效率降低、电子元件的绝缘性能下降等危害；灰尘还会增加机械磨损，灰尘不仅会使磁盘数据的读写出现错误，而且可能划伤盘片，甚至导致磁头损坏。因此，中心机房必须有防尘、除尘设备和措施，保持机房内的清洁卫生，以保证设备的正常工作。一般中心机房的清洁度要求灰尘颗粒直径小于 $0.5\mu m$，平均每升空气含尘量少于 10 000 粒。

6.4.4 电磁干扰防护

中心机房周围电磁场的干扰会影响系统设备的正常工作，而计算机和其他电气设备的组成器件都是电阻、电容、集成电路和各种磁性材料器件，很容易受电磁干扰的影响。电磁干扰会增加电路的噪声，使机器产生误动作，严重时将导致系统不能正常工作。

通常可采取以下措施来防止和减少电磁干扰的影响。

（1）中心机房选择在远离电磁干扰源的地方，如离无线电广播发射塔、雷达站、工业电气设备、高压电力线和变电站等设置较远的地方。

（2）建造中心机房时采用接地和屏蔽措施。良好的接地可防止外界电磁场干扰和设备间寄生电容的耦合干扰；良好的屏蔽（电屏蔽、磁屏蔽和电磁屏蔽）可减少外界的电磁干扰。

中心机房屏蔽主要防止各种电磁干扰对机房设备和信号的损伤，常见的有两种类型，即金属网状屏蔽和金属板式屏蔽。依据机房对屏蔽效果的要求不同，屏蔽的频率频段的高低不同,选择屏蔽系统的材质和施工方法、各项指标要求应严格按照国家规范标准执行。

国家规定中心机房内无线电干扰场强在频率范围为 $0.15\sim500\mathrm{MHz}$ 时不大于 $126\mathrm{dB}$,磁场干扰场强不大于 $800\mathrm{A/m}$。

6.4.5 接地保护与静电保护

1. 中心机房接地保护

为保证网络系统可靠运行、防止寄生电容的耦合干扰、保护设备及人员安全,中心机房必须提供良好的接地系统。中心机房接地系统是涉及多方面的综合型信息处理工程,是中心机房建设中的一项重要内容,也是衡量一个中心机房建设质量的关键性问题之一。

接地就是要使整个系统中各处的电位均以大地电位为基准,为系统各电子电路设备提供一个稳定的 0V 参考电位,从而达到保证系统设备安全和人员安全的目的,同时,接地也是防止电磁信息辐射的有效措施。

接地以接地电流易于流动为目的。接地电阻越小,接地电流越易于流动,同时从减少成为电噪声原因的电位变动来说,也是接地电阻越小越好。中心机房接地宜采用综合接地方案,综合接地电阻应小于 1Ω。

在机房接地时应注意两点:信号系统和电源系统、高压系统和低压系统不应使用共地回路;灵敏电路的接地应各自隔离或屏蔽,以免因大地回流和静电感应而产生干扰。

根据国家标准,大型计算机机房一般具有 4 种接地方式:交流工作地、直流工作地、安全保护地和防雷保护地。

2. 中心机房静电保护

静电是机房发生最频繁、最难消除的危害之一。它不仅会使设备运行出现随机故障,而且会导致某些元器件被击穿或毁坏,此外还会影响操作人员和维护人员的工作和身心健康。

1) 静电危害

(1) 磁盘读写失败,打印机打印混乱,通信中断,芯片被击穿甚至主机板被烧坏等。

(2) 当静电电压较低时,静电放电产生的电气噪声会对逻辑电路形成干扰,引发芯片内逻辑电路死锁,导致数据传输或运算出错,也可能对芯片形成轻微的物理损伤而提前老化或潜在失效。

(3) 当静电电压超过 250V 时,静电放电就能击穿芯片了。

2) 静电的防护

对静电问题的防护,不仅涉及计算机的系统设计,还与中心机房的结构和环境条件有很大关系。

通常采取的防静电措施如下。

(1) 机房建设时,在机房地面敷设防静电地板。

(2) 工作人员在工作时穿戴防静电衣服和鞋帽。

(3) 工作人员在拆装和检修机器时应在手腕上戴防静电手环(该手环可通过柔软的接地导线放电)。

(4) 保持机房内相应的温度和湿度。

6.4.6 空气调节

数据中心的空气调节系统设计应根据数据中心的等级规范执行。空气调节系统设计应符合现行 GB 50736—2016《民用建筑供暖通风与空气调节设计规范》的有关规定。

电子信息设备在运行过程中产生大量热,这些热量如果不能及时排除,将导致机柜或主机房内温度升高,过高的温度将使电子元器件性能劣化、出现故障,或者降低使用寿命。此外,制冷系统投资较大、能耗较高,运行维护复杂。因此,空气调节系统设计应根据数据中心的等级,采用合理可行的制冷系统,对数据中心的可靠性和节能具有重要意义。

6.4.7 电源系统

电源是中心机房系统的命脉,电源系统稳定可靠是网络系统正常运行的先决条件。电源系统电压的波动、浪涌电流或突然断电等意外事件的发生不仅可能使系统不能正常工作,还可能造成系统存储信息丢失、存储设备损坏等。因此,电源系统的安全是中心机房系统安全的一个重要组成部分。

在国标 GB 2887—2011 和 GB 9361—2011 中对机房的安全供电做了明确要求。国标 GB 2887—2011 将供电方式分为以下三类。

(1) 一类供电:需建立不间断供电系统。

(2) 二类供电:需要建立带备用的供电系统。

(3) 三类供电:按一般用户供电要求考虑。

电源系统安全不仅包括外部供电线路的安全,更重要的是室内电源设备的安全。中心机房可采用以下措施保证电源的安全工作。

1. 隔离和自动稳压

把建筑物外电网电压输入到隔离变压器、稳压器及滤波器组成的设备上,再把滤波器输出电压提供给各设备。隔离变压器和滤波器对电网的瞬变干扰具有隔离和衰减作用。常用的稳压器是自动感应稳压器,对电网电压的波动具有调节作用。

2. 稳压稳频器

稳压稳频器是采用电子电路来稳定电网输入的电压和频率的装置,其输出供给系统设备。稳压稳频器通常由整流器、逆变器、充电器、蓄电池组成。蓄电池可在电网停止供电时,短时间内起供电作用;逆变器把直流电转变为交流电,因此它产生的交流电受电网影响是很小的;充电器对蓄电池充电,使蓄电池在一个固定的直流电压上。

3. 不间断电源

中心机房负载分为主设备负载和辅助设备负载。主设备是指中心计算机及网络系统、外部设备及机房监控系统,这部分配电系统统称为"设备供配电系统",其供电质量要求较高,应采用不间断电源(UPS)供电来保证主设备负载供电的稳定性和可靠性。

UPS 是由大量的蓄电池组成的,类似于稳压稳频器。系统交流电网一旦停止供电,立即启动 UPS 为系统继续供电。UPS 根据其容量大小,可为系统提供连续供电 30min 甚至更长时间。在 UPS 供电期间,还可以启动备用发电机工作,以保证更长时间的不间断供电。另外,UPS 还有滤除电压的瞬变和稳压作用。

6.4.8 人流、物流及出入口

数据中心宜单独设置人员出入口和设备、材料出入口。数据中心设置单独出入口的目的是为了避免人流物流的交叉，提高数据中心的安全性，减少灰尘被带入主机房。尤其是当数据中心位于其他建筑物内时，应采取措施，避免无关人员和货物进入数据中心。

主机房一般属于无人操作区，辅助区一般含有测试机房、总控中心、备件库、维修室、用户工作室等，属于有人操作区。设计规划时宜将有人操作区和无人操作区分开布置，以减少人员将灰尘带入无人操作区的机会。但从操作便利角度考虑，主机房和辅助区宜相邻布置。

当需要运输设备时，主机房门的净宽不宜小于 1.2m，净高不宜小于 2.2m；当通道的宽度及门的尺寸不能满足设备和材料的运输要求时，应设置设备搬入口。

数据中心可设置门厅、休息室、值班室和更衣间。更衣间使用面积可按最大班人数，以 1～3 平方米/人计算。

6.4.9 建设施工

数据中心机房工程建设的目标：一方面，中心机房建设要满足系统网络设备要求，安全可靠，正常运行，延长设备的使用寿命，提供一个符合国家各项有关标准及规范的、优秀的技术场地；另一方面，中心机房建设还应给机房工作人员、网络客户提供一个舒适的工作环境。因此，在中心机房设计中要具有先进性、可靠性及高品质，保证各类信息通信畅通无阻，为今后的业务运行和发展提供服务。

1. 中心机房装修子系统

数据中心机房的室内装修工程的施工和验收主要包括天花吊顶、地面装修、墙面装饰、门窗等的施工验收及其他室内作业，其装修效果图如图 6-16 所示。

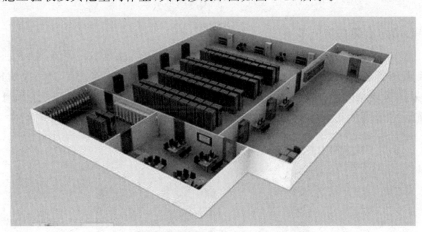

图 6-16　中心机房装修效果图

在施工时应保证现场、材料和设备的清洁。隐蔽工程（如地板下、吊顶上、假墙、夹层内）在封口前必须先除尘、清洁处理，暗处表层应能保持长期不起尘、不起皮和不龟裂。

机房所有管线穿墙处的裁口必须做防尘处理，然后对缝隙必须用密封材料填堵。在裱糊、粘接贴面及进行其他涂复施工时，其环境条件应符合材料说明书的规定。

装修材料应尽量选择无毒、无刺激性的材料,尽量选择难燃、阻燃材料,否则应尽可能涂刷防火涂料。

2. 中心机房配电子系统

为保护计算机、网络设备、通信设备以及机房其他用电设备和工作人员正常工作和人身安全,要求配电系统安全可靠,因此该配电系统按照一级负荷考虑进行设计。

中心机房内供电宜采用两路电源供电,一路为中心机房提供市电用电,主要供应照明、市电插座、空调等非 UPS 用电系统供电;一路为 UPS 输入回路,供机房内 UPS 设备用电,如数据中心计算机系统和服务器系统负荷用电,保证本数据中心计算机系统正常运行,还为应急照明灯具供电。两路电源各成系统,如图 6-17 所示。

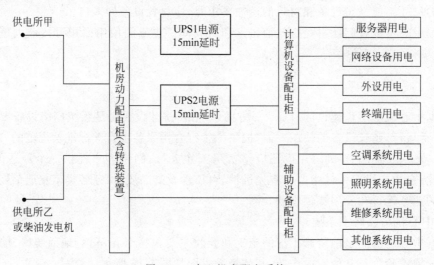

图 6-17　中心机房配电系统

3. 中心机房空调与新风子系统

为保证中心机房拥有一个良好的机房环境,机房专用空调应采用下送风、上回风的送风方式,主要满足机房设备制冷量和恒温恒湿需求。应选择的机房专用空调是模块化设计的,这样既可根据需要增加或减少模块,也可根据机房布局及几何图形的不同任意组合或拆分模块,且模块与模块之间可联动或集中或分开控制,如图 6-18 所示。

图 6-18　中心机房空调与新风子系统

根据机房的围护结构特点(主要是墙体、顶面和地面,包括楼层、朝向、外墙、内墙及墙体材料、门窗样式、单双层结构及缝隙、散热),人员的发热量、照明灯具的发热量、新风负荷等各种因素,计算出计算机房所需的制冷量,因此选定空调的容量。新风系统的风管及风口位置应配合空调系统和室内结构来合理布局,其风量根据空调送风量大小而定。

4. 中心机房监控子系统

中心机房监控子系统主要是针对中心机房所有的设备及环境进行集中监控和管理的,其监控对象构成机房的各个子系统:动力系统、环境系统、消防系统、保安系统、网络系统等。机房监控系统基于网络结构化布线系统,采用集散监控,在机房监视室放置监控主机,运行监控软件,以统一的界面对各个子系统集中监控。

监控中心值班人员实现对被监控设备的集中监控和统一管理,将可破坏程度降低到最低点,为监控现场提供最安全的保证。机房监控系统实时监视各系统设备的运行状态及工作参数,发现部件故障或参数异常,即时采取多媒体动画、语音、电话、短消息等多种报警方式,记录历史数据和报警事件,提供智能专家诊断建议和远程监控管理功能以及 Web 浏览等。

5. 中心机房防雷、接地子系统

防雷接地分为两个概念,一是防雷,防止因雷击而造成损害;二是接地,保证用电设备的正常工作和人身安全而采取的一种用电措施。所以中心机房防雷、接地工程一般要做以下工作。

(1) 做好机房接地。根据 GB 50174—2017《数据中心设计规范》规定,交流工作地、直流工作地、保护地和防雷地宜共用一组接地装置,其接地电阻按其中的最小值要求确定,如图 6-19 所示。如果计算机系统直流地与其他地线分开接地,则两地极间应间隔 25m。

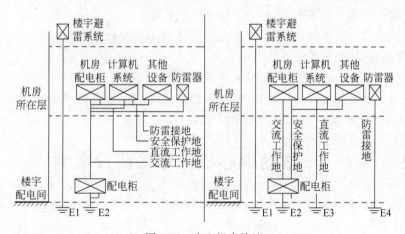

图 6-19 中心机房接地

(2) 做好线路防雷。为防止感应雷、侧击雷高脉冲电压沿电源线进入机房损坏机房内的重要设备,在电源配电柜电源进线处应安装浪涌防雷器。

① 在动力室电源线总配电盘上安装并联式专用避雷针,构成第 1 级衰减。

② 在机房配电柜进线处安装并联式电源避雷针,构成第 2 级衰减。

③ 机房布线不能沿墙敷设,以防止雷击时墙内钢筋瞬时间传导墙雷电流时,瞬时变化的磁场在机房内的线路上感应出瞬间的高脉冲浪涌电压,把设备击毁。

6.4.10 工程施工的注意事项

1. 机房装修子系统注意事项

(1) 如果防静电地板接地环节处理不当,将导致正常情况下产生的静电没有良好的泄放路径,不但会影响工作人员身体健康,甚至会烧毁机器。

(2) 装修过程中环境卫生、空气洁净度不好、灰尘的长时间积累可引起绝缘等级降低、电路短路。

(3) 活动地板下的地表面如果没有做好地台保温处理,在送冷风的过程中地表面会因地面和冷风的温差而结霜。

(4) 安装活动地板时,要绝对保持围护结构的严密,尽量不留孔洞。如果有孔洞(如管、槽),则要做好封堵。

(5) 室内顶棚上安装的灯具、风口、火灾控测器及喷嘴等应协调布置,并应满足各专业的技术要求。

(6) 电子计算机机房各门的尺寸均应保证设备运输方便。

2. 机房配电子系统注意事项

(1) 为保证电压、频率的稳定,UPS 必不可少。

(2) 配电回路线间绝缘电阻不达标,容易引起线路短路,发生火灾。

(3) 机房紧急照明亮度不达标,无法通过消防验收,发生火灾时易导致人员伤亡。

3. 机房空调子系统注意事项

(1) 空调用电要单独走线,区别于主设备用电系统。

(2) 空调机的上下水问题: 设计中机房上下水管不宜经过机房。

4. 机房防雷、接地子系统注意事项

(1) 信号系统和电源系统、高压系统和低压系统不应使用共地回路。

(2) 灵敏电路的接地应各自隔离或屏蔽,以防止地回流和静电感应而产生干扰。机房接地宜采用综合接地方案,综合接地电阻应小于 1Ω。

6.5　数据中心机房环境建设案例

随着数据业务的不断发展,某大学拟建立数据中心,为各院系提供各种数据服务。目前,该大学计划建立一个 $300m^2$ 的数据中心。

6.5.1　数据中心设计原则

某大学的数据中心机房建设主要遵循以下几个原则。

(1) 规范性原则。在设计和建设过程中,始终遵循国家法律法规。该大学建立的是 B 类数据中心机房,建设过程按照国家的相关规定和标准执行。

(2) 可靠性原则。主要考虑严格最基本的防自然灾害以及机房自身运行的安全可靠性。防自然灾害,重点考虑防震、防雷、防水、防火,以及防鼠虫害。老鼠对网络的破坏能力不能小觑。机房本身运行的安全可靠性主要考虑机房配电系统和空调管理系统的安全性。

(3) 先进性原则。现在新的机房都承载着比较大的数据运行任务,先进性主要考虑在建设过程中使用国际上先进的技术和设备,满足今后一段时期数据中心能够适应计算机技术和网络技术发展的需求。

（4）灵活性原则。主要考虑比如计算机机房面积、电力系统 UPS 系统的容量、空调的容量、信息点的容量,这些一般要留出来相应的冗余,也是为了进一步的发展考虑。

（5）安全性原则。主要考虑影响机房建设可靠性的因素,如动环监控系统、安防监控系统。从数据安全的角度考虑,还需要考虑到结构化布线的合理性,这是根据学校的实际情况做出的简单总结。

（6）节能环保原则。主要指建设中使用绿色环保材料,同时也需要考虑到动力系统、空调系统的节能、电耗问题。

6.5.2　数据中心设计内容

该大学数据中心机房具体功能分区如图 6-20 所示。

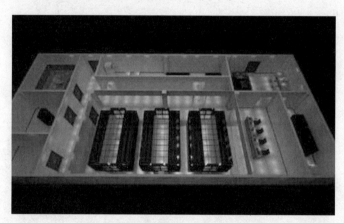

图 6-20　某大学数据中心机房示意图

下面简单介绍建设包含的内容,具体来讲如下。

1. 中心机房装修工程

（1）装修设计内容。按照 B 类机房建设标准,机房内部装修包括地面、墙面、吊顶、隔断、门窗、标识等内容。

（2）装修设计原则。色调淡雅、柔和,简洁大方,有现代感;采用防火、防尘、保温、绿色环保材料。

（3）吊顶方式。根据机房的实际位置和层高选择吊顶方式。如果机房层高允许的话,有吊顶的方式应该能够起到节能的作用,比如对散热、机房空调系统的节能都有一定的好处。我们采用的是有吊顶的方式。

（4）地面装修工程。实际上也是目前机房建设的一种格式化方式:机房区域均铺设活动硫酸钙防静电地板,防静电地板下面铺设保温棉和防静电铝板。

（5）立面装修工程。采用机房主题墙面,现在基本上用的都是彩钢板,它的好处是隔温隔热、防电磁辐射,美观度也比较好。

现在的机房装修都会考虑到美观度,所以会有一些玻璃隔断。采用玻璃隔断时,要注意消防防火要求和空调回风问题。

2. 中心机房电气系统

配电是数据中心机房非常重要的方面。首先应该考虑到整个机房运行的总功率,这很重要。一般来说,现在的配电基本都是双电,一主一备。因为是建一个新机房,总功率要细化到每个机柜,按照现在常规 2U 的一个服务器,功率在 600 多瓦,那么按照 8 台或者 6 台布局,一个机柜能达到 3000 多瓦或者 4000 多瓦,这个一定要有仔细的计算,因为它对后期的用电非常关键。

还有一个问题是一定要做到方便扩容,该大学使用的是模块化的 UPS。因为当前的 UPS 都具备网络管理功能,那么它也作为场地监控的一部分。

主要使用了 120kV·A UPS 的 4 台主机为双总线结构供电。配电的冗余在设计时也是非常重要的,因此一定要考虑到冗余和其扩展性。

3. 中心机房空调通风系统

设置机房专用精密空调,设置全热式交换新风机。该大学采用的应该算是比较常规的方法,如图 6-21 所示。

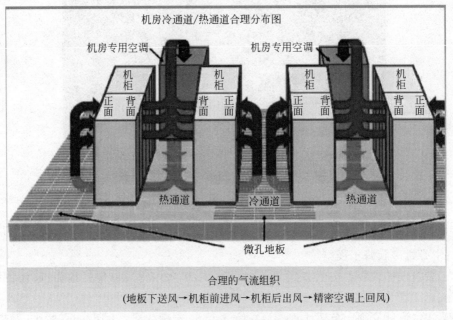

图 6-21　机房空调通风系统

这里有一个问题,该大学采用的是下送风的方式,也有的中心机房采用上送风的方案或者冷通道的方案。从节能的角度考虑,冷通道的方案更好,从理论上能够节省 20%~30% 的能源。

采用下送风的方案在建设过程中要考虑自己机房的实际情况,例如如果层高不允许,最好就不用下送风,因为下送风对静电地板和地面高度有要求,最少应该达到 40cm,而该大学用的是 60cm。

4. 中心机房场地监控系统

现在的设备都越来越智能化,不管是空调、消防,包括 UPS 和配电等,都能够实现网络监控,所以说在机房建设过程中,监控也是非常重要的,是实现一体化和智能化管理的重要手段。在机房建设时也把相关的内容考虑进去了,包括机房温湿度、电源、漏水、UPS、安防、空调、电池、风机滤网、避雷器等,如图 6-22 所示。

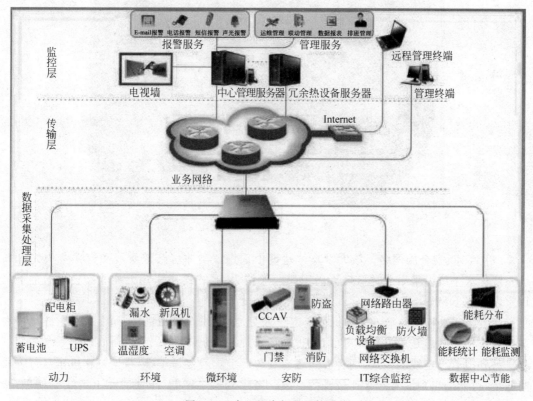

图 6-22　中心机房场地监控系统

5. 中心机房消防系统

该大学采用的是比较常用的七氟丙烷无管网气体灭火系统。因为该大学数据中心机房在学校图书馆一楼,而图书馆大楼本身也有消防系统,所以现在是两套消防系统联动。

6. 机房防雷接地系统

(1) M 形综合接地方式,接地电阻不大于 1Ω。

(2) 设置等电位连接带和等电位连接网格。

(3) 机房外围采用 30×3,内围采用 30×2 的铜排组成矩形等电位接地网络。

(4) 每台机柜要采用不同长度的两根接地线与接地网格相连。

在遵循防雷系统相关行业标准的同时,该大学的防雷系统充分利用了整个大楼的防雷系统:每个机柜下面都有两个不同长度的接地线,统一汇聚到大楼的接地系统里面。

7. 节能策略

该大学对中心机房能耗的统计如图 6-23 所示。

配电系统占到 50% 的能耗,空气循环(主要是新风系统)大概占 12%,制冷系统占 25%,然后是设备供电占 10%,其他照明占 3%。其中,空调通风是主要的耗能设备,约占 40%。

8. 机房结构化布线系统

应该说,B 类机房的建设标准对结构化布线系统的要求非常严格和细致。

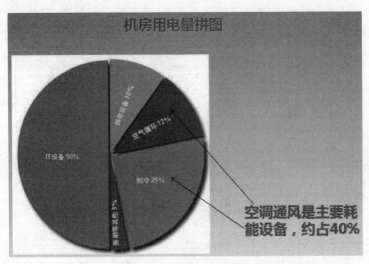

图 6-23　中心机房能耗图

(1) 高速、安全的网络。该大学整体建设中采用 6 类非屏蔽双绞线和万兆多模光纤布线系统。水平线缆采用 6 类低烟无卤阻燃双绞线,水平光纤点采用万兆光缆;数据主干采用室内万兆 OM3 多模光缆。

(2) 合理的布线方案。采用机柜上走线方案,双绞线直接进机柜;单、多模光纤集控在弱电列头柜。缺点是单点故障率低,管理麻烦。

另外也有下走线的方式,两种方式各有利弊。上走线更易于维护,但是在机房运行一段时间后,可能会出现线看起来比较乱的情况。考虑到这个问题,布线时在上走线线槽里,每到一个机柜,让双绞线下来,直接通过配电架做到机柜里面去,然后光纤统一到弱电列头柜,这样就可以防止机房运行一段时间后,因为进行大量的线路调整出现线很乱、机房不规整的问题。从线缆的布局方式来看,十年之内应该不用出现大的变动。每个机柜从线槽里面下来后都会根据实际应用,最多的是 24 根双绞线。布线的情况就是为了满足以后发展的需求和扩展性。

9. 智能化防雷接地系统

采用综合接地方式,即大楼防雷接地与交流工作接地、直流工作接地、安全保护接地共用一组大楼接地装置,如图 6-24 所示。接地装置的接地电阻值小于或等于 1Ω。

10. 综合管网系统

综合管网的设计原则有以下几点。

(1) 充分利用智能化系统工程建设的需求及特点,做到"统一规划、一步到位、适当冗余、经济合理"。

(2) 金属线槽内敷设的线缆均不超过线槽截面的 50%;KBG 钢管和 SC 钢管的截面利用率不超过 30%。

(3) 建筑室内各智能化系统均采用金属线槽和 KBG 钢管相结合的敷设方式,其中管道采用扣压式钢管,桥架采用金属酸洗、磷化及镀锌处理。防腐蚀,防静电。

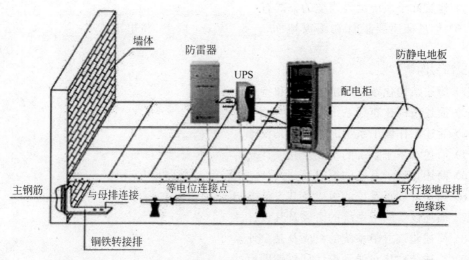

图 6-24   防雷接地系统

小　结

　　建筑物结构化布线系统是计算机网络工程的基础。结构化布线系统具有系统化工程、模块化结构、灵活方便性、技术超前性等特点。

　　结构化布线系统分为工作区子系统、水平子系统、管理子系统、垂直子系统、设备间子系统、建筑群子系统 6 部分。

　　数据中心机房是各种信息系统的中枢,中心机房工程必须保证服务器设备、网络设备、存储设备等高级设备能长期可靠运行。数据中心机房建设是一项复杂的系统工程,它综合了建筑装饰、网络布线、延时供电、防雷接地、新风空调、环保节能、消防安防、动力及环境监控等多种技术,是网络系统运行的重要基础。

习题与实践

1. 填空题

　　(1) 结构化布线系统分为＿＿＿＿＿、＿＿＿＿＿、＿＿＿＿＿、＿＿＿＿＿、＿＿＿＿＿和建筑群子系统。

　　(2) 结构化布线系统的三个设计等级是＿＿＿＿＿、＿＿＿＿＿和＿＿＿＿＿。

　　(3) 信息插座常见的有三种类型:＿＿＿＿＿、＿＿＿＿＿和＿＿＿＿＿。

　　(4) 水平干线子系统用线一般为双绞线,长度一般不超过＿＿＿＿＿ m。

　　(5) 管理间子系统的三种交连方式有＿＿＿＿＿、＿＿＿＿＿、＿＿＿＿＿。

　　(6) 垂直子系统常见的接线方法有＿＿＿＿＿、＿＿＿＿＿。

　　(7) 垂直子系统所使用的介质一般为＿＿＿＿＿、＿＿＿＿＿。

　　(8) 设计工作区子系统,信息点可以按照＿＿＿＿＿ m^2 一个数据点和一个语音点的原则设置,也可按用户的要求设置。

(9) 建筑群子系统铺设线缆的方式有_____、_____、_____、_____。

(10) 信息插座要设计在距离地面_____ cm 以上,与电源保持_____ cm 以上距离。

2. 简答题

(1) 简述结构化布线系统的概念和特点。

(2) 简述结构化布线系统的结构。

(3) 简述工作区子系统的组成及其设计。

(4) 简述水平子系统的组成及其设计。

(5) 简述垂直子系统的组成及其设计。

(6) 简述管理子系统的组成及其设计。

(7) 简述设备间子系统的组成及其设计。

(8) 简述建筑群子系统的组成及其设计。

(9) 简述结构化布线系统计算机辅助设计。

(10) 简述数据中心机房的建设内容。

(11) 简述数据中心机房环境监测的系统组成,环境监测系统的主要监测对象是哪些?

(12) 简述数据中心机房工程施工的注意事项。

3. 案例题

某企业数据中心机房管理员暂时离职,临时招聘的管理员对计算机管理与维护的知识很精通,但对中心机房管理的一些必备知识却了解甚少,要求你将中心机房的设计要求告诉他如何应付未来的工作。

4. 实验题

Fluke DSP-4300 应用实验。

(1) 实验目的。

掌握 Fluke DSP-4300 线缆测试仪的使用方法,加深对线缆测试相关知识的理解。

(2) 实验内容。

① 使用自动测试功能完成双绞线的测试。

② 使用单项测试功能完成双绞线的单项测试。

③ 掌握测试数据的存储方法。

④ 掌握测试报告的制作方法。

(3) 实验设备与环境。

Fluke DSP-4300 线缆测试仪一套;双绞线网线若干。

(4) 实验步骤。

自动测试,单项测试,数据存储,测试报告形成。

(5) 实验报告。

记录测试结果。

第7章 软硬件组网工程

本章学习目标

- 掌握局域网硬件系统的构成；
- 掌握局域网常见硬件的工作原理、组成与分类及功能；
- 掌握 VPN 的分类、实现方式；
- 了解网络操作系统的基本概念；
- 了解常见服务器端操作系统和客户端操作系统；
- 掌握常见的数据库系统；
- 了解网管软件的主流技术及应用；
- 掌握不用操作系统的选择；
- 熟悉 Linux 操作系统下 DHCP 服务器的配置；
- 熟悉 Linux 操作系统下 DNS 服务器的配置；
- 熟悉 Linux 操作系统下 Web 服务器的配置；
- 了解 Linux 操作系统下 FTP 服务器的配置。

7.1 局域网硬件系统

一个局域网络主要由硬件系统、软件系统、信息和服务组成。本章介绍局域网里主要的硬件设备：网卡、集线器、交换机、路由器、服务器、VPN 服务器、RAID、安全设备、SDN 设备和数据中心等。只有对网络的硬件系统有了全面的了解，才能在设计、建设和维护网络时得心应手。

7.1.1 集线器

集线器（Hub）的主要功能是对接收到的信号进行再生整形放大，以扩大网络的传输距离，同时把所有结点集中在以它为中心的结点上。它工作于 OSI 参考模型的物理层。

集线器与网卡、网线等传输介质一样，属于局域网中的基础设备，采用 CSMA/CD 介质访问控制机制。

随着交换机价格的不断下降，传统的集线器基本上已经被淘汰。

1. 集线器的分类

集线器是管理网络的最小单元，以集线器组成的网络，从物理上来说，是星状的拓扑结构,而其逻辑拓扑则是总线型结构。集线器按配置形式可分为独立式集线器、底盘式集线器和堆叠式集线器三种。

1) 独立式集线器

独立式集线器是单个盒子,它服务于一个计算机的工作组,是与网络中的其他设备隔离的。它可以通过双绞线与计算机连接,组成局域网。最适合于较小的独立部门、家庭办公室或实验室环境。它们既可以是被动式的,也可以是智能型的。

独立式集线器可以有 4 个、8 个、12 个或 24 个端口。使用带有这么多连接的单个集线器,其坏处就是很容易导致网络的单点失败。

2) 堆叠式集线器

堆叠式集线器物理上被设计成与其他集线器连在一起,并被置于一个单独的机柜里;从逻辑上来看,堆叠式集线器代表了一个大型集线器。使用堆叠式集线器的网络或工作组不依赖于一个单独的集线器,因此避免了单点失败。目前,堆叠式集线器最多可堆叠 8 个集线器。

同独立式集线器一样,堆叠式集线器可以支持不同传输介质的连接器和传输速率。

3) 底盘式集线器

底盘式集线器是一种模块化的设备,在其底板电路板上可以插入多种类型的模块。有些集线器带有冗余的底板和电源。同时,有些模块允许用户不必关闭整个集线器便可替换那些失效的模块。集线器的底板给插入模块准备了多条总线,这些插入模块可以适应不同的段,如以太网、快速以太网、光纤分布式数据接口(FDDI)和异步传输模式(ATM)中。有些集线器还包含网桥、路由器或交换模块。有源的底盘集线器还可能会有重定时的模块,用来与放大的数据信号关联。

另外,Hub 按照对输入信号的处理方式分类,可以分为无源 Hub、有源 Hub、智能 Hub 和其他 Hub。

2. 集线器的连接

根据所使用端口和连接电缆的不同,可以将集线器之间的连接方式分为两种:堆叠和级联。

1) 集线器的堆叠

堆叠方式是指将若干集线器以电缆通过堆栈端口连接起来,以实现单台集线器端口数的扩充,要注意的是,只有可堆叠集线器才具备这种端口,一个可堆叠集线器中一般同时具有 UP 和 DOWN 堆叠端口。

集线器堆叠是通过厂家提供的一条专用连接电缆,从一台集线器的 UP 堆栈端口直接连接到另一台集线器的 DOWN 堆栈端口。这种集线器间的连接通常不会占用集线器上原有的普通端口,而且在这种堆叠端口中具有智能识别性能,集线器堆叠技术采用了专门的管理模块和堆栈连接电缆,能够在集线器之间建立一条较宽的宽带链路,这样每个实际使用的用户带宽就有可能更宽(只有在并不是所有端口都使用的情况下)。

2) 集线器的级联

级联是在网络中增加用户数的另一种方法,但是此项功能的使用要求 Hub 必须提供可级联的端口,此端口上常标有 Uplink 或 MDI 的字样,用此端口与其他的 Hub 进行级联。如果没有提供专门的端口而必须要进行级联时,连接两个集线器的双绞线在制作时必须要使用交叉线。

7.1.2 调制解调器

调制解调器（Modem，源自 modulator-demodulator）是一个可将计算机输出的数字信号调制（modulation）成模拟信号后进行传输，而这些模拟信号又可被该传输线路另一端的另一个调制解调器接收，并解调（demodulation）收到的模拟信号以得到数字信号的电子设备。

它的目标是产生能够方便传输的模拟信号并且能够通过解码还原原来的数字信号。

根据不同的应用场合，调制解调器可以使用不同的手段来传送模拟信号，如使用光纤、射频无线电或电话线等。

1. 调制解调器的分类

1）根据放置位置分类

根据放置位置不同，可以把调制解调器分为外置式调制解调器、内置式调制解调器和PCMCIA 插卡式调制解调器三种。

（1）外置式调制解调器。

外置式调制解调器放置于机箱外，通过串行通信口与主机连接。这种调制解调器方便灵巧、易于安装，闪烁的指示灯便于监视调制解调器的工作状况。外置式调制解调器需要使用额外的电源与电缆。

（2）内置式调制解调器

内置式调制解调器在安装时需要拆开机箱，并且要对终端和 COM 口进行设置，安装较为烦琐。这种调制解调器要占用主板上的扩展槽，但无须额外的电源与电缆，且价格比外置式调制解调器要便宜一些。

（3）PCMCIA 插卡式

插卡式 Modem 主要用于笔记本，体积纤巧，配合移动电话时可方便地实现移动办公。

2）根据工作原理分类

根据工作原理，可以把调制解调器分为"硬猫"和"软猫"。调制解调器处理数据的过程分为两部分：一部分主要负责数/模转换；另一部分是控制部分，主要用于完成通信协议标准的规范。

硬猫就是将这两部分的功能集成到一起的调制解调器；软猫只有数/模转换功能，其控制部分的功能则由 CPU 负责，由于软猫占用了 CPU 资源，因此影响了上网的速度，给人一种在同样的计算机配置下，软猫不如硬猫的印象。

3）根据使用的传输介质分类

根据使用的传输介质，调制解调器可分为普通电话线调制解调器、电缆调制解调器、有线电视电缆调制解调器、ADSL 调制解调器和光纤调制解调器、无线调制解调器（如移动电话）、微波调制解调器等。

使用普通电话线音频波段进行数据通信的电话调制解调器是人们最常接触到的调制解调器。电缆调制解调器（Cable Modem）最大的特点就是传输速率高。其下行速率一般为3～10Mb/s，最高可达 30Mb/s，而上行速率一般为 0.2～2Mb/s，最高可达 10Mb/s。电缆调制解调器比在普通电话线上使用的调制解调器要复杂得多，并且不是成对使用，而是只安装在用户端。

微波调制解调器速率可以达上百万比特每秒；而使用光纤作为传输介质的光调制解调器可以达到几十吉比特每秒(Gb/s)以上,是现在电信传输的骨干。

2. 调制解调器的选购

选购调制解调器时,应考虑以下几个方面。

1) 选择软猫还是硬猫

如果用户计算机的配置较高,可购买软猫来上网；因为虽然软猫占用了 CPU 功能,但由于 CPU 的配置高,这部分的占用可忽略不计,这样,由于软猫比硬猫便宜,可减少购置成本。如计算机的配置一般,建议用户选择有独立处理数据功能的硬猫,它占用系统资源少,上网速度比较快。

2) 品牌

在选购调制解调器时,用户应尽量选购知名厂家的产品,如华为、TP-LINK、中兴、Tenda、水星、FAST、金浪和磊科等。这些品牌的调制解调器具有较好的质量和完善的售后服务,便于日后的维护使用。

3) 其他

除上述考虑因素外,还要考虑接入 Internet 的方式。根据接入方式的不同,选购普通电话线 Modem、光纤 Modem 等。

3. 调制解调器的安装方法

用 Modem 拨号上网,首先要安装 Modem。要注意电话线尽量使用屏蔽线,且最好短些,避免使用分机等。

1) 外置式 Modem 的安装

第一步：连接电话线。把电话线的 RJ-11 插头插入 Modem 的 Line 接口,再用电话线把 Modem 的 Phone 接口与电话机连接。

第二步：关闭计算机电源,将 Modem 所配的电缆的一端(25 针阳头端)与 Modem 连接,另一端(25 针插头)与主机上的 COM 口连接。

第三步：将电源变压器与 Modem 的 POWER 或 AC 接口连接。接通电源后,Modem 的 MR 指示灯应长亮。

如果 MR 灯不亮或不停闪烁,则表示未正确安装或 Modem 自身故障。对于带语音功能的 Modem,还应把 Modem 的 SPK 接口与声卡上的 Line In 接口连接,当然也可直接与耳机等输出设备连接。

另外,Modem 的 MIC 接口用于连接麦克风,但最好还是把麦克风连接到声卡上。

2) 内置式 Modem 的安装

第一步：根据说明书的指示,设置好有关的跳线。由于 COM1 与 COM3、COM2 与 COM4 共用一个中断,因此通常可设置为 COM3/IRQ4 或 COM4/IRQ3。

第二步：关闭计算机电源并打开机箱,将 Modem 卡插入主板上任一空置的扩展槽。

第三步：连接电话线。把电话线的 RJ-11 插头插入 Modem 卡上的 Line 接口,再用电话线把 Modem 卡上的 Phone 接口与电话机连接。此时拿起电话机,应能正常拨打电话。

7.1.3 交换机

交换机作为网络设备和网络终端之间的纽带,是组建各种类型局域网都不可或缺的最为重要的设备。同时,交换机还最终决定着网络的传输速率、网络的稳定性、网络的安全性以及网络的可用性。

1. 交换机的原理

交换机工作在 OSI 模型的数据链路层。第二层交换机有三种不同的功能:地址学习、转发/过滤决定和避免环路。

(1) 地址学习(Address Learning)。

交换机能够记住在一个接口上所收到的每个帧的源设备硬件地址,而且它们会将这个硬件地址信息输入到被称为转发/过滤表的 MAC 表中。

(2) 转发/过滤(Froward/Filter)。

当在某个接口上收到帧时,交换机就检查其硬件地址,并在 MAC 表中找到其外出的接口。帧只被转发到指定的目的端口。

(3) 避免环路(Loop avoidance)。

如果为了提供冗余而在交换机之间创建了多个连接,网络中就可能产生环路。在提供冗余的同时,可使用生成树协议来防止产生网络环路。

2. 交换机的转发模式

交换机在转发数据帧的时候,可以有三种模式:存储转发(Store and Forward)模式、直通式(Cut Through)模式、无碎片(Fragment Free)模式。

1) 存储转发模式

交换机首先接收整个数据帧,并对该数据帧进行循环冗余校验,校验正确则按目的 MAC 地址转发该帧;如经校验发现该数据帧错误,则直接丢弃该数据帧而不会转发。因此减少了网络中错误数据帧的传输数量,保证了接收端能做到无差错的接收。但由于要等到完全接收数据帧后才能进行校验,因此存储转发模式是所有模式中最慢的,它的网络延迟最长。一般情况下,Cisco 的中高端交换机都使用这种转发模式。

2) 直通式模式

直通转发:当帧的前 6B(目的 MAC 地址)一到达交换机,即按该目的 MAC 地址转发该帧。由于它没有等到数据帧完全进入交换机就转发该帧,因此大大减少了交换机延迟。但转发的帧可能是错误帧。适用于网络质量好,误码率低的情形。该模式是交换机速率最快但是出错率最高的模式。

3) 无碎片模式

无碎片模式是存储转发模式和直通模式的折中。无碎片模式可以在转发数据帧之前过滤出帧长小于 64B 的冲突碎片,并将其丢弃。在无碎片模式中,交换机等待数据帧进入交换机达到 64B 时就按帧首部中的目的 MAC 地址转发该数据帧。该模式可有效避免转发冲突碎片数据帧,但由于该模式依然没有对数据帧进行循环冗余校验,因此该模式难以完全防止转发错误帧。无碎片模式的速度不如直通式,但是比直通式发送的错误数据帧少,同时又比存储转发模式快。

3. 交换机的分类

由于交换机具有许多优越性,所以它的应用和发展速度远远高于集线器。目前出现了各种类型的交换机,主要是为了满足各种不同应用环境的需求。

1) 从网络覆盖范围划分

(1) 广域网交换机。

广域网交换机主要是应用于电信城域网互联、互联网接入等领域的广域网中,提供通信用的基础平台。

(2) 局域网交换机。

局域网交换机应用于局域网络,用于连接终端设备,如服务器、工作站、集线器、路由器、网络打印机等网络设备,提供高速独立通信通道。局域网交换机是学习的重点。

局域网交换机又可以划分为多种不同类型的交换机。下面继续介绍局域网交换机的主要分类标准。

2) 根据传输介质和传输速度划分

根据交换机使用的网络传输介质及传输速度的不同,一般可以将局域网交换机分为快速以太网交换机、千兆以太网交换机、万兆以太网交换机、FDDI 交换机、ATM 交换机等。

(1) 快速以太网交换机。

快速以太网交换机是一种在普通双绞线或者光纤上实现 100Mb/s 传输带宽的交换机,以 10/100Mb/s 自适应型的为主,通常用于接入层。快速以太网交换机通常采用双绞线,有的为了兼顾与其他光传输介质的网络互联,会留有少数的光纤接口"SC"。

(2) 千兆以太网交换机。

千兆以太网交换机是指交换机提供的端口或插槽全部为 1000Mb/s,既有固定配置交换机,也有模块化交换机,通常用于汇聚层或核心层。千兆以太网交换机的接口类型主要有 1000BASE-T 双绞线端口、1000BASE-SX 光纤端口、1000BASE-LX 光纤端口、1000BASE-GBIC 插槽、1000BASE-SFP 插槽。

(3) 万兆以太网交换机。

万兆以太网交换机是指交换机拥有 10Gb/s 以太网端口或插槽,有固定配置和模块化交换机。通常用于汇聚层或核心层,保证核心层与汇聚层交换机间的高速连接,搭建无阻塞的网络骨干。万兆以太网接口主要以 10Gb/s 插槽方式提供。

3) 根据应用层次划分

根据交换机所应用的网络层次,可以将网络交换机划分为核心层交换机、汇聚层级交换机和接入层交换机。

(1) 核心层交换机。

核心层交换机(也称企业级交换机)属于高端交换机,采用模块化的结构,可作为网络骨干构建高速局域网。核心层交换机可以提供用户化定制、优先级队列服务和网络安全控制,并能很快适应数据增长和改变的需要,从而满足用户的需求。对于有更多需求的网络,核心层交换机不仅能传送海量数据和控制信息,更具有硬件冗余和软件可伸缩性特点,保证网络的可靠运行。如图 7-1 所示为 Cisco Catalyst 6500 系列交换机。

(2) 汇聚层交换机。

汇聚层交换机(也称部门级交换机)是面向楼宇或部门级网络使用的交换机,用于将接

图 7-1　Cisco Catalyst 6500 系列交换机

入层交换机连接在一起,并实现与核心交换机的连接。它可以是固定配置,也可以是模块配置,一般除了常用的 RJ-45 双绞线接口外,还带有光纤接口。汇聚层交换机一般具有较为突出的智能型特点,支持基于端口的 VLAN(虚拟局域网),可实现端口管理,可任意采用全双工或半双工传输模式,可对流量进行控制,有网络管理的功能,可通过 PC 的串口或经过网络对交换机进行配置、监控和测试。

(3) 接入层交换机。

接入层交换机(也称工作组交换机)一般为固定配置,配有一定数目的 100BASE-TX 以太网口,用于终端设备接入计算机网络。交换机按每一个包中的 MAC 地址相对简单地决策信息转发,这种转发决策一般不考虑包中隐藏的更深的其他信息。接入层交换机往往有 2~4 个 1000Mb/s 端口或插槽,用于实现与汇聚层交换机的连接。

4) 根据交换机的结构划分

按交换机的端口结构可分为固定端口交换机和模块化交换机。也可两者兼顾,在提供基本固定端口的基础之上再配备一定的扩展插槽或模块。

(1) 固定端口交换机。

固定端口交换机相对来说价格便宜一些,但由于它只能提供有限数量的端口和固定类型的接口,无论从可连接的用户数量上,还是从可使用的传输介质上来讲都具有一定的局限性,这种交换机通常用于接入层交换机,为普通用户提供网络接入。

(2) 模块化交换机。

模块化交换机虽然在价格上要贵很多,但拥有更大的灵活性和可扩充性,用户可任意选择不同数量、不同速率和不同接口类型的模块,以适应千变万化的网络需求。而且,模块化交换机大都有很强的容错能力,支持交换模块的冗余备份,并且往往拥有可热插拔的双电源,以保证交换机的电力供应。通常被用于核心层交换机或汇聚层交换机,以适应复杂的网络环境和网络需求。

5)根据交换机工作的协议层划分

根据工作的协议层,交换机可分为第二层交换机、第三层交换机和第四层交换机。

(1)第二层交换机。

第二层交换机依赖于链路层中的信息(如 MAC 地址)完成不同端口数据间的线速交换。这是最原始的交换技术产品,所有交换机都能够工作在第二层。接入层交换机通常全部采用第二层交换机。

(2)第三层交换机。

第三层交换机具有路由功能,将 IP 地址信息提供给网络路径选择,并实现不同网段间数据的线速交换。当网络规模较大时,可以根据特殊应用需求划分为小面积独立的 VLAN 网段,以减小广播所造成的影响。通常这类交换机是采用模块化结构,以适应灵活配置的需要。在大中型网络中,第三层交换机已经成为核心层或汇聚层的基本配置设备。

(3)第四层交换机。

第四层交换机使用传输层包含在每一个 IP 包包头的服务进程/协议进行交换和传输处理,实现带宽分配、故障诊断和对 TCP/IP 应用程序数据流进行访问控制功能。第四层交换机是核心层交换机的当然之选。

4. 交换机间的连接

交换机之间的连接不论是使用超 5 类线还是 6 类线只是性能上的不同,并没有差别。光纤链路则有所不同,单模光纤和多模光纤千万不能混用,否则光纤端口将无法通信。

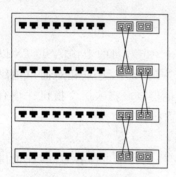

图 7-2 光纤端口的级联

1)光纤端口的级联

光纤端口均没有堆叠的能力,只能用于级联。

(1)光纤跳线的交叉连接。

大多数交换机的光纤端口都是两个,分别是一发一收。当然,光纤跳线也一般是两根,否则端口之间将无法进行通信。当交换机通过光纤端口级联时,必须将光纤跳线两端的收发对调,当一端"收"时,另一端"发",如图 7-2 所示。Cisco GBIC 光纤模块都标记有收发标志,左侧向内的箭头表示"收",右侧向外的箭头表示"发"。如果光纤跳线的两端均连接"收"或"发",则该端口的 LED 指示灯不亮,表示该连接失败。只有当光纤端口连接成功后,LED 指示灯才转为绿色。

(2)光电收发器的连接。

当建筑之间或楼层之间的布线采用光缆,而水平布线采用双绞线时,可以采用两种方式实现两种传输介质之间的连接。一是采用同时拥有光纤端口和 RJ-45 端口的交换机,在交换机之间实现光电端口之间的互连;二是采用廉价的光电转换设备,如图 7-3 所示。一端连接光纤,一端连接交换机的双绞线端口,实现光电之间的相互转换。

2)双绞线端口的级联

级联既可使用普通端口(即 MDI-X 类型端口)也可使用特殊的 Uplink 端口(即 MDI-II 类型端口)。交换机不能无限制级联,超过一定数量的交换机进行级联,最终会引起广播风暴,导致网

图 7-3 光电收发器

络性能严重下降。

（1）使用 Uplink 端口级联

Uplink 端口是专门用于与其他交换机连接的端口，可利用直通线将该端口连接至其他交换机的除 Uplink 端口外的任意端口，如图 7-4 和图 7-5 所示。

图 7-4 Uplink 端口

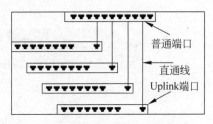

图 7-5 通过 Uplink 端口级联交换机

（2）使用普通端口级联

如果交换机没有提供专门的 Uplink 端口，可以使用交叉线将两台交换机的普通端口连接在一起，扩展网络端口数量，如图 7-6 所示。

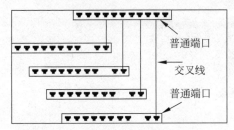

图 7-6 通过普通端口级联交换机

（3）使用智能端口级联

智能端口就是交换机中的所有 RJ-45 端口都能够智能判断对端连接是普通网络终端，还是其他网络设备，并自动将端口的类型切换到与之相适应的类型（MDI-X 或 MDI-Ⅱ），从而实现只使用直通线与对端设备的正常连接。

5. 交换机的堆叠

堆叠不仅通常需要使用专门的堆叠电缆，而且甚至需要专门的堆叠模块。同一堆叠中的交换机必须是同一品牌，否则将无法堆叠。

Cisco Catalyst 2950 和 Cisco Catalyst 3550 支持 GigaStack 堆叠技术。GigaStack 堆叠有菊花链和星状两种方式。

1）菊花链式

菊花链是指将交换机一个一个地串接起来，每台交换机都只与自己相邻的交换机进行连接，如图 7-7 所示。为了提高网络的稳定性，可以在首尾两台交换机之间再连接一条堆叠电缆作为链接冗余。当中间某一台交换机发生故障时，冗余电缆立即被激活，从而保障网络畅通。

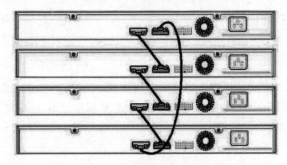

图 7-7 菊花链式堆叠

2）星状

星状是指采用一台多千兆端口的交换机作为堆叠中心，其他交换机通过堆叠模块与该交换机连接在一起，如图 7-8 所示。可以通过使用第二台 Cisco Catalyst 3508G XL 交换机完成连接冗余，目的是在堆叠内构造冗余。

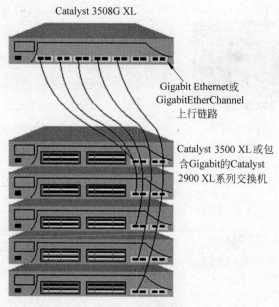

图 7-8　星状堆叠

6. 交换机的选择

国内外通信设备制造商比较多，如思科、华为等，大的厂商各自都有比较丰富的产品线，在网络设计和建设中，需要对重要厂商的主要交换机产品有一个全面的认识。下面主要介绍 Cisco 的交换机产品线和主要产品。

1）Cisco 交换机产品线概述

Cisco 的交换机产品以"Catalyst"为商标，包含 3500、4000、5000、5500、6000、8500、9300、9400、9500 等多个系列。总的来说，这些交换机可以分为固定配置交换机和模块化交换机两类。

固定配置交换机包括 3500 及以下的大部分型号，除了有限的软件升级外，这些交换机不能扩展。另一类是模块化交换机，主要指 4000 及以上的机型，网络设计者可以根据网络需求，选择不同数目和型号的接口板、电源模块及相应的软件。

Cisco 对产品的命名有基本规定，就 Catalyst 交换机来说，产品命名的格式如下。

```
Catalyst NNXX [-C] [-M] [-A/-EN]
```

其中，NN 是交换机的系列号，XX 对于固定配置的交换机来说是端口数，对于模块化交换机来说是插槽数，有-C 标志表明带光纤接口，-M 表示模块化，-A 和-EN 分别是指交换机软件是标准版或企业版。

2) 主要产品介绍

目前,网络集成项目中常见的 Cisco 交换机有以下几个系列:1900、2900、3500、6500 系列,分别使用在网络的低端、中端和高端。下面分别介绍一下这几个系列的产品。

(1) 低端产品。

1900 和 2900 是低端产品的典型。

(2) 中端产品。

中端产品中 3500 系列使用广泛,很有代表性。

C3500 系列交换机的基本特性包括背板带宽高达 10Gb/s,转发速率 7.5Mp/s,它支持 250 个 VLAN,支持 IEEE 802.1q 和 ISL Trunking,支持千兆以太网交换机、可选冗余电源等。

管理特性方面,C3500 实现了 Cisco 的交换集群技术,可以将 16 个 C3500、C2900、C1900 系列的交换机互连,并通过一个 IP 地址进行管理。利用 C3500 内的 Cisco Visual Switch Manager(CVSM)软件还可以方便地通过浏览器对交换机进行设置和管理。

千兆特性方面,C3500 全面支持千兆接口卡(GBIC)。目前,GBIC 有三种 1000BASE-SX,适用于多模光纤,最长距离 550m;1000BASE-LX/LH,多模/单模光纤都适用,最长距离 10km;1000BASE-ZX 适用于单模光纤,最长距离 100km。

(3) 高端产品。

对于企业级的高端产品,思科的 Catalyst 9300 系列、Catalyst 9400 系列和 Catalyst 9500 系列是最常用的产品。

9300 系列是思科顶级的非模块化接入企业级网络交换机系列,堆叠速度高达 480Gb/s。

9400 系列是思科领先的企业级模块化接入交换机,最高支持 9Tb/s 的堆叠速度,如图 7-9 所示。

9500 系列是业内第一款面向企业的非模块化核心 40Gb/s 交换机,如图 7-10 所示。

图 7-9　Catalyst 9400 系列

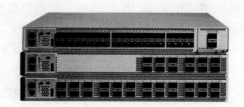

图 7-10　Catalyst 9500 系列

7.1.4　路由器

1. 路由器的功能

路由器工作在 OSI 模型的网络层。路由器通常有多个网络接口,分别连接不同的网络。

路由器的常见功能如下。

1) 连接网络

路由器用于连接多个逻辑上分开的网络,逻辑网络代表一个单独的网络或者一个子网。局域网内如果有多个异构网络需要互联(如以太网、ATM、FDDI 网络),就需要借助于路由器。由于现在的局域网大多是以太网,所以局域网内各子网的连接,一般使用三层交换机,而不是路由器。此时,路由器主要是连接 Internet。有的大型局域网有多个区域(譬如校园网有多个校区),由于局域网的传输距离有限,所以为了实现局域网间的连接,就必须借助广域网连接,需要使用路由器。

2) 路由选择和数据转发

路由器主要负责将数据包传送到本地和远程目的网络,其方法如下。

(1) 路由选择。

路由器使用路由表来确定转发数据包的最佳路径,也就是进行路由选择。路由器是按照一定的规则来动态地更新它所保持的路由表,以便保持路由信息的有效性。常见的路由选择协议包括路由信息协议(RIP)、开放最短路径优先协议(OSPF)。

(2) 数据转发。

当路由器收到数据包时,它会检查其目的 IP 地址,并在路由表中搜索最匹配的网络地址。路由表还包含用于转发数据包的接口。一旦找到匹配条目,路由器就会将 IP 数据包封装到传出接口或送出接口的数据链路帧中。

3) 网络安全

越来越多的应用,如防火墙、VPN 集成、语音闸道器和视频监控,都归路由器掌控。作为与外界网络的出口,路由器还担当保护内部用户和数据安全的重要职责。

(1) 网络地址转换。

NAT(Network Address Translation)就是指在一个网络内部,根据需要可以随意自定义 IP 地址,而不需要经过申请。在网络内部,各计算机间通过内部的 IP 地址进行通信。而当内部的计算机要与外部 Internet 进行通信时,具有 NAT 功能的设备负责将其内部的 IP 地址转换为合法的 IP 地址(即经过申请的 IP 地址)进行通信。

如果一个企业不想让外部网络用户知道自己的网络内部结构,可以通过 NAT 将内部网络与外部 Internet 隔离开,则外部用户根本不知道通过 NAT 设置的内部 IP 地址。如果一个企业申请的合法 Internet IP 地址很少,而内部网络用户很多,可以通过 NAT 功能实现多个用户同时共用一个合法 IP 与外部 Internet 进行通信。

设置 NAT 功能的路由器至少要有一个内部端口(Inside),一个外部端口(Outside)。内部端口连接的网络用户使用的是内部 IP 地址。内部端口可以为任意一个路由器端口。外部端口连接的是外部的网络。外部端口可以为路由器上的任意端口。

(2) 访问控制列表。

访问控制列表(ACL)使用包过滤技术,在路由器上读取第三层及第四层包头中的信息,如源地址、目的地址、源端口和目的端口等,根据预先定义好的规则对包进行过滤,从而达到访问控制的目的。该技术初期仅在路由器上支持,后来扩展到三层交换机。

借助 IP 访问控制列表,在路由器上可以设置各种访问策略,规定哪段时间、哪种网络协议和哪种网络服务是被允许外出和进入的,从而不仅可以避免对网络的滥用,提高网络传输性能和带宽利用效率,也可以有效地避免蠕虫病毒、黑客工具对网络的侵害。

2. 路由器的分类

路由器的价格以及产品性能都存在很大的差异。路由器的分类标准也不是唯一的,根据不同的标准,可以将路由器做不同的分类。

1) 按性能划分

从路由性能上,路由器可分为高端路由器和中低端路由器。低端路由器主要适用于小型网络的 Internet 接入或企业网络远程接入,端口数量和类型、包处理能力都非常有限。中端路由器适用于较大规模的网络,拥有较高的包处理能力,具有丰富的网络接口,适应较为复杂的网络结构。高端路由器主要应用于大型网络的核心路由器,拥有非常高的包处理性能,并且端口密度高、端口类型多,能够适应复杂的网络环境。

通常将背板交换能力大于 40Gb/s 的路由器称为高端路由器,25~40Gb/s 的路由器称为中端路由器,低于 25Gb/s 的是低端路由器。

2) 按结构划分

从结构上分,路由器可分为模块化结构与非模块化结构路由器。通常情况下,中高端路由器均为模块化结构,可以使用各种类型的模块灵活配置路由器,增加端口的数量,提供丰富的端口类型,以适应企业不断变化的业务需求。低端路由器则多为非模块化结构,只能提供固定类型和数量的端口。

3) 按网络位置划分

从网络位置划分,路由器分为核心路由器、汇聚路由器和接入路由器。

核心路由器位于网络中心,通常使用性能稳定的高端模块化路由器,一般被电信级大企业选用。要求低速的包交换能力与高速的网络接口。

汇聚路由器则主要适用于大型企业和 Internet 服务提供商,或者分级系统中的中级系统。主要目标是以尽量方便的方法实现尽可能多的端点互连,并且进一步要求支持不同的服务质量。这类路由器的主要特点就是端口数量多,价格便宜,应用简单。

接入路由器一般位于网络的边缘。通常使用中低端产品,也是目前应用最广的一类路由器,主要应用于中小型企业或大型企业的分支机构中,要求相对低速的端口以及较强的接入控制能力。

4) 按功能划分

从路由器的功能方面划分,路由器可分为通用路由器与专用路由器。一般所说的路由器为通用路由器。专用路由器通常为实现某种特定功能对路由器接口、硬件等做专门优化。例如,网络专用路由器适合大量用户同时进行在线网络游戏、视频聊天、网上电影等应用;VPN 路由器增强隧道处理能力以及硬件加密等。

5) 按传输性能划分

从性能上分,路由器可分为线速路由器以及非线速路由器。通常线速路由器是高端路由器,能以介质速度转发数据包;中低端路由器是非线速路由器。

3. 路由器的选购

选择路由器时应注意安全性、控制软件、网络扩展能力、网管系统、带电插拔能力、尺寸及支持的协议等方面。另外,选择路由器还应遵循如下基本原则:标准化原则、技术简单性原则、环境适应性原则、可管理性原则和容错冗余性原则。

对于高端路由器,更多的还应该考虑是否适应骨干网对网络高可靠性、接口高扩展性以及路由查找和数据转发的高性能要求。高可靠性、高扩展性和高性能的"三高"特性是高端路由器区别于中、低端路由器的关键所在。

下面分别介绍部分高、中、低端路由器产品。

1) Cisco ASR 9006

Cisco ASR 9006 是一款高端路由器，可以扩容配置高密度万兆端口、高密度千兆端口、窄带高密度 T1/E1 端口、通道化或非通道化 POS 端口、高密度通道分时隙或不分时隙 T1/E1 或 T3/E3 端口、高密度 100Gb/s 端口、高密度与传输集成的 100Gb/s 端口等。支持运营商级别 IPv6 能力。整机系统支持 4.8TB 容量。最大支持 9000Mp/s 的包转发率。该款运营商级别平台，提供专门硬件，提供二层、三层各种 VPN 业务，包括 MPLS VPN 技术和最新的 EVPN 技术、IPv4 或 IP。支持三百万个队列；该款路由器支持众多 QoS 技术，支持标准的网管协议，既可以使用统一品牌的网管系统来管理，也支持业界第三方网管系统来管理。同时提供开放接口，适应 SDN（软件定义网络）的发展需求。

2) Cisco ASR-903

思科 ASR-903 汇聚业务路由器是一款中端路由器，它可以扩容配置万兆端口、千兆端口、窄带高密度 T1/E1 端口、POS 端口、高密度同步异步端口等。它提供 400GB 容量，600Mp/s 的包转发率。该款路由器提供专门硬件，提供二层、三层各种 VPN 业务，包括 MPLS VPN 技术。它还支持众多 QoS 技术，支持标准的网管协议，既可以使用统一品牌的网管系统来管理，也支持业界第三方网管系统来管理。

3) Cisco 2911

Cisco 2911 集成多业务路由器是一款低端路由器，它可以继续扩容配置其他高密度千兆以太口、T1/E1 端口、高密度同步异步端口、通道化分时隙端口、模拟 Modem 端口、VDSL/HDSL 端口、高密度音频端口、不同波段 4G 移动接口、模拟电话、数字电话接口，甚至可以增加刀片服务器、视频处理模块等。该路由器包转发率最大可以达到 4Mp/s；提供专门的处理硬件，提供 IPSec/SSL 等 VPN 加速；提供硬件加密，包括数字加密标准和三重 DES（3DES）；高级加密标准（AES）128、192 和 256；消息摘要算法 5（MD5）和使用散列消息鉴别码；MD5_hmac 的 MD5；安全散列算法-1（SHA-1）和 SHA1_hmac 等；同时可以对 VPN 数据做对应压缩，大大节省带宽资源；该款路由器支持众多 QoS 技术，支持标准的网管协议，既可以使用统一品牌的网管系统来管理，也支持业界第三方网管系统来管理。

4) 广域网路由器

NetEngine 8000 系列路由器是华为推出的面向云时代的全业务智能路由器平台，超宽的管道打造极简的网络，领先的 SR/SRv6 使能智能连接、新一代的智慧大脑实现全生命周期自动化、引领主动运维。系列产品涵盖大型框式、紧凑插卡盒式和固定盒式设备，完全满足核心、汇聚、接入等不同的网络场景，具备高性能、高可靠、低功耗、可演进等特性，可应用于企业广域网核心结点、大型企业接入结点、DC 互联、园区互联与汇聚结点和各种大型 IDC 网络出口，如图 7-11 所示。

5) 分支互联路由器

NetEngine AR8000 系列企业路由器是华为面向云化时代推出的全新一代企业级 AR 路由器，AR 路由器免布线，设备即插即用，随时随地 1 天通网。实现了全千兆接入，为企业多分支提供超宽互联。

图 7-11　NetEngine 8000 全家福

基于 ARM 架构多核处理器和无阻塞交换架构,做到真正的多业务并发无阻塞。应用于 SD-WAN 解决方案场景,支持基于应用的智能选路,保障关键应用始终在最优链路传输。满足企业客户对网络设备高性能的需求,可广泛部署于大中型园区网出口、大中型企业总部或分支等场景,如图 7-12 所示。

图 7-12　NetEngine AR8000 系列路由器

7.1.5　网卡

网卡(Network Interface Card)又称为网络适配器或网络接口卡,是一种插在普通计算机或服务器扩展槽中的扩展卡,无论是普通计算机还是高端服务器,只要想连接到局域网,就需要安装一块网卡。如果有必要,一台计算机也可以同时安装两块或多块网卡。

网卡的功能主要有两个:一是将计算机发出的数据封装为帧,并通过网线将数据发送到网络;二是接收所有在网络上传输的信号,但只接收发送到该计算机的帧或广播帧,并将这些帧重新组合成数据,传输到所在的计算机中,由 CPU 做进一步的处理。

1. 网卡的组成

网卡主要由主控制编码芯片、调控元件、Boot ROM 芯片插槽和状态指示灯 4 部分组成。

1)主控制编码芯片

主控制编码芯片主要负责进出网卡的数据流的处理。PCI 接口的网卡,进出的数据主要由主控制芯片负责处理,不占用 CPU 资源,因而可以有效地减轻系统的负担。还有一些智能型网卡也自带了自己的处理芯片。数据由其芯片处理,不占用 CPU 资源。

2)调控元件

调控元件主要负责发送和接收中断请求(IRQ)信号。

3）Boot ROM 芯片插槽

在 Boot ROM 芯片插槽上安装无盘启动芯片,当在局域网中的无盘工作站想要启动计算机时,可以通过这块启动芯片来启动计算机。

4）状态指示灯

状态指示灯用来显示网卡的工作状态,网卡上通常配置有电源指示灯、发送指示灯、接收指示灯,有些网卡上还配有链路状态指示灯、超长指示灯和碰撞指示灯。

2. 网卡的分类

网络有许多种不同的类型,如以太网、令牌环、FDDI、ATM、无线网络等,不同的网络必须采用不同的网卡与之配合使用。

1）以太网卡分类

目前的绝大多数局域网都是以太网,当然配备的网卡是以太网网卡,下面就对以太网网卡进行分类。

（1）根据传输带宽划分。

目前主流的网卡主要有 10Mb/s 网卡、100Mb/s、1000Mb/s、10Gb/s 网卡。

（2）根据总线接口分类。

按网卡的总线接口类型,可以将网卡分为 ISA 网卡、PCI 网卡、PCI-X 网卡、USB 网卡和笔记本的 PCMCIA 网卡等。

① ISA 总线网卡。

这是早期的一种接口类型网卡,ISA 总线接口由于 I/O 速度较慢,随着 20 世纪 90 年代初 PCI 总线技术的出现,很快被淘汰了。

② PCI 总线网卡。

这种总线类型的网卡在当前的网络客户端上相当普遍,也是目前最主流的一种网卡接口类型。目前主流的 PCI 规范有 PCI 2.0、PCI 2.1 和 PCI 2.2 三种。PCI 2.1 之前的 32 位网卡,其主频基本上是 33MHz 和 66MHz;在 PCI 2.2 后出现了 64 位 PCI 网卡,其主频可达 100MHz 和 133MHz,主要用于服务器中,带宽通常为 1000Mb/s。

③ PCI-X、PCI-Express 总线网卡。

新型的 PCI-X 总线、PCI-Express 总线网卡大多被应用于网络服务器。具体选择何种类型总线的网卡,要看服务器主板所能提供的扩展槽的总线类型。由 Intel 提出,由 PCI-SIG(PCI 特殊兴趣组织)颁布的 PCI-Express 无论在速度上还是结构上,都比 PCI-X 总线要强许多。目前 Intel 的 i875P 芯片组已提供对 PCI-Express 总线的支持,有专家分析预计将来会逐步普及这一新的总线接口。它将取代 PCI 和现行的 AGP 接口,最终实现内部总线接口的统一。

④ PCMCIA 总线网卡。

PCMCIA 总线类型的网卡是笔记本专用的,它受笔记本的空间限制,体积远不可能像 PCI 接口网卡那么大。PCMCIA 总线分为两类,一类为 16 位的 PCMCIA,另一类为 32 位的 CardBus,如图 7-13 所示。

CardBus 是一种用于笔记本的新的高性能 PC 卡总线接口标准。该总线标准与原来的 PC 卡标准相比,具有吞吐量大、总线自主、低功耗、后向兼容等优势。

⑤ USB 接口网卡。

USB(Universal Serial Bus,通用串行总线)已经被广泛应用于鼠标、键盘、打印机、扫描仪、Modem、音箱等各种设备。由于其传输速率远远大于传统的并行口和串行口,设备安装简单并且支持热插拔,所以越来越受到厂商和用户的喜爱。USB 网卡通常只被用于普通网络客户端。

图 7-13　PCMCIA 网卡

(3) 按网络端口划分。

根据与所连接的传输介质相连接的端口分类,有 RJ-45 端口网卡、光纤端口网卡和无线网卡。其中,光纤端口又分为 LC 端口和 SC 端口两种。按网卡端口的数量分,有单端口网卡、双端口网卡甚至 4 端口网卡。

(4) 按应用领域划分。

按使用的用途,可以将网卡分为客户端网卡和服务器网卡。

① 客户端网卡。

客户端网卡通常连接双绞线,一般使用 10/100Mb/s 自适应网卡。客户端网卡的特点如下。

• PCI 总线接口。

• 1 个双绞线端口。

• 10/100Mb/s 自适应端口。

② 服务器网卡。

服务器网卡的特点如下。

• 接口总线速率高。通常采用 PCI-X 或 PCI-Express 总线,避免系统总线成为数据传输的瓶颈。

• 网络传输速率高。传输速率通常为 1000Mb/s 或 10Gb/s,以保证能够迅速响应网络客户并发的大数据量访问。

• 端口数量多。为了实现负载均衡、高速率传输、提高网络可用性、连接多个网络等诸多原因,往往需要提供两个以上的端口。

• 可网络管理。服务器网卡可以借助 SNMP 实现远程管理,以便实现对网卡状态和网络传输的远程实时监控。

• 功能丰富强大。服务器网卡往往可以支持负载均衡、链路汇聚、服务质量和流量控制等诸多丰富的功能,用于实现服务器连接的高带宽、高稳定性和高可用性。

2) 无线网卡分类

无线网卡作为无线网络的接口,实现与无线网络的连接。无线网卡根据接口类型的不同,主要分为 4 种类型:PCMIA 无线网卡、PCI 无线网卡、USB 无线网卡和无线网络适配器。

(1) PCMIA 无线网卡。PCMIA 无线网卡仅适用于笔记本,支持热插拔,可方便地实现移动式的无线接入。

(2) PCI 无线网卡。PCI 接口的无线网卡适用于普通的台式计算机。支持 PCI 接口的无线网卡经常是在 PCI 转接卡上插入一块普通的 PC 卡。

(3) USB 无线网卡。USB 无线网卡适用于笔记本和台式计算机,支持热插拔。

(4) 无线网络适配器。无线网络适配器其实就是无线网卡,它适用于笔记本。

7.1.6 服务器

现在的计算机网络是以服务器为核心构建的网络。作为网络的灵魂,服务器不仅担负着繁重的处理任务,而且还要保证网络服务的稳定。

1. 服务器的特性

服务器在硬件、软件等各个方面与普通的计算机存在着非常大的差异,分别是可扩展性(Scalability)、可用性(Usability)、可管理性(Manageability)、可利用性(Availability),简称SUMA。

1) 可扩展性

服务器需要具有一定的"可扩展性"。可扩展性是指服务器的配置,如内存、硬盘、处理器等,可以很方便地实施扩容。如果网络需求发生变化时,而服务器没有一定的可扩展性,当用户增多时,一台昂贵的服务器在短时间内就要遭到淘汰,这是许多用户都无法接受的。

2) 可用性

服务器的可用性是指服务器应具有很高的稳定性和可靠性。因为服务器所面对的是整个网络的用户,而不是本机登录用户,在一些特殊应用领域,即使没有用户使用有些服务器也得不间断地工作。一般来说,专门的服务器都需要 $7 \times 24h$ 不间断工作,特别是一些大型的网络服务器,如大公司所用服务器、网站服务器以及公众服务器等。提高服务器可靠性的最常见的做法是部件的冗余配置,如 RAID 技术、热插拔技术、冗余电源、冗余风扇等方法。

3) 可管理性

服务器主板上集成了多种传感器,用于检测硬件设备的运行状态。系统管理员可以在异地通过网络随时了解服务器的运行状况,实现对服务器的远程监测和资源分配,并及时解决服务器的许多硬件故障。

4) 可利用性

服务器的可利用性是指服务器要具有很高的数据处理能力和处理效率。目前,该特性主要是通过对称多处理器技术和集群技术实现。对称多 CPU 处理技术是指在一个计算机上汇集了一组处理器,各 CPU 之间共享内存子系统和总线结构,系统将任务队列对称地分布于多个 CPU 之上,从而极大地提高了整个系统的数据处理能力。常见的对称多处理系统通常采用 2、4、6 或 8 路处理器。服务器集群技术是近几年兴起的用于提高服务器性能的新技术。它是将一组相互独立的计算机通过高速的通信网络组成的一个单一的计算机系统,并以单一系统的模式加以管理。一个服务器集群包含多台拥有共享数据存储空间的服务器,集群系统内任意一台服务器都可以被所有的网络用户所使用。

2. 服务器的分类

1) 按照外观划分

按服务器的机箱结构来划分,可以把服务器划分为台式服务器、机架式服务器、机柜式服务器和刀片式服务器等 4 类。

（1）台式服务器。

台式服务器也称为"塔式服务器"。有的台式服务器采用大小与普通立式计算机大致相当的机箱，有的采用大容量的机箱，像个硕大的柜子。低档服务器由于功能较弱，整个服务器的内部结构比较简单，所以机箱不大，都采用台式机箱结构。如图7-14所示为IBM塔式服务器X350 m5。

（2）机架式服务器。

对于信息服务企业（如ISP/ICP/ISV/IDC）而言，选择服务器时首先要考虑服务器的体积、功耗、发热量等物理参数，因为信息服务企业通常使用大型专用机房统一部署和管理大量的服务器资源，机房通常设有严密的保安措施、良好的冷却系统、多重备份的供电系统，其机房的造价相当昂贵。如何在有限的空间内部署更多的服务器直接关系到企业的服务成本，通常选用机械尺寸符合19英寸工业标准的机架式服务器。

图7-14　IBM X350 m5塔式服务器

机架式服务器也有多种规格，例如1U（4.45cm高）、2U、4U、6U、8U等。通常1U的机架式服务器最节省空间，但性能和可扩展性较差，适合一些业务相对固定的使用领域。4U以上的产品性能较高，可扩展性好，一般支持4个以上的高性能处理器和大量的标准热插拔部件。管理也十分方便，厂商通常提供相应的管理和监控工具，适合大访问量的关键应用，但体积较大，空间利用率不高。

（3）机柜式服务器。

在一些高档企业服务器中由于内部结构复杂，内部设备较多，有的还具有许多不同的设备单元或几个服务器都放在一个机柜中，这种服务器就是机柜式服务器。机柜式服务器管理模式不仅可以提高空间利用率以及可管理性，而且还为数据存储的拓展提供了全新的解决方案。

（4）刀片式服务器。

刀片式服务器是一种HAHD（High Availability High Density，高可用高密度）的低成本服务器平台，是专门为特殊应用行业和高密度计算机环境设计的，其中每一块"刀片"实际上就是一块系统母板，类似于一个个独立的服务器。在这种模式下，每一个母板运行自己的系统，服务于指定的不同用户群，相互之间没有关联。不过可以使用系统软件将这些母板集合成一个服务器集群。在集群模式下，所有的母板可以连接起来提供高速的网络环境，可以共享资源，为相同的用户群服务，如图7-15所示。

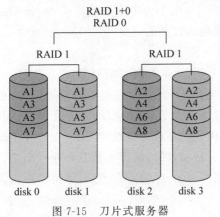

图7-15　刀片式服务器

2）按照构架划分

服务器处理器的执行方式一般为CISC、RISC、VLIW三类构架。

（1）CISC构架。

CISC（Complex Instruction Set Computer，复杂指令集）架构服务器，即通常所讲的PC服务器。它是IA（Intel Architecture，Intel架构）服务器，基于PC体系结构，使用Intel或与其兼容的处理器芯片的服务器,如联想的万全系列服务器、HP 公司的 NetServer 系列服务器等。这类以"小、巧、稳"为特点的 IA 服务器凭借可靠的性能、低廉的价格,得到了更为广泛的应用,在互联网和局域网内更多地完成文件服务、打印服务、通信服务、Web 服务、电子邮件服务、数据库服务、应用服务等主要应用,一般应用在中小公司机构或大企业的分支机构。

(2) RISC。

RISC(Reduced Instruction Set Computing,精简指令集)架构服务器,完全采用了与普通 CPU 不同的结构。使用 RISC 芯片并且主要采用 UNIX 操作系统的服务器,如 Sun 公司的 SPARC、HP 公司的 PA-RISC、DEC 公司的 Alpha 芯片、SGI 公司的 MIPS 等。这类服务器通常价格都很昂贵,一般应用在证券、银行、邮电、保险等大公司大企业,作为网络的中枢神经,提供高性能的数据等各种服务。

(3) VLIW 构架。

VLIW(Very Long Instruction Word,超长指令集构架)采用先进的 EPIC(清晰并行指令)设计,也称为"IA-64 构架",比 CISC 和 RISC 强大得多。VLIW 的最大优点是简化了处理器的结构,删除了处理器内部许多复杂的控制电路,使芯片制造成本降低、能耗减少,而处理性能提高。

3) 按照应用层次划分

按应用层次和性能,服务器可划分为入门级服务器、工作组级服务器、部门级服务器和企业级服务器 4 类。

(1) 入门级服务器。

入门级服务器通常只使用一块 CPU,并根据需要配置相应的内存和大容量 IDE 硬盘,必要时也会采用 IDE RAID 进行数据保护。入门级服务器主要是针对基于 Windows NT、NetWare 等网络操作系统的用户,可以满足办公室型的中小型网络用户的文件共享、打印服务、数据处理、Internet 接入及简单数据库应用的需求,也可以在小范围内完成诸如E-mail、Proxy、DNS 等服务。

(2) 工作组级服务器。

工作组级服务器一般支持 1~2 个服务器专用处理器,可支持大容量的 ECC 内存,拥有PCI-X 或 PCI-Express 插槽,功能全面。它可管理性强且易于维护,具备了小型服务器所必备的各种特性,如采用 SCSI 总线的 I/O(输入/输出)系统、SMP 对称多处理器结构、可选装RAID、热插拔硬盘、热插拔电源等,具有高可用性特性。适用于为中小企业提供 Web、Mail等服务,也能够用于学校等教育部门的数字校园网、多媒体教室的建设等。

(3) 部门级服务器。

部门级服务器通常可以支持 2~4 个服务器专用处理器,具有较高的可靠性、可用性、可扩展性和可管理性。首先,集成了大量的监测及管理电路,具有全面的服务器管理能力,可监测如温度、电压、风扇、机箱等状态参数。此外,结合服务器管理软件,可以使管理人员及时了解服务器的工作状况。同时,部门级服务器具有优良的系统扩展性,当用户在业务量迅速增大时能够及时在线升级系统,可保护用户的投资。目前,部门级服务器是企业网络中分散的各基层数据采集单位与最高层数据中心保持顺利连通的必要环节。适合中型企业作为数据中心、Web 站点、视频会议等应用。

（4）企业级服务器。

企业级服务器属于高档服务器，普遍可支持 4～8 个 64 位服务器专用处理器，超大容量的 DDR2 ECC 内存，大容量热插拔硬盘和热插拔电源，具有超强的数据处理能力。这类产品具有高度的容错能力、优异的扩展性能和系统性能、极长的系统连续运行时间，能在很大程度上保护用户的投资。可作为大型企业级网络的数据库服务器。

目前，企业级服务器主要适用于需要处理大量数据、高处理速度和对可靠性要求极高的大型企业和重要行业（如金融、证券、交通、邮电、通信等行业），可用于提供 ERP（企业资源配置）、电子商务、OA（办公自动化）等服务。如戴尔公司的 PowerEdge 4600 服务器，标准配置为 2.4GHz Intel Xeon 处理器，最大支持 12GB 的内存。此外，采用了 Server Works GC-HE 芯片组，支持 2～4 路 Xeon 处理器。集成了 RAID 控制器并配备了 128MB 缓存；可以为用户提供 0、1、5、10 这 4 个级别的 RAID，最大可以支持 10 个热插拔硬盘并提供 730GB 的磁盘存储空间。

4）按照用途划分

服务器按用途划分为通用型服务器和专用型服务器两类。

（1）通用型服务器。

通用型服务器是没有为某种特殊服务专门设计的、可以提供各种服务功能的服务器，当前大多数服务器是通用型服务器。这类服务器因为不是专为某一功能而设计，所以在设计时就要兼顾多方面的应用需要，服务器的结构就相对较为复杂，而且要求性能较高，当然在价格上也就更贵些。

（2）专用型服务器。

专用型（或功能型）服务器是专门为某一种或某几种功能专门设计的服务器。在某些方面与通用型服务器不同。如光盘镜像服务器主要是用来存放光盘镜像文件的，需要配备大容量、高速的硬盘以及光盘镜像软件。FTP 服务器主要用于在网上（包括 Intranet 和 Internet）进行文件传输，这就要求服务器在硬盘稳定性、存取速度、I/O（输入/输出）带宽方面具有明显优势。功能型服务器的性能要求比较低，因为它只需要满足某些需要的功能应用即可，所以结构比较简单；在稳定性、扩展性等方面要求不高，价格也便宜许多。尽管硬件配置可能并不高，但是处理速度却并不比通用服务器逊色。

3. GPU 服务器

现在的 GPU 应该称为"大规模多线程并行处理器"或叫"GPU 计算机"，GPU 也可以看成是"General Processing Unit"，即通用处理器。它是高性能的通用处理器。我们把采用 GPU 技术的服务器称为 GPU 服务器。

GPU 的设计思想是并行技术，它适合完成密集型的计算任务。

1）GPU 的优势

GPU 的优势在于天生的并行计算的体系机构。目前的 8800 GTX GPU 中，有 128 个 Stream Multi Processor（流处理器，即通常说的核），可同时并发上万个线程。而最新的 GTX 280 GPU 里面，流处理器的数量达到了 240 个，在高性能计算领域有着无与伦比的优势。

目前，GPU 已经达到 240 核，14 亿晶体管，浮点运算能力可达到 1TFLOPS（万亿次/每秒），而四核 CPU 的浮点运算能力仅为 0.07TFLOPS（700 亿次/每秒）。

Telsa S1070 1U 机架服务器,有 4 个 GPU 卡,共 960 个内核,性能达到 4 万亿次/秒,功耗只有 700W。而如果要达到相同的计算性能,需要 CPU 服务器集群才能实现,而功耗可能达到几万瓦。

目前的 GPU 服务器支持 CUDA(Compute Unified Device Architecture,统一计算设备架构)并行架构和 CUDA 程序环境,支持多种编程语言和 API,包括 C、C++、OpenCL、DirectCompute 或 FORTRAN。GPU 服务器广泛应用于生命科学、地球科学、工程和科学、分子生物学、医学诊断、电子设计自动化(EDA)、政府和国防、可视化、金融建模,以及石油和天然气等领域。

2) GPU 服务器厂家

目前,主流的 GPU 服务器厂家主要有超微、戴尔、思腾合力、惠普、Intel 和 IBM 等。用户选购时,要结合自己的需求,从需要 GPU 的块数、CPU 的需求、外形尺寸、插槽形式、内存大小、工作盘大小、系统盘大小以及存储盘大小等多方面衡量,选出适合自己的产品。

戴尔 HPC GPU 服务器平台如表 7-1 所示。

表 7-1 戴尔 HPC GPU 服务器平台

机型	图 片	CPU 处理器	内存	PCIe	外形尺寸	GPU
Dell T7910 工作站		1 颗或 2 颗 Intel E5-2600 V4 处理器	2400MHz 16x DIMMS 支持 最大 1TB 内存	4 个 PCIe 3.0	塔式	3 块 NVIDIA Quadro GPU 卡(3×225W)
Dell T7910 工作站		1 颗或 2 颗 Intel E5-2600 V4 处理器	2400MHz 24x DIMMS 支持 最大 1TB 内存	4 个 PCIe 3.0	机架式 2U	4 块 NVIDIA GPU 卡 ×150W 或 2 块 300W GPU 卡
Dell C4130 工作站		1 颗或 2 颗 Intel E5-2600 V4 处理器	2400MHz 16x DIMMS 支持 最大 1TB 内存	6 个 PCIe 3.0	机架式 1U	4 块 NVIDIA Tesla GPU 卡
Dell R730 工作站		1 颗或 2 颗 Intel E5-2600 V4 处理器	2400MHz 24x DIMMS 支持最 大 1.5TB 内存	7 个 PCIe 3.0	机架式 2U	2 块 GPU 卡
Dell T630 工作站		1 颗或 2 颗 Intel E5-2600 V4 处理器	2400MHz 24x DIMMS 支持最 大 1.5TB 内存	8 个 PCIe 3.0	5U (rackable)	4 块 GPU 卡

4. 服务器的硬件

服务器的 CPU、主板、内存、硬盘和总线等决定着服务器的整体性能。其关键部件与普通 PC 相比,技术更先进,性能更强大。

1) 服务器的 CPU

服务器的 CPU 负责处理各种信息和协调各部分的工作。因此,CPU 的性能从根本上决定着服务器的性能。

(1) RISC 处理器。

在同等频率下,采用 RISC 架构的 CPU 比 CISC 架构的 CPU 性能高很多。目前在中高档服务器中普遍采用 RISC 架构的 CPU。RISC 指令系统更加适合高档服务器的 UNIX 操作系统。RISC 型 CPU 与 Intel 和 AMD 的 CPU 在软件和硬件上都不兼容。

在 RISC 架构的基础上,各服务器厂家研发了多种 CPU 产品,如 IBM 公司的 PowerPC 系列、Sun 公司的 SPARC 系列、HP 公司的 PA-RISC 系列等。

(2) Intel 处理器。

目前能够支持 Intel 处理器的操作系统包括微软的 Windows Advanced Server、Limited Edition 和 Windows XP 64 位版、惠普公司的 HP-UX,以及来自 Caldera、Red Hat、SuSE 和 TurboLinux 公司的 Linux 系统。

(3) AMD 处理器。

AMD Opteron(皓龙)处理器采用 AMD64 结构。AMD64 是以业内标准 X86 指令集结构为基础而加以改良的全新计算技术,可以支持 32 位及 64 位的平台。AMD Opteron 处理器的独特之处是成功将 64 位计算结构集成到 x86 结构之内,使这个统一的新结构可与普遍采用的 x86 结构完全兼容。基于 AMD Opteron 处理器的系统可以同时执行目前及未来的软件,从而消除系统升级 64 位计算的障碍,大大简化系统升级的过程。

2) 服务器的主板

对于服务器而言,稳定性才是首要,服务器必须承担长年累月高负荷的工作要求,而且不能像台式计算机一样随意重启,为了提高其可靠性,普遍的做法都是部件的冗余技术,而这一切的支持都落在主板的肩上。

服务器主板具有如下一些特性。

(1) 服务器的可扩展性决定着它们的专用板型为较大的 ATX、EATX 或 WATX。

(2) 中高端服务器主板一般都支持多个处理器,所采用的 CPU 也是专用的 CPU。

(3) 主板的芯片组也是采用专用的服务器芯片组,比如 Intel E7520、ServerWorks GC-HE 等,不过像入门级的服务器主板,一般都采用高端的台式计算机芯片组(例如 Intel 875P 芯片组)。

(4) 服务器通常要扩展板卡(如网卡、SCSI 卡等),因此服务器主板上会有较多的 PCI、PCI-X、PCI-E 插槽。

(5) 服务器主板同时承载了管理功能。一般都会在服务器主板上集成各种传感器,用于检测服务器上的各种硬件设备,同时配合相应管理软件,可以远程检测服务器,从而使网络管理员对服务器系统进行及时有效的管理。

(6) 在内存支持方面,由于服务器要适应长时间、大流量的高速数据处理任务,因此其能支持高达十几吉字节甚至几十吉字节的内存容量,而且大多支持 ECC 内存以提高可靠性。

(7) 存储设备接口方面。中高端服务器主板多采用 SCSI 接口、SATA 接口而非 IDE 接口,并且支持 RAID 方式以提高数据处理能力和数据安全性。

(8) 在显示设备方面,服务器对显示设备要求不高,一般多采用整合显卡的芯片组,例如,在许多服务器芯片组中都整合有 ATI 的 RAGE XL 显示芯片,要求较高的就采用普通的 AGP 显卡。

(9) 在网络接口方面,服务器主板大多配备双网卡,甚至是双千兆网卡以满足局域网与 Internet 的不同需求。

3) 服务器的内存和缓存

(1) 服务器内存的主要技术有 ECC、Chipkill、Register、FB-DIMM 技术。

Chipkill 是 IBM 公司为了解决服务器内存中 ECC 技术的不足而开发的一种新的 ECC 内存保护标准。带有 Register 的内存一定带 Buffer(缓冲),并且目前能见到的 Register 内存也都具有 ECC 功能,其主要应用在中高端服务器及图形工作站上。FB-DIMM(Fully Buffered-DIMM,全缓冲内存模组)是 Intel 在 DDR2、DDR3 的基础上发展出来的一种新型内存模组与互连架构,既可以搭配现在的 DDR2 内存芯片,也可以搭配未来的 DDR3 内存芯片。FB-DIMM 可以极大地提升系统内存带宽并且极大地增加内存最大容量。

(2) 服务器内存的类型: SDRAM、DDR SDRAM、DDR2 SDRAM。SDRAM(Synchronous Dynamic Random Access Memory)是"同步动态随机存储器",DDR(Double Data Rate)是"双数据传输模式"。

(3) 服务器操作系统对服务器内存的需求比较高。如 Windows Server 2003 网络操作系统,对服务器内存要求 1GB 才能运行较多的网络服务。

(4) 服务器需要的内存容量与服务器的用途有关。在实际应用中,工作组级服务器应为 1~2GB,部门级服务器应为 4~8GB,企业级服务器则应当为 16GB 以上。

(5) CPU 缓存(Cache Memory)可以提高 CPU 读取数据的效率。不同 CPU 的一级缓存容量往往相差不大,二级和三级缓存容量就成为决定 CPU 性能的关键。

4) 服务器的硬盘

由于 IDE 接口硬盘的传输速率比较低,所以服务器硬盘采用 SCSI 硬盘和 SATA 硬盘。

(1) SCSI 硬盘。

SCSI(Small Computer System Interface,小型计算机系统接口)硬盘从最初的 SCSI-1 标准发展到现在的 Ultra320 SCSI,达到 320Mb/s 传输速度。SCSI 硬盘大多采用 Ultra160 和 Ultra320 标准,80 针的接口支持热插拔,68 针不支持。SCSI 主要用于高速应用、磁盘阵列、网络存储。

(2) SATA 硬盘。

SATA(Serial Advanced Technology Attachment,串行高级技术附件)硬盘当前可以实现 150Mb/s 传输速度,下一代可达 300~600Mb/s 传输速度。SATA 主要用于一些使用频率不高,或者并发访问较低的数据存储。

SAS(Serial Attached SCSI)作为新一代的 SCSI 技术,可提升存储系统的效能、可靠性及扩充性,提供与 SATA 硬盘的兼容性,用于满足性能要求苛刻的服务器数据存储。SAS 降低了 70%体积和更低的电耗,从而在密集计算和存储环境中体现出更高价值。

5. 服务器的主要技术

1) 热插拔技术

热插拔技术指在不关闭系统和不停止服务的前提下更换系统中出现故障的部件,达到提高服务器系统可用性的目的。目前的热插拔技术已经可以支持硬盘、电源、扩展卡的热插拔。而系统中更为关键的 CPU 和内存的热插拔技术也已日渐成熟。

2) 冗余磁盘阵列技术

冗余磁盘阵列(Redundant Array of Independent Disks,RAID)是将两块或者是多块的廉价硬盘连接成一个冗余阵列,作为一个独立的大型存储设备出现,然后用特殊方式进行读写盘操作的一种技术。它有效地防止了一块甚至多块硬盘在损坏后数据全部丢失的情况发生。目前对 RAID 级别的定义可以获得业界广泛认同的有 RAID 0、RAID 1、RAID 0+1 和 RAID 5。

3）对称多处理器技术

对称多处理器（Symmetric Multi Processor，SMP）指多个处理器通过共享同一存储区来协调工作。SMP 结点包含两个或两个以上完全相同的处理器，在处理上没有主从之分。每个处理器对结点计算资源享有同等访问权。SMP 系统通过将处理负载分布到各个空闲的 CPU 上来增强性能。在处理分布或执行线程中，各个 CPU 的功能是相同的，它们共享内存及总线结构。系统通过将处理任务队列对称地分布于多个 CPU 上，从而极大地提高了系统的数据处理能力。

4）服务器集群技术

服务器集群（Cluster）是一组相互独立的服务器，通过高速通信网络组成一个计算机系统，并以单一系统的模式进行管理。集群中的多台服务器共享数据存储空间，当其中一台出现故障停止服务时，其他的服务器会自动接管它的服务，从而整体提高了可靠性、容错性和抗灾难性。一旦在服务器上安装并运行了集群服务，该服务器即可加入集群。

常用的服务器集群有以下两种。

（1）将备份服务器连接在主服务器上，当主服务器发生故障时，备份服务器才投入运行，把主服务器上所有任务接管过来。

（2）将多台服务器连接，这些服务器一起分担同样的应用和数据库计算任务，改善关键大型应用的响应时间。同时，每台服务器还承担一些容错任务，一旦某台服务器出现故障时，系统可以在系统软件的支持下，将这台服务器与系统隔离，并通过各服务器的负载转嫁机制完成新的负载分配。

在集群系统中，所有的计算机拥有一个共同的名称，集群内任一系统上运行的服务可被所有的网络客户所使用。集群必须可以协调管理各分离组件的错误和失败，并可透明地向集群中加入组件。用户的公共数据被放置到了共享的磁盘柜中，应用程序被安装到了所有的服务器上，也就是说，在集群上运行的应用需要在所有的服务器上安装一遍。当集群系统在正常运转时，应用只在一台服务器上运行，并且只有这台服务器才能操纵该应用在共享磁盘柜上的数据区，其他的服务器监控这台服务器，只要这台服务器上的应用停止运行（无论是硬件损坏、操作系统死机、应用软件故障，还是人为误操作造成的应用停止运行），其他的服务器就会接管这台服务器所运行的应用，并将共享磁盘柜上的相应数据区接管过来。

5）ISC 技术

ISC（Intel Server Control）是一种网络监控技术，只适用于使用 Intel 的带有集成管理功能主板的服务器。采用这种技术后，用户在一台普通的客户机上就可以监测网络上所有使用 Intel 主板的服务器，监控和判断服务器是否“健康”，一旦服务器中机箱、风扇、内存、处理器、系统信息、温度、电压或第三方硬件中的任何一项出现错误，就会报警提示管理人员。值得一提的是，监测端和服务器端之间的网络可以是局域网也可以是广域网，直接通过网络对服务器进行启动、关闭或重新置位，极大地方便了管理和维护工作。

6）EMP 技术

EMP（Emergency Management Port）技术也是一种远程管理技术，利用 EMP 技术可以在客户端通过电话线或电缆直接连接到服务器，来对服务器实施异地操作，如关闭操作系统、启动电源、关闭电源、捕捉服务器屏幕、配置服务器 BIOS 等操作。应用 ISC 和 EMP 两种技术可以实现对服务器进行远程监控管理。

7)负载均衡技术

网络负载均衡服务在 Windows 2003 Server 及以上高级服务器和 Windows 2003 Server 及以上数据中心服务器操作系统中均可得到。网络负载均衡提高了使用在诸如 Web 服务器、FTP 服务器和其他关键任务服务器上的 Internet 服务器程序的可用性和伸缩性。运行 Windows 2003 Server 及以上的单一计算机可以提供有限级别的服务器可靠性和伸缩性。但是,通过将两个或两个以上运行 Windows 2003 Server 及以上高级服务器的主机连成集群,网络负载均衡就能够提供关键任务服务器所需的可靠性和性能。

8)虚拟化技术

虚拟化的浪潮从各个方向涌来,无论是服务器,还是存储,甚至网络领域。一台虚拟化的服务器就如同一个全功能的服务器,可以在上面安装任何操作系统,进行网络配置,并安装所需要的软件。服务器虚拟化技术在实验环境和生产环境的使用,能够节省资金、整合服务器,并将基础架构发挥到最大化。

6. 服务器的选择

不同行业的用户应该根据应用的实际情况选择服务器的类型和配置,对于服务器的选择要根据应用功能、效率、兼容性和可移植性等多种因素来决定。

1)应考虑应用功能需求

如服务器的主要作用是完成文件和打印服务,硬件配置可较低。如服务器要运行各种网络应用,则应采用多 CPU,以提高运行速度;同时,大的内存可以保证在用户数量较多时保持较高的服务性能,快速大容量硬盘系统同样有利于提高系统整体性能。

2)应重视服务器软件工具的选择

建立一个高效的服务器,需要与服务器应用模式相关的各种软件产品具有高效性、兼容性和可移植性等特点。

(1)系统管理软件应提供系统视图,实现对服务器软件及数据的有效管理。

(2)应用开发工具。对于具体的应用,可以有各种针对性很强的软件开发工具,可在其中选择一种功能较强的,以提高在服务器上的编写应用程序的效率。

(3)开放的服务环境。用以支持客户对网络资源的访问,提供快速连接、快速操作数据库和触发应用程序,以及提供方便友好的用户访问标准界面等。

3)运行的安全可靠性

服务器运行的安全可靠性,是衡量其性能的重要指标。比如热插拔技术和 RAID 冗余磁盘阵列技术的成功应用,使得它的安全可靠性有了保证。

4)好的品牌

好的品牌应从产品特点、产品质量、服务质量、厂商信誉等几个方面比较。由于激烈的市场竞争,一般来说,厂商之间的价格差异不会太大,并且由于产品除主要配置外,附件及扩展能力方面也会影响价格,所以不能一味追求价格低。确定品牌及型号后,接下来应选择经销商。一般来说,从厂商认证的二级经销商中选择经销商比较保险。

总之,必须认真考虑以下几个因素:最好采用业界著名的系统品牌;必须有规格齐全的产品系列;整个系统应该具备优秀的可管理性;在数据保护方面应该具备先进的技术;

售后服务和技术支持体系必须完善。

7.1.7 VPN 设备

虚拟专用网络(Virtual Private Network,VPN)是一种通过公共网络把两个专用网络连接在一起的、进行通信的技术。VPN 可通过服务器、硬件、软件等多种方式实现。

1. VPN 分类

根据不同的划分标准,VPN 可以按几个标准进行分类。

1) 按 VPN 的协议分类

VPN 按使用的协议可分为 PPTP VPN、L2TP VPN、IPSec VPN、GRE VPN、SSL VPN、Open VPN 等。由于 PPTP 和 L2TP 工作在 OSI 模型的第二层,因此又称为第二层隧道协议;IPSec 是第三层隧道协议。

2) 按 VPN 的应用分类

(1) Access VPN(远程接入 VPN)。

客户端到网关,使用公网作为骨干网在设备之间传输 VPN 数据流量称为远程接入 VPN;如公司员工在外地通过公网接入公司内部网络。

(2) Intranet VPN(内联网 VPN)。

网关到网关,由同一公司的位于两地的内部网络利用各自的网关,通过公网连接在一起的 VPN 称为内联网 VPN,如图 7-16 所示。

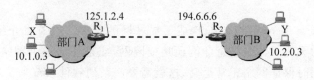

图 7-16 内联网 VPN

(3) Extranet VPN(外联网 VPN)。

网关到网关,由两个公司的内部网络利用各自的网关,通过公网连接在一起的 VPN 称为外联网 VPN。

3) 按所用的设备类型进行分类

网络设备提供商针对不同客户的需求,开发出不同的 VPN 网络设备,主要包括交换机、路由器和防火墙三种。

(1) 路由器式 VPN。部署较容易,只要在路由器上添加 VPN 服务即可。

(2) 交换机式 VPN。主要应用于连接用户较少的 VPN。

(3) 防火墙式 VPN。最常见的一种 VPN 的实现方式,许多厂商都提供这种配置类型。

4) 按照实现原理划分

(1) 重叠 VPN。此 VPN 需要用户自己建立端结点之间的 VPN 链路,主要包括 GRE、L2TP、IPSec 等众多技术。

(2) 对等 VPN。由网络运营商在主干网上完成 VPN 通道的建立,主要包括 MPLS、VPN 技术。

2. VPN 实现方式

VPN 的实现有很多种方法,常用的有以下 4 种。

1）VPN 服务器

在大型局域网中,可以通过在网络中心搭建 VPN 服务器的方法实现 VPN。

2）软件 VPN

可以通过专用的软件实现 VPN。国内外较知名的 VPN 软件有 VPNGate、CyberGhost、Spotflux Lite、Unblock Youku、FlyVPN、ExpressVPN 和 NordVPN 等。

3）硬件 VPN

可以通过专用的硬件实现 VPN。

硬件 VPN 是目前应用最多的 VPN 技术,特点是安全性高。对于软件 VPN,如果安全级别设置太高,则处理速度会下降,传输速度也会降低。如果一味地追求处理速度和传输速率,安全性又难以保障。在这种情况下,硬件 VPN 就诞生了。

专业的硬件 VPN 设备可进行高级别加密和信息处理。如 Cisco VPN 3800 系列支持 3DES 加密技术,加密吞吐量高达 1.9Gb/s。可见,专业的硬件 VPN 可同时满足安全和速度的要求。

4）集成 VPN

某些硬件设备,如路由器、防火墙等,都含有 VPN 功能。

目前,较知名的 VPN 设备厂商有深信服、天融信、启明星辰、H3C、信安世纪、卫士通等。

7.2　局域网的软件系统

7.1 节介绍了局域网的硬件,它们构成了局域网的骨架。本节将介绍局域网的软件系统,它们是局域网的灵魂。无论是企业网还是校园网,或是任何一个网络,构建的目的都是为用户提供服务,同时保证网络正常运转,这就需要一系列软件系统来实现。

以一个典型的校园网为例,它需要提供的服务有 Web 服务、FTP 服务、数据库、办公自动化系统、教学管理系统等。这些服务需要网络操作系统的支撑。同时,为了保证网络的正常运转,网络管理员需要使用网管软件对校园网进行监控、管理;为了抵抗随时会出现的安全威胁(如黑客入侵、病毒等),还需要安全软件,如防病毒软件、防火墙软件、入侵检测软件等。

7.2.1　服务器端操作系统

服务器操作系统可以实现对计算机硬件与软件的直接控制和管理协调。任何计算机的运行离不开操作系统,服务器也一样。

在计算机上配置操作系统的主要目的是用它来管理系统中的资源和方便用户使用,操作系统是用户与计算机硬件系统之间的接口。网络操作系统(Network Operating System,NOS)除了实现单机操作系统的全部功能外,还具备管理网络中的共享资源,实现用户通信以及方便用户使用网络等功能。网络操作系统就是在计算机网络中管理一台或多台主机的软硬件资源、支持网络通信、提供网络服务的程序集合。

网络操作系统是用于网络管理的核心软件,目前流行的各种网络操作系统都支持构架局域网、Intranet、Internet 等网络。在市场上得到广泛应用的网络操作系统有 UNIX、Linux、NetWare、Windows Server 2008、Windows Server 2012 和 Windows Server 2016 等。下面介绍它们各自的特点与应用。

1. UNIX 操作系统

UNIX 是一种多用户、多任务管理操作系统。UNIX 系统由硬件部分、内核、Shell 和应用程序构成，用户通过 Shell 发送用户命令到内核。UNIX 文件系统采用树状结构。UNIX 支持多种处理器架构，按照操作系统的分类，属于分时操作系统。由于 UNIX 发展历史悠久，具有分时操作、良好的稳定性、健壮性、安全性等优秀的特性，适用于几乎所有的大型计算机、中型计算机、小型计算机，也有用于工作组级服务器的 UNIX 操作系统。在中国，一些特殊行业，尤其是拥有大型计算机、小型计算机的单位一直沿用 UNIX 操作系统。

UNIX 操作系统的基本结构如下。

1) 内核层

UNIX 系统内核的作用是与硬件交互并控制硬件向用户程序提供抽象服务。负责计算机系统中的资源管理和进程调度分配，其中包括中断处理、存储器管理、进程管理和 I/O 文件管理等。这些功能由 UNIX 内核中的各个模块实现。其中包括直接控制硬件的各模块。UNIX 的内核是计算机硬件的第一次延伸，向用户提供接口进行服务，而用户不能够直接访问内核。

2) Shell 及专用程序层

Shell 是 UNIX 的用户接口，是 UNIX 系统的重要组成部分。它负责完成用户命令的解释执行，完成 UNIX 系统用户工作环境的设定等，但它不是内核的组成部分。在 UNIX 系统中，一些命令通过应用程序的命令接口来实现。其中编译部件也在 Shell 及专用程序层上。

3) 用户程序层

用户程序层在 Shell 和专用程序的外部，与编译器同处最外层的是用户的实际应用程序。编译器主要完成将用户程序编译成系统可识别和处理的形式，也在用户程序层上。

UNIX 操作系统的特点如下。

（1）多任务和多用户的分时操作系统。

（2）操作系统内核、系统调用、应用程序是 UNIX 的三级系统结构，系统内核通常包括核心管理和控制中心，还有其他的很多系统内核管理机制；系统调用则是管理进程、文件等的一级程序；应用程序则包括其他很多应用级软件、编译程序等。

（3）UNIX 操作系统是使用 C 语言编写的，C 语言具有高级语言的通俗性，也具有低级语言的高效性，非常便于移植和编写。

（4）UNIX 系统的三级架构都是精心编写的，实现操作系统会显得非常简洁美观，同时，操作系统也提供了完善的功能。

（5）为了保证系统的安全性能，UNIX 采用了树状的目录管理结构，因此 UNIX 系统在很多地方具有良好的保密性、安全性和可维护性。

（6）进程对换是 UNIX 系统在进行进程调换时的重要特性，为此，UNIX 系统能够实现更高效的内存管理，并且大大节约内存的容量。

（7）通信机制是操作系统中非常重要的一部分，UNIX 提供了多种操作系统的通信机制。

2. Linux 操作系统

UNIX 虽然是一个安全、稳定且功能强大的操作系统，但它也一直是一种大型的而且对运行平台要求很高的操作系统，只能在工作站或小型计算机上才能发挥全部功能，并且价格昂贵，对普通用户来说是可望不可即的，这为后来的 Linux 的崛起提供了机会，Linux 是一个类 UNIX 操作系统。Linux 是自由的免费开源的,它是以 UNIX 为原型改造的,一个多用户多任务的操作系统,任何人都可以修改其代码和页面。

Linux 具有如下特点。

(1) 完全遵循 POSIX 标准,并扩展支持所有 AT&T 和 BSD UNIX 特性的网络操作系统。

(2) 真正的多任务、多用户系统,内置网络支持,能与 NetWare、Windows Server、OS/2、UNIX 等无缝连接。

(3) 良好的用户界面。Linux 向用户提供了两种界面:用户界面和系统调用。Linux 还为用户提供了图形用户界面。它利用鼠标、菜单、窗口等设施,给用户呈现一个直观、易操作、交互性强的友好的图形化界面。

(4) 设备独立性。是指操作系统把所有外部设备统一当作文件来看待,只要安装它们的驱动程序,任何用户都可以像使用文件一样,操纵、使用这些设备,而不必知道它们的具体存在形式。Linux 是具有设备独立性的操作系统,它的内核具有高度适应能力。

(5) 提供了丰富的网络功能。完善的内置网络是 Linux 一大特点。

(6) 可靠的安全系统。Linux 采取了许多安全技术措施,包括对读、写控制、带保护的子系统、审计跟踪、核心授权等,这为网络多用户环境中的用户提供了必要的安全保障。

(7) 良好的可移植性:将操作系统从一个平台转移到另一个平台使它仍然能保持其自身的方式运行的能力。Linux 是一种可移植的操作系统,能够在从微型计算机到大型计算机的任何环境中和任何平台上运行

(8) 支持多文件系统:Linux 系统可以把许多不同的文件系统以挂载形式连接到本地主机上,包括 Ext2/3、FAT32、NTFS、OS/2 等文件系统,以及网络上其他计算机共享的文件系统 NFS 等,是数据备份、同步、复制的良好平台。

3. NetWare 操作系统

Novell 自 1983 年推出第一个 NetWare 版本后,20 世纪 90 年代初,相继推出了 NetWare 3.12 和 4.n 两个成功的版本。在与 1993 年问世的微软 Windows NT Server 及后续版本的竞争中,NetWare 在用于数据库等应用服务器的性能上做了较大提升。而 Novell 的 NDS 目录服务及后来的基于 Internet 的 e-Directory 目录服务,成了 NetWare 中最有特色的功能。与之相应,Novell 对 NetWare 的认识也由最早的 NOS(局域网操作系统)变为客户机/服务器架构服务器,再到 Internet 应用服务器。1998 年,NetWare 5.0 发布,把 TCP/IP 作为基础协议,且将 NDS 目录服务从操作系统中分离出来,更好地支持跨平台。最新版本 NetWare 6 具备对整个企业异构网络的卓越管理和控制能力。

下面通过对 Novell 的 NetWare 6 性能的介绍,了解该操作系统的特性。

(1) NetWare 6 提供简化的资源访问和管理。

(2) NetWare 6 确保企业数据资源的完整性和可用性。

(3) NetWare 6 以实时方式支持在中心位置进行关键性商业信息的备份与恢复。

(4) Netware 6 支持企业网络的高可扩展性。

(5) NetWare 6 包括 iFolder 功能。

(6) NetWare 6 包含开放标准及文件协议,无需复杂的客户端软件就可以在混合型客户端环境中访问存储资源。

(7) NetWare 6 使用了名为 IPP 的开放标准协议,具有通过互联网安全完成文件打印

工作的能力。

4. Windows Server 2008 操作系统

Windows Server 2008 是微软一个服务器操作系统的名称，它继承 Windows Server 2003。Windows Server 2008 与 Windows Server 2003 相比，总体来说是一款功能强大并且可靠性好的产品。

Windows Server 2008 发行了多种版本，以支持各种规模的企业对服务器不断变化的需求。Windows Server 2008 有 5 种不同版本，另外还有三个不支持 Windows Server Hyper-V 技术的版本，因此总共有 8 种版本。

使用 Windows Server 2008，IT 专业人员能够更好地控制服务器和网络基础结构，从而可以将精力集中在处理关键业务需求上。还提供了一系列新的和改进的安全技术，这些技术增强了对操作系统的保护，为企业的运营和发展奠定了坚实的基础，在设计上允许管理员修改其基础结构来适应不断变化的业务需求，同时保持了此操作的灵活性。它允许用户从远程位置（如远程应用程序和终端服务网关）执行程序，这一技术为移动工作人员增强了灵活性。并且从 DOS 时代开始，文件系统出错就意味着相应的卷必须下线修复，而在 Windows Server 2008 中，一个新的系统服务会在后台默默工作，检测文件系统错误，并且可以在无须关闭服务器的状态下自动将其修复。

Windows Server 2008 使用 Windows 部署服务（WDS）加速对 IT 系统的部署和维护，使用 Windows Server 虚拟化（WSV）帮助合并服务器。Windows Server 2008 提供了一系列新的和改进的安全技术，这些技术增强了对操作系统的保护，为企业的运营和发展奠定了坚实的基础。Windows Server 2008 提供了减小内核攻击面的安全创新（例如 PatchGuard），因而使服务器环境更安全、更稳定。通过保护关键服务器服务使之免受文件系统、注册表或网络中异常活动的影响，Windows 服务强化有助于提高系统的安全性。借助网络访问保护（NAP）、只读域控制器（RODC）、公钥基础结构（PKI）增强功能、Windows 服务强化、新的双向 Windows 防火墙和新一代加密支持，Windows Server 2008 操作系统中的安全性也得到了增强。

Windows Server 2008 在虚拟化技术及管理方案、服务器核心、安全部件及网络解决方案等方面具有众多令人兴奋的创新性能：通过内置的服务器虚拟化技术，Windows Server 2008 可以帮助企业降低成本，提高硬件利用率，优化基础设施，并提高服务器可用性；通过 Server Core、PowerShell、Windows Deployment Services 以及增强的联网与集群技术等，Windows Server 2008 为工作负载和应用要求提供功能最为丰富且可靠的 Windows 平台。

5. Windows Server 2012 操作系统

Windows Server 2012 操作系统是一套基于 Windows 8 基础上开发出来的服务器版系统，取代了之前的 Windows Server 2008，同样引入了 Metro 界面，增强了存储、网络、虚拟化、云等技术的易用性，让管理员更容易地控制服务器。

Windows Server 2012 的增强功能如下。

（1）图形用户界面（Graphical User Interface，GUI）——Windows Server 2012 由 Metro 设计语言开发，因此外观体验和 Windows 8 相似，在 Server Core 模式下安装情况除外。管理员不需要重新安装，可以在 Server Core 和 GUI 选项之间切换。

（2）地址管理（Address Management）——Windows Server 2012 有一个 IP 地址管理

(IPAM)角色,用以发现、监测、审计和管理网络的 IP 地址空间。

(3) Hyper-V——Hyper-V 3.0 提供可扩展的虚拟交换机,允许虚拟网络扩展功能。这在之前版本中很难甚至无法实现。

(4) 活动目录(Active Directory)——活动目录也有了一些改进。基于 PowerShell 的部署向导可以远程运行,在向导非本地运行的情况下,帮助管理员将基于云计算的服务器加载到域控制器。PowerShell 脚本中包含此过程中使用到的命令的副本,此过程完成后,PowerShell 脚本实现附加域控制器的自动化,允许大规模部署活动目录

(5) 文件系统(File System)——文件服务器中增加弹性文件系统(ReFS)。

(6) 存储迁移(Storage migration)——允许动态存储迁移并且在使用 Hyper-V Replica 实现 VM 迁移时不再需要共享存储。

(7) 群集(Clustering)——群集识别实现自动化,这将使得整个群集在更新过程中始终保持在线,可用性上几乎没有损失。

(8) 网卡组合(NIC teaming,NIC)——这是首款内嵌 NIC 的 Windows Server 版本。该功能允许管理员整合 NIC,从而利于故障转移和宽带聚合。生成的服务器恢复作为操作系统的一部分。

6. Windows Server 2016 操作系统

Windows Server 2016 是基于 Long-Term Servicing Branch 1607 内核开发,引入了新的安全层保护用户数据、控制访问权限,增强了弹性计算能力,降低存储成本并简化网络,还提供新的方式进行打包、配置、部署、运行、测试和保护应用程序。

其中,Windows Server 2016 的主要特性如下。

(1) 扩展性安全:Windows Server 2016 引入新的安全层,强化平台应对威胁的能力,控制访问权限和保护虚拟机。

(2) 弹性计算:简化虚拟化升级,新的安装选项,增加弹性,确保基础设备的稳定性而又不失灵活性。

(3) 降低存储成本:软件定义存储的扩展能力,强调适应性、降低成本、增强控制。

(4) 简化网络:新的网络栈带来核心网络功能集、SDN 软件架构,直接从 Azure 到数据中心。

(5) 应用效率和灵活性:Windows Server 2016 提供新的方式进行打包、配置、部署、运行、测试和保护应用程序,连续运行,本地或在云端,使用新的 Windows 容器和 Nano Server 轻量级系统部署选项。

7.2.2 客户端操作系统

计算机桌面是一个独立的计算机处理单元,它是为人们执行自动化任务而设计的。桌面计算机是唯一的,因为它不需要任何网络或外部组件来操作。客户端操作系统是计算机桌面或便携式设备的操作系统。目前常见的 PC 端操作系统有 Windows XP、Windows 7、桌面版 Linux 系统、Mac OS X 等。移动端的操作系统主要有 Android、Symbian、iOS 等。

1. Windows XP 操作系统

Windows 是一个单用户多任务的操作系统,DOS 是一个单用户单任务的操作系统。

Windows XP 是 Microsoft 继 Windows 2000 和 Windows Millennium 之后推出的新一代 Windows 操作系统。Window XP 在现有 Windows 2000 代码基础之上进行了很多改进,

并且针对家庭用户和企业用户的不同需要提供了相应的版本：Windows XP Home Edition 和 Windows XP Professional。

以下是 Windows XP 的功能特点。

(1) 智能化用户界面。

(2) 综合数字媒体的支持。

(3) 出色的兼容性。

(4) 改进的可靠性。

(5) 更加强大的安全性保护。

(6) 对.NET 平台的支持。

(7) 强大的帮助和支持系统。

(8) 更实用的网络功能。

2. Windows 7 操作系统

Windows 7 系统是由微软公司(Microsoft)开发的操作系统,核心版本号为 Windows NT 6.1。

最低配置需求如下。

(1) 1.8GHz 或更高级别的处理器。

(2) 1GB 内存(基于 32 位)或 2GB 内存(基于 64 位)。

(3) 16GB 可用硬盘空间(基于 32 位)或 20GB 可用硬盘空间(基于 64 位)。

(4) 带有 WDDM 1.0 或更高版本的驱动程序的 DirectX 9 图形设备。

Windows 7 可供选择的版本有以下几种。

Windows 7 旗舰版：是针对大中型企业和计算机爱好者的最佳版本,功能最全,在专业版上新增了 Bitlocker 这个功能。

Windows 7 专业版：适合于小型企业及家庭办公的商业用户使用,面向拥有多台计算机或服务器的企业用户,它包含的功能特性可以满足企业高级联网、备份和安全等需求。

Windows 7 家庭高级版：是针对个人用户的主流版本,提供了基于最新硬件设备的全部功能,易于联网,并提供丰富的视觉体验环境。

Windows 7 家庭普通版：是针对使用经济型计算机用户的入门级版本,用于访问互联网并运行基本的办公软件。

Windows 7 系统的特点如下。

(1) 更加安全：Windows 7 改进了安全和功能的合法性,还把数据保护和管理扩展到外围设备。Windows 7 改进了基于角色的计算方案和用户账户管理,在数据保护和坚固协作的固有冲突之间搭建沟通桥梁,同时开启企业级数据保护和权限许可。

(2) 更加简单：搜索和使用信息更加简单,包括本地、网络和互联网搜索功能；直观的用户体验将更加高级,还整合了自动化应用程序提交和交叉程序数据透明性。

(3) 更好的连接：进一步增强移动工作能力,无论何时、何地、任何设备都能访问数据和应用程序,开启坚固的特别协作体验,无线连接、管理和安全功能将得到扩展。性能和当前功能以及新兴移动硬件将得到优化,多设备同步、管理和数据保护功能将被拓展。最后,Windows 7 带来灵活计算基础设施。

(4) 更低的成本：帮助企业优化桌面基础设施,具有无缝操作系统应用程序和数据移植功能,简化 PC 供应和升级,进一步完善完整的应用程序更新和补丁方面的内容。

Windows 7 还包括改进硬件和软件虚拟化体验,扩展 PC 自身的 Windows 帮助和 IT 专业问题解决方案诊断。

3. Linux 桌面版

Linux 操作系统有数量众多的发行版,适用于客户机安装的 Linux 系统通常称为"桌面版"。主流的桌面 Linux 主要分为 3 个派系:Debian 系、RedHat 系、Mandriva 系,这三者都专门为服务器设计,当然,Mandriva 可能有点特殊。但是,最流行的并不是它们本身,而是它们相应的衍生版:Ubuntu\Fedora\SUSE,它们都各自加上了些桌面的要素,大大方便了桌面用户。

红旗 Linux 是 Linux 的一个发展产品,是由中科红旗软件技术有限公司开发研制的国产的操作系统版本。它标志着我国在发展国产操作系统的道路上迈出了坚实的一步。红旗 Linux 桌面版为用户集成了包括上网、图形图像处理、多媒体应用,以及娱乐游戏等完整实用的应用软件及配置工具,结合 Office 办公软件,还能够直接对微软 Office 格式文档进行操作,例如中文编辑和打印等,满足个人用户和政府的办公、上网、教育以及娱乐等需求。

Ubuntu 是一个拥有 Debian 所有的优点,以及自己所加强的优点的近乎完美的 Linux 操作系统。Ubuntu Linux 由马克·舍特尔沃斯创立,其首个版本于 2004 年 10 月 20 日发布,其以每六个月发布一次新版本为目标,使得人们得以更频繁地获取新软件。而其开发目的是为了使个人计算机变得简单易用,但也提供了服务器版本。

Ubuntu 与一般 Linux 操作系统的一个不同之处是,它预装了大量常用的驱动程序及应用软件,如最新的办公套件 OpenOffice. org、Skype、Adobe Flash、各种常用播放软件等。用户安装 Ubuntu 后,马上可以体验到计算机的魅力,而不需要像微软 Windows 那样网上逐一下载软件安装。Ubuntu 项目完全遵从开源软件开发的原则;并且鼓励人们使用、完善并传播开源软件。也就是说,Ubuntu 目前是并将永远是免费的。

4. Mac OS

(1) Mac OS 是一套运行于苹果 Macintosh 系列计算机上的操作系统。Mac OS 是首个在商用领域成功的图形用户界面。

(2) Mac OS 系统是基于 UNIX 内核的图形化操作系统。它把 UNIX 的强大稳定的功能和 Macintosh 的简洁优雅的风格完美地结合起来,自 2001 年推出以来,在业界引起巨大反响。Mac OS 不仅有晶灵动感的操作界面,而且具备诸如抢占式多任务、内存保护以及对称多处理器等一切现代操作系统的特征。作为基于 UNIX 的装机量最大的操作系统,Mac OS 提供了独特的技术原理和简单操作的完美结合,如 Mach 3.0 内核的多线程,紧密的硬件集成和 SMP 安全驱动,以及零配置网络。由苹果公司自行开发。

5. Android

Android 一词的本义指"机器人",同时也是 Google 于 2007 年 11 月 5 日宣布的基于 Linux 平台的开源手机操作系统的名称,该平台由操作系统、中间件、用户界面和应用软件组成,号称是首个为移动终端打造的真正开放和完整的移动软件。随着科技的迅猛发展,以智能手机为代表的 Android 设备如雨后春笋般迅速发展壮大。Android 系统自推出以来,就以明显的优势逐渐扩大自身的市场份额,在国内外都处于蓬勃发展的开拓阶段。

Android 的特点如下。

(1) Android 拥有完善的应用程序框架,支持 4 大应用组件(Activity、Service、ContentProvider、BroadcastReceiver),可以在任意层次上进行复用和更换。

（2）虽然 Android 的主要编程语言是 Java，但 Android 中的 Java 字节码是运行在 Dalvik 虚拟机上的。传统的 JVM 是基于堆栈的，而 Dalvik 虚拟机是基于寄存器的，因此，在 Dalvik 虚拟机上运行的 Java 程序要比在传统的 JVM 上运行的 Java 程序速度要快。

（3）Android 中内置了 WebKit 核心的浏览器，支持 HTML 5 等新的 Web 标准。

（4）2D 和 3D 绘图功能丰富，支持 OpenGLES 2.0，如果手机中带有硬件加速器，3D 图形的渲染会更流畅。

（5）支持轻量级的 SQLite 数据库。

（6）支持众多的硬件传感器（如方向传感器、重力传感器、光学传感器、压力传感器等）和其他的一些硬件，如蓝牙、5G、Wi-Fi、Camera、GPS 等。

（7）支持创新的信息展现方式，如 Toast、Notification 等。

（8）开源的移动操作系统，研发成本低。

（9）集成的 Eclipse 开发环境和完善的硬件仿真器（即 Android 模拟器），以及一些用于程序调试、内存和性能分析的工具。

6. iOS

iOS（原名 iPhone OS，自 iOS 4 后改名为 iOS）是由苹果公司开发的移动操作系统。苹果公司最早于 2007 年 1 月 9 日的 Macworld 大会上公布，最初是设计给 iPhone 使用的，后来陆续套用到 iPod touch、iPad 以及 Apple TV 等产品上。iOS 与苹果的 Mac OS X 操作系统一样，属于类 UNIX 的商业操作系统。最初苹果公司并没有给随 iPhone 发行的 iOS 一个独立的称谓，直到 2008 年才取名为 iPhone OS，并在 2010 年 6 月改名为 iOS。2012 年发布 4 英寸设备 iPhone 5，从此开启多屏幕适配的道路。WWDC 2013 中，苹果发布了 iOS 7，彻底更改了用户界面，将原本拟物的风格转变为平面化风格。

iOS 管理设备硬件并为手机本地应用程序的实现提供基础技术。根据设备不同，操作系统具有不同的系统应用程序，例如 Phone、Mail 以及 Safari，这些应用程序可以为用户提供标准系统服务。

iPhone SDK 包含开发、安装及运行本地应用程序所需的工具和接口。本地应用程序使用 iOS 系统框架和 Objective-C 语言进行构建，并且直接运行于 iOS 设备。它与 Web 应用程序不同，一是它位于所安装的设备上，二是不管是否有网络连接它都能运行。可以说本地应用程序和其他系统应用程序具有相同地位。本地应用程序和用户数据都可以通过 iTunes 同步到用户计算机。

7.2.3 数据库软件系统

数据库系统（Data Base System，DBS）通常由软件、数据库和数据管理员组成。其软件主要包括操作系统、各种宿主语言、实用程序以及数据库管理系统。数据库由数据库管理系统统一管理，数据的插入、修改和检索均要通过数据库管理系统进行。数据管理员负责创建、监控和维护整个数据库，使数据能被任何有权使用的人有效使用。数据库系统是为适应数据处理的需要而发展起来的一种较为理想的数据处理的核心机构。计算机的高速处理能力和大容量存储器提供了实现数据管理自动化的条件。

1. 数据库系统的发展

在数据库的发展历史上，数据库先后经历了层次数据库、网状数据库和关系数据库等各个阶段的发展。关系数据库已经成为目前数据库产品中最重要的一员,自 20 世纪 80 年代以来,几乎所有的数据库厂商新出的数据库产品都支持关系数据库。随着云计算的发展和大数据时代的到来,关系数据库越来越无法满足需要,这主要是由于越来越多的半关系和非关系数据需要用数据库进行存储管理,以此同时,分布式技术等新技术的出现也对数据库的技术提出了新的要求,于是越来越多的非关系数据库就开始出现,这类数据库与传统的关系数据库在设计和数据结构有了很大的不同,它们更强调数据库数据的高并发读写和存储大数据,这类数据库一般被称为 NoSQL(Not only SQL)数据库。

1) 网状数据库

最早出现的是网状 DBMS。网状模型中以记录为数据的存储单位。记录包含若干数据项。网状数据库的数据项可以是多值的和复合的数据。每个记录有一个唯一地标识它的内部标识符,称为码(Database Key,DBK),它在一个记录存入数据库时由 DBMS 自动赋予。DBK 可以看作记录的逻辑地址,可作记录的替身,或用于寻找记录。网状数据库是导航式(Navigation)数据库,用户在操作数据库时不但要说明做什么,还要说明怎么做。例如,在查找语句中不但要说明查找的对象,而且要规定存取路径。

2) 层次数据库

层次型数据库管理系统是紧随网络型数据库而出现的。现实世界中很多事物是按层次组织起来的。层次数据模型的提出,首先是为了模拟这种按层次组织起来的事物。层次数据库也是按记录来存取数据的。层次数据模型中最基本的数据关系是基本层次关系,它代表两个记录型之间一对多的关系,也叫作双亲子女关系(PCR)。数据库中有且仅有一个记录型无双亲,称为根结点。其他记录型有且仅有一个双亲。在层次模型中从一个结点到其双亲的映射是唯一的,所以对每一个记录型(除根结点外)只需要指出它的双亲,就可以表示出层次模型的整体结构。层次模型是树状的。

3) 关系数据库

1974 年,出现了 SQL(Structured Query Language,结构化查询语言),包括定义、操纵、查询和控制功能,至今也占有重要地位。

1978 年,Oracle 1.0 诞生,它除了能完成简单关系查询之外,不能做任何事,但在短短十几年中不断完善,成为商业巨头。虽然关系数据库系统的技术已经很成熟了,但是随着市场信息和信息技术的发展,其局限性也暴露出来,它能很好地处理所谓的"表格型数据",却无法处理当前出现的越来越多的复杂类型数据(如文本、图像、视频等)。

4) 分布式数据库

开始于 20 世纪 70 年代中期,这个时期出现了早期的分布式数据库系统。例如,1979年,美国计算机公司在 DEC 计算机上实现了世界上第一个分布式数据库系统 SDD-1。随后不到十年时间内,分布式数据库发展特别迅猛。1987 年,C. J. Date 提出了完全的、真正的分布式数据库系统应该遵循的原则,该原则被作为分布式数据库系统的理想目标。20 世纪 90 年代以来,分布式数据库系统进入商业化应用阶段,传统关系数据库产品均发展成以计算机网络及多任务操作系统为核心的分布式数据库产品。

5) 云数据库

云计算(Cloud Computing)的迅猛发展使得数据库部署和虚拟化在"云端"成为可能。云数据库是数据库部署和虚拟在云计算环境下,通过计算机网络提供数据管理服务的数据库。因为云数据库可以共享基础架构，极大地增强了数据库的存储能力，消除了人员、硬件、软件的重复配置。

6）NoSQL 数据库

虽然关系数据库系统的技术已经很成熟了，但是随着市场信息和信息技术的发展，其局限性也暴露出来，它能很好地处理表格型数据，却无法处理当前出现的越来越多的复杂类型数据（如文本、图像、视频等）。尤其是步入互联网 2.0 和移动互联网时代，许多互联网应用有高并发、海量数据处理、数据结构不统一的特点，传统的关系数据库不能很好地支持这些场景。而非关系数据库有高并发读写、数据高可用性、海量数据存储和实时分析等特点，能较好地支持这些应用需求。因此，一些非关系型数据库也开始兴起。

为解决大规模数据集合和多种数据种类带来的挑战，NoSQL 数据库应运而生。NoSQL 一词最早出现于 1998 年，是 Carlo Strozzi 开发的一个轻量级、开源、不提供 SQL 功能的数据库。NoSQL 仅仅是一个概念，泛指非关系型数据库，区别于关系型数据库。它们不保证关系数据库的四个特征：原子性、一致性、隔离性、持久性（Atomicity、Consistency、Isolation、Durability，ACID）。

2. 主流关系数据库软件介绍

1）IBM DB2

DB2 是 IBM 开发的一系列关系型数据库管理系统，分别在不同的操作系统平台上服务。虽然 DB2 产品是基于 UNIX 的系统和个人计算机操作系统，在基于 UNIX 系统和微软在 Windows 系统下的 Access 方面，DB2 追寻了 Oracle 的数据库产品。

DB2 主要应用于大型应用系统，具有较好的可伸缩性，可支持从大型计算机到单用户环境，应用于 OS/2、Windows 等平台下。DB2 提供了高层次的数据利用性、完整性、安全性、可恢复性，以及小规模到大规模应用程序的执行能力，具有与平台无关的基本功能和 SQL 命令。DB2 采用了数据分级技术，能够使大型计算机数据很方便地下载到 LAN 数据库服务器，使得客户机/服务器用户和基于 LAN 的应用程序可以访问大型计算机数据，并使数据库本地化及远程连接透明化。它以拥有一个非常完备的查询优化器而著称，其外部连接改善了查询性能，并支持多任务并行查询。DB2 具有很好的网络支持能力，每个子系统可以连接十几万个分布式用户，可同时激活上千个活动线程，对大型分布式应用系统尤为适用。

2）Oracle

Oracle Database 又名 Oracle RDBMS，或简称 Oracle，是甲骨文公司的一款关系数据库管理系统。到目前仍在数据库市场上占有主要份额。拉里·埃里森和他的朋友，之前的同事 Bob Miner 和 Ed Oates 在 1977 年建立了软件开发实验室咨询公司（Software Development Laboratories，SDL）。

Oracle 数据库是一种大型数据库系统，一般应用于商业、政府部门，它的功能很强大，能够处理大批量的数据，在网络方面也用的非常多。不过，一般的中小型企业都比较喜欢用 MySQL，SQL Server 等数据库系统，它的操作很简单，功能也非常齐全。只是相比较 Oracle 数据库而言，在处理大量数据方面有些不如 Oracle。

3）Informix

Informix 是 IBM 公司出品的关系数据库管理系统（RDBMS）家族。作为一个集成解决方案，它被定位为作为 IBM 在线事务处理（OLTP）旗舰级数据服务系统。IBM 对 Informix

和 DB2 都有长远的规划,两个数据库产品互相吸取对方的技术优势。在 2005 年早些时候,IBM 推出了 Informix Dynamic Server(IDS)第 10 版。目前最新版本的是 IDS11(v11.50,代码名为"Cheetah 2"),在 2008 年 5 月 6 日全球同步上市。

4) Sybase

Sybase 是美国 Sybase 公司研制的一种关系型数据库系统,是一种典型的 UNIX 或 Windows NT 平台上客户机/服务器环境下的大型数据库系统。Sybase 提供了一套应用程序编程接口和库,可以与非 Sybase 数据源及服务器集成,允许在多个数据库之间复制数据,适于创建多层应用。系统具有完备的触发器、存储过程、规则以及完整性定义,支持优化查询,具有较好的数据安全性。Sybase 通常与 Sybase SQL Anywhere 用于客户机/服务器环境,前者作为服务器数据库,后者为客户机数据库,采用该公司研制的 PowerBuilder 为开发工具,在我国大中型系统中具有广泛的应用。

5) SQL Server

1989 年,微软发布了 SQL Server 1.0 版。1993 年,在推出 Windows NT 3.1 后不久,微软如期发布了 SQL Server 的 Windows NT 版,并取得了成功。继 1995 年发布代号为 SQL 95 的 SQL Server 6.0 后,微软推出了影响深远的 SQL Server 6.5。SQL Server 6.5 是一个性能稳定、功能强大的现代数据库产品。值得一提的是,该产品完全是使用 Windows 平台的 API 完成的,没有使用未公开的内部函数,完全作为一个应用程序工作,不直接使用操作系统的地址空间。SQL Server 6.5 采用多线程模型,支持动态备份,内嵌大量可调用的调试对象,提供开放式接口和一整套开发、管理、监测工具集合,还提供了多 CPU 的支持。MS SQL Server 6.5 Enterprise Edition 在 6.5 基础上,主要增加了对群集 (Cluster)的支持,1998 年年底发布的 MS SQL Server 7.0 是微软划时代的产品,它完全摆脱了 Sybase 体系的框架,完全由微软独立设计和开发。目前的最新版本是 SQL Server 2008。

6) PostgreSQL

PostgreSQL 是一种特性非常齐全的自由软件的对象-关系型数据库管理系统 (ORDBMS),可以说是目前世界上最先进,功能最强大的自由数据库管理系统。PostgreSQL 是以加州大学伯克利分校计算机系开发的 Postgres 4.2 为基础的对象关系型数据库管理系统(ORDBMS)。Postgres 领先的许多概念只是在非常迟的时候才出现在商业数据库中。

7) Access

Microsoft Office Access 是由微软发布的关联式数据库管理系统。它结合了 Microsoft Jet Database Engine 和图形用户界面两项特点,是 Microsoft Office 的成员之一。其实 Access 也是微软公司另一个通信程序的名字,想与 ProComm 以及其他类似程序来竞争。可是事后微软证实这是个失败计划,并且将它中止。数年后他们把名字重新命名于数据库软件。另外,Access 还是 C 语言的一个函数名和一种交换机的主干道模式。

8) FoxPro

FoxPro 最初由美国 Fox 公司于 1988 年推出,1992 年 Fox 公司被 Microsoft 公司收购后,相继推出了 FoxPro 2.5、2.6 和 Visual FoxPro 等版本,其功能和性能有了较大的提高。FoxPro 2.5、2.6 分为 DOS 和 Windows 两种版本,分别运行于 DOS 和 Windows 环境下。

FoxPro 比 FoxBASE 在功能和性能上又有了很大的改进,主要是引入了窗口、按钮、列表框和文本框等控件,进一步提高了系统的开发能力。

9) MySQL

MySQL 是一个小型关系型数据库管理系统,开发者为瑞典 MySQL AB 公司。在 2008 年 1 月 16 日被 Sun 公司收购。而 2009 年,Sun 又被 Oracle 收购。目前 MySQL 被广泛地应用在 Internet 上的中小型网站中。由于其体积小、速度快、总体拥有成本低,尤其是开放源码这一特点,许多中小型网站为了降低网站总体拥有成本而选择了 MySQL 作为网站数据库。

3. 非结构化数据库软件介绍

1) TRIP

TRIP 源自于瑞典皇家工学院 1972 年开发的图书情报检索专用软件 3RIP。1985 年,瑞典 Paralog 公司在 3RIP 基础上开发出 TRIP 后,在图书情报界以外的企业、公共机关中间找到了更多的用户。堪称是世界上最早、最成熟的全文检索系统。我国在 1987 年推出了基于单汉字倒排技术的中英文兼容的 TRIP 系统,并于 1988 年年底实现了世界上首例大型中文文献全文检索服务系统。此后,TRIP 为全国科技情报界和新华社、经济日报等单位采用。随着计算机应用和互联网的普及,信息处理的对象越来越多涉及多媒体数据,TRIP 系统所擅长于处理的领域越来越广。TRIP 系统尚在原有的全文检索系统基础上,研发了一系列新产品,在文档管理、内容管理、知识管理以及媒体管理领域内,提供了世界领先的解决商务需求的检索应用技术。

2) Tokyo Cabinet

Tokyo Cabinet 是源自日本的一款 DBM 数据库。Tokyo Cabinet 是一个用 C 语言写的数据存储引擎,以键/值的方式存储数据,支持 Hash、B+ tree、Hash Table 等多种数据结构。同时提供了 C、Perl、Ruby、Java 和 Lua 等多种语言的 API 支持,但是如果通过网络来访问,就需要用 TT。Tokyo Cabinet 数据库读写非常快,Hash 模式写入 100 万条数据只需 0.643s,读取 100 万条数据只需 0.773s,是 Berkeley DB 等 DBM 的几倍。

3) MongoDB

MongoDB 是一个高性能、开源、无模式的文档型数据库,是当前 NoSQL 数据库产品中最热门的一种。它在许多场景下可用于替代传统的关系型数据库或键/值存储方式,MongoDB 使用 C++ 开发。MongoDB 是一个介于关系数据库和非关系数据库之间的产品,是非关系数据库当中功能最丰富,最像关系数据库的。它支持的数据结构非常松散,是类似 JSON 的 BJSON 格式,因此可以存储比较复杂的数据类型。MongoDB 最大的特点是它支持的查询语言非常强大,其语法有点类似于面向对象的查询语言,几乎可以实现类似关系数据库单表查询的绝大部分功能,而且还支持对数据建立索引。它是一个面向集合的、模式自由的文档型数据库。

4) CouchDB

CouchDB 是 Apache 组织发布的一款 NoSQL 开源数据库项目,是面向文档类型的 NoSQL。它由 Erlang 编写而成,使用 JSON 格式去保存数据。所谓文档数据库,并不是说它只能存储文本。CouchDB 的字段只有三个:文档 ID、文档版本号和内容。内容字段可以看到是一个 TEXT 类型的文本,里面可以随意定义数据,而不用关注数据类型,但数据必须以 JSON 的形式表示并存放。CouchDB 以 RESTful API 的格式提供服务,可以很方便地开发各种语言的客户端。CouchDB 支持分布式结点的精确复制同步,可以在一个庞大的应用中,随意增加分布式的 CouchDB 结点,以支持数据的均衡。

7.2.4 网管软件系统

网管软件系统是辅助网络管理员对局域网进行管理的软件系统。网管软件是每个网管人员都熟悉的软件类型,跟进了解这些新技术和新功能是每个网管必须要精进的功课。

1. 网管系统主流技术及其应用

目前的网络管理软件虽然在自动化和智能化方面有了很大提升,但这并不意味着网管员不需要了解网管软件的各种协议、技术、特性和配置等信息。一方面,在网管软件的几个主要方面中,尤其是配置管理方面,主要还要依靠网络设备自带的配置管理软件或通过超级终端使用命令行来进行详细配置;另一方面,网管软件的技术发展很快,不停地有新技术和新功能推出。因此,网络管理人员对网管产品、网管协议和技术的了解还是十分必要的。

1) 网管软件的主要协议

虽然各网管软件提供商在产品性能方面不尽相同,但是基本上都采用了 SNMP、DMI、WMI、TCP/IP、SPX/IPX、SNA、DECNET、SAN 等协议,如 3Com Network、BMC Software、游龙科技的 SiteView 等。SNMP 是由一系列协议组和规范组成的,它们提供了一种从网络上的设备中收集网络管理信息的方法。另外,有些网络管理软件采用了 CMIP (一种较 SNMP 更为详细的网络管理协议),但由于其自身的一些缺陷,并未被广泛使用。

2) 网管软件的主要技术及方向

随着网络管理需求的不断增加,越来越多的网络管理技术被开发和使用,下面简要介绍网络管理领域相关的一些最新技术及其应用。

(1) Portal 技术。

Portal 是一个基于浏览器的、建立和开发企业信息门户的软件环境,具有很强的可扩展性、兼容性和综合性。它提供了对分布式软件服务和信息资源的安全、可管理的框架。便于使用的 Portal 界面为每个用户提供了所需要的信息和 Web 内容,同时也保证了每个用户只能访问他所能访问的信息资源和应用逻辑。

(2) RMON 技术。

网络管理技术的一个新的趋势是使用 RMON(远程网络监控)。RMON 的目标是为了扩展 SNMP 的 MIB-Ⅱ(管理信息库),使 SNMP 更为有效、更为积极主动地监控远程设备。

(3) 基于 Web 的网络管理技术。

由于 Web 有独立的平台,且易于控制和使用,因而常被用来实现可视化的显示。

(4) XML 技术。

采用 XML 技术,系统提供了标准的信息源,可以与企业内部的其他专业系统或外部系统进行数据交互。

(5) CORBA 技术。

CORBA 是 OMG(Object Management Group)为解决不同软硬件产品之间互操作而提出的一种解决方案。简单地说,CORBA 是一个面向对象的分布式计算平台,它允许不同的程序之间可以透明地进行互操作,而不用关心对方位于何地、由谁来设计、运行于何种软硬件平台以及用何种语言实现等,从而使不同的网络管理模式能够结合在一起。

(6) SNMPTrap 技术。

建立在简单网络管理协议(SNMP)上的网络管理,人们通常使用 SNMPTrap 机制进行日志数据采集。生成 Trap 消息的事件(如系统重启)由 Trap 代理内部定义,而不是通用格式定义。由于 Trap 机制是基于事件驱动的,代理只有在监听到故障时才通知管理系统,非故障信息不会通知给管理系统。对于该方式的日志数据采集只能在 SNMP 下进行,生成的消息格式单独定义,对于不支持 SNMP 的设备通用性不是很强。网络设备的部分故障日志信息,如环境、SNMP 访问失效等信息由 SNMPTrap 进行报告,通过对 SNMP 数据报文中 Trap 字段值的解释就可以获得一条网络设备的重要信息,由此可见,管理进程必须能够全面正确地解释网络上各种设备所发送的 Trap 数据,才能完成对网络设备的信息监控和数据采集。

(7) syslog 技术。

已成为工业标准协议的系统日志(syslog)协议是在加州大学伯克利软件分布研究中心(BSD)的 TCP/IP 系统实施中开发的,目前,可用它记录设备的日志。在路由器、交换机、服务器等网络设备中,syslog 记录着系统中的任何事件,管理者可以通过查看系统记录,随时掌握系统状况。它能够接收远程系统的日志记录,在一个日志中按时间顺序处理包含多个系统的记录,并以文件形式存盘。同时不需要连接多个系统,就可以在一个位置查看所有的记录。

3) 网管软件的发展趋势

总体来说,网管软件的发展趋势将体现在以下几个方面。

(1) 系统平台化。

网管综合化一直是用户追求的目标。系统平台化因其适配灵活、构筑方便且扩展性好,慢慢成为系统的发展方向。

(2) 管理更集中。

网管系统从开始就体现了集中的思想。首先是集中维护,然后有了集中监控、集中管理。

(3) 处理更分布。

与建设规模更集中相反,系统的处理方式将更分布。一方面,由于更大规模的集中导致系统处理负荷急剧增加,从负载平衡和健壮性的角度考虑,分布式的处理都是最佳的解决办法。另一方面,合理的分布方式有效地提供了系统的扩展能力,也为大规模集中提供解决途径。

(4) 与资源结合紧密。

网管(NMS)和资源管理(RMS)是 OSS 的重要组成部分。资源管理偏重于资源数据的静态管理和调度,而网管系统从某种程度上也可以认为是资源管理的一种监测、控制和实施工具。网管系统只有与被管网络的资源数据有机结合在一起,才能够真正做到动态、智能化的管理和维护。

(5) 更多面向业务。

电信行业的市场化直接影响到了网管的发展变化,这种影响是方向性的。随着业务类型的不断翻新,对于工单的处理能力要求必然日益提高,网管系统必然在体系上要保证对工单的控制、管理和实施。同时,对于设备和网络的控制将越来越多地与工作流和预案管理相结合,网管的智能化程度将得到更大的提升,网管的业务快速实施能力必然得到极大的加强。

总的来说,网管软件的平台化、管理集中化、更多面向业务等是目前及以后网管技术的一种趋势,各网络管理软件提供商开发和应用的重点也正随之做出调整。对于网络系统,网管将开始扮演越来越重要的角色。

2. 网络管理软件的分类及相应功能

随着网络应用和规模的不断增加,网络管理工作越来越繁重,网络故障也频频出现:不了解网络运行状况,系统出现瓶颈;当系统出现故障后,不能及时发现、诊断;网络设备众多,配置管理非常复杂;网络安全受到威胁;ISP需要控制访问,通过流量和时间对用户计费。以前当网络出现故障时,许多企业会简单地通过再购买些服务器来解决问题,而现在可能会考虑购买网管软件来加强网络管理,以优化现有网络性能,网管软件市场开始迅速变大。

网管系统开发商针对不同的管理内容开发相应的管理软件,形成了多个网络管理方面。目前主要的几个发展方面有:网管系统(NMS)、应用性能管理(APM)、应用性能管理、桌面管理(DMI)、员工行为管理(EAM)、安全管理。当然,传统网络管理模型中的资产管理、故障管理仍然是热门的管理课题。

1) 网管系统

网管系统主要是针对网络设备进行监测、配置和故障诊断。主要功能有自动拓扑发现、远程配置、性能参数监测、故障诊断。网管系统主要由两类公司开发,一类是通用软件供应商,另一类是各个设备厂商。

通用软件供应商开发的NMS是针对各个厂商网络设备的通用网管系统,目前比较流行的有OpenView、Micromuse、Concord等网管系统。

各个设备厂商为自己产品设计的专用NMS对自己的产品监测、配置功能非常全面,可监测一些通用网管系统无法监测的重要性能指标,还有一些独特配置功能。但是对其他公司生产的设备基本上就无能为力了。目前比较流行的设备厂商网管软件有CiscoWorks 2000、NetSight,国内的Linkmanage、iManager。选择时,要考虑以下因素:

(1) 网络拓扑搜索的准确率。目前许多网管系统都提供自动拓扑搜索功能,但是不同产品的网络拓扑搜索结果差别很大,目前还没有一种网络管理产品可以完全准确地搜索出所有网络设备。

(2) 配置功能是否完善。通常设备厂商的网管系统配置功能比较完善,但只针对特定设备;通用产品配置功能相对弱一些,但通用性比较高。如果网络设备数量较少,或种类较多,各个设备厂商的产品都有,对配置功能的要求就要降低,能完成通用、简单配置就可以了,目前还没有哪家网络管理产品可以完成多个厂商的网络设备复杂设置。如果网络设备多而且网络设备基本都是一个厂商的,可以考虑购买该厂商自己的网络管理产品,一个批量修改网络设备配置的功能就可以大大减轻网络管理人员的工作量。

(3) 系统的开放性。主要考虑网管系统是否能和其他网管系统集成。目前网管系统解决的问题各不相同,一个企业很可能会购买多种网管系统,这样导致一个企业内部网中也会有多套网管系统共存,如果没有开放接口,管理人员就不得不通过不同的操作台管理不同系统。

2) 应用性能管理

应用性能管理(APM)主要指对企业的关键业务应用进行监测、优化,提高企业应用的可靠性和质量,保证用户得到良好的服务,降低 IT 总拥有成本(TCO)。一个企业的关键业务应用的性能强大,可以提高竞争力,并取得商业成功,因此,加强应用性能管理(APM)可以产生巨大商业利益。应用性能管理主要功能如下。

(1) 监测企业关键应用性能。

(2) 快速定位应用系统性能故障。

3) 桌面管理系统

桌面管理环境是由最终用户的计算机组成,这些计算机运行 Windows、Mac 等系统。桌面管理是对计算机及其组件管理,内容比较多,目前主要关注资产管理、软件派送和远程控制。桌面管理系统通过以上功能,一方面减少了网管员的劳动强度,另一方面增加了系统维护的准确性、及时性。这类系统通常分为两部分——管理端和客户端。

选择时,要考虑以下因素。

(1) 用户自身管理模式。

(2) 支持的操作系统种类。

(3) 网络带宽占用情况。

4) 员工行为管理

员工行为管理包括两部分,一部分是员工网上行为管理(EIM),另一部分是员工桌面行为监测。它一般在 Internet 应用层、网络层对信息控制,对数据根据 EIM 数据库进行过滤;定制 Internet 访问策略,根据用户、团组、部门、工作站或网络设置不同的 Internet 网访问策略。

选择该类产品时应考虑以下问题。

(1) 管理规模、软件效率。

(2) 报告质量。

(3) 设置灵活性。

5) 安全管理

网络安全管理指保障合法用户对资源安全访问,防止并杜绝黑客蓄意攻击和破坏。它包括授权设施、访问控制、加密及密钥管理、认证和安全日志记录等功能。目前市场上的防火墙产品和入侵检测(IDS)产品很多,防火墙有 Check Point、NetScreen、Cisco PIX 等。IDS有 ISS 公司的 RealSecure、Axent 的 ITA、ESM,以及 NAI 的 CyberCopMonitor 等。在选择产品时可以考虑系统自身性能稳定,系统协议分析检测能力及解码速率、系统升级服务等。

3. 常见网管软件简介

网管软件是用于对网络中所包含组件(例如服务器、路由交换、防火墙、链路、流量)的性能和状态进行实时监控的软件。

1) HP OpenView NNM 网管软件

HP OpenView 网管软件 NNM(Network Node Manager)以其强大的功能、先进的技术、多平台适应性在全球网管领域得到了广泛的应用。首先,HP OpenView NNM 具有计费、认证、配置、性能与故障管理功能,功能较为强大,特别适合网管专家使用。其次,HP OpenView NNM 能够可靠运行在 HP-UX10.20/11.X、Sun Solaris 2.5/2.6、Windows NT 4.0 等多种操作系统平台上,它能够对局域网或广域网中所涉及的每一个环节中的关键网络设备及主机部件(包括 CPU、内存、主板等)进行实时监控,如发现所有意外情况即实时报警。该软件还可测量实际的端到端应用响应时间及事务处理参数。

NNM 软件比较适合电信运营商、移动服务供应商、ISP、宽带服务供应商等网管方面有大规模投入、具备网管专家,而且 HP-UX 设备较多的用户。

2) IBM Tivoli NetView 网络管理软件

IBM Tivoli NetView 秉承 IBM 风范,关注高端用户,特别是 IBM 整理解决方案的用户。Tivoli NetView 软件中包含一种全新的网络客户程序,这种基于 Java 的控制台比以前的控制台具有更大的灵活性、可扩展性和直观性,可允许网管人员从网络中的任何位置访问 Tivoli NetView 数据。从这个新的网络客户程序可以获得有关结点状况、对象收集与事件方面的信息,也可对 Tivoli NetView 服务器进行实时诊断。

它能监测 TCP/IP 网络,显示网络的拓扑结构,管理各种事件;监视系统运行和收集系统性能数据。Tivoli NetView 采用分布式的管理,减少了整体系统的维护费用,同时 Tivoli NetView 兼容多种厂家的设备并拥有全球数百个厂商的支持。

目前在金融领域,借助 IBM 主机在该领域的强大用户群体,该产品具有超过 50% 的市场份额,在其他行业,如电信、食品、医疗、旅游、政府、能源和制造业等也有众多用户。比较适合网管方面有大规模投入、具备网管专家,而且 IBM 设备较多的用户。

3) CA Unicenter 网络管理软件

Computer Associates(CA)是全球领先的电子商务软件公司,Unicenter 就是 CA 公司的一套网管产品。它的显著特点是功能丰富、界面较友好、功能比较细化。它提供了各种网络和系统管理功能,可以实现对整个网络架构的每一个细小细节(从简单的 PDA 到各种大型主机设备)的控制,并确保企业环境的可用性。从网络和系统管理角度来看,Unicenter 可以工作在 Windows NT 到大型主机的所有平台上;从自动运行管理方面来看,它可以实现日常业务的系统化管理,确保各主要架构组件(Web 服务器和应用服务器中间件)的性能和运转。从数据库管理来看,它还可以对业务逻辑进行管理,确保整个数据库范围的最佳服务。

它不仅可以对支持标准 SNMP(简单网管协议)的设备进行直接管理,还能够对不支持 SNMP 的网络设备进行管理,极大地扩展了设备管理的范围。在采集和汇总大量原始数据的基础上,Unicenter 的性能管理根据考核指标的要求自动生成直观、易懂的性能报表,通过 Unicenter,来自各个系统、数据库、应用系统所产生的消息、报警等事件,将自动传送到管理员那里,而无须等待系统轮询。管理员对需要报告的事件和程度进行方便的定义和修改,以满足企业的具体需要,根据这些事件,管理员可以灵活地定义事件发生之后的相应措施。

产品适用于电信运营商、IT 技术服务商、金融、运输、企业、教育、政府等网管方面有大规模投入、IT 管理机构健全、维护人员水平较高的用户。

4) 其他

除了上述三大网管软件外,还有许多优秀的网络管理软件,满足各种不同的需求。国外的有 Cisco 公司的 CiscoWorks、3Com 公司的 Network Supervisor、美国 NetScout 公司的

nGenius Performance Manager 和硬件探针、Micromuse 公司的 NetCool 网管系统、Concord 公司的 Concord eHealth 软件套装等。通过分析企业需求，国内网络管理软件提供商提出了"基于平台级设计思路"和"面向业务"，实现对网络、服务器、应用程序的综合管理。另外，少数国内成熟、专业的网管软件提供商已经推出了拥有"完全自主知识产权"和"本土化"的网络管理软件，如游龙科技的 SiteView、北大青鸟的 NetSureXpert 网管系统、神州数码的 LinkManager、北邮的 FullView、亚信网管、武汉擎天的 QTNG 等。

7.2.5　应用软件系统

1. OA 系统

办公自动化(Office Automation,OA)是一门综合性的科学技术，兴于 20 世纪 70 年代后的美国和日本。按照美国麻省理工学院 M. C. 季斯曼教授的定义：OA 就是将计算机技术、通信技术、系统科学与行为科学应用于用传统的数据处理技术难以处理的量非常大而结构又不明确的那些业务上的一项综合技术。

OA 软件的核心应用：流程审批、协同工作、公文管理(国企和政府机关)、沟通工具、文档管理、信息中心、电子论坛、计划管理、项目管理、任务管理、会议管理、关联人员、系统集成、门户定制、通讯录、工作便签、问卷调查、常用工具(计算器、万年历等)。

OA 管理平台基于"框架＋应用组件＋功能定制平台"的架构模型，主体部分由 30 多个子系统组成，包括信息门户、协同工作、工作流程、表单中心、公文流转、公共信息、论坛管理、问卷调查、计划管理、会务管理、任务管理、关联项目、关联人员、文档管理、外部邮件、在线考试、车辆管理、物品管理、设备管理、常用工具、办理中心、在线消息、督办系统、短信平台、常用工具、人事管理、功能定制平台、集成平台、系统管理等。

OA 强调办公的便捷方便，提高效率，作为办公软件就应具备几大特性：易用性、健壮性、开放性、严密、实用。

应用 OA 的优点如下。

(1) 效果直接：通过 OA 系统可以直接提高工作效率，加强企业的快速反应能力。

(2) 易于理解实施：OA 系统要比其他系统更容易理解，以企业信息化基础薄弱时更为切实可行。

(3) 投资风险小：一方面，企业 OA 系统的投资金额相对较小；另一方面，OA 系统的选择比较容易，如果功能齐全、厂商有较强的实力、产品能支持二次开发，就能确保实施成功。

(4) 能有效推动企业整体信息化水平的提升：通过直接见效的 OA 系统，可以有效地提升企业人员对信息化的认识与熟悉程度，从心理上、技能上都能更好地接受信息化，也可以使企业积累信息系统的实施经验，从而为实施更加复杂的 ERP、CRM 等系统打下良好基础。

2. 视频会议系统

视频会议系统(Video Conference System)包括软件视频会议系统和硬件视频会议系统。视频会议又称网络会议电视、网络视讯会议等，它可以实现在两点和多点间实时传送活动图像、语音及应用数据(电子白板、图形)等形式的信息。适用于远程会议、远程面试、网络小规模讨论等。目前视频会议逐步向着多网协作、高清化、开发化的方向发展着。

一般的视频会议系统包括 MCU 多点控制器（视频会议服务器）、会议室终端、PC 桌面型终端、电话接入网关（PSTNGateway）、Gatekeeper（网闸）等几个部分。各种不同的终端都连入 MCU 进行集中交换，组成一个视频会议网络。此外，语音会议系统可以让所有桌面用户通过 PC 参与语音会议，这些是在视频会议基础上的衍生。目前，语音系统也是多功能视频会议的一个参考条件。

国际电信联盟 ITU 对于视音频通信及其兼容性的技术进行了规范，在这些基本的协议中，同时对语音、视频、数字信号的编码格式，用户控制模式等要件进行了相关的规定。ITU-T 制定的适用于视频会议的标准有：H. 320 协议（用于 ISDN 上的群视频会议）、H. 323 协议（用于局域网上的桌面视频会议）、H. 324（用于电话网上的视频会议）、H. 310（用于 ATM 和 B-ISDN 网络上的视频会议）和 H. 264（高度压缩数字视频编解码器标准）。其中，H. 323 协议成为目前应用最广最通用的协议标准，而 H. 264 是目前最先进的网络音视频编解码技术。

1）硬件视频会议系统及软件视频会议系统

硬件视频会议是基于嵌入式架构的视频通信方式，依靠 DSP＋嵌入式软件实现视音频处理、网络通信和各项会议功能。硬件视频会议系统主要包括嵌入式 MCU、会议室终端、桌面终端等设备。其中，MCU 部署在网络中心，负责码流的处理和转发；会议室终端部署在会议室，与摄像头、话筒、电视机等外围设备互联；桌面终端集成了小型摄像头和 LCD 显示器，可安放在办公桌上作为专用视频通信工具。

软件视频会议系统的原理和硬件视频会议系统基本相同，不同之处在于其 MCU 和终端都是利用高性能的 PC 与服务器结合的软件来实现。另外，由于视频会议系统软件完全依赖于 PC，因此在数据共享和应用方面比硬件视频会议灵活方便。但软件视频在稳定性、可靠性方面还有待提高，视频质量普遍无法超越硬件视频系统，它当前的市场主要集中在个人和企业，政府、大型企业也逐渐开始慢慢接受，并越来越多地运用到会议当中。

2）云视频会议

云视频会议平台架构根据视频信息安全标准和视频信息交换标准构建，由基础设施服务 IaaS、平台服务 PaaS、软件服务 SaaS 组成。

IaaS 能为不同用户提供虚拟化环境，提供了计算和存储功能，具备数据存储服务、同步服务、管理服务和备份服务等功能。

PaaS 能为用户提供软件服务模式，能为企业提供定制化研发的中间件平台，同时涵盖数据库和应用服务器等。云视频会议平台上的 PaaS 核心服务主要包括安全服务、目录服务、总线服务、工作流、身份认证和共享服务等。

SaaS 能为不同用户根据各自的需求提供软件，且无须对视频会议软件进行维护。云视频会议平台在向客户提供在线会议服务的同时，也提供软件的离线操作和本地数据存储。真正做到用户能随时随地使用定购的软件和服务。

总体来说，云视频会议基于平台架构，面向 Web 视频会议的基本需求。能为平台用户提供租用服务，实现了用户之间的视频、音频、白板操作、会议预约、屏幕共享等功能，提高了云计算下高速的视频会议用户体验，节约了用户的维护成本。

3. 行业软件

行业软件就是针对特定行业而专门制定的、具有明显行业特性的软件，如 ERP 系统、财务软件等。行业软件具有针对性强、易操作等特点。下面以 ERP 系统为例介绍一下行业软件的特点。

ERP 是 Enterprise Resource Planning 的简称，即企业资源计划，也称为企业资源规划。ERP 系统是一种商业战略，它集成了制造、财务和分销职能，以便实现动态的平衡和优化企业的资源。ERP 系统是一种集成的应用软件包，可以用于平衡制造、分销和财务功能。ERP系统是基于关系型数据库管理系统（Relational DataBase Management System，RDBMS）、计算机辅助软件工程（Computer-Aided Software Engineering，CASE）、第四代程序和客户机/服务器体系架等技术从制造资源计划（Manufacturing Resource Planning，MRP Ⅱ）演变过来的。当成功地实施了完整的 ERP 系统之后，ERP 系统允许企业优化业务流程、执行各项必要的管理分析以及快速有效地提供决策支持。随着技术的不断进步，ERP 系统不断增强了应对市场变化的能力。

从系统的角度来看，ERP 系统是一个有着自己的目标、组成部分和边界的有机统一的系统。只有当 ERP 系统的各个组成部分的运行达到协调一致时，ERP 系统才能真正地发挥出效能。

（1）ERP 系统的目标是改进和流线化企业的内部业务流程，然后在此基础上提高企业的管理水平、降低成本以及增加效益。一般情况下，在实施 ERP 系统时，需要对企业的当前业务流程进行再造。

（2）ERP 系统包括 4 个组成部分：ERP 软件、流线化的业务流程、终端用户以及支持ERP 软件的硬件和操作系统。

① ERP 系统的核心是 ERP 软件。ERP 软件是一种基于模块的应用程序。每一个软件模块都自动化企业内部的某个职能领域的业务活动。一般情况下，ERP 软件涉及产品计划、零部件采购、库存管理、产品分销、订单跟踪以及财务管理和人力资源管理等职能。

② 流线化的业务流程。管理学家 Anthony 把企业中的业务流程划分为 3 个层次，即战略计划层、管理控制层和业务操作层。ERP 软件作为一种企业级的管理解决方案，应该支持企业各个层次业务流程的流线化。实践证明，许多成功的 ERP 系统正是因为集成了跨职能部门的业务流程而达到了预期的目标。

③ 终端用户。ERP 系统的终端用户是企业中各个层次的员工，既包括企业底层的业务人员，也包括企业高层的决策人员和中层的管理人员。

④ 支持 ERP 软件的硬件和操作系统。据统计，UNIX 操作系统由于具有高的安全性、可靠的稳定性和强大的网络功能而成为当前运行 ERP 软件的主要操作系统。除此之外，Windows 操作系统和 Linux 操作系统也是运行 ERP 软件的比较常用的操作系统。

（3）ERP 系统的边界。一般认为，ERP 系统的边界小于实施该 ERP 系统的企业的边界。相对来说，供应链管理系统、客户关系管理系统和电子商务系统的边界扩展到实施了这些系统的企业的供应商、合作伙伴和客户。在实践中，如果 ERP 系统的实施涉及与企业外部信息系统的集成，那么意味着这种实施内容包括 ERP 系统和其他系统。

ERP 系统把企业中的各个部门和职能集成到了一个计算机系统中，它可以为各个职能部门的不同需求提供服务。主要优点如下。

（1）在业务控制层，ERP 系统可以降低业务成本。

（2）在管理控制层，ERP 系统可以促进实时管理的实施。

（3）在战略计划层，ERP 系统可以支持战略计划。

常见的 ERP 软件品牌为 SAP、Oracle、金蝶、用友、神州数码、浪潮、管家婆等。

7.2.6 安全软件系统

对于局域网而言，安全威胁始终存在，因此，部署有效的安全软件是必须认真考虑的问题。常见的安全软件主要有防病毒软件、防火墙软件、入侵检测软件、漏洞扫描软件等。安全软件是一种可以对病毒、木马等一切已知的对计算机有危害的程序代码进行清除的程序工具。

1. 常见防病毒软件简介

（1）瑞星。北京瑞星网安技术股份有限公司创立于 1991 年，一直专注于网络安全领域，坚持自主研发，拥有完整的自主知识产权，帮助政府及企业有效应对网络安全威胁。瑞星企业级网络安全整体解决方案包括终端安全解决方案、云安全解决方案及网关安全解决方案。

瑞星公司基于先进的反病毒领域技术优势和经验，可以帮助用户抵御各类流行病毒威胁，具备强大的网络安全防御能力。同时瑞星作为一家拥有完整自主知识产权的网络安全整体解决方案提供商，在国内设有监控中心、研发中心和病毒响应中心等，为用户提供完整的安全服务。

（2）Kaspersky Lab。公司为个人用户、企业网络提供反病毒、防黑客和反垃圾邮件产品。经过十四年与计算机病毒的战斗，Kaspersky Lab 获得了独特的知识和技术，使得 Kaspersky Lab 成为病毒防卫的技术领导者和专家。该公司的旗舰产品——著名的 Kaspersky Lab 安全软件，主要针对家庭及个人用户，能够彻底保护用户计算机不受各类互联网威胁的侵害。

（3）Symantec Norton Internet Security。Symantec 的诺顿网络安全特警（Norton Internet Security），首次整合了正在申请专利的 Veritas VxMs（驱动程序原始卷直接访问）技术，具有检测操作系统内核模式运行的 Rootkit 和修复功能，极大提高了对隐藏在系统深处 Rootkit 的检测及删除能力，从根本上杜绝了病毒被删除后又反复发作的情况。

在第三方汤普森计算机安全实验室进行的 Rootkit 检测及清除测试中，诺顿力压其他同类软件稳获第一。独有 Bloodhound 启发式扫描技术可有效拦截新型未知病毒。智能主动防御技术不是逐一防护病毒的亚种和变种，而是作为已知组采取对策，因此不需要逐个病毒定义就能提供"零小时"防护。

自动防护功能可以在计算机启动的同时自动运行，自动清除各种木马软件、广告软件、间谍软件等恶意黑客工具。自动实时清除功能可检测间谍软件、广告软件、键盘间谍软件等恶意黑客工具，并执行自动清除等适当的处理。恶意代码防护功能可以检测到用于非法保存 Internet 访问信息的恶意代码，并可根据用户的指示加以清除。

独有的智能双向防火墙采用全新的 ALEs 引擎及 Trust 处理器，自动设定最佳的防火墙规则，在允许善意的应用程序正常访问的同时自动阻止间谍软件、蠕虫、病毒、犯罪软件及黑客窃取用户计算机中的敏感信息，不会经常弹出需要用户进行选择的允许或拒绝的对话框。入侵防御功能可阻止间谍软件、蠕虫、病毒和黑客利用用户计算机上的系统漏洞和安全漏洞对计算机进行入侵。

（4）McAfee Internet Security Suite。McAfee 公司总部位于加利福尼亚的圣克拉拉市，1998 年收购欧洲第一大反病毒厂商 Dr. Solomon，利用最新的加速处理和智能识别技术全面更新了其防病毒产品引擎。

McAfee 的安全产品使用屡获殊荣的技术，易于安装，而且随附无限制的电子邮件和聊天帮助。McAfee 使用连续的自动更新来确保用户在订购期内始终获得最新的安全保护，从而抵御 Internet 上不断变化的威胁。

2. 常见防火墙软件简介

1）Windows Firewall

这是 Windows 系统自带的功能。Windows 防火墙其实只是个简单的访问规则管理工具，并不是严格意义上的防火墙，Windows 防火墙不能做过滤也不防止 ARP 攻击等，它只能按已经存在的规则来阻止程序访问网络。

（1）帮助阻止计算机病毒和蠕虫进入计算机。但是不能做到检测或禁止计算机病毒和蠕虫。

（2）询问是否允许或阻止某些连接请求。

（3）创建安全日志，记录成功或失败的连接，一般用于故障诊断。

（4）有助于保护计算机，阻止未授权用户通过网络或 Internet。

2）ISA Server

Internet Security and Acceleration(ISA)Server 是 Microsoft 推出的集防火墙、代理服务器于一身的服务器端软件，它同时有代理服务器（代理客户端共享上网）、防火墙功能。它构建在 Windows 操作系统安全、管理和目录上，以实现基于策略的访问控制、加速和网际管理。

当企业网络接入 Internet 时，Internet 为组织提供与客户、合作伙伴和员工连接的机会。这种机会的存在，同时也带来了与安全、性能和可管理性等有关的风险和问题。ISA Server 旨在满足当前通过 Internet 开展业务的公司的需要。ISA 服务器提供了多层企业防火墙，来帮助防止网络资源受到病毒、黑客的攻击以及未经授权的访问。ISA Server Web 缓存使得组织可以通过从本地提供对象（而不是通过拥挤的 Internet）来节省网络带宽并提高 Web 访问速度。

无论是部署成专用的组件还是集成式防火墙和缓存服务器，ISA Server 都提供了有助于简化安全和访问管理的统一管理控制台。它通过强大的集成式管理工具来提供安全而快速的 Internet 连接性。

3. 其他类型的安全软件系统

1）入侵检测软件

入侵检测(Intrusion Detection)是对入侵行为的检测。它通过收集和分析网络行为、安全日志、审计数据、其他网络上可以获得的信息以及计算机系统中若干关键点的信息，检查网络或系统中是否存在违反安全策略的行为和被攻击的迹象。

常见入侵检测软件如下。

（1）Snort：这是一个几乎人人都喜爱的开源 IDS，它采用灵活的基于规则的语言来描述通信，将签名、协议和不正常行为的检测方法结合起来。其更新速度极快，成为全球部署最为广泛的入侵检测技术，并成为防御技术的标准。通过协议分析、内容查找和各种各样的预处理程序,Snort 可以检测成千上万的蠕虫、漏洞利用企图、端口扫描和各种可疑行为。

(2) OSSEC HIDS:这是一个基于主机的开源入侵检测系统,它可以执行日志分析、完整性检查、Windows 注册表监视、Rootkit 检测、实时警告以及动态的适时响应。除了其 IDS 的功能之外,它通常还可以被用作一个 SEM/SIM 解决方案。因为其强大的日志分析引擎,互联网供应商、大学和数据中心都乐意运行 OSSEC HIDS,以监视和分析其防火墙、IDS、Web 服务器和身份验证日志。

2)漏洞扫描软件

漏洞扫描是对计算机进行全方位的扫描,检查当前的系统是否有漏洞,如果有漏洞则需要马上进行修复,否则计算机很容易受到网络的伤害甚至被黑客借助于计算机的漏洞进行远程控制,那么后果将不堪设想,所以漏洞扫描对于保护计算机和上网安全是必不可少的。有的漏洞系统自身就可以修复,而有些则需要手动修复。

7.2.7 虚拟化软件

局域网中使用的虚拟化软件有很多种,常见的有 VMware Workstation、Citrix XenCenter/Essential、Microsoft System Center、Microsoft Hyper-V 等。

1. VMware Workstation

VMware Workstation 是一款功能强大的桌面虚拟计算机软件,提供用户可在单一的桌面上同时运行不同的操作系统,进行开发、测试、部署新的应用程序的最佳解决方案。VMware Workstation 的开发商为 VMware(中文名"威睿"),多年来,VMware 开发的 VMware Workstation 产品一直受到全球广大用户的认可,它可以使用户在一台机器上同时运行两个或更多 Windows、DOS、Linux、Mac 系统。与"多启动"系统相比,VMware 采用了完全不同的概念。多启动系统在一个时刻只能运行一个系统,在系统切换时需要重新启动机器。VMware 是真正同时运行多个操作系统在主系统的平台上,就像标准 Windows 应用程序那样切换。而且每个操作系统都可以进行虚拟的分区、配置而不影响真实硬盘的数据,甚至可以通过网卡将几台虚拟机用网卡连接为一个局域网,极其方便。

VMware Workstation 允许操作系统(OS)和应用程序(Application)在一台虚拟机内部运行。虚拟机是独立运行主机操作系统的离散环境。在 VMware Workstation 中,用户可以在一个窗口中加载一台虚拟机,它可以运行自己的操作系统和应用程序。用户可以在运行于桌面上的多台虚拟机之间切换,通过一个网络共享虚拟机(例如一个公司局域网),挂起和恢复虚拟机以及退出虚拟机,这一切不会影响主机操作和任何操作系统或者其他正在运行的应用程序。

2. Microsoft System Center

Microsoft System Center 适用于虚拟化平台的产品有 System Center Virtual Machine Manager 2008 R2(SCVMM)、System Center Configuration Manager(SCCM)、System Center Operation Manager(SCOM)、System Center Data Protection Manager(DPM)。SCVMM 为虚拟化数据中心提供全面的、跨平台的管理解决方案,以帮助对虚拟基础结构进行集中管理、提高服务器利用率以及对虚拟 IT 基础结构进行动态资源优化。SCCM 为宿主服务器提供自动化升级服务,以及可以实现虚拟机环境的自动化升级服务。通过使用 SCCM 对虚拟机环境进行自动化升级,减少了企业对虚拟机管理维护的成本,提高了虚拟环境的安全稳定性。简化了系统部署,实现任务自动化。SCOM 对物理服务器和虚拟机的统一监控,可以轻松监控成千上万台物理服务器和虚拟机、应用程序和客户端,它还提供一个 IT 环境运行状况的完整视图,能够快速对破坏活动做出反应。DPM 可以实现对 Hyper-V 服务器的虚拟机进行集中备份,不需要在虚拟机上单独安装 DPM 的 Agent,大大增加了备份的效率和灵活性。

3. Citrix XenCenter/Essential

Citrix XenServer 是思杰基于 Linux 的虚拟化服务器。Citrix XenServer 是一种全面而易于管理的服务器虚拟化平台,基于强大的 Xen Hypervisor 程序之上。Xen 技术被广泛看作业界最快速、最安全的虚拟化软件。XenServer 是为了高效地管理 Windows(R) 和 Linux(R) 虚拟服务器而设计的,可提供经济高效的服务器整合和业务连续性。

XenServer 是在云计算环境中经过验证的企业级虚拟化平台,可提供创建和管理虚拟基础架构所需的所有功能。它深得很多要求苛刻的企业信赖,被用于运行最关键的应用,而且被最大规模的云计算环境和 xSP 所采用。

通过整合服务器,降低电源、冷却和数据中心空间需求来降低成本,允许在几分钟内完成新服务器置备和 IT 服务交付,进而提高 IT 灵活性,确保可始终达到应用要求和性能水平标准,减少故障影响,防止灾难,进而最大限度地减少停机。免费版 XenServer 配备有 64 位系统管理程序和集中管理、实时迁移及转换工具,可创建一个虚拟平台来最大限度地提高虚拟机密度和性能。Premium 版 XenServer 扩展了这一平台,可帮助任何规模的企业实现管理流程的集成和自动化,是一种先进的虚拟数据中心解决方案。

4. Microsoft Hyper-V

Hyper-V 是微软的一款虚拟化产品,是微软第一个采用类似 VMware ESXi 和 Citrix Xen 的基于 Hypervisor 的技术。

Hyper-V 采用微内核的架构,兼顾了安全性和性能的要求。Hyper-V 底层的 Hypervisor 运行在最高的特权级别下,微软将其称为 ring -1(而 Intel 则将其称为 root mode),而虚拟机的 OS 内核和驱动运行在 ring 0,应用程序运行在 ring 3 下,这种架构就不需要采用复杂的 BT(二进制特权指令翻译)技术,可以进一步提高安全性。

由于 Hyper-V 底层的 Hypervisor 代码量很小,不包含任何第三方的驱动,非常精简,所以安全性更高。Hyper-V 采用基于 VMbus 的高速内存总线架构,来自虚机的硬件请求(显卡、鼠标、磁盘、网络),可以直接经过 VSC,通过 VMbus 总线发送到根分区的 VSP,VSP 调用对应的设备驱动,直接访问硬件,中间不需要 Hypervisor 的帮助。

这种架构效率很高,不再像以前的 Virtual Server,每个硬件请求都需要经过用户模式、内核模式的多次切换转移。更何况 Hyper-V 现在可以支持 Virtual SMP,Windows Server 2008 虚机最多可以支持 4 个虚拟 CPU;而 Windows Server 2003 最多可以支持 2 个虚拟 CPU。每个虚机最多可以使用 64GB 内存,而且还可以支持 X64 操作系统。

Hyper-V 可以很好地支持 Linux,我们可以安装支持 Xen 的 Linux 内核,这样 Linux 就可以知道自己运行在 Hyper-V 之上,还可以安装专门为 Linux 设计的 Integrated Components,里面包含磁盘和网络适配器的 VMbus 驱动,这样 Linux 虚机也能获得高性能。

Hyper-V 可以采用半虚拟化(Para-virtualization)和全虚拟化(Full-virtualization)两种

模拟方式创建虚拟机。半虚拟化方式要求虚拟机与物理主机的操作系统(通常是版本相同的 Windows)相同,以使虚拟机达到高的性能;全虚拟化方式要求 CPU 支持全虚拟化功能(如 Inter-VT 或 AMD-V),以便能够创建使用不同的操作系统(如 Linux 和 Mac OS)的虚拟机。

从架构上讲,Hyper-V 只有"硬件-Hyper-V-虚拟机"三层,本身非常小巧,代码简单,且不包含任何第三方驱动,所以安全可靠,执行效率高,能充分利用硬件资源,使虚拟机系统性能更接近真实系统性能。

7.2.8 网站集群管理

网站集群建设就是将各站点连为一体,支持全部站点的统一管理,将现有的各职能部门的信息联系起来,使得同一组织内各个站点之间不再互相孤立。以统一的门户协同为来访者提供服务。来访者可以方便地通过一站式服务平台统一获得信息和服务。站点群管理是实现统一权限分配、统一导航和检索、消除"信息黑洞"和"信息孤岛"的基础。统一开发供各部门共享共用网站集群的软硬件资源,共享共用的网站管理系统、互动交流系统。

网站群技术发展早期从 CMS 发展而来,作为 CMS 的一种扩展,很容易地实现单站点到多站点的管理;数据的存储模式自然地选择了集中存储的模式,即多站点的信息统一存储到一个库、表中,通过标记进行区分。这样的模式,使得产品从 CMS 升级到站群的成本降到了最低,也为早期快速满足用户的需求做出了贡献。

在网站群逐步走向成熟的过程中,用户不断增长的需求对第一代站群技术提出了挑战。

(1) 网站集群的数量越来越大,单库存储成为速度提高的瓶颈。

(2) 网站互动功能的要求越来越高,原先整站生成静态 HTML 的模式越来越不可用。

(3) 单站点在不断成长,个性化的要求越来越高,有很多数据扩展的要求。

(4) 用户希望已有的网站也可以集成到群里,而不是推倒重建。

这些日益强烈的需求推动了网站群技术的进一步发展,逐步成形了第二代网站群技术:网站集群技术。主要标志有:

(1) 每个站点的数据库独立、文件系统独立、应用独立,从而降低单个站点的高耦合所带来的整个网站群崩溃的风险。

(2) 使用 LDAP 技术建立全局的用户体系,使用户体系更加开放和可扩展;如论坛、博客、SNS 等系统通过 LDAP 技术均可实现 SSO 单点登录。

(3) 信息资源的共享采用独立的信息交换平台,如电子政务中很成熟的公文交换平台技术,实现信息的开放式共享、抓取、整合等操作。

网站管理系统采用先进的架构,通常能够支持 Windows、Linux、UNIX 等操作系统,支持 Oracle 数据库,同时支持当前主流的数据库系统,如 SQL Server、Sybase、MySQL 等,并且支持 Weblogic、Tomcat 等应用服务器。系统提供基于 XML 的数据交换接口,支持与第三方软件的应用集成。

典型的网站管理系统包括大汉网站群管理系统、维网网站群管理系统、博达网站集群系统。

7.3　网络功能配置

在局域网中,提供各种服务(如 Web 服务、FTP 服务、DHCP 服务等)都需要网络操作系统的支撑。常见的网络操作系统有 UNIX、Linux、Windows Server 等系列。这其中,使用 Linux 系列中的 RHEL(Red Hat Enterprise Linux) 6.0 来提供各种网络服务是比较简单和流行的方式,同时这种网络操作系统也支持虚拟化功能。

7.3.1　DHCP 服务器的配置

本节首先介绍 DHCP 服务器的基本概念和 DHCP 客户端获得 IP 地址等配置的过程,然后介绍在 RHEL(Red Hat Enterprise Linux) 6.0 中 DHCP 服务器的配置和管理。

1. DHCP 服务器的基本概念

TCP/IP 网络上的每台计算机都必须有唯一的计算机名称和 IP 地址。当网络的规模比较小时,可以手动配置计算机的 IP 地址。如果网络的规模比较大,再采用手动配置 IP 地址时,不仅工作量大,而且容易出现错误。此外,将计算机移动到不同的子网时,必须更改 IP 地址。如果手动更改 IP 地址,无疑会使管理工作变得复杂。

DHCP(Dynamic Host Configuration Protocol,动态主机配置协议)是一个简化主机 IP 地址分配管理的 TCP/IP 标准协议,它能够动态地向网络中每台设备分配独一无二的 IP 地址,并提供安全、可靠、简单的 TCP/IP 网络配置,确保不发生地址冲突,帮助维护 IP 地址的使用。

DHCP 提供了以下好处。

(1) 安全而可靠的配置。DHCP 避免了由于需要手动在每个计算机上输入值而引起的配置错误,DHCP 还有助于防止由于在网络上配置新的计算机时重用以前指派的 IP 地址而引起的地址冲突。

(2) 减少配置管理。使用 DHCP 服务器可以大大降低用于配置和重新配置网上计算机的时间。可以配置服务器以便在指派地址租约时提供其他配置值。这些值是使用 DHCP 选项指派的。

另外,DHCP 租约续订过程还有助于确保客户端配置需要经常更新的情况(如使用移动或便携式计算机频繁更改位置的用户),通过客户端直接与 DHCP 服务器通信可以高效自动地进行这些改动。

2. DHCP 客户端如何获得配置

DHCP 客户使用两种不同的过程来与 DHCP 服务器通信并获得配置:初始化租约过程和租约续订过程。

当客户计算机首先启动并尝试加入网络时,执行初始化过程。在客户端拥有租约之后将执行续订过程,但是需要使用服务器续订该租约。

(1) 初始化租约过程。

启用 DHCP 的客户端首次启动时,会自动执行初始化过程以便从 DHCP 服务器获得租约。该过程的步骤如下。

① DHCP 客户端在本地子网广播 DHCP 探索消息(DHCP Discover)。

② DHCP 服务器通过包含为客户端租约提供的 IP 地址的 DHCP 提供消息(DHCP Offer)进行响应。

③ 如果没有 DHCP 服务器对客户探索请求进行响应,当客户端在 Windows 下运行并且仍未禁用 IP 自动配置时,客户端自动配置 IP 地址,以便与自动客户配置一起使用。如果客户端未在 Windows 下运行(或 IP 自动配置已被禁用),则客户端初始化失败。如果仍然保持运行,则它在后台继续重发 DHCP 探索消息(每 5 分钟 4 次),直至接收到来自服务器的 DHCP 提供消息。

④ 客户端一旦收到 DHCP 提供的消息,就通过 DHCP 请求消息(DHCP Request)回复服务器来选择提供的地址。

⑤ DHCP 服务器发送 DHCP 确认消息(DHCP ACK)表示租约已批准。同时,其他的 DHCP 选项信息也包含在确认消息中。

⑥ 客户端一旦接收到确认消息,就使用消息回复中的信息来配置其 TCP/IP 属性并加入网络。DHCP 服务器和客户端之间的租约产生过程如图 7-17 所示。

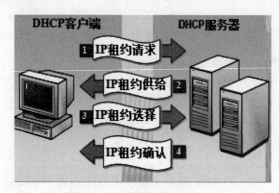

图 7-17　租约产生过程

(2) 租约续订过程。

当 DHCP 客户端关闭并在相同的子网上重新启动时,它一般能获得与它关机之前的 IP 地址相同的租约。

经过 50% 的客户端租约时间后,客户端会尝试通过 DHCP 服务器来续订其租约,其过程如下。

① 客户端直接向它所租用的服务器发送 DHCP 请求消息(DHCP Request)以续订和扩展当前的地址租约。

② 如果能够访问到服务器,则 DHCP 服务器通常向客户端发送 DHCP 确认消息(DHCP ACK),该客户端续订当前租约。同时,和初始化租约过程中一样,其他 DHCP 的选项信息也包含在该回复消息中。自从客户端获得租约之后,只要有选项信息发生变化,客户端就会相应地更新其配置。

③ 如果客户端不能与其最初的 DHCP 服务器通信,则客户端会一直等到它进入重新绑定状态。DHCP 服务器在到达该状态时,客户端会尝试通过任何可用的 DHCP 服务器来续订其租约。

④ 如果服务器用 DHCP 提供消息(DHCP Offer)进行响应以更新当前客户端租约,则客户端可根据提供服务器来续订其租约并继续运行。

⑤ 如果租约过期并且未联系到服务器,则客户端必须立即终止使用其租用的 IP 地址,然后客户端按照其初始启动操作期间使用的相同过程来获得新的 IP 地址租约。

3. Linux 平台下配置 DHCP 服务器

1) 安装 DHCP 服务器

在安装 DHCP 服务之前,需要确信服务器已经有一个固定的 IP 地址,如果没有,可以使用 ifconfig 命令自行设置。

(1) 安装 DHCP 服务器程序。

默认情况下,RHEL 6.0 并没有安装 DHCP 服务器程序,使用 rpm -qa dhcp 命令看不到任何提示。这时在光驱中放入 RHEL 6.0 的安装光盘,使用 mount 命令挂载光驱,然后使用 rpm 命令来安装 DHCP 服务器程序。具体过程如图 7-18 所示。

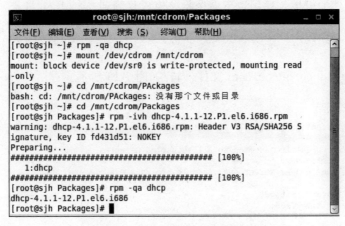

图 7-18 安装 DHCP 服务器程序

(2) 启动 DHCP 服务。

将 DHCP 服务器程序安装到系统中后,该服务程序的启动脚本程序位于/etc/rc. d/init. d 目录中,名为 dhcpd,使用该脚本程序可启动 DHCP 服务器程序。因此,可使用以下命令启动 DHCP 服务器程序:♯/etc/rc. d/init. d/dhcpd start,同时也可使用 ♯ service dhcpd start 启动 DHCP 服务器程序。使用 ♯/etc/rc. d/init. d/dhcpd restart 和 ♯ service dhcpd restart 都可以重启 DHCP 服务器程序。

由于还没有对 DHCP 服务器进行任何配置,因此此时启动 DHCP 服务失败。

(3) 查看 DHCP 服务状态。

使用 ♯ service dhcpd status 或者 ♯/etc/rc. d/init. d/dhcpd status 都可以查看 DHCP 服务器程序的运行状态。

(4) 停止 DHCP 服务。

若要停止 DHCP 服务器程序,则可使用 ♯/etc/rc. d/init. d/dhcpd stop 命令或者 ♯ service dhcpd stop。

2) 配置 DHCP 服务器

安装 DHCP 服务器程序后,系统自己并不会自动生成 DHCP 的配置文件,因此无法启动 dhcpd 进程,所以安装完成后,首先要进行的工作就是对 DHCP 服务器进行配置。

(1) 相关的配置文件。

与 DHCP 服务器相关的配置文件有以下两个。

① 主配置文件(/etc/dhcp/dhcpd.conf)。

打开该文件后,里面是下面三行注释,并没有实际的内容,因此 dhcpd 服务器程序启动时会失败。

```
#  DHCP Server Configuration file.
#  see /usr/share/doc/dhcp * /dhcpd.conf.sample
#  see 'man 5 dhcpd.conf'
```

从注释的内容可看到,在/usr/share/doc/dhcp * (这里的星号表示 DHCP 的版本)目录中可找到配置文件的模板。使用以下命令将该模板复制到/etc/dhcp 目录:

```
#  cp /usr/share/doc/dhcp - 4.1.1/dhcpd.conf.sample /etc/dhcp/dhcpd.conf
```

再次打开/etc/dhcp/dhcpd.conf 文件,内容如图 7-19 所示。

```
# dhcpd.conf
#
# Sample configuration file for ISC dhcpd
#
# option definitions common to all supported networks...
option domain-name "example.org";
option domain-name-servers ns1.example.org, ns2.example.org;

default-lease-time 600;
max-lease-time 7200;

# Use this to enble / disable dynamic dns updates globally.
#ddns-update-style none;

# If this DHCP server is the official DHCP server for the local
# network, the authoritative directive should be uncommented.
#authoritative;

# Use this to send dhcp log messages to a different log file (you also
# have to hack syslog.conf to complete the redirection).
log-facility local7;
```

图 7-19 dhcpd 的配置文件模板

该文件中主要包括一套声明集和一套参数集及大部分以“#”开头的注释语句。下面的语句就是一个网段的声明,也就是用这个声明来定义一个 IP 作用域,以便 DHCP 服务器向发出请求的 DHCP 客户端分配地址。

```
subnet 192.168.0.0 netmask 255.255.255.0 {
    option routers              192.168.0.1;
    option subnet - mask        255.255.255.0;
    option domain - name        "domain.org";
    option domain - name - servers  192.168.0.2;
    option time - offset         - 18000;
    range 192.168.0.100         192.168.0.200;
}
```

下面这段声明则用来为某台计算机保留特定的 IP 地址。

```
host ns {
    hardware ethernet 12:34:56:78:AB:CD;
    fixed-address 192.168.0.13;
    option routers                192.168.0.1;
    option domain-name-servers    192.168.0.2;
    }
```

其中以 option 开头的语句为选项,具体格式为:

```
option 选项名 选项值;
```

除了选项外,还可以设置参数,参数总是由设置项和设置值两部分组成,并且要以";"结束。例如:

```
default-lease-time 21600;
max-lease-time 43200;
```

如果选项/参数在一个声明里设置,那么选项/参数将为局部选项,只在局部有效。如果选项/参数在声明外设置,则为全局选项,全局有效。

复制 dhcpd.conf 配置文件之后,仍然启动不了 DHCP 服务,还必须根据自己的要求进行一些配置。

② IP 地址分配信息(/var/lib/dhcpd/dhcpd.leases)。

这个文件主要用来记录 DHCP 服务器分配出去的 IP 地址及相应的客户端信息。

(2) 配置实例。

【实例 7-1】 假设公司有一台服务器,采用 RHEL 6.0 作为操作系统,它除了作为 NAT 服务器供整个局域网共享上网之外,还提供 DHCP 分配 IP 地址的功能。其他的网络条件要求如下。

① 内部网段为 192.168.1.0/24,路由器的 IP 地址为 192.168.1.1,DNS 服务器的 IP 地址为 192.168.1.2。

② 可以分配的 IP 地址范围为 192.168.1.100～192.168.1.200。

③ DHCP 分配的 IP 地址默认租约期限为一天,最长为两天。

④ 有一台 Web 服务器,其 MAC 地址为 00:03:FF:0F:29:85,机器名为 cslab-win2003,需要分配给它的 IP 地址为 192.168.1.10。

其配置文件如图 7-20 所示。重启 dhcpd 服务后,即可以给 DHCP 客户端分配 IP 地址了。

(3) 查看客户租约文件。

打开/var/lib/dhcpd/dhcpd.leases 文件,可以看到 DHCP 服务器已经分配出去的 IP 地址及客户端的相关信息,如图 7-21 所示。

3) 配置 DHCP 客户端

DHCP 服务是一种标准的基于 TCP/IP 网络的应用,所以它的客户端可以是 Linux,可

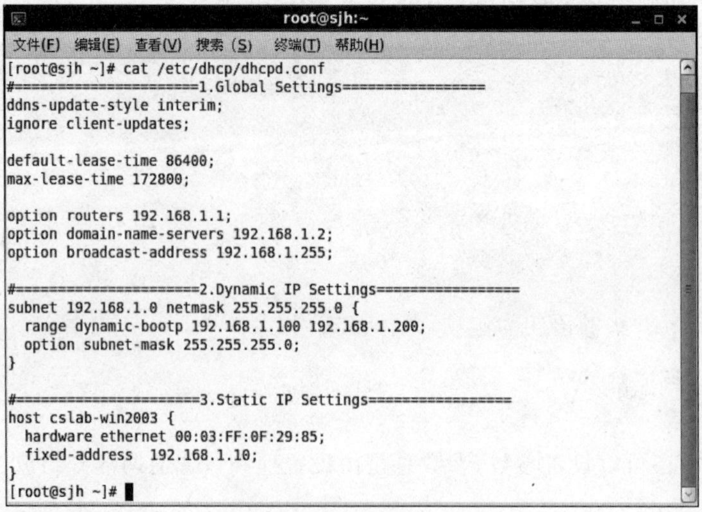

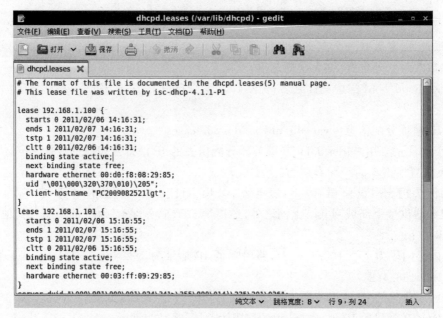

图 7-20　实例配置文件

图 7-21　查看已经分配出去的 IP 地址

以是 Windows,也可以是 UNIX 或者 Mac OS X。下面以 Linux 客户端为例来设置 DHCP 客户端。

(1) 使用图形界面设置。

在 RHEL 6.0 的终端中输入 system-config-network 命令,可以通过如图 7-22 所示的对话框进行 DHCP 客户端的配置。

(2) 使用命令行设置。

编辑/etc/sysconfig/network-scripts/ifcfg-eth0 文件,将 BOOTPROTO=none 修改为 BOOTPROTO=dhcp 并保存退出,如图 7-23 所示。

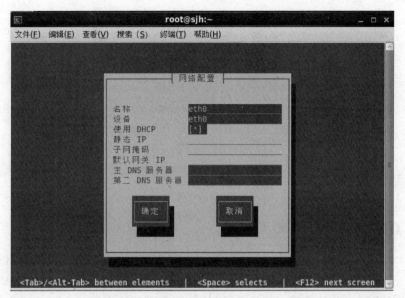

图 7-22　RHEL 6.0 中设置 DHCP 客户端

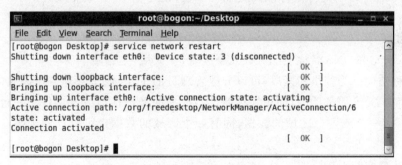

图 7-23　修改配置文件

修改完毕后，使用命令＃service network restart 重新启动网络，如图 7-24 所示。

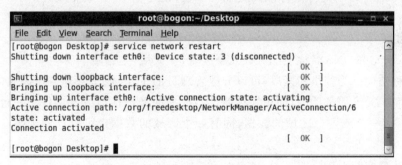

图 7-24　重新启动网络

这时使用 ifconfig 命令可以看到客户端已经得到 IP 地址，如图 7-25 所示。

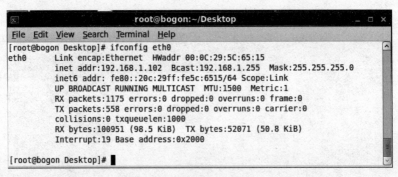

图 7-25　查看客户端 IP 地址

7.3.2　DNS 服务器的配置

DNS(Domain Name System,域名系统)是一种组织成域层次结构的计算机和网络服务命名系统。DNS 命名用于 TCP/IP 网络,如 Internet。很多用户在上网时喜欢用容易记住的名称来定位网络上的计算机。但是,计算机使用数字地址在网络上通信。为了更方便地使用网络资源,DNS 提供了将用户的计算机名称映射为数字地址的一种方法。

1. DNS 域名

DNS 域名称空间是基于"域树"的概念。树的每个等级都可代表树的一个分支或叶。分支标识域中的等级,而叶代表在该等级中指明特定资源的单独名称。

DNS 有一种标注和解释 DNS 域名的方法,它以名称普遍使用的等级和方式为基础,称为完全合格域名(FQDN)。大多数 DNS 域名有一个或多个标号,每一个都表示树中的新等级。在各个标号中使用句点(.)分隔。例如,完全合格域名为 host-a. example. microsoft. com,DNS 在解释其域名时确定了 host-a 特定主机位置开始的 4 个独立 DNS 域等级。

(1) example 域,对应于计算机名 host-a 注册使用的子域。

(2) microsoft 域,对应于确定 example 子域的父域。

(3) com 域,对应于由确立 microsoft 域的公司或商业单位指派使用的顶级域。

(4) 尾部句点(.),是一个标准的分隔符字符,使完整 DNS 域名限定到 DNS 名称空间树的根级。

2. 区域

域名系统允许 DNS 名称空间分成几个区域。"区域"是指域名称空间树状结构的一部分,将域名称空间分为较小的区段,可以分散管理员的工作,便于管理。在区域内的主机数据必须存储在 DNS 服务器内,而用来存储这些数据的文件称为区域文件。一台 DNS 服务器内可以存储一个或多个区域的数据,同时一个区域的数据也可以存储到多台 DNS 服务器内。

3. DNS 查询的工作原理

DNS 查询过程按两部分进行:名称查询从客户机开始并传送至解析程序(DNS 客户服务)进行解析,当不能就地解析查询时,可根据需要查询 DNS 服务器来解析名称。

1) 本地解析程序

当 DNS 客户机需要查询程序中使用的名称时,会发送查询请求。该请求随后传送至

DNS 客户服务,以通过使用就地缓存的信息进行解析。如果可以解析查询的名称,则查询将被应答并且此过程完成。

本地解析程序的缓存可包括从以下两个可能的来源获取的名称信息。

(1)如果主机文件(HOSTS 文件)就地配置,则来自该文件的任何主机名称到地址的映射在 DNS 客户服务启动时预先加载到缓存中。

(2)从以前的 DNS 查询应答的响应中获取的资源记录将被添加至缓存并保留一段时间。如果此查询不匹配缓存中的项目,则解析过程继续进行,客户机查询 DNS 服务器来解析名称。

2)查询 DNS 服务器

当 DNS 服务器接收到 DNS 客户机的查询请求时,首先检查它能否根据在服务器的就地配置区域中获取的资源记录信息做出权威性的应答。如果客户机查询的名称与本地区域信息中的相应资源记录匹配,则服务器做出权威性的应答,并且使用该信息来解析客户机查询的名称。

如果 DNS 客户机查询的名称没有区域信息,则服务器检查它能否通过本地缓存的先前查询信息来解析名称。如果从中发现匹配的信息,则服务器使用它应答查询,此次查询完成。

如果查询名称在 DNS 服务器中未发现来自缓存或区域信息的匹配应答,则查询过程可继续进行。DNS 服务器可代表请求客户机来查询或联系其他 DNS 服务器,以完全解析该名称,并随后将应答返回至客户机。这个过程称为递归。默认情况下,DNS 客户服务要求服务器在返回应答前使用递归过程来代表客户机完全解析名称,在大多数情况下,DNS 服务器的默认配置支持递归过程。如果 DNS 服务器禁用递归过程,则可以使用迭代过程进行名称解析。

3)迭代的工作原理

迭代是在以下条件生效时 DNS 客户机和服务器之间使用的名称解析类型。

(1)客户机申请使用递归过程,但递归在 DNS 服务器上被禁用。

(2)查询 DNS 服务器时客户机不申请使用递归过程。

来自客户机的迭代请求告知 DNS 服务器:客户机希望直接从 DNS 服务器那里得到最好的应答,而无须联系其他 DNS 服务器。

使用迭代时,DNS 服务器根据它对名称空间的特定认识来应答客户机,而这个名称空间正与目前查询的名称数据有关。

使用迭代时,除了向客户机提供自己最好的应答外,DNS 服务器还可在名称查询解析中提供进一步的帮助。对于大部分迭代查询,如果它的主 DNS 不能辨识该查询,则客户机使用它在本地配置的 DNS 服务器列表在整个 DNS 名称空间中联系其他名称服务器。

4. 正向搜索和反向搜索

在大部分的 DNS 搜索中,客户机一般执行正向搜索。正向搜索是指 DNS 客户机利用主机名称查询其 IP 地址。这类查询希望将 IP 地址作为应答的数据。

DNS 也提供反向搜索过程,即允许客户机根据已知的 IP 地址,搜索计算机名称。如 DNS 客户机可以查询 IP 地址为 192.168.0.2 的主机名称。反向搜索必须在 DNS 服务器内创建一个反向搜索的区域,其名称的最后为 in-addr.arpa。

5. 安装 DNS 服务器

在 RHEL 6.0 中,系统是通过 BIND(Berkeley Internet Name Domain)来实现 DNS 功能的,安装 BIND 所需的软件包如下。

(1) bind:BIND 服务器软件包,默认没有被安装到 RHEL 6.0 系统中。

(2) bind-utils:提供了对 DNS 服务器的测试工具程序,系统默认安装。

(3) bind-chroot:chroot 是 BIND 的一种安装机制,使用 chroot 后,它会为 BIND 虚拟出一个 BIND 需要使用的目录。这个虚拟的目录可通过/etc/sysconfig/named 文件修改,位于文件的最后一行:ROOTDIR=/var/named/chroot,表示对于 BIND 而言/var/named/chroot 就是/。比如某个 BIND 配置文件中写到/etc/named.conf,那么这个文件的实际路径应该是/var/named/chroot/etc/named.conf。本文中不再安装该软件包,直接使用 bind 安装后的真实路径。

(4) caching-nameserver。

下面将介绍安装该软件和启动相应的守护进程的方法。

1) 安装 DNS 服务器程序

使用 ♯rpm -qa bind 命令看不到任何提示,说明系统中还没有安装 bind。这时在光驱中放入 RHEL 6.0 的安装光盘,使用 mount 命令挂载光驱,然后使用 rpm 命令来安装 bind 程序,具体过程如图 7-26 所示。

图 7-26　安装 bind

为了缓存 DNS 解析结果,还应安装软件包 cache-filesd-0.10.1-2.el6.i386.rpm,安装过程如图 7-27 所示。

图 7-27　安装 cache-filesd

2) 启动和关闭 DNS 服务器程序

DNS 服务器程序的守护进程为 named,将 DNS 服务器程序安装到系统中之后,就可以通过 named 进程来启动和关闭 DNS 服务器程序了。

使用 ♯/etc/rc.d/init.d/named start 或者 ♯service named start 都可以启动 DNS 服务

器程序。

如果修改了 DNS 的配置文件,则可以使用 ♯/etc/rc. d/init. d/named restart 或者 ♯ service named restart 重启 DNS 服务器程序。

查看 DNS 服务器程序的状态可以使用 ♯/etc/rc. d/init. d/named status 或者 ♯ service named status。

若要停止 DNS 服务可以使用 ♯/etc/rc. d/init. d/named stop 或者 ♯ service named stop。

上述命令的执行过程如图 7-28 所示。

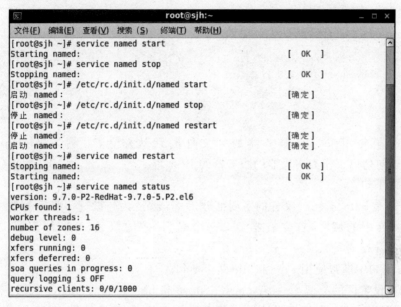

图 7-28　启动、关闭和重启 named 的命令

6. DNS 的配置选项

现在虽然 DNS 服务器程序已经安装到系统中,服务也可以启动了,但是要作为本地的 DNS 服务器为本地域名及相关记录执行解析任务,还必须对配置文件进行修改。

1) 配置文件简介

配置 DNS 时,需要修改多个文件,如下。

(1) /etc/named. conf:这是 DNS 服务器的主配置文件,在这里可以设置全局参数,但该文件并不负责具体的域名解析,而只是指定指向每个域名和 IP 地址映射信息的文件。

(2) /var/named/named. ca:该文件是根域 DNS 服务器指向的文件,通过该文件可以指向根域 DNS 服务器。此文件用户不要随意修改。

(3) /var/named/named. localhost 和/var/named/named. loopback:前者用于将名字 localhost 转换为本地 IP 地址 127. 0. 0. 1,后者定义 loopback 为 localhost 的别名。

(4) 用户自己配置的域名解析文件:又称为区文件,如果当前 DNS 服务器需要解析多个域名,那么用户需要设置多个域名解析文件。若需要反向解析,还需要设置相应的反向解析文件。

2）主配置文件

DNS 服务器的主配置文件/etc/named.conf 指明了 DNS 服务器是主 DNS 服务器还是辅助 DNS 服务器或者是专用缓存服务器，还指定每个区域的用户配置文件。

named.conf 文件包含一系列语句，每条语句以分号结束，语句内各关键字或者数据之间用空白分隔，并以大括号进行分组。常用的语句有 directory、zone、masters、options、acl、key 和 server 等。下面以 options 和 zone 语句为例进行介绍。

（1）options 语句。

options 语句主要用来设置全局选项，如区文件的默认目录、定义转发器等。如 named.conf 中的以下语句：

```
1: options{
2:         directory "/var/named";
3:         forwarders{192.168.1.2;
4:                  };
5: };
```

directory 子句用来定义服务器的区文件的默认路径，本例为/var/named 目录。forwarders 子句列出了作为转发器的服务器的 IP 地址。

（2）zone 子句。

zone 子句是 named.conf 文件的主要部分，一个 zone 语句设置一个区的选项。如果需要解析 Internet 中的域名，首先需要定义一个名为“.”的根区，该区的配置文件为/etc/named/named.ca。

在 zone 语句中通常使用 type 和 file 两个子句。

type 用来设置区的类型，一般有 master、slave 和 hint 三种。master 代表主 DNS 服务器，拥有区域数据文件，并对此区域提供管理数据。slave 代表辅助 DNS 服务器，拥有主 DNS 服务器区域数据文件的副本，辅助 DNS 服务器从主 DNS 服务器同步所有区域数据。hint 代表将该服务器初始化为专用缓存服务器。

file 用来指定一个区的配置文件名称。

```
1: zone "."{
2:           type hint;
3:           file "named.ca";
4:           };
5: zone "sjh.com"{
6:         type master;
7:         file "sjh.com.zone";
8:           };
```

其中，前 4 行定义了对根区域的引用。第 2 行定义类型为专用缓存服务器，第 3 行定义配置文件为/var/named/named.ca，其中，路径/var/named/是在 options 语句中设定的。

后 4 行定义了一个用户配置的区。第 5 行定义域名为 sjh.com，用户文件名称可以自行选取，为便于管理，此处都设置后缀为.zone。

3) 区文件和资源记录

区文件是指保存一个域的 DNS 解析数据的文件。系统管理员可在该文件中添加和删除解析信息。数据解析是通过资源记录来实现的,资源记录的基本格式如下。

| 名称 | TTL | 网络类型 | 记录类型 | 数据 |

(1)"名称"字段可以使用全名或者相对名,全名是以"."结尾的完整域名。例如,在区文件中有以下两条资源记录。

```
dns              IN     A     192.168.1.1
pc1.sjh.com.     IN     A     192.168.1.11
```

第一条记录使用的是相对名,若是为 sjh. com 域设置的记录,则其全名为 dns. sjh. com。第二条中的记录使用的是全名。

(2) TTL 字段设置数据可以被缓存的时间,单位为 s。该字段通常被省略,默认取该区文件开头的 $ TTL 中的值。

(3)"网络类型"字段默认值为 IN,表示是 Internet 类型。

(4)"记录类型"字段设置该条记录为何种类型。常用的记录类型如表 7-2 所示。

表 7-2　常用记录类型

类　　型	格　　式	举　　例
SOA	区名 网络类型 SOA 主 DNS 服务器 管理员邮件地址(序列号 刷新间隔 重试间隔 过期间隔 TTL)	@　IN　SOA　dns. sjh. com.　　admin (2011021701 15M 10M 1D 1D)
NS	区名　IN　NS　完整主机名	sjh. com IN　NS dns. sjh. com.
A	域名　IN　A　IPv4 地址	dns　IN　A　192.168.1.1
AAAA	域名　IN　A　IPv6 地址	localhost　IN　AAAA　::1
PTR	IP 地址　IN　PTR　域名	192.168.1.1　IN　PTR　dns
MX	名称　IN　MX　优先级　域名	mail IN　MX　1　mail. sjh. com
CNAME	别名　IN　CNAME　域名	samba　IN　CNAME　www. sjh. com

在编写资源记录时,@表示继承主配置文件中的区域名称,最左边列不写表示继承上一行的内容,这只是为了方便编写,每次全部写全也可以。

① 主 DNS 服务器:区域的 DNS 服务器的 FQDN。

② 管理员邮件地址:其中,@用. 代替,因为在这里@代表域名。如表 6-1 中管理员邮件地址使用的是相对名,若要使用全名,则应写为 admin. sjh. com。

③ 序列号:区域复制依据,每次主要区域修改完数据后,要手动增加它的值,辅助 DNS 服务器与主 DNS 服务器同步时通过该字段进行判断。

④ 刷新间隔:默认以 s 为单位,也可如表 6-1 中写明时间单位,M 代表分钟,H 代表小时,D 代表天,W 代表周。辅助 DNS 服务器请求与主 DNS 服务器同步的等待时间。当刷新间隔到期时,辅助 DNS 服务器请求主 DNS 服务器的 SOA 记录副本。然后,辅助 DNS 服务器将主 DNS 服务器的 SOA 记录中的序列号与其本地 SOA 记录中的序列号进行比较,如果不同,则辅助 DNS 服务器从主要 DNS 服务器请求区域传输。这个域的默认时间

是 900s。

⑤ 重试间隔：辅助 DNS 服务器在请求失败后，等待多长时间重试。通常这个时间应该短于刷新时间。默认为 600s。

⑥ 过期间隔：当这个时间到期后，若辅助 DNS 服务器仍然无法与主 DNS 服务器进行区域传输，则辅助 DNS 服务器会认为它的本地数据不可靠。

（5）"数据"字段的内容因记录类型不同而有所差别。

7. DNS 服务器配置实例

为使我们对 DNS 服务器的配置有更深入的理解，下面介绍一些具体的实例对主 DNS 服务器、辅助 DNS 服务器、DNS 负载均衡、DNS 转发等分别进行设置。

1）主 DNS 服务器

【实例 7-2】 假设一公司内有 Web 服务器、FTP 服务器和 MAIL 服务器以及多台计算机，现要求配置一台 DNS 服务器，负责 Web、FTP 和 MAIL 服务器的域名解析工作，包括反向解析。公司内部的域名为 sjh.com，DNS 服务器的 IP 地址为 192.168.1.1，FTP 服务器的 IP 地址为 192.168.1.11，Web 服务器的 IP 地址为 192.168.1.12，MAIL 服务器的 IP 地址为 192.168.1.13，Web 的别名为 WWW，这些服务器除了可以使用内部域名相互访问之外，还要求能够访问 Internet 中的域名。

根据上述要求，需要配置三个文件，分别如下。

（1）named.conf：在该文件中不但要包含对根域服务器 named.ca 的引用，还要定义正向区域 sjh.com 和反向区域 192.168.1。

（2）sjh.com.zone：该文件包含对区 sjh.com 中各个服务器的域名映射数据。

（3）192.168.1.zone：该文件中包含对区 sjh.com 反向解析的映射数据。

具体的步骤如下。

（1）编辑/etc/named.conf 的内容，如图 7-29 所示。

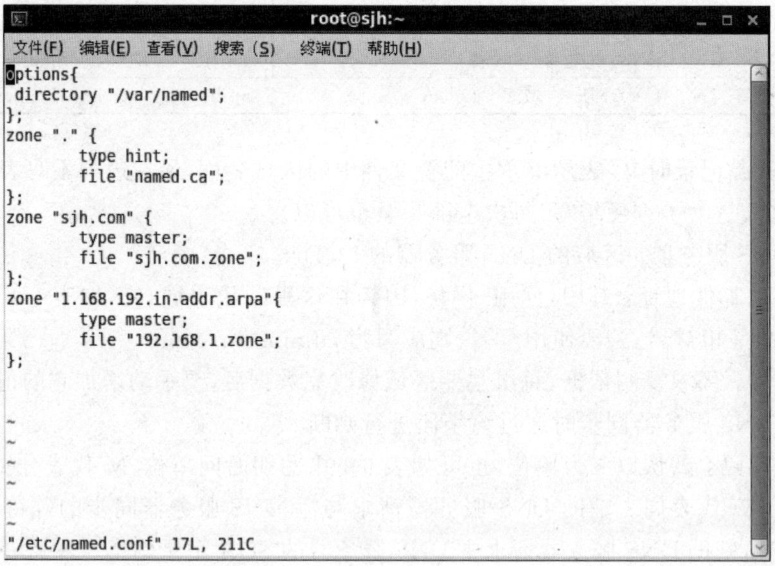

```
root@sjh:~
文件(F) 编辑(E) 查看(V) 搜索(S) 终端(T) 帮助(H)
options{
 directory "/var/named";
};
zone "." {
        type hint;
        file "named.ca";
};
zone "sjh.com" {
        type master;
        file "sjh.com.zone";
};
zone "1.168.192.in-addr.arpa"{
        type master;
        file "192.168.1.zone";
};

~
~
~
~
~
"/etc/named.conf" 17L, 211C
```

图 7-29 编辑 named.conf 文件

（2）编辑/var/named/sjh.com.zone 的内容，如图 7-30 所示。

图 7-30　sjh.com.zone 文件

（3）编辑/var/named/192.168.1.zone 的内容，如图 7-31 所示。

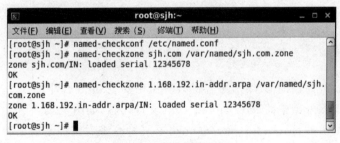

图 7-31　192.168.1.zone 文件

（4）编辑并保存以上三个文件后，可以使用以下命令来检查 named.conf、sjh.com.zone、192.168.1.zone 文件是否有错误，如图 7-32 所示。

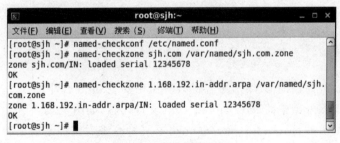

图 7-32　检查配置文件

（5）确认配置文件正确之后，使用♯ service named restart 命令重新启动 DNS 服务。

（6）在 DNS 客户端，修改/etc/resolv.conf 文件，设置 DNS1＝192.168.1.1，如图 7-33 所示。

（7）输入 host 命令测试正向解析和方向解析，结果如图 7-34 所示。

2）辅助 DNS 服务器

辅助 DNS 服务器的配置比较简单，首先在主机上安装 bind 软件包，然后修改配置文件 named.conf，无须为每个区域再单独创建文件。

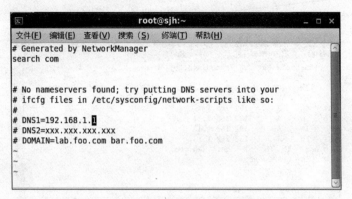

图 7-33　修改/etc/resolv.conf 文件

图 7-34　测试解析结果

【实例 7-3】　现在为 192.168.1.1 这台 DNS 服务器配置辅助 DNS 服务器,辅助 DNS 服务器的 IP 地址为 192.168.1.2,具体步骤如下。

(1) 修改主 DNS 服务器 192.168.1.1 的主配置文件 named.conf,在 options 中添加以下语句。

```
options{
directory "/var/named";
allow-transfer{192.168.1.2;};
};
```

(2) 在需要设置为辅助 DNS 服务器的计算机中安装 bind 软件包。

(3) 修改辅助服务器中的/etc/named.conf 文件内容,如图 7-35 所示。

(4) 使用♯named-checkconf /etc/named.conf 命令查看文件是否正确。

(5) 使用 ls -l /var/named/slaves 命令,可看到该目录下没有任何文件。

(6) 使用♯service named start 命令启动 named 进程。

(7) named 进程启动成功后,再次查看/var/named/slaves 目录,可以看到已经将主 DNS 服务器中正向解析和方向解析两个区域的文件复制过来了。这两个文件的内容不能修改。

(8) 修改 DNS 客户端的/etc/resolv.conf 文件,设置 DNS1＝192.168.1.2。

(9) 使用 host 命令进行测试,这里不再列出测试过程。

3) DNS 负载均衡

DNS 负载均衡的优点是简单方便、经济易行,它在 DNS 服务器中为同一个域名设置多

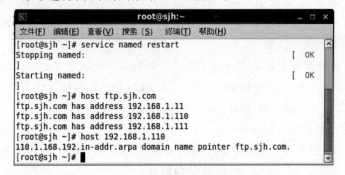

```
                       root@bogon:~              _  □  ✕
 File  Edit  View  Search  Terminal  Help
[root@bogon Desktop]# cd
[root@bogon ~]# cat /etc/named.conf
options {
  directory "/var/named";
};
zone "sjh.com"{
    type slave;
    file "slaves/sjh.com.zone";
    masters{192.168.1.1;};
};
zone "1.168.192.in-addr.arpa"{
    type  slave;
    file "slaves/192.168.1.zone";
    masters{192.168.1.1;};
};

[root@bogon ~]# █
```

图 7-35 辅助服务器中/etc/named.conf 文件

个 IP 地址,在客户端访问域名时,DNS 服务器对每个查询请求返回不同的 IP 地址,将客户端的访问引导到不同的计算机上,使得客户端访问不同的服务器,从而达到负载均衡的效果。

【实例 7-4】 现在再添加两台 FTP 服务器(其 IP 地址分别为 192.168.1.110 和 192.168.1.111),使三台 FTP 服务器的内容完全相同,它们都使用 ftp.sjh.com 这一个域名。根据以上要求,不需要修改/etc/named.conf 文件,只需要修改 sjh.com.zone 和 192.168.1.zone 这两个文件即可。

(1) 在/var/named/sjh.com.zone 中添加以下两行。

```
ftp     IN     A      192.168.1.110
ftp     IN     A      192.168.1.111
```

(2) 在/var/named/192.168.1.zone 中添加以下两行。

```
110     IN     PTR    ftp.sjh.com.
111     IN     PTR    ftp.sjh.com.
```

(3) 重启进程 named。

(4) 使用 host 命令进行测试,结果如图 7-36 所示。

```
                       root@sjh:~              _  □  ✕
 文件(F)  编辑(E)  查看(V)  搜索(S)  终端(T)  帮助(H)
[root@sjh ~]# service named restart
Stopping named:                                  [ OK
]
Starting named:                                  [ OK
]
[root@sjh ~]# host ftp.sjh.com
ftp.sjh.com has address 192.168.1.11
ftp.sjh.com has address 192.168.1.110
ftp.sjh.com has address 192.168.1.111
[root@sjh ~]# host 192.168.1.110
110.1.168.192.in-addr.arpa domain name pointer ftp.sjh.com.
[root@sjh ~]# █
```

图 7-36 测试负载均衡

第
7
章

软硬件组网工程

4）专用缓存服务器

如果要把 DNS 服务器配置为专用缓存服务器,也即将该服务器设置为 DNS 转发模式。它本身不管理任何区域,但是客户端仍然可以向它请求查询。它没有自己的域名数据库,而是将所有的客户查询转发到其他的 DNS 服务器处理,在返回客户查询结果的同时,将查询结果保存在自己的缓存中。当有客户再次查询相同的域名时,就可以从缓存中直接查询到结果,从而加快了查询速度。

在/etc/named. conf 配置文件中添加如下语句,就可以将 DNS 服务器配置成专用缓存服务器。

```
options{
directory "/var/named";
forward only;
forwarders{202.196.32.1;};
};
```

7.3.3　Web 服务器的配置

World Wide Web(也称 Web、WWW 或万维网)是 Internet 上集文本、声音、动画、视频等多种媒体信息于一身的信息服务系统,整个系统由 Web 服务器、浏览器(Browser)及通信协议三部分组成。WWW 采用的通信协议是超文本传输协议(HyperText Transfer Protocol,HTTP),它可以传输任意类型的数据对象,是 Internet 发布多媒体信息的主要应用层协议。

Web 服务是当今 Internet 和 Intranet 的一项重要的任务,在 Linux 系统中,首选的 Web 服务器软件是 Apache。根据著名的 Web 服务器调查公司 Netcraft 在 2021 年 9 月的最新统计数据,在面向 Web 的计算机数量方面,Nginx 的市场份额为 37.2%,Apache 和微软的市场份额分别为 30.8%和 11.9%。

Apache 服务器的特点是源代码公开,稳定性好,使用是完全免费的,而且可以跨平台在 Linux、UNIX 和 Windows 操作系统下运行。

1. Apache 服务器安装和启动

在 Linux 中,Apache 服务器的守护进程名称为 httpd。由于 Linux 中很多软件都需要 WWW 服务的支持,所以系统中可能已经安装了 httpd 软件包。因此可以使用命令♯rpm -qa httpd 先查询下。若系统中没有安装 httpd 软件包,则终端上没有任何输出。

1）安装 Apache 服务器程序

将 RHEL 6.0 的安装盘放入光驱中,执行♯ mount /dev/cdrom /mnt/cdrom 命令挂载光驱,然后进入/mnt/cdrom/Packages 目录下,使用 ls httpd 查找安装包中是否有 httpd 安装程序,若有则执行♯ rpm -ivh httpd-2.2.15-5. el6. i386. rpm 进行安装。

2）启动和停止 Apache 服务器

安装好 Apache 服务器软件后,还必须启动守护进程,才能提供 WWW 服务。安装好 httpd 软件包后,在/etc/rc. d/init. d/目录中会创建一个名为 httpd 的脚本文件,通过该脚本可以启动、停止和重启 WWW 服务。启动 httpd 的命令为♯ /etc/rc. d/init. d/httpd start

或者 ♯ service httpd start，停止 httpd 的命令为 ♯/etc/rc. d/init. d/httpd stop 或者 ♯ service httpd stop，重启 httpd 的命令为 ♯ /etc/rc. d/init. d/httpd restart 或者 ♯ service httpd restart。

3）测试 WWW 服务

在服务器中启动 httpd 进程后，可以通过网络端口来检查服务是否启动成功。WWW 服务默认的 TCP 端口号为 80，使用 ♯ netstat -tnlp｜grep 80 命令查看 80 端口是否处于监听状态，即可判断出 WWW 服务是否启动成功，如图 7-37 所示。

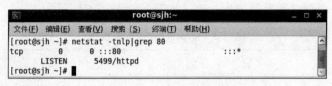

图 7-37　查看端口状态

此外，可以在本机中启动浏览器软件 Firefox，然后通过网址 http://127.0.0.1 或者 http://localhost 来测试，如能出现如图 7-38 所示画面，则表示 Apache 服务器软件安装成功，并已经成功启动。

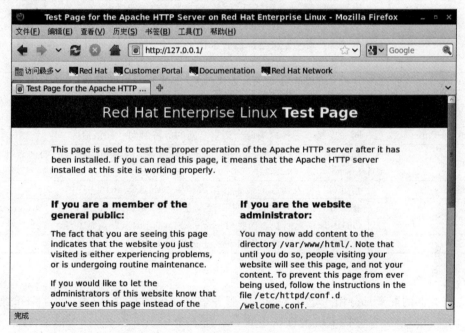

图 7-38　显示测试主页

2. Apache 服务器的配置文件

安装好 Apache 并启动成功之后，使用默认配置就可以直接打开 Apache 的说明网页。但是要发布用户自己的网站信息给客户端，必须对 Apache 进行配置。

Apache 通过配置文件进行配置，其配置文件名称为 httpd. conf，位于/etc/httpd/conf/目录，该文件是包含若干指令的纯文本文件，如果对此文件做了改动，必须重启 Apache 后修改的选项才会生效。

虽然 Apache 提供的配置参数很多，但这些参数基本上都很明确，也可以不加改动就能运行 Apache 服务器。但如果需要调整 Apache 服务器的性能，以及增加对某种特性的支持，就需要了解这些配置参数的含义。

httpd. conf 文件包括三部分，第一部分是全局环境变量设置部分，第二部分是主（默认）服务器配置部分，第三部分是虚拟主机的配置部分。

1）httpd. conf 的全局参数

全局参数的设置将影响整个 Apache 服务器的行为，它决定 httpd 守护进程的运行方式和运行环境，全局配置参数及其说明如表 7-3 所示。

表 7-3　httpd. conf 的配置参数

参　　数	说　　明
ServerType	定义服务器的启动方式，默认值为独立方式 standalone。inetd 方式使用超级服务器来监视连接请求并启动服务器
ServerRoot	指定守护进程 httpd 的运行目录。不要在目录末尾加"/"。默认值为"/etc/httpd"
PidFile	服务器用于记录 httpd 进程号的文件/var/run/httpd/httpd. pid
ScoreBoardFile	用于保存内部服务器进程信息的文件
ResourceConfig	用于和使用 srm. conf 设置文件的老版本 Apache 兼容
AccessConfig	用于和使用 access. conf 设置文件的老版本 Apache 兼容
Timeout	定义客户端和服务器连接的超时间隔，超过这个时间后服务器会断开与客户机的连接，默认值为 60s
KeepAlive	是否允许保持连接（每个连接有多个请求）
MaxKeepAliveRequests	每个连接的最大请求数。设置为 0 表示无限制。建议设置较高的值，以获得最好的性能。默认值为 100
KeepAliveTimeout	同一连接同一客户端两个请求之间的等待时间。默认值为 15s
Listen	允许将 Apache 绑定到指定的 IP 地址和端口，作为默认值的辅助选项。如：Listen 192. 168. 1. 1：8080
MaxClients	指定可以并发访问的最多客户数。如：MaxClients 300
ExtendedStatus	在服务器状态句柄被呼叫时控制是产生"完整"的状态信息（ExtendedStatus On）还是仅返回基本信息（ExtendedStatus Off），默认是 Off
StartServers	设置 httpd 启动时允许启动的子进程副本数量

2）主服务器的配置

主服务器的配置部分用于定义主（默认）服务器参数的标识，响应虚拟主机不能处理的请求，同时也提供所有虚拟主机的默认设置值。所有的标识可能会在< VirtualHost >中出现，对应的默认值会被虚拟主机重新定义覆盖。主服务器的配置参数如表 7-4 所示。

表 7-4　httpd. conf 的配置参数

参　　数	说　　明
Port	Standalone 服务器监听的端口，默认值为 80
ServerAdmin	管理员的电子邮箱，如果服务器有任何问题将发信到这个地址，默认为 root@localhost

参　　数	说　　明
ServerName	允许设置主机名。主机名不能随便指定,必须是机器有效的 DNS 名称,否则无法正常工作。如果主机没有注册 DNS 名称,可在此输入 IP 地址
DocumentRoot	服务器对外发布的文档的路径,默认为/var/www/html
ErrorLog	指定错误日志文件的位置,默认为 logs/error_log
LogLevel	指定日志的级别,默认为 warn
UserDir	当请求～user 时,追加到用户主目录的路径地址
DirectoryIndex	预设的 HTML 目录索引文件名,用空格来分隔多个文件名,默认值为 index.html
HostnameLookups	是否启用 DNS 查询使日志中能记下主机名,默认值为 off
Options	控制在特定目录中将使用哪些服务器特性,若设置为 None,将不启用任何额外特性。还可设置为: Indexes MultiViews FollowSymLinks IncludesNoExec 等
Alias	定义别名将文件系统的任何部分映射到网络空间中。如 Alias /pub/"/var/doc/share/",当使用 http://www.sjh.com/pub/test.doc 访问时,即是访问 http://www.sjh.com/var/doc/share/test.doc
Redirect	重定向客户端访问的地址到其他 URL。如 Redirect /news http://happy.sjh.com,当使用 http://www.sjh.com/news/news1.html 访问时,将被重定向到 http://happy.sjh.com/news1.html

3) 虚拟主机的配置

通过配置虚拟主机,可以在一个 Apache 服务器进程中配置不同的 IP 地址和主机名。几乎所有的 Apache 标识都可用于虚拟主机内。

3. Apache 服务器的应用

Apache 服务器的主要用途是作为 Linux 环境下的 Web 服务器,通过虚拟主机的设置,在同一主机上运行多个 Web 站点。此外,Apache 服务器还可以用作代理服务器。关于代理服务器的配置,此处不做介绍,请参阅相关书籍。

(1) 基于主机名的虚拟主机。

基于主机名的虚拟主机,是指在一台只有一个 IP 地址的主机上,配置多个 Web 站点,客户端通过提交不同的域名访问到不同的网站。基于主机名的虚拟主机,可以缓解 IP 地址不足的问题,占用资源少,管理方便,所以目前基本上都是采用这种方式来提供虚拟主机服务。

配置基于主机名的虚拟主机需要在 DNS 服务器中添加主机名到 IP 地址的映射,还需要修改 Apache 服务器的主配置文件,使其辨识不同的主机名。下面举例进行介绍。

【实例 7-5】　给 IP 地址为 192.168.1.1 的 WWW 服务器配置虚拟主机,通过 www.sjh.com 和 www.test.com 分别访问两个不同的网站。

具体操作步骤如下。

① 修改 DNS 服务器的主配置文件/etc/named.conf,在其中添加以下语句。

```
zone "test.com" {
    type master;
    file "test.com.zone";
}
```

271

第 7 章

② 在/var/named 中新建文件 test.com.zone,内容如下。

```
$ TTL 86400
@    IN   SOA   dns.test.com. admin(12345678 1H 60M 1D 1D)
@    IN   NS    dns.test.com.
dns  IN   A     192.168.1.1
www  IN   CNAME    dns
```

③ 重复步骤①、②为 www.sjh.com 也设置好正向域名解析,然后重启 named 服务,使用 host 命令进行域名解析测试。

④ 使用 # mkdir /var/www/sjh.com 和 # mkdir /var/www/test.com 命令创建两个子目录,分别用来保存两个网站的相关文件。

⑤ 将两个网站的相关文件复制到上一步创建的两个目录中。这里为了测试,在每个目录中分别编写一个简单的 index.html 文件。

至此,用于网站测试的内容准备完毕。

⑥ 编辑/etc/httpd/conf/httpd.conf 文件,在文件的最后添加以下内容。

```
NameVirtualHost 192.168.1.1:80

< VirtualHost 192.168.1.1:80 >
    ServerAdmin admin@sjh.com
        DocumentRoot /var/www/sjh.com
        ServerName www.sjh.com
        ErrorLog logs/sjh.com - error_log
</VirtualHost >

< VirtualHost 192.168.1.1:80 >
    ServerAdmin admin@test.com
        DocumentRoot /var/www/test.com
        ServerName www.test.com
        ErrorLog logs/test.com - error_log
</VirtualHost >
```

在上面的指令中,第一句设置服务器使用 192.168.1.1 这个地址来响应客户端 80 端口的访问。第二段设置第一个虚拟主机的参数,第三段设置第二个虚拟主机的参数。

⑦ 重启 Apache 服务。

⑧ 打开另一台主机,设置其 IP 地址为 192.168.1.10,DNS 为 192.168.1.1,在 IE 浏览器的地址栏里分别输入两个不同的域名,可以显示出不同的内容,如图 7-39 所示。

(2) 基于 IP 地址的虚拟主机。

基于 IP 地址的虚拟主机是指在一个机器上设置多个 IP 地址,每个 IP 地址对应不同的 Web 站点。我们既可以在服务器中配置多个网卡来绑定不同的 IP 地址,也可以使用网络操作系统支持的虚拟界面对同一个网卡绑定多个 IP 地址。

【实例 7-6】 Apache 服务器已有 IP 地址 192.168.1.1,为此服务器再添加 IP 地址 192.168.1.2,并配置该服务器为基于 IP 地址的虚拟主机。

图 7-39　两个基于主机名的虚拟主机

具体操作步骤如下。

① 使用命令♯ifconfig eth0:1 192.168.1.2 netmask 255.255.255.0 为同一块网卡设置第二个 IP 地址。

② 仍然使用例 7-5 中创建的两个目录来保存网站的内容,并使用例 7-5 中创建好的 index.html 文件。

③ 编辑/etc/httpd/conf/httpd.conf 文件,在文件末尾添加以下内容。

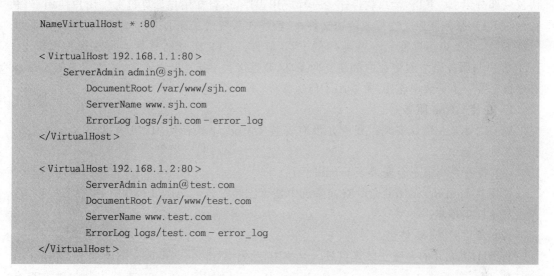

```
NameVirtualHost * :80

< VirtualHost 192.168.1.1:80 >
    ServerAdmin admin@sjh.com
        DocumentRoot /var/www/sjh.com
        ServerName www.sjh.com
        ErrorLog logs/sjh.com - error_log
</VirtualHost >

< VirtualHost 192.168.1.2:80 >
        ServerAdmin admin@test.com
        DocumentRoot /var/www/test.com
        ServerName www.test.com
        ErrorLog logs/test.com - error_log
</VirtualHost >
```

④ 重启 Apache 服务。

⑤ 在浏览器地址栏中分别输入 http://www.sjh.com、http://www.test.com、http://192.168.1.1、http://192.168.1.2 进行测试,结果如图 7-40 所示。从图中可以看出,由于两个域名在 DNS 服务器中都解析为 IP 地址 192.168.1.1,所以输入前三个地址看到的网页是一样的,而输入 http://192.168.1.2 时,打开的网页则是配置的第二个虚拟主机中所设置的。

7.3.4　FTP 服务器的配置

FTP(File Transfer Protocol)是文件传输协议,可以在服务器中存放大量的共享软件和免费资源,网络用户可以从服务器中下载文件,或者将客户机上的资源上传至服务器。FTP 就是用来在客户机和服务器之间实现文件传输的标准协议。

图 7-40 基于 IP 地址的虚拟主机

FTP 是基于客户机/服务器模式的服务系统,它由客户软件、服务器软件和 FTP 通信协议三部分组成。FTP 客户软件作为一种应用程序,运行在用户计算机上。用户使用 FTP 命令与 FTP 服务器建立连接或传送文件,一般操作系统内置标准 FTP 命令,标准浏览器也支持 FTP,当然也可以使用一些专用的 FTP 软件。FTP 服务器软件运行在远程主机上。FTP 客户与服务器之间将在内部建立两条 TCP 连接:一条是控制连接,主要用于传输命令和参数;另一条是数据连接,主要用于传送文件。

1. 安装 vsftpd 服务器

RHEL 6.0 在默认安装过程中并没有安装 vsftpd,下面使用 RPM 方式将 vsftpd 安装包安装到系统中。

(1) 查看系统中是否安装了 vsftpd 程序。

使用 # rpm -qa vsftpd 命令查询系统中是否已经安装了 vsftpd 程序,如果没有安装,将不会显示任何信息。

(2) 安装 RPM 软件包。

将 RHEL 6.0 的系统安装光盘放入光驱中,执行 # mount /dev/cdrom /mnt/cdrom 命令挂载光驱,然后进入/mnt/cdrom/Packages 目录下,使用 ls vsftp * 查找安装包中是否有 vsftpd 安装程序,若有则执行 # rpm -ivh vsftpd-2.2.2-6.el6.i386.rpm 进行安装。

(3) 卸载 vsftpd。

如果是使用 RPM 包安装的 vsftpd,那么不需要使用 FTP 时,则可以使用 # rpm -e vsftpd * 将其从系统中卸载掉。

2. vsftpd 的配置文件

vsftpd 的配置文件主要有以下几个。

(1) /etc/pam.d/vsftpd。

vsftpd 的 Pluggable Authentication Modules(PAM)配置文件,主要用来加强 vsftpd 服务器的用户认证。

（2）/etc/vsftpd/vsftpd. conf。

这个文件是 vsftpd 的主配置文件，各种选项的设置和修改都在这里完成，如图 7-41
所示。

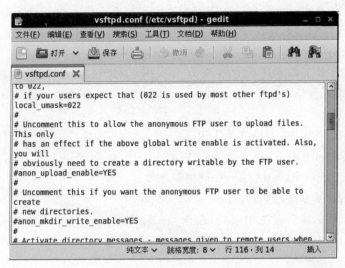

图 7-41　vsftpd. conf 文件

（3）/etc/vsftpd/ftpusers。

不论在何种情况下，此文件中的用户都不能访问 vsftpd 服务。为安全起见，root 用户
默认已被放置在此文件中。如果想使用 root 账户登录 FTP 服务器，必须在此文件中去掉
root，或者在 root 所在行前面加上"♯"将 root 账户注释掉，如图 7-42 所示。

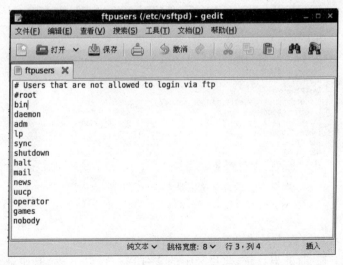

图 7-42　ftpusers 文件

（4）/etc/vsftpd/user_list。

这个文件中的用户既可能是允许访问 vsftpd 服务的，也可能是拒绝访问的，这主要是
由 vsftpd. conf 文件中的两个选项来决定的。

① 如果 userlist_enable＝NO,则 userlist_deny 选项不起作用,忽略 user_list 文件。

② 如果 userlist_enable＝YES,则 userlist_deny 选项起作用,此时又分为以下两种情况。

userlist_deny＝YES,则 user_list 中的所有用户都不能访问 vsftpd 服务。

userlist_deny＝NO,则只有 user_list 中的用户才可以访问 vsftpd 服务。

(5) /var/ftp。

匿名用户主目录。本地用户主目录为：/home/用户主目录,即登录后进入自己的目录。/var/ftp 目录下包括一个 pub 子目录。默认情况下,所有的目录都是只读的,不过只有 root 用户有写权限。

(6) /usr/sbin/vsftpd：vsftpd 的主程序。

(7) /etc/rc.d/init.d/vsftpd：启动脚本。

(8) /etc/logrotate.d/vsftpd：vsftpd 的日志文件。

3. 配置 vsftpd 基本环境

将 vsftpd 程序安装到系统中以后,在执行该程序之前,还需要对 FTP 目录、用户名等进行简单的配置,然后再来启动 vsftpd 服务。

1) 配置用户

对于允许匿名访问的 FTP 服务器来说,应该在服务器主机中创建名为 ftp 的用户。另外,还需检查是否有名为 nobody 的用户存在,若没有这些用户,则需另外创建。使用 finger 命令可以看出系统默认已经创建了这两个用户,如图 7-43 所示。RHEL 6.0 在默认安装过程中并没有安装 finger 程序,用户需要时可以自行安装,安装 finger 程序的过程此处不再详述。

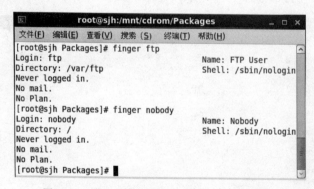

图 7-43　检查系统中是否有 ftp 和 nobody 用户

2) 配置目录

在安装 vsftpd 的过程中系统已经自动生成了 /var/ftp/pub 目录,其中,/var/ftp 目录即为匿名用户访问 FTP 时的根目录,此目录中的文件用户可以下载,但如果允许匿名用户上传文件至此 FTP 服务器,还需要执行 mkdir 命令创建一个新的子目录,并使用 chown 命令将该子目录的所有者和组改为 ftp,同时使用 chmod 命令将该子目录开放写入权限,具体执行过程如图 7-44 所示。

3) vsftpd 的启动与关闭

可以使用 ♯ service vsftpd start 命令启动服务,也可以使用 ♯ /etc/rc.d/init.d/vsftpd

图 7-44 创建上传目录

start 命令启动服务。同样，若要关闭 vsftpd 服务，既可以使用♯ service vsftpd stop，也可以使用♯ /etc/rc. d/init. d/vsftpd stop，如图 7-45 所示。

如果需要让 vsftpd 服务随系统的启动而自动加载，可以执行 ntsysv 命令启动服务配置程序，找到 vsftpd 服务，按空格键，在其前面加上星号（＊），然后单击"确定"按钮即可，如图 7-46 所示。

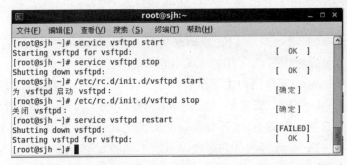

图 7-45　启动、关闭和重启动 vsftpd 服务

图 7-46　设置 vsftpd 服务自动启动

4）匿名用户下载文件测试

经过上面步骤的设置，现在 vsftpd 服务已启动，匿名用户已经可以登录到 FTP 的主目录/var/ftp 进行下载了，但此时还不能上传文件。

这时访问 FTP 的各种选项都是 vsftpd 的默认选项，如设置为使用匿名登录、不允许上传等。如果要设置匿名上传,或者使用用户名登录,就必须要修改 vsftpd.conf 配置文件中的相关选项。

4. vsftpd 常用选项

1) 匿名用户配置选项

anonymous_enable＝YES:是否允许匿名登录 FTP 服务器,默认设置为 YES 允许,即用户可使用用户名 ftp 或 anonymous 进行 FTP 登录,口令为用户的 E-mail 地址,也可不输入口令。如不允许匿名访问,去掉前面的♯并设置为 NO。

anon_upload_enable＝YES:是否允许匿名用户上传文件,须将 write_enable＝YES,默认设置为 YES 允许。

anon_mkdir_write_enable＝YES:是否允许匿名用户创建新文件夹,默认设置为 YES 允许。

anon_other_write_enable:匿名用户其他的写权利(如更改权限)。

chown_uploads＝YES:设定是否允许改变上传文件的属主,与下面一个设定项配合使用。

chown_username＝whoever:设置想要改变的上传文件的属主,如果需要,则输入一个系统用户名,例如,可以把上传的文件都改成 root 属主。

anon_root＝(none):匿名用户主目录。

no_anon_passwd＝YES:匿名用户登录时不询问口令。

从上面列出的选项可以看出,大部分都是开关型选项,可设置为 YES 或 NO。另外,还可以设置下面这些 FTP 服务器的公共选项以显示不同的欢迎信息。

ftpd_banner＝Welcome to blah FTP service.:设置登录 FTP 服务器时显示的欢迎信息,可以修改"＝"后的欢迎信息内容。另外,如在需要设置更改目录欢迎信息的目录下创建名为.message 的文件,并写入欢迎信息保存后,在进入到此目录时会显示自定义欢迎信息。

dirmessage_enable＝YES:激活目录欢迎信息功能,当用户用命令方式首次访问服务器上某个目录时,FTP 服务器将显示欢迎信息,默认情况下,欢迎信息是通过该目录下的.message 文件获得的,此文件保存自定义的欢迎信息,由用户自己建立。

打开 vsftpd.conf 文件修改选项,使匿名用户登录后显示欢迎信息,并且可以上传文件,创建目录。根据要求,需要修改以下选项的值。

```
anonymous_enable = YES
write_enable = YES
anon_upload_enable = YES
anon_mkdir_write_enable = YES
ftpd_banner = Welcome to My FTP service
```

在 vsftpd.conf 文件中做了修改之后,需要重新启动 vsftpd 进程以使修改生效。下面在 RHEL 6.0 中使用命令方式进行匿名登录来检验上述设置,具体过程如图 7-47 所示。

从图 7-47 可以看出,欢迎信息已经显示出来。但是创建目录却失败了,这是因为/var/ftp 目录的所有者和用户都是 root,其他用户没有写权限。因此,客户端不能在根目录(也即/var/ftp 目录)中创建文件夹。这时,可以切换目录到有权限的 upload 中,再新建文件

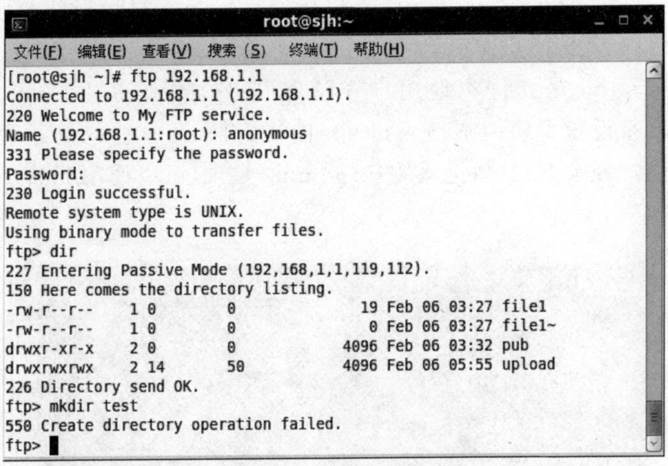

图 7-47　创建目录失败

夹，如图 7-48 所示。

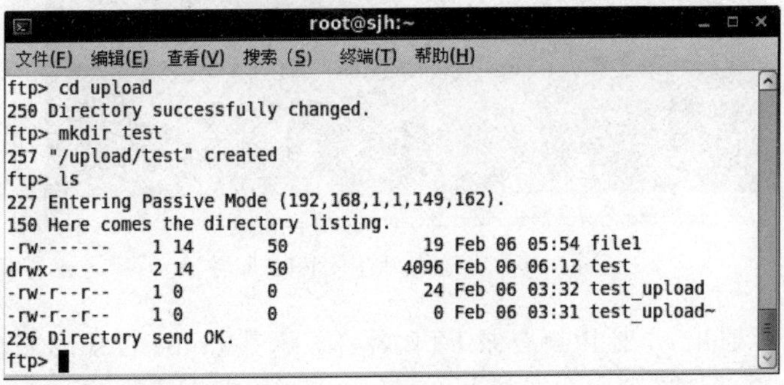

图 7-48　创建目录

再测试一下上传功能，上传文件成功，如图 7-49 所示。

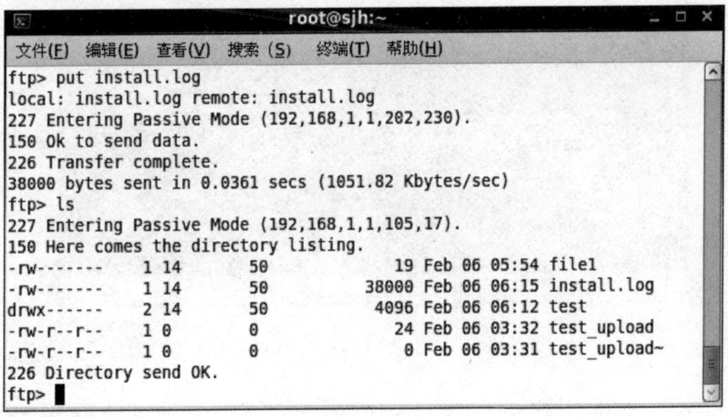

图 7-49　上传文件

2）本地用户配置

本地用户是指在 FTP 服务器上拥有账户的用户，他们既可以在 FTP 服务器上进行本地登录，也可以使用自己的账户和密码远程访问 FTP 服务器。他们远程访问 FTP 服务器时,将登录到用户自己的主目录(home 目录),操作权限与主目录操作权限相同,并且可以上传文件至此目录。

默认情况下,vsftpd 是允许本地用户登录 FTP 的,主要通过 local_enable＝YES 和 local_umask＝022 来设置。使用本地用户 sjh 进行 FTP 远程登录的过程如图 7-50 所示。如果不想让本地用户登录 FTP 后进入用户的 home 目录,可以使用 local_root＝/path 进行设置。

图 7-50　本地用户登录 FTP 服务器

从图 7-50 可以看出,本地用户登录 FTP 后将显示其 home 目录的完整路径,并且用户可以通过 cd 命令随意切换到服务器的各个目录中去,这对于系统安全非常不利。为此,可以通过 chroot_local_user＝YES 这一选项来将本地用户的根目录限制为自己的主目录,这样本地用户登录 FTP 后就不能切换到其他目录,如图 7-51 所示。

```
C:\WINDOWS\system32\cmd.exe - ftp 192.168.1.1
C:\Documents and Settings\Administrator>ftp 192.168.1.1
Connected to 192.168.1.1.
220 Welcome to My FTP service.
User (192.168.1.1:(none)): sjh
331 Please specify the password.
Password:
230 Login successful.
ftp> pwd
257 "/"
ftp>
```

图 7-51　设置登录根目录

如果只是想对部分本地用户进行根目录的限制,则可以通过 chroot_list_enable＝YES 和 chroot_list_file＝/etc/vsftpd/chroot_list 这两个选项来设置。

如果想限制部分本地用户登录 FTP,则需要通过 userlist_enable＝YES 启用 userlist 功能,同时配合 userlist_deny＝NO 或 YES 来进行本地用户的允许或拒绝。

3）网络和连接参数配置

在 FTP 服务器的管理中无论对本地用户还是匿名用户，对于 FTP 服务器资源的使用都需要进行控制，避免由于负担过大造成 FTP 服务器运行异常，可以添加以下配置项对 FTP 客户机使用 FTP 服务器资源进行控制。

max_client：设置 FTP 服务器所允许的最大客户端连接数，值为 0 时表示不限制。例如，max_client＝100 表示 FTP 服务器的所有客户端最大连接数不超过 100 个。

max_per_ip：设置对于同一 IP 地址允许的最大客户端连接数，值为 0 时表示不限制。

local_max_rate：设置本地用户的最大传输速率，单位为 B/s，值为 0 时表示不限制。例如，local_max_rate＝500000 表示 FTP 服务器的本地用户最大传输速率设置为 500KB/s。

anon_max_rate：设置匿名用户的最大传输速率，单位为 B/s，值为 0 时表示不限制。

idle_session_timeout＝600：空闲连接超时时间，单位为 s。

data_connection_timeout＝120：数据传输超时时间。

ACCEPT_TIMEOUT：PASV 请求超时时间。

connection_timeout＝60：PORT 模式连接超时时间。

connection_from_port_20＝YES：使用 20 端口来连接 FTP。

listen_port＝4449：该语句指定了修改后 FTP 服务器的端口号，应尽量大于 4000。修改后访问 FTP 时需加上正确的端口号，否则不能正常连接。

修改端口后，连接 FTP 的过程如图 7-52 所示。

图 7-52　使用新的端口号连接 FTP 服务器

5. 日志选项

vsftpd 可以启用日志功能来记录文件的上传与下载信息。设置日志功能的选项如下。

xferlog_enable＝YES：表明 FTP 服务器记录上传下载的情况。

xferlog_std_format＝YES：使用标准格式记录日志。

xferlog_file＝/var/log/xferlog：指定日志文件的位置。

上面三项设置记录 xferlog 日志的格式。

dual_log_enable＝YES：表明启用了双份日志，在用 xferlog 文件记录服务器上传下载情况的同时，vsftpd_log_file 所指定的文件，即/var/log/vsftpd.log 也将用来记录服务器的传输情况。

vsftpd_log_file＝/var/log/vsftpd.log：指定 vsftpd 日志文件的位置。

log_ftp_protocol：记录所有的 FTP 命令。

vsftpd.log 文件的内容如图 7-53 所示。

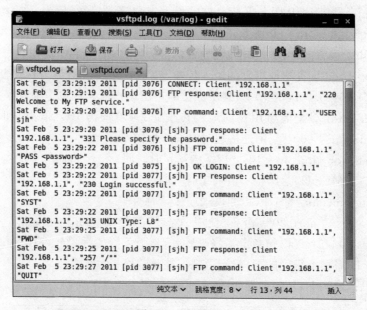

图 7-53　查看日志

vsftpd 中除了上面介绍的选项外还有很多选项，限于篇幅，此处就不再一一列举了。

小　　结

本章介绍了局域网中的硬件系统、软件系统及网络功能配置。

局域网硬件系统是局域网的重要组成部分。理解和掌握局域网硬件设备是设计、组建、维护和运行局域网的基础。本章重点介绍了网卡、集线器、交换机、路由器、服务器、VPN 设备等常见的局域网硬件的工作原理、组成与分类及功能。

局域网通过一系列软件系统实现为用户提供服务的目标。本章介绍了局域网中涉及的各种软件系统，包括服务器端操作系统、客户端操作系统、数据库系统、网络管理软件、应用软件和网络安全相关软件。通过学习本章，读者能够对局域网的软件环境有一个系统的了解。

本章还介绍了在 Linux 平台下 DHCP、DNS、Web 和 FTP 服务的安装与配置。

习题与实践

1. 填空题

(1) 操作系统可以理解为是用户与计算机之间的接口，网络操作系统是_____网络用户_____与_____计算机网络_____之间的接口。

（2）数据在局域网中进行传输必须遵循_____网络协议_____，除 TCP/IP 之外，目前局域网的通信协议还有_____、NetBEUI、_____和_____、IPX/SPX、_____。

（3）_____网络通信协议软件_____是一种特殊的软件，它是实现数据通信的规则和约定。

（4）DHCP 是_____的缩写。

（5）DHCP 客户使用两种不同的过程来与 DHCP 服务器通信并获得配置：_____过程和_____过程。

（6）DNS 是一种组织成_____结构的计算机和网络服务命名系统。

（7）查询 DNS 服务器有两种过程_____过程和_____过程。

（8）FTP 是文件传输协议，它使用_____模式。

（9）WWW 是_____的缩写。

（10）DNS 是_____的缩写。

（11）FTP 在传输层使用的默认端口号是_____，HTTP 在传输层使用的默认端口号是_____。

2. 简答题

（1）什么是网络操作系统？

（2）常见的服务器端操作系统有哪几种？各自的特点是什么？

（3）常见的数据库系统有哪些？

（4）网管软件主要使用哪些技术？

（5）什么是 DHCP？引入 DHCP 的好处有哪些？

（6）如何实现 IP 地址与 MAC 地址的绑定？

（7）什么是 DNS 域名系统？详细描述域名解析的过程。

（8）客户机向 DNS 服务器查询 IP 地址有哪几种模式？

（9）如何设置 Web 站点？

（10）如何设置 FTP 站点？

3. 实验

题目 1

（1）实验目的。

了解并掌握 Windows Server 2008 的安装过程及基本配置方法。

（2）实验内容。

在虚拟机中分别用升级和全新两种方法安装 Windows Server 2008。对安装完成的系统进行基本配置（如 IP 地址等）。

（3）实验设备与环境。

虚拟机软件可采用 Virtual PC 或 VMware。

题目 2

（1）实验目的。

熟练掌握在 Linux 平台下 DNS、DHCP、Web 和 FTP 服务器的配置方法，掌握 DHCP、DNS 的工作原理及 Web 和 FTP 的基本概念。

(2) 实验内容。

该实验可分组进行,4 人一组,分别作 DNS 服务器、DHCP 服务器、Web 和 FTP 服务器。

① 选择一台虚拟机安装 named 服务,其余 3 人作客户端,练习配置 DNS 服务。

② 选择一台虚拟机安装 dhcpd 服务,其余 3 人作客户端,练习配置 DHCP 服务。

③ 选择一台虚拟机安装 httpd 服务,其余 3 人作客户端,练习配置 Web 服务。

④ 选择一台虚拟机安装 vsftpd 服务,其余 3 人作客户端,练习配置 FTP 服务。

(3) 实验设备与环境。

虚拟机软件可采用 VMware Workstation。

第8章　局域网规划与设计

本章学习目标

- 了解系统集成的基本概念,掌握系统集成步骤及其主要内容;
- 理解网络设计原则,掌握自顶向下的网络设计模型;
- 掌握网络规划与设计循环设计流程;
- 掌握需求分析的基本步骤和方法;
- 掌握现有网络分析的步骤与方法;
- 掌握13种常见的网络逻辑设计步骤与方法;
- 掌握物理设计中网络设备选择标准,了解机房、供电系统设计内容;
- 理解网络工程监理的内容和作用,掌握网络工程监理实施步骤;
- 掌握常见网络设计方案书的撰写步骤与方法。

◎案例导入

　　网络工程毕业的小张刚刚应聘到一家公司。因公司目前网络存在诸多问题,部门经理要求小张在原有网络的基础上进行改进,并要求小张撰写一份网络规划与设计方案。小张问自己:网络规划与设计要遵循什么样的模型? 方案格式是什么样的? 方案包括哪些内容? 怎样描述现有网络? 怎样设计满足需求的网络?

　　本章将通过自顶向下的网络设计模型,遵循需求分析、逻辑设计、物理设计、测试与优化等流程,按照系统集成思想规划与设计一个适合不同需求的局域网。

8.1　局域网设计与系统集成

　　如何规划、设计、搭建和测试基于 TCP/IP 技术的计算机网络是网络工程的基本任务。根据网络应用需求的不同,设计实现的网络主要表现在规模、性能、可靠性、安全性、可管理性等方面的不同,因此,以局域网为核心的网络必须能够适应上述需求,并解决好网络设计、实施和维护、监理等一系列技术问题。

　　一般而言,网络工程是根据用户需求和投资规模,把工程化思想应用到网络设计中,合理选择各种网络设备和软件产品,通过集成设计、应用开发、安装调试等工作,建成具有良好的性能价格比的计算机网络系统的过程,即网络工程就是用系统集成方法建成计算机网络工作的集合。

8.1.1 系统集成概念

系统是"相互作用的多元素的复合体",具体指实现某一个目标(如局域网)而应用的一组元素(设备、软件、人员、时间)的有机组合,系统具备多元性、相关性、整体性特点。同时,系统本身可作为一个元素单位(如模块、组件或子系统)参与多次组合,这种组合过程可概括为系统集成。

系统集成是一种目前常用的实现复杂系统的工程方法,通过选购大量标准的系统组件并可能自主开发部分关键组件后进行组装,组件间通过标准接口进行通信以实现复杂系统的整体功能,如标准化流水线加工的现代汽车工业。

网络系统集成的特点可以概括如下。

(1) 接口规范。系统集成的实质就是让不同产品、不同设备通过标准的接口实现互连,即系统集成的关键不在于对具体产品设备的研究开发,而是在于理解和解决产品、设备间的接口通信问题。

(2) 关注整体。在进行网络规划与设计之前,必须依据用户需求,从商业目标和技术性能目标方面整体考虑网络系统。

(3) 规范化和高质量化。系统集成作为一项系统工程,必须以科学化、规范化、系统化的管理手段来实现,做到建设任何网络系统都有完备的文档和数据规范,从而高质量地按时完成网络系统建设。

(4) 良好的用户关系。技术、管理和用户关系是系统集成三个至关重要的因素。技术是集成,管理是保障,良好的用户关系是关键。加强与用户的沟通和交流,增进双方的理解与协调,并持之以恒地坚持贯彻整个系统集成过程,从而保持与用户的和谐愉快的合作关系,进而可大大加快工程进展。

同样,系统集成具备以下 4 个优势。

(1) 系统开发速度快。

(2) 建设质量水平高。

(3) 标准化配置。

(4) 权责分明的解决方案。

不可忽略,人在系统集成中起到关键性的作用。首先,人要对系统功能进行分析,通过分析得到系统集成的总体指标;其次,人要将总体指标分解成各个子系统的指标;最后,人要选择合适的技术、产品、设备进行搭建、调整和后期培训等工作。整个网络集成过程的工程质量监理必须通过人来完成。

8.1.2 网络工程的系统集成步骤

设计和实现网络系统遵从一定的网络系统集成模型,模型从系统开始,经历用户需求分析、逻辑网络设计、物理网络设计和测试,并贯彻网络工程监理。即采用自顶向下的网络设计方法,从 OSI 参考模型上层开始,然后向下直到底层的网络设计方法。它在选择较低层的路由器、交换机和媒体之前,主要研究应用层、会话层和传输层功能。该模型是可以循环反复的,并且是进行网络工程设计的第一步。

技术、管理和用户关系是系统集成三个至关重要的因素,因此,网络工程系统集成步骤应该综合考虑三因素。通常来讲,网络工程系统集成步骤主要包括以下几个方面工作。

(1) 选择系统集成商或设备供应商。

(2) 用户需求分析。

(3) 逻辑网络设计。

(4) 物理网络设计。

(5) 网络安全设计。

(6) 网络设备安装调试和验收。

(7) 网络系统验收。

(8) 用户培训和系统维护。

下面概要给出上述八方面工作的主要内容,详细内容在后继章节中再逐渐展开。

1. 选择系统集成商或设备供应商

建设小型网络,只需要在计算机零销商店购买一些必备的网络设备和用品即可,这时选择适当的网络设备和网络设备供应商至关重要。如果要建设大中型网络系统,就需要选择系统集成商了。用户以招标的方式选择系统集成商,用户对网络系统的意愿应体现在发布的招标文件中。工程招标的流程如下。

(1) 招标方聘请监理部门工作人员,根据需求分析阶段提交的网络系统集成方案,编制网络工程标书。

(2) 做好招标工作的前期准备,编制招标文件。

(3) 发布招标通告或邀请函,负责对有关网络工程问题进行咨询。

(4) 接受投标单位递送的标书。

(5) 对投标单位资格、企业资质等进行审查。审查内容包括:企业注册资金、网络系统集成工程案例、技术人员配置、各种网络代理资格属实情况、各种网络资质证书的属实情况。

(6) 邀请计算机专家、网络专家组成评标委员会。

(7) 开标,公开招标各方资料,准备评标。

(8) 评标,邀请具有评标资质的专家参与评标,对参评方各项条件公平打分,选择得分最高的系统集成商。

(9) 中标,公告中标方,并与中标方签订正式工程合同。

系统集成商的公司资质、公司业绩、技术实力、公关能力和谈判技巧等综合表现是能否中标的关键。

2. 用户需求分析

用户需求分析是指确定网络系统要支持的业务、要完成的功能、要达到的性能等。通常来讲,网络设计者应从以下三个方面进行用户需求分析:网络的应用目标、网络的应用约束和网络的通信特征。

3. 逻辑网络设计

在逻辑网络设计中,重点是指网络系统如何部署和网络拓扑等细节设计上。主要工作包括网络拓扑设计、网络分层设计、IP地址规划、路由和交换协议选择、网络管理和安全等。

4. 物理网络设计

物理网络设计主要任务包括网络环境设计和网络设备选型。其中,网络环境设备主要是指结构化布线系统设计、网络机房设计和供电系统设计等方面；网络设备选型主要是指园区网设备选型和企业网设备选型。

5. 网络安全设计

网络安全是网络系统集成系统中必须面对的重要问题，涉及资源、设备、数据等资产。设计上，首先界定要保护的资源；其次制定安全策略，采购安全产品；最后，设计适合需要的网络设计方案。

6. 网络设备安装调试和验收

网络设备在正式交付使用之前，必须在仿真环境上经过测试。常见的网络测试包括网络协议测试、布线系统测试、网络设备测试、网络系统应用测试、安全测试等多个方面。

7. 网络系统验收

网络系统验收是用户方正式认可系统集成商完成的网络工程阶段。这一阶段是确认工程项目是否达到设计要求。验收分为现场验收和文档验收。现场验收需要检验环境是否符合要求，文档验收需要检验开发文档、管理文档和用户文档是否完备。

8. 用户培训和系统维护

网络一旦交工，后期维护是非常重要且烦琐的一件事情。系统集成商或设备供应商必须为用户提供必要的培训，培训对象可以是网管人员、一般用户等。培训可分为现场培训和指定地点培训，同时还涉及以合同方式提供产品、设备售后服务和免费技术支持等。

8.2　局域网设计的原则与模型

局域网设计原则主要表现在要满足一定的技术指标和性能指标，并遵从自顶向下的网络设计方法。

8.2.1　局域网设计原则

1. 标准性和开放性原则

标准性原则表现在选用的设备、软件和通信协议符合国际标准或工业标准，使其网络硬件环境、软件环境、通信环境、操作平台与高层应用系统之间的相互依赖性减至最小，便于发挥各自的优势。通过采用结构化、模块化、标准化的设计形式，满足系统及用户各种不同的需求，适应不断变革中的要求。以满足系统与功能为目标，保证总体方案的设计合理，满足用户的需求，同时便于系统使用过程中的维护，以及今后系统的二次开发与移植。

开放性原则体现在以下几个方面。

（1）能适应计算机硬、软件技术的迅速发展。

（2）硬件上简便的重新组合能够支撑新环境要求和适应新技术的发展。

（3）底层应用系统支撑软件的版本升级对高层应用系统的影响应局限在可控制的范围内或无影响。

（4）能适应管理体制和组织结构的变化。

（5）能采用 VLAN 技术划分网络。

（6）在尽量少变动或不变动硬件体系结构的同时，能适应管理体制和组织结构的变化。

（7）应用系统能适应用户发展的新要求，易于修改和扩展新功能。

2. 可扩展性原则

在达到总设计目标的前提下，争取高的性能价格比。网络应有良好的可扩充性，随着网络技术的不断发展和增加新的任务、扩充新的能力，系统应能方便升级且能最大限度地保护现有的投资。系统要有可扩展性和可升级性，随着用户单位发展、业务的增长和应用水平的提高，网络中的数据和信息流将按指数级增长，需要网络有很好的可扩展性，并能随着技术的发展不断升级。设备应选用符合国际标准的系统和产品，以保证系统具有较长的生命力和扩展能力，满足将来系统升级的要求。

3. 先进性与实用兼顾原则

采用的技术应是业界先进的，选用的设备和软件应是国内外著名厂商的主流、先进的产品，但又不盲目追求高、洋、全；适合投资能力，既先进又实用；能满足性能要求，易于操作、管理和维护，易于学习、掌握和应用；人机界面友好，应用环境良好；系统建设应该在先进性的指导下始终贯彻面向应用，注重实效的方针，坚持实用、经济的原则。

4. 安全与可靠原则

采用最新的各种容错技术，使网络系统有较高的可靠性；系统对各级网络有监测和管理能力；采用划分 VLAN、子网隔离、防火墙等安全控制措施；主设备能进行在线修复、更换和扩充；主设备专线 UPS 供电；楼内供电线路有良好的地线；网络通信线路在楼外一律采用光缆；电力线路应有防雷电措施等。

同时网络必须是可靠的，包括网络物理级的可靠性，如服务器、风扇、电源、线路等；以及网络逻辑的可靠性，如路由、交换的汇聚，链路冗余，负载均衡，QoS 等。由于大学中 IPv6、流媒体、视频点播、VoIP 等视频和语音项目经常走在社会前列，因此网络必须具有足够高的性能，满足业务的需要。

5. 可维护性原则

由于校园骨干网络系统规模庞大，应用丰富而复杂，需要网络系统具有良好的可管理性，网管系统具有监测、故障诊断、故障隔离、过滤设置等功能，以便于系统的管理和维护。同时应尽可能选取集成度高、模块可通用的产品，以便于管理和维护。

8.2.2 局域网设计模型

设计一个满足特定业务需求的网络时，必须遵守一定的处理过程和设计模型。一个好的模型不仅不会成为干扰实际建网工作的负担，而且会使设计者的工作更加简单、高效、令人满意。

局域网设计中采用自顶向下的网络设计过程。该过程是一种从 OSI 参考模型上层开始，然后向下直到底层的网络设计方法，如图 8-1 所示。它在选择较低层的路由器、交换机和媒体之前，主要研究应用层、会话层和传输层功能。

自顶向下的网络设计过程特点主要表现如下。

(1) 不要一开始就使用专用网络设计软件(如 OPNET 等)。

(2) 首先分析网络工程项目商业和技术目标。

(3) 了解园区和企业网络结构找出网络服务对象及其所处位置。

(4) 确定网络上将要运行的应用程序及其在网络上的行为。

(5) 重点先放在 OSI 参考模型第 7 层及其以上。

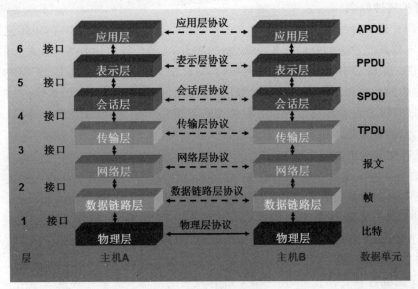

图 8-1　OSI 参考模型

开发一个新系统或修改一个现有系统的过程及其继续存在的一段时期,称为系统开发生命周期。没有哪个生命周期能够完美地描述所有开发项目,系统开发生命周期主要表现为流程周期、循环周期。系统用户的反馈会引起系统的再一次修改、重建、测试和完善。本章中网络设计模型主要分为 4 个阶段,并以周而复始的方式执行。

(1) 需求分析。这个阶段主要包括商业目标分析、技术目标分析、现有网络特征描述、网络通信量分析。

(2) 逻辑设计。这个阶段主要包括网络逻辑拓扑设计、网络结构、网络层地址、命名模型设计、交换和路由协议选择、网络安全规划设计和网络管理设计。

(3) 物理设计。主要是指如何选择园区、企业网络逻辑设计的具体技术和产品。

(4) 测试、优化和文档编写。涉及网络设计测试、网络设计优化和网络设计文档编写。

Cisco 提倡一种称为规划、设计、操作、优化(PDIOO)的网络生命周期,主要包括以下几个步骤。

(1) 规划。包括网络需求分析、网络安装地点现场分析和对需要网络服务的用户认证。

(2) 设计。依据规划收集到的需求,完成逻辑和物理设计。

(3) 实施。依据设计说明构建,是对设计的一种验证。

(4) 运行。这是对设计效果的测试,性能问题和其他任何错误在这个阶段收集后交给优化解决。

(5) 优化。如果由于设计错误出现太多的问题,或者当实际使用中网络性能下降或网络能力无法满足时,优化阶段可能会导致网络的重新设计。

(6) 淘汰。当网络或者网络的一部分过时了,则它可能被淘汰。

同时,在具体的实现中,如在设计大中型网络时,为了分解设计目标,可以应用如下设计模型。

(1) 层次模型。就是将复杂的网络设计分成几个层次,每一层着重于某些特定的功能并部署对应的设备。通常大中型网络采用三层结构,分别为核心层、汇聚层和接入层。

（2）流量模型。网络的最终目的是应用，应用的特点表现为流量。通常流量模型遵从 80/20 原则或 20/80 原则。

（3）冗余模型。为了网络的可靠性和可用性，可以采用介质冗余、链路冗余、服务器冗余和交换机、路由器冗余。

（4）安全模型。分为内部网络和外部网络安全两种。

总之，各种模型都是为了更好地设计网络。在实际操作中，可以依据用户需求和实际情况，组合上述模型对网络进行设计。本书采用自顶向下开发模型对局域网进行设计，即沿着需求分析、逻辑设计、物理设计、测试和优化等主线详细阐述局域网的设计过程，如图 8-2 所示。

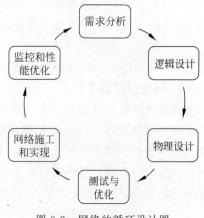

图 8-2　网络的循环设计图

8.3　需求分析

需求分析从字面上的意思来理解就是找出"需"和"求"的关系，从当前业务中找出最需要重视的方面，从已经运行的网络中找出最需要改进的地方，满足客户提出的各种合理要求，依据客户要求修改已经成形的方案。同时，搞清楚网络应用目标，理解网络应用约束，掌握网络分析的技术指标，采用适当的分析网络流量的方法，也是网络需求分析中非常重要的内容。

8.3.1　需求分析的类型

1. 应用背景分析

应用背景需求分析概括了当前网络应用的技术背景，介绍了行业应用的方向和技术趋势，说明本企业网络信息化的必然性。应用背景需求分析要回答一些为什么要实施网络集成的问题。

（1）国外同行业的信息化程度以及取得哪些成效？

（2）国内同行业的信息化趋势如何？

（3）本企业信息化的目的是什么？

（4）本企业拟采用的信息化步骤如何？

2. 业务需求分析

目标是明确企业的业务类型，应用系统软件种类，以及它们对网络功能指标（如带宽、服务质量 QoS）的要求。业务需求是企业建网中首要的环节，是进行网络规划与设计的基本依据。通过业务需求分析为以下方面提供决策依据。

（1）需实现或改进的企业网络功能有哪些？

（2）需要集成的企业应用有哪些？

（3）需要电子邮件服务吗？

（4）需要 Web 服务吗？

(5) 需要上网吗? 带宽是多少?

(6) 需要视频服务吗?

(7) 需要什么样的数据共享模式?

(8) 需要多大的带宽范围?

(9) 计划投入的资金规模是多少?

3. 网络管理需求分析

网络管理是企业建网不可或缺的方面,网络是否按照设计目标提供稳定的服务主要依靠有效的网络管理。高效的管理策略能提高网络的运营效率,建网之初就应该重视这些策略。网络管理的需求分析要回答以下类似的问题。

(1) 是否需要对网络进行远程管理。远程管理可以帮助网络管理员利用远程控制软件管理网络设备,使网管工作更方便,更高效。

(2) 谁来负责网络管理?

(3) 需要哪些管理功能? 如需不需要计费,是否要为网络建立域,选择什么样的域模式等。

(4) 选择哪个供应商的网管软件? 是否有详细的评估?

(5) 选择哪个供应商的网络设备? 其可管理性如何?

(6) 需不需要跟踪和分析处理网络运行信息?

(7) 将网管控制台配置在何处?

(8) 是否采用了易于管理的设备和布线方式?

4. 网络安全需求分析

企业安全性需求分析要明确以下几点。

(1) 企业的敏感性数据的安全级别及其分布情况。

(2) 网络用户的安全级别及其权限。

(3) 可能存在的安全漏洞,这些漏洞对本系统的影响程度如何。

(4) 网络设备的安全功能要求。

(5) 网络系统软件的安全评估。

(6) 应用系统安全要求。

(7) 采用什么样的杀毒软件。

(8) 采用什么样的防火墙技术方案。

(9) 安全软件系统的评估。

(10) 网络遵循的安全规范和达到的安全级别。

5. 通信量需求分析

通信量需求是从网络应用出发,对当前技术条件下可以提供的网络带宽做出评估。如表 8-1 所示为常用应用对流量的需求。通信量分析通常需要考虑以下几个问题。

(1) 未来有没有对高带宽服务的要求?

(2) 需不需要宽带接入方式? 本地能够提供的宽带接入方式有哪些?

(3) 哪些用户经常对网络访问有特殊的要求? 如行政人员经常要访问 OA 服务器,销售人员经常要访问 ERP 数据库等。

(4) 哪些用户需要经常访问 Internet? 如客户服务人员经常要收发 E-mail。

表 8-1　常用应用程序所需基本带宽

应用类型	基本带宽需求	备　注
PC 连接	14.4～56kb/s	远程连接,FTP,HTTP,E-mail
文件服务	100kb/s 以上	局域网内文件共享,C/S 应用,B/S 应用,在线游戏等绝大部分纯文本应用
压缩视频	256kb/s 以上	MP3、RM 等流媒体传输
非压缩视频	2Mb/s 以上	VoD 视频点播、视频会议等

（5）哪些服务器有较大的连接数？

（6）哪些网络设备能提供合适的带宽且性价比较高？

（7）需要使用什么样的传输介质？

（8）服务器和网络应用能够支持负载均衡吗？

6. 网络扩展性需求分析

网络的扩展性有两层含义,其一是指新的部门能够简单地接入现有网络,其二是指新的应用能够无缝地在现有网络上运行。扩展性分析要明确以下指标。

（1）企业需求的新增长点有哪些？

（2）已有的网络设备和计算机资源有哪些？

（3）哪些设备需要淘汰,哪些设备还可以保留？

（4）网络结点和布线的预留比率是多少？

（5）哪些设备便于网络扩展？

（6）主机设备的升级性能？

（7）操作系统平台的升级性能？

7. 网络环境需求分析

网络环境需求是对企业的地理环境和人文布局进行实地勘察以确定网络规模、地理分划,以便在拓扑结构设计和结构化综合布线设计中做出决策。网络环境需求分析需要明确下列指标。

（1）园区内的建筑群位置。

（2）建筑物内的弱电井位置、配电房位置等。

（3）各部分办公区的分布情况。

（4）各工作区内的信息点数目和布线规模。

8.3.2　如何获得需求

获取网络规划与设计需求通常有以下 4 种方式。

（1）实地考察。实地考察是工程设计人员获得第一手资料采用的最直接的方法,也是必需的步骤。

（2）用户访谈。用户访谈要求工程设计人员与招标单位的负责人通过面谈、电话交谈、电子邮件等通信方式以一问一答的形式获得需求信息。

（3）问卷调查。问卷调查通常对数量较多的最终用户提出,询问其对将要建设的网络应用的要求。问卷调查的方式可以分为无记名问卷调查和记名问卷调查。

（4）向同行咨询。将获得的需求分析中不涉及商业机密的部分发布到专门讨论网络相关技术的论坛或新闻组中，请同行给你参考已制定设计说明书，这时候，你会发现热心于此方案的人们通常会给出许多中肯的建议。

通过各种途径获取的需求信息通常是零散的、无序的，而且并非所有需求信息都是必要的或当前可以实现的，只有对当前系统总体设计有帮助的需求信息才应该保留下来，其他的仅作为参考或以后升级使用。接下来就需要将需求信息用规范的语言表述出来和制作出需求信息列表。其中，需求信息也可以用图表来表示。图表带有一定的分析功能，常用的有柱图、直方图、折线图和饼图。如图8-3所示的是中国网民2015—2016年所使用的各类互联网TOP10应用图。

应用	2016 年		2015 年		全年增长率
	用户规模 / 万	网民使用率	用户规模 / 万	网民使用率	
即时通信	66628	91.1%	62408	90.7%	6.8%
搜索引擎	60238	82.4%	56623	82.3%	6.4%
网络新闻	61390	84.0%	56440	82.0%	8.8%
网络视频	54455	74.5%	50391	73.2%	8.1%
网络音乐	50313	68.8%	50137	72.8%	0.4%
网上支付	47450	64.9%	41618	60.5%	14.0%
网络购物	46670	63.8%	41325	60.0%	12.9%
网络游戏	41704	57.0%	39148	56.9%	6.5%
网上银行	36552	50.0%	33639	48.9%	8.7%
网络文学	33319	45.6%	29674	43.1%	12.3%

图 8-3　中国网民 2015—2016 年所使用的各类互联网 TOP10 应用图

8.3.3　网络商业目标分析和约束

了解客户的商业目标及其约束是网络设计中一个非常关键的方面，只有对客户的商业目标进行透彻分析，才能提出得到客户认可的网络设计方案。客户的商业目标又称为网络设计目标。

常见的网络设计目标包括：增加收入和利润、提高市场占有份额、拓展新的市场空间、提高在同一市场内同其他公司竞争的能力、降低费用、提高员工生产力、缩短产品开发周期、使用即时生产方法、制定解决配件短缺的计划、为新客户提供服务、支持移动性、为客户提供更好的支持、为关键要素开放网络、建立达到新水平的良好的信息网和关系网以作为网络组织化模型的基础、避免网络安全问题引发商业中断、避免自然或人为灾害引发商业中断、对过时技术进行更新改造、降低电信和网络费用并在操作上进行简化等。

进行网络目标分析的步骤包括：首先，从企业高层管理者开始收集业务需求；其次，收集用户群体需求；最后，收集为支持用户应用所需要的网络需求。

在同客户见面之前，最好先调查客户所从事的基本业务信息，如了解客户所属的行业和客户的市场、供应商、产品、服务、竞争优势和财务状况。在同客户见面时，首先进行有关网络工程项目目标的简要叙述,如主要解决的问题、新网络怎样帮助客户在商业上取得更大的成功、网络工程项目成功的条件和如果网络设计项目失败或没有按照规范施工,将会导致什么后果。其次,了解客户是否有技术上的偏见,例如,是否只使用某一公司的产品、是否避免使用某种技术、是否数据人员与语音人员有偏见等。接着,获取有关公司的组织机构图,如显示公司总的组织机构、涉及哪些用户、网络的范围、具体的地理位置如何。最后,获取有关安全策略,如安全策略如何影响新的网络设计、新的网络设计是如何影响安全策略的、安全策略是否过严以至于设计者不能工作、对执行安全策略的网络资源进行分类等。

用户比较关注网络设计中是否满足用户网络应用,因此需要了解用户的现有应用及其新增的应用。通过详细信息收集如下信息:应用程序、用户团体、数据存储、网络协议、现有网络的逻辑和物理体系结构、当前网络性能等,并在用户帮助下填写表 8-2。

表 8-2　网络应用表

应 用 名 称	应 用 类 型	是否为新应用	重 要 性	备 注

表中"应用名称"填入用户提供的名称、规范的应用名称或者用户自己明白的应用名称。"应用类型"是按照标准网络应用对应用进行的归类。"重要性"可选择填入非常重要、较重要和不重要。"备注"填写与网络设计有关的内容。如表 8-3 所示为某高校网络应用表。

表 8-3　某高校网络应用表

应 用 名 称	应 用 类 型	新 应 用	重 要 性	备 注
电子邮件	电子邮件	否	非常重要	教职工间传输数据
FTP	文件共享	否	较重要	对内提供教学资料
⋮	⋮	⋮	⋮	⋮
无线上网	无线接入	是	重要	移动便捷

在商业目标分析和判断用户给出新的网络应用需求时,网络约束对网络设计影响很大。常见的网络约束主要有政策约束、预算约束、时间约束、技术约束、人员约束。

8.3.4　网络技术目标分析

在分析网络设计技术要求时,应当列出用户能够接受的网络性能标准,如延迟、效率、吞吐量、响应时间等。这些技术指标和性能指标可为后期网络升级或更新提供一种比较依据,这种依据就是性能基线(baseline)。

常见的网络技术目标主要包括可扩展性、可用性、网络性能、安全性、可管理性、易用性、适应性和可付性。下面分别给出每一个技术目标的相关内容。

1. 可扩展性

可扩展性指的是网络设计应该支持多大程度的网络扩展。网络分层设计易于扩展,平面式网络设计可扩展性差。如下问题属于可扩展性技术目标范畴:在以后的一年里能增加多少站点?在以后的两年里情况如何?每一个新站点的网络范围有多大?在未来的一年中将有多少新的用户访问公司的互联网？未来的两年情况如何？在未来的一年里将会在互联网中增加多少台服务器？未来的两年情况如何？

2. 可用性

可用性可以用每年、每月、每天或者每小时内正常工作的时间占该时期总时间的百分比来表示。例如，24/7 运转、在 168 小时一周内网络可用 165 小时、可用性为 98.21% 等。不同的应用程序可能需要不同的可用性级别，关键设备或部门、企业可能需要 99.999%（即"5 个 9"）可用性目标。

衡量可用性通常采用失败的平均时间（MTBF）和修复的平均时间（MTTR）来定义。公式如下。

$$可用性 = MTBF/(MTBF + MTTR)$$

【实例 8-1】 如网络每 4000h（166 天）失效不能多于一次，并且要在一小时内修复，则该网络的可用性＝4000/4001 = 99.98%。

影响可用性的因素主要有可靠性、用户流量的容量、网络冗余、网络弹性（指网络可以承受的压力）等。

3. 网络性能

网络性能也是技术目标的一种，是用户使用网络过程中最关注的一个技术指标。通常网络性能包括带宽、吞吐量、带宽利用率、提供负荷、准确性、效率、延迟和延迟变化、响应时间等。

4. 安全性

安全目标是实现安全的费用不超过从安全事故中恢复所需的费用。安全性分析首先要获取需要保护的资产，其次制定详细的安全规划，如确定网络资产、包括价值和期望费用以及因安全丢失后的问题、安全风险分析等。在局域网设计中，需要保护的资产包括硬件、软件、应用、数据、知识产权、商业机密和公司信誉等。

5. 可管理性

通过管理工具，可以帮助组织取得可用性、性能和安全目标，帮助机构测量网络设计是否满足目标，不满足时则可以通过调整网络参数来实现。借助简单网络管理协议（SNMP）可以很轻松地实现网络的可管理性。

6. 易用性

易用性是指网络用户访问网络和服务的难易程度。主要工作是为了使网络用户的工作更容易进行。通过用户培训，可以改善用户访问网络和服务的难易程度；严格的安全或访问控制则会负面影响易用性。

7. 适应性

适应性是指适应技术上的变化和更新。灵活的网络设计能适应变化的通信模式和服务质量（QoS）需求。同时，尽量排除会使未来新技术的使用变得困难的任何因素。

8. 可付性

可付性是指可以承担得起的网络设计应在给定的财务成本下承载最大的流量。局域网和园区网设计中可付性尤其重要，而企业网则表现在可用性方面。在以流量为计费标准的局域网中，接入网电路每月重复的花费是造成运行大型网络成本很高的一个主要原因，因此可以选用适当的技术加以降低。例如，使用静态默认路由、采用支持数据压缩的封装协议提高数据传输效率、动态分配广域网带宽等技术解决。

在网络实际设计中,需要折中考虑才能达到目标。为了帮助集成商分析折中方案,需要客户确定一个最主要的网络设计目标。这些目标可以是商业目标,也可以是技术目标。除此之外,还必须要求客户区分剩余目标的优先顺序,区分优先顺序将有利于完成网络设计折中方案。如表 8-4 所示是一个折中方案,要求客户将他们想花费在可扩展性、可用性、网络性能、安全性、可管理性、易用性、适应性、可付性等方面的成本比例做出选择。

表 8-4　网络技术目标所占比例表

技术指标	所占比例	技术指标	所占比例
可扩展性	20%	可管理性	5%
可用性	25%	易用性	10%
网络性能	15%	适应性	5%
安全性	5%	可付性	15%

折中方案比描述起来要复杂得多,因为一个技术目标需要其他技术目标的支持或存在关联。通常来讲,校园网可付性比可用性重要,企业网可用性比可付性重要。

8.3.5　网络性能分析

网络性能是技术目标的一种,是客户使用网络过程中最关注的一个技术指标。通常网络性能包括带宽、吞吐量、带宽利用率、提供负荷、准确性、效率、延迟和延迟变化、响应时间等。

1. 带宽

对于网络链路,带宽(bandwidth)用来衡量单位时间内传输比特的能力,通常用 b/s 表示,分为物理带宽和逻辑带宽。为了能够正常工作,不同类型的应用需要不同的带宽,一些典型应用的带宽如下。

(1) PC 通信:14.4~56kb/s。

(2) 数字音频:1~2Mb/s。

(3) 压缩视频:2~10Mb/s。

(4) 文档备份:10~100Mb/s。

(5) 非压缩视频:1~2Gb/s。

(6) 网络设备串口默认带宽为 T1(1.544Mb/s)美国标准,欧洲标准为 E1(2.048Mb/s)。

2. 吞吐量

吞吐量是指单位时间内无差错地传输数据的能力,通常以 b/s,B/s 或分组/秒(p/s)度量。与吞吐量相关的参数通常是通道容量和网络负载。吞吐量和有效吞吐量是两个概念,前者是指字节/秒,而不管用户数据字节或分组头部字节;后者是指应用层用户字节的吞吐率,有时又称"有效吞吐率",即每个分组头部浪费掉的带宽不包括在内。有效吞吐量越高,响应时间越快。影响吞吐量的因素主要包括:分组的大小、分组之间的间隙、转发分组设备的速率、客户端速度(CPU,内存和硬盘访问速度)、服务器速度(CPU,内存和硬盘访问速度)、网络设计、协议、距离、错误率、具体访问时间等。

3. 效率

通常指发送一定数量的数据需要多少开销。从有效吞吐量角度来看,帧越大,效率越高;帧越小,效率越低。但是,如果出现帧的丢失或者重传,则效率明显降低。

4. 响应时间

响应时间是指请求和响应之间的时间。通常响应时间不仅与网络相关,同时还与应用程序及其所运行的设备相关。大多数用户期望在 $100\sim200$ms 内在显示器上看到有关内容,即客户默认可以接受的响应时间。影响响应时间的常见因素包括轮询延迟(如令牌网)、连接延迟、CPU 延迟、网卡延迟、物理介质传播延迟。

5. 延迟

延迟是指一个帧准备从一个结点传送,并传送到网络里其他结点所花的时间。引起延迟的原因主要包括:传播延迟(信号在电缆或光纤中的传播速度仅为真空中传播速度的 2/3)、发送延迟(又称串行延迟,即将数字数据放到传输线上需要的时间,例如,在 1.544Mb/s T1 线上输送 1024B 需要 5ms)、分组交换延迟、排队延迟和重传延迟。解决延迟常见的方法为增加带宽和选择高级队列算法。

6. 抖动

抖动即平均延迟时间变化量,又称为延迟变化。在网络设计中,语音、视频和音频应用是不允许发生抖动的。如果客户提不出具体要求,则延迟变化量应该小于延迟的 1% 或 2%,即如果平均延迟为 200ms 的分组,则抖动不应高于 $2\sim4$ms。减少抖动的方法就是为语音、视频和音频提供较大的缓存。

7. 丢包率

丢包率是指在一定的时段内在两点间传输中丢失分组与总的发送分组的比率。根本原因在于网络对分组的传输是按"尽力而为"方式进行,直接原因是存储分组队列空间和网络链路带宽。无拥塞时,路径丢包率为 0,轻度拥塞时丢包率为 $1\%\sim4\%$,严重拥塞时丢包率为 $5\%\sim15\%$。对用户来讲,丢包率高的网络通常使应用不能正常工作。

8. 利用率

利用率反映指定设备在使用时所发挥的最大能力。在网络设计中通常考虑两种类型的利用率:CPU 利用率和链路利用率。

8.3.6 网络通信流量分析

在实现的网络设计中,应当适当考虑网络流量的特点、分析网络通信流量特征并估算应用的通信负载。

1. 网络流量特点

发现互联网基本行为和特性的一些规律,有助于我们全面细致地进行网络设计。网络流量主要规律和特征如下。

(1)互联网流量一直在变化。

(2)聚合的网络流量是多分型的。

(3)网络流量表现时间局部性和空间局部性。

(4)分组流量是非均匀分布的。

(5)分组长队是双峰分布,具有"长而尖"的分布特性。

(6)分组到达过程是突发性的。

(7)会话到达过程遵循泊松分布。

（8）多数 TCP 会话是简短的。

（9）通信流量是双向的但通常不对称。

（10）互联网流量的主体是 TCP。

2. 分析网络通信流量特征

分析网络通信流量特征的步骤包括以下几部分。

（1）绘制网络拓扑结构图，确定子网边界，把网络分成几个易关联的域。

（2）确定域内现有和未来的设备。

（3）分析网络通信流量特征，确定流量基线。

确定流量边界，主要是搞清楚现有应用和新应用的用户组和数据存储方式。为描述用户组，需要填写用户组表格，如表 8-5 所示。其中，"位置"栏用于说明用户组在网络结构图上的位置。在"所使用的应用程序"栏中记录的是应用程序的名称。如表 8-6 所示为某校园网的用户组表。

表 8-5　用户表

名　　称	用户数量	位　　置	所使用的应用程序

表 8-6　某校园网的用户组表

用户名称	用户数量	位　　置	团体应用
学生宿舍	1300	1 号楼	网页浏览，文件下载，认证计费
基础实验楼	300	基础实验楼	网页浏览，文件下载
⋮	⋮	⋮	⋮
图书馆	100	图书馆	网页浏览，文件下载，数据库

为了描述数据存储方式，需要填写数据存储方式表，如表 8-7 所示。"存储类型"可以是服务器、服务器群、主机、磁带备份单元等能够存储大量数据的互联网设备或组件。如表 8-8 所示为某校园网的数据存储方式表。

表 8-7　数据存储方式表

存　储　类　型	位　　置	应　用　程　序	使用的用户组

表 8-8　某校园网的数据存储方式表

数据存储类型	位　　置	应　用　程　序	用　户　组
Web 服务器	网络中心	WWW	所有
E-mail 服务器	网络中心	电子邮件	所有
⋮	⋮	⋮	⋮
FTP 服务器	网络中心	文件下载	所有

根据数据流量边界,很容易辨别逻辑网络边界和物理网络边界,进而找到易于进行管理的域。所谓逻辑网络边界,是指使用一个或一组特定应用程序的用户组群来区分,可根据 VLAN 确定的工作组来区分。物理网络边界更为直观,可通过物理链路的连接来确定一个物理工作组。

分析网络通信流量需要刻画流量的源点和目的点,利用测量系统或软件如 Fluke 协议分析仪等设备获取相关参数,并填写表 8-9。

表 8-9　网段通信流量估算表

源	目 的 地 1		目 的 地 2		...		目 的 地 n	
	Mb/s	路径	Mb/s	路径	Mb/s	路径	Mb/s	路径
源 1	20	×	30	×			60	×
⋮								
源 n								

通过研究流量类型,可以方便网络设计者获取基线,常见的通信流量可以分为以下几类。

(1) 终端/主机通信流量。

(2) 客户/服务器通信流量。

(3) 瘦客户端通信流量。

(4) 对等通信流量。

(5) 服务器/服务器通信流量。

(6) 分布式计算通信流量。

(7) 网格计算通信流量。

(8) IP 网络上的语音通信流量。

利用统计的工作组中的用户数量,以及用户使用的应用程序,可以很容易地得到应用程序的总用户数量。依据每一个应用程序的开销,进而估算通信负载。如表 8-10 所示为计算出来的流量的具体数值。

表 8-10　应用程序流量估算分布表

应用程序	三个子网通过网络主干百分率	同步会话数	平均处理量大小	估算总共需要容量
E-mail 服务	33/33/33	540 000 次/小时	3KB	3.6Mb/s
CAD 服务器	0/50/50	65 次/小时	3.6KB	5.8Mb/s
文件服务器	25/25/50	100 次/小时	2.5MB	560kb/s

分析网络流量一是靠精确测量,二是靠粗略估算,最终得出的结论是对网络流量现状的估计,同时也是为未来网络流量提供一个参考基线。

8.4　现有网络分析

如果是设计一个全新的网络,那么现有网络特征与分析可以省略。现在网络设计通常是在原有网络上进行改进和完成,因此掌握现有网络特点是网络方案设计中的重点和前提。

主要包括以下几个方面。

(1) 现有互联网络的拓扑。

(2) 地址和命名特征。

(3) 现有网络采用的布线和介质。

(4) 建筑物之间的距离和环境因素。

(5) 现有网络的性能参数。即网络性能基线,主要从可靠性、抖动、延迟、可用性、带宽利用率、广播/组播比例、协议所在带宽比例、相应时间、主要设备如路由器、交换机和防火墙的状态等获取。

(6) 网络应用流量的特征。

(7) 当前网络的安全和管理设计。

下面以一个具体的校园网案例描述一个现有互联网的特征分析。

8.4.1 现有互联网络的拓扑

现有互联网络拓扑主要是给出核心层、汇聚层、接入层采用的技术和启用的路由协议,并给出访问 Internet 所采用的技术、多少个信息点等基本信息。

如下面的描述:当前校园网现状为学院所有楼宇全部联入校园网(含办公楼、教学楼、实验楼及学生宿舍);南北两校区采用万兆以太网技术,各校区内采用千兆主干,百兆交换到桌面;各校区内采用多核心网络交换设备,采用环状及树状网络结构,保证网络的可靠性;全院信息点数近两万个,联网计算机超过 10 000 台。公网 IP 地址数目 8192 个。校园网共有 Internet 出口 2 个,其中,教育网出口带宽 300Mb/s,网通出口带宽 200Mb/s。如图 8-4 所示为校园网拓扑图。

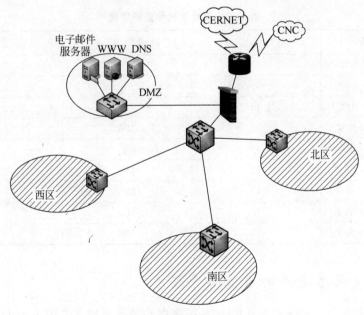

图 8-4 某校校园网拓扑图

绘制网络拓扑图,建议读者采用 Visio 制图工具,具体用法如下。

（1）安装 Visio 工具。

（2）单击"新建"→"网络"→"详细网络图"。

（3）在左边"形状"一栏中，选择所需设备图标。

（4）如果需要连接线，单击"文件"→"形状"→"其他 Visio 方案"→"连接线"即可。

8.4.2 地址和命名特征

通过表 8-11，可以很容易地收集现有网络的地址和命名特征，其中，地址和命名通常是核心设备、关键服务等。

表 8-11 某校地址和命名表

对　　象	命名	计算机数量	地　　址	所处物理位置
路由器	40	1	10.10.10.0/26	八楼
核心交换机	8512	1	10.10.20.0/26	八楼
汇聚交换机	882	6	10.10.30.0/26	八楼
图书馆	tsg	50	172.16.40.64/26	图书馆楼
教学楼	syl	20	172.16.40.128/26	1 号楼
服务器	s	6	172.16.40.192/26	2 号楼
学生宿舍楼 1	ss_1	200～300	172.16.41.0 /24	学生宿舍楼 1

8.4.3 建筑物之间的距离和环境图素

现有网络特征主要给出从网络中心到各建筑物间的距离，如表 8-12 所示。

表 8-12 某校建筑物之间距离

建　筑　物	垂直高度/m	水平距离/m	总长/m
网络中心到家属楼	40	220	260
网络中心到图书馆	40	60	100
网络中心到主教楼	40	60	100
网络中心到 1♯宿舍	40	120	160
网络中心到 2♯宿舍	40	220	260
网络中心到 3♯宿舍	40	180	220
网络中心到 4♯宿舍	40	220	260
网络中心到 5♯宿舍	40	160	200
网络中心到 6♯宿舍	40	100	140

8.4.4 现有网络采用的布线和介质

在核心的主干网上采用了千兆光纤，从网络中心到各个楼宇之间采用千兆光纤的多模光纤，每栋楼宇内部采用超 5 类双绞线连接到桌面，可提供百兆的带宽。

8.4.5 现有网络的性能参数

对用户来说,网络性能参数最直接的影响因素体现在以下几点。

1. 通信距离

一般来说,双方通信距离越大,通信的费用越高,通信的速率也会变慢;随着距离的加大,网络延时也会加大,需要的路由设备相应增加,投资的成本也就加大了。

2. 通信时段

网络通信与生活中的交通相似,在网络中,上班时间和晚上为主要的网络高峰期,网络的传输量大,容易出现通信堵塞。

3. 通信拥塞

网络拥塞容易造成网络整体性能下降,比如公司之间的网络连接主干线出现拥塞,造成用户的数据无法正常传输,因而需要考虑在拥塞情况下如何解决通信问题。

4. 服务类型

由于要提供不同的网络服务,用户需求分析和设计方案也就不同,否则就会出现如上所述的网络拥塞,造成网络构架的不合理。比如银行传输的数据要准确,差错率要低,那么传输服务质量(QoS)的要求必须严格;如果是政府或学校进行视频会议或教学,则在网络的带宽和时延方面的要求必须严格。

5. 核心干线吞吐量

如果公司之间的网络连接的主干线出现问题,将直接影响整个干线数据的传输。如果干线的带宽没有达到实际数据传输的最高峰要求,将会出现网络瓶颈、拥塞,甚至导致网络瘫痪。

下面以 PC 连接为例给出性能参数的计算方法。以 56kb/s 为基础,终端最大用户总数约为 6500 人,不妨假设流量高峰期有 80% 用户同时使用这项服务,则校园骨干带宽大于 284Mb/s 就可以满足需求。视频计算方式:以 256kb/s 为基础,假设高峰时有 50% 用户同时观看,则校园网骨干宽带大于 800Mb/s 即可满足。

可用性 $=$ MTBF/(MTBF$+$MTTR),其中,MTBF 是故障发生平均间隔时间,MTTR 是修复故障所需的平均时间。

要测试到终端用户的实际利用带宽可以使用一种简单的方法,到百度下载一首歌曲,不要使用任何下载工具,看看平均速度是多少,在做这项测试时尽量保证所用的服务最简,CPU 负载最小。通常校园网设计的是百兆到桌面,实际利用的却远低于这个标准,有时网络速度慢通常与网络中某段造成瓶颈有关,例如出口路由处。

从以上分析可看出,设计标准通常是比实际应用要大得多,以应对各种环境对网络性能的影响和适应网络的扩展要求。

现有网络校园骨干为千兆、百兆入楼,所以到终端的速度通常低于百兆,在实际应用中也足够使用。

8.4.6 网络应用流量的特征

通过网络管理工具,如 Multi Router Traffic Grapher(MRTG),收集并查看关键设备和网段上的流量,可以很容易地发现网络应用流量的特征。看到边界路由器带宽利用率只是在凌晨 2~6 点,由于上网的人少利用率降至 5%,其余时间都处于约 100%。学生宿舍楼设备连接到核心层上,从图 8-5 可以看出,由于夜间寝室断电,利用率降至 5% 以下,其余工作时间约等于 100%,符合校园网规律。

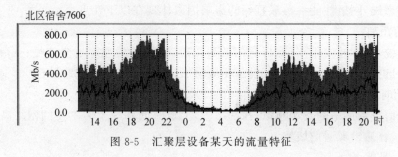

图 8-5　汇聚层设备某天的流量特征

8.4.7　当前网络管理和安全设计

网络管理方面,学校目前一直使用 MRTG 监控网络链路流量负载的工具软件,进行各个交换机和路由器的流量实时监控,能及时反映出当前和平均的流量图。缺点有:发现流量异常设备不会自动报警;无法查阅历史记录。

学校采用锐捷计费系统,对使用 Internet 的用户,进行自动计费。

安全设计方面,边界路由起到了防火墙的功能,能够防止外界直接访问内部资源,同时又将整个校园网控制在一个局域网内部,保证内部资源不向外部公开;划分 VLAN 避免了校园广播风暴,同时对各个部门和楼宇划分 VLAN 和使用 ACL 流量监控;对安全性以及低广播风暴的要求,要求各个部门可单独划分 VLAN,各单位之间在未经授权的情况下不能相互访问。对财务部、院领导部门等访问做特殊控制。同时尽量减少不正常的网络流量如病毒的传播。

8.5　网络逻辑设计

网络逻辑设计主要分为以下 13 个步骤进行。

(1) 网络拓扑结构设计。

(2) IP 地址和命名方案设计。

(3) VLAN 设计。

(4) 交换和路由协议选择。

(5) 互联网接入方案设计。

(6) 安全方案设计。

(7) 管理方案设计。

(8) 无线网络设计。

(9) 存储规划设计。

(10) 数据备份设计。

(11) 网络可靠性设计。

(12) 数据中心设计。

(13) 虚拟化设计。

8.5.1　网络拓扑结构设计

对于规模较小或简单的网络而言,因比较容易设计与实现,多采用平面网络拓扑结构。平面网络拓扑结构,就是指没有层次的网络,每一个互连网络设备实质上都完成相同的工作。如通过交换机将 PC 和服务器连接在一起就属于平面网络拓扑结构设计。平面网络拓扑结构具备容易设计与实现、代价低等优点,不足之处在于所有设备属于相同的冲突域,容易产生广播风暴等。平面网络拓扑结构可应用到局域网和广域网中,部分网状拓扑结构和完全网络拓扑结构属于平面网络拓扑结构的类型。

对于大、中型网络设计,尤其表现在不同局域网互连而造成复杂结构,通常采用"分层设计"思想。分层的好处在于增加网络可用带宽、隔离广播、容易设计和理解、元素更改较容易和充分发挥网络设备功能等。当前网络拓扑结构可以分为三层结构和大二层结构,如图 8-6 所示。其发展趋势是向软件定义网络、新型网络、自动化网络方向靠拢。

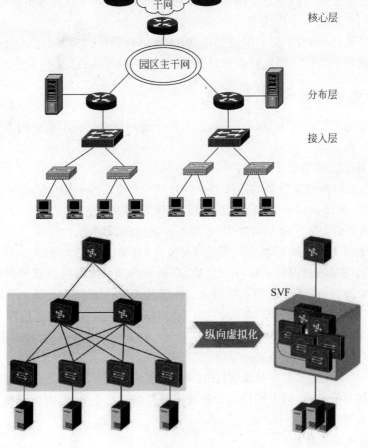

图 8-6　两种典型网络拓扑结构

1. 三层层次模型

传统大型网络拓扑结构是三层层次模型。具有三层结构的层次拓扑结构由核心层、分布层(也称之为汇聚层)和接入层组成。其中,核心层是互联网络的高速主干,具有高可靠性、提供冗余、提供容错、能够迅速适应网络变化、低延时、可管理性良好和网络直径限定、一致特定等特点。分布层是接入层和核心层的中介,具备高性能(如对通过核心层的流量控制)、高安全(如对资源访问的控制)的特点,并提供各个工作组接入、VLAN 之间路由、汇总接入层的路由等功能,同时分别向核心层和接入层隐藏各自的详细拓扑。接入层为用户提供了在本地网段访问互联网络的能力。接入层包括两个含义:在 WAN 设计中每一个局域网属于接入层范畴,在局域网设计中每一个桌面用户属于接入层范畴。

2. 大二层层次模型

相比三层拓扑结构,大二层网络保留接入层,将汇聚层和核心层合并为核心层,即取消汇聚层或者逻辑上没有汇聚,接入层的网关、安全控制、路由机制均通过核心层实现,核心技术还是以以太网为主流技术,融入了 SDN、虚拟化等新型网络技术。接入层设备通过 VLAN 或者 VxLAN 进行管理,数据通过核心层设备实现高速交换,高容错性。网络安全由防火墙或者 ACL 负责,同时使用 MSTP、VRRP 技术实现网络冗余。当前,数据交换和利用频繁发生在单位部门内或业务内部之间,且要求数据实时实现高速传输,因此大二层层次模型主要应用在数据中心建设中。

在网络拓扑设计中,为了提高网络的可靠性、可用性目标,可以通过冗余网络设计来实现。网络结构的冗余设计主要包括备份设备、备份路径和负载平衡。

8.5.2 IP 地址和命名方案设计

网络地址规划是指根据 IP 编址特点,为所设计的网络设备分配合适的 IP 地址,使之能够高效地联网工作。

IP 地址的特点主要有以下几个。

(1) 直接与互联网相连设备的接口都至少分配一个全球唯一 IP 地址。

(2) 32 位 IP 地址由网络位和主机位组成,通常采用点分十进制表示。

(3) 子网掩码的引入主要是解决 IP 地址所在网络归属问题。

(4) IP 地址分为有类编址和无类编址两种方式,有类编址主要分成 A、B、C、D、E 类。

(5) IP 地址按照通信用途可编址为单播、广播和组播;按照网络范围内的不同类型地址可以分为网络地址、广播地址和主机地址;按照是否允许访问 Internet 可以分为公有地址和私有地址(10.0.0.0/8、172.16.0.0/12、196.168.0.0/16);按照其他用途可以分为默认路由(0.0.0.0/0)、本地环回地址(127.0.0.0/8)、链路本地地址(169.254.0.0/16)和供教学使用的 Test-Net 地址(192.0.2.0/24)。

更高级的 IP 地址技术主要是指 VLSM 和 CIDR 技术。VLSM 是指通过“借主机位”技术来实现的子网划分技术,因主机位减少使得掩码位增加产生变化,因此又称为可变长子网掩码技术。子网划分步骤如下。

(1) 确定总的地址数量。

(2) 确定网络数量和每个网络中的主机数量。

(3) 划分地址块以建立适应最大网络需求的网络。

(4) 进一步划分地址块,建立适应下一个最大网络需求的网络。

(5) 继续上述过程,直到所有子网都分配了地址块。

CIDR 全称为无类域间路由,是一种基于前缀方式表示 IP 地址的技术。它允许把多个网络汇总到下一个地址块,因此又称为超网、网络汇聚、网络聚合(在路由协议中称为路由汇总)。好处在于减少路由更新中条目数量从而加速路由查找过程,减少路由更新所需要的带宽。路由汇总的步骤如下。

(1) 以二进制格式列出各个网络。

(2) 计算所有网络地址中从左侧开始的相同位数,以确定汇总路由掩码。

(3) 复制(2)所得到的相同位,不同位用 0 补齐,确定汇总后的网络地址。

IP 地址通常采用静态分配和动态分配两种方式,服务器、网络设备、外网设备、防火墙、中间设备和重要主机多采用静态地址。IP 地址静态分配和动态分配选择标准如下。

(1) 通常终端系统的数量超过 30 台,多采用动态分配。

(2) 如需要对网络地址重新编号,多采用动态分配。

(3) 如果可用性需求高,多采用静态分配。

(4) 如果安全需求高,多采用动态分配。

(5) 如果需要地址跟踪,多采用静态分配。

(6) 如果终端系统需要地址以外的信息,多采用动态分配。

32 位的 IP 地址数量是有限的,为了解决 IP 地址不足的问题,通常采用以下三种途径来解决。

(1) 发展 IPv6 地址。IPv6 将地址空间由 32 位扩充至 128 位,目前正在逐步推广使用中。

(2) DHCP 技术。为临时上网用户分配一个 IP 地址,用户用完后再回收以供别人使用。

(3) 网络地址转换(NAT)。可以为大量用户分配内部私有地址,在要与因特网通信时,通过地址转换技术,将内部地址转换为该内网的某个代理主机的合法外部 IP 地址。

在名字设计中,域名通常由若干个分量组成,各分量之间用点隔开:

……三级域名.二级域名.一级域名

同样,名字分配应遵循如下一些原则。

(1) 名字应当简短、有意义、无二义性并易于辨认。

(2) 名字中包含位置代码。

(3) 避免使用不常用的字符。

(4) 名字一般不区分大小写。

(5) 如果设备有多个接口和多个地址,就应当将所有都映射到一个相同的名字上。

(6) 为了安全,推荐使用长且含义隐蔽的名字。

8.5.3　VLAN 设计

VLAN(虚拟局域网)是指在交换机基础上,采用网络管理软件构建的可以跨越不同网段、不同网络的端到端的逻辑网络。只有构成 VLAN 的站点直接与支持 VLAN 的交换机端口相连并接受相应的管理软件的管理,才能实现 VLAN 通信。从前面我们已经了解到 VLAN 具备有效的共享网络资源、降低成本、简化网络管理、安全性高、网络性能高等优点。

VLAN 在逻辑上是一个独立的 IP 子网,在实现上通常采用以下两种方式。

(1) 基于端口的 VLAN 技术。该技术将一台或多台交换机上的若干端口划分为一组，根据所连接的端口确定成员关系，是目前最常用的实现方式。

(2) 基于 MAC 地址的 VLAN 技术。依据网络设备的 MAC 地址确定 VLAN 成员关系。

此外，还可以利用基于协议的 VLAN 技术、基于网络地址的 VLAN、基于规则的 VLAN 技术等来划分 VLAN。

交换机端口可属于一个或多个 VLAN，通常可以将端口配置为以下 VLAN 类型。

(1) 静态 VLAN(Static VLAN)。以手动方式把端口分配给 VLAN。

(2) 动态 VLAN(Dynamic VLAN)。需要借助 VLAN 成员资格策略服务器 VMPS 来完成。

(3) 语音 VLAN(Voice VLAN)。该模式可以使端口支持连接到该端口的 IP 电话。

VLAN 常见的封装协议有 IEEE 801.1Q 协议和 ISL 协议，前者是国际通用标准，主要在帧中添加 VLAN 标记实现；后者是 Cisco 提出的标准，主要是在帧头添加 VLAN 标记实现。Cisco 把 VLAN 类型分为数据 VLAN(Data VLAN)、默认 VLAN(Default VLAN)、黑洞 VLAN(Black hole VLAN)、本征 VLAN(Native VLAN)、管理 VLAN(Management VLAN)和语音 VLAN(Voice VLAN)。Cisco 交换机默认 VLAN 是 VLAN1，VLAN1 也是指管理 VLAN。

VXLAN(Virtual Extensible LAN)是一种网络虚拟化技术，试图改进大型云计算部署时的扩展问题，是对 VLAN 的一种扩展。由于 VLAN Header 头部限长是 12b，导致 VLAN 的限制个数是 $2^{12}=4096$ 个，无法满足日益增长的需求。目前，VXLAN 的报文 Header 内有 24b，可以支持 2^{24} 的 VLAN 个数。应用场景运用在云计算、数据中心网络，比如虚拟机迁移、虚拟机规模受网络规格限制、网络隔离能力限制等需求情况下。

8.5.4 交换和路由协议选择

二层交换技术通常包括第二层透明网桥(交换)、多层交换、STP 相关技术和 VLAN 技术；三层路由协议涉及静态或动态协议、距离矢量和链路状态协议、内部和外部等。下面简单介绍这些技术。

1. 二层交换

特点在于二层交换对用户来讲可透明地转发帧；自动学习对应于端口的每个 MAC 地址，通过软件可以限制 MAC 数量；当还没有学习到目的地单播地址时进行洪泛帧；对出端口的帧进行过滤；洪泛广播和多播等。

2. 三层交换

三层交换除了具备二层交换功能之外，还能够实现一定的第三层选路功能。因价格较路由器便宜，现实网络中应用较广，经常用于站点密集且地域分布范围不大的园区网设计中。

3. STP 技术

为提高可用性和可靠性，网络设计中通常采用冗余路径或冗余设备来确保。但如果物理网络造成环路，则会出现广播风暴、帧的重复传输和 MAC 地址表的不稳定。因此，STP 技术的引入就是在物理环路上形成一个无环的逻辑网络。采用的标准为 IEEE 802.1d，可扩展为 RSTP、PVST、MSTP 等。

4. 静态和动态路由协议

前者是手工预先配置,操作简单,适应小型平面网络;后者可适应网络拓扑变化,利用算法计算最佳路由。

5. 距离矢量和链路状态路由协议

前者主要以跳数来衡量到达目的网络的代价,如 RIP 和 RIPv2;后者主要以带宽、延迟作为代价,如 EIGRP 和 OSPF。

6. 内部和外部路由协议

自治系统(AS)内部运行的协议称为内部路由协议,反之为外部路由协议。其 AS 是指在单个实体管理下采用共同的路由策略的一个或一组网络。

在具体的网络设计中,可采用以下几个标准进行交换和路由协议的选择。

(1) 网络通信量特性。EIGRP 和 OSPF 利用组播传播路由信息。

(2) 带宽、内存和 CPU 的使用。如动态路由协议、生成树利用算法实现特定功能,每进行一次运算,都需要内存和 CPU。

(3) 支持的对等数量。如 RIP 最大支持 15 跳路由器。

(4) 是否快速适应网络拓扑变化。OSPF 和 EIGRP 在收敛速度上比 RIP 快。

(5) 是否支持鉴别。OSPF、EIGRP、RIPv2 都支持认证。

通常小型网络多采用静态路由和 RIP,大中型网络多采用 EIGRP 和 OSPF,在多厂家路由设备的网络中,通常采用 OSPF 路由协议。在现实网络分析中,路由协议选择可采用决策表方式以便客户理解和参与,如表 8-13 所示是一个路由选择协议的决策表。

表 8-13   典型路由选择协议的决策表

协议	关键目标			其他目标		
	适应性——在大型互联网上,必须在几秒内适应网络的变化	必须能够扩展到更大规模(上百个路由器)	必须符合工业标准并且与已有设备相兼容	不应造成网络拥塞	可以在便宜的路由器上运行	易于配置和管理
BGP	X	X	X	8	7	7
OSPF	X	X	X	8	8	8
IS-IS	X	X	X	8	6	6
IGRP	X	X				
EIGRP	X	X				
RIP			X			

关于链路状态路由协议和距离矢量路由选择协议在选择上可参考以下标准:如果网络使用简单的平面拓扑,且不需要层次化设计;网络使用简单的集中星状拓扑;不考虑网络汇聚的最坏情况;管理员没有足够的经验来运行链路状态协议并实现排错时,建议采用距离矢量路由协议。如果网络的快速汇聚至关重要;网络设计呈层次化;管理员对所选的链路状态协议十分了解,建议采用链路状态路由选择协议。

8.5.5 互联网接入方案设计

目前,常见的互联网接入技术主要有电话拨号接入、专线接入、ADSL 接入、LAN 接入、无线接入。随着通信价格越来越便宜和客户对带宽的需求增大,目前园区网和企业网通常采用光纤接入的局域网技术,即本地边界路由和 ISP 直接通过光纤以太口接入。无论选择何时接入方案,通常只是以可付性、可用性作为出发点,同时遵循以下几个原则。

(1) 网络应当有确定的入口和出口,为了安全和管理,最好只有一个。

(2) 如果配置动态路由,最好选择一个具有路由鉴别功能的路由协议。

(3) 通常默认路由和静态路由是接入互联网最有效的方法。

(4) 接入网的边界路由器能够防御 DOS 攻击并具备 NAT 转换和 VPN 功能。

8.5.6 安全方案设计

1. 网络安全设计步骤

(1) 确定网络资产。网络资产主要包括硬件、软件、应用、数据、知识产权、商业机密、公司信誉等。部分网络资产是可变化调整的。

(2) 分析安全风险。首先分析网络设备被"黑"情况,如数据被截获、分析、更改或删除,用户口令受到威胁和设备配置被更改;其次进行侦查攻击,查看网络是否存在安全漏洞;最后做好拒绝服务攻击的防范。

(3) 分析安全需求和折中。安全性目标要在可付性、易用性、性能、可用性、可管理性技术目标方面做出折中。

(4) 设计安全方案。不仅包括整个网络的设计方案,还涉及部门内部网络设计方案。如图 8-7 所示为典型的局域网安全设计方案。

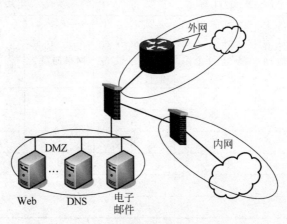

图 8-7 一种典型网络安全拓扑方案

(5) 定义安全策略。RFC 2196 将安全策略定义为"安全策略就是针对有权使用组织机构的技术及信息资产的人员必须遵守的规则的正式声明文件"。策略的制定必须涉及访问控制、流量计费、身份鉴别、隐私和设备购买方面。同时,安全策略要随着需求变化而变。

(6) 设计应用安全策略的步骤。时间、人员、资金、场地需要考虑在内。

（7）设计技术实施策略。技术涉及通信安全、威胁防御、身份认证、信任等，并存在"人制定策略，策略利用技术实现，技术服务于人"的关系。

（8）从用户、经理和技术人员处获取。主要是获取需求、理解、合作。

（9）用户、经理和技术人员培训。用户培训侧重能有安全威胁和漏洞的敏感性、能产生需要识别的保护组织的信息和资源；技术人员培训侧重提供决定信息安全计划策略时所需的组织安全知识的级别；经理培训侧重培养识别和确定威胁与漏洞的能力，为系统和资源设置安全需要。

（10）技术策略和安全步骤实施。

（11）发现问题时测试网络的安全性并更新。

（12）维持网络的安全性。

网络安全设计还包括接入网安全设计、公共服务器安全设计、远程访问安全设计、网络设备、服务器集群、桌面用户和无线网络安全设计。

2. 接入网安全设计

接入网安全设计主要从物理安全、防火墙和分组过滤器、审计日志/鉴别/授权、定义良好的出口和入口点、支持鉴别的路由协议方面考虑。

3. 公共服务器安全设计

公共服务器安全设计方法是将服务器放在受防火墙保护的 DMZ 内，在服务器本身上运行防火墙，激活 DoS 保护，限制每个时间帧的连接数，使用可靠打了最新安全补丁的操作系统，模块化维护（如 Web 服务器不同时运行其他服务）。

4. 远程访问和 VPN 安全设计

远程访问和 VPN 安全设计从物理安全、防火墙、鉴别/授权/审计、加密、一次性口令、安全协议（如 CHAP、RADIUS、IPSec）等方面考虑。

5. 网络中间设备安全设计

将网络设备（路由器、交换机等）作为高价值主机对待并加以增强以便防止可能的入侵，访问设备需要登录 ID 和口令使用 SSH 而非 Telnet，更改欢迎界面标识等。

6. 服务器集群安全设计

可以通过布置网络和主机 IDS 监控服务器子网和单个服务器，配置过滤器限制服务器的连接以防服务器受到危害，修补服务器操作系统已知的安全缺陷，服务器的访问和管理需要鉴别和授权，将 root 口令限制为少数人，避免客户账号等方面。

7. 用户服务安全设计

在安全策略中指定允许在联网 PC 上运行的应用程序，联网 PC 需要个人防火墙和防病毒软件，离开时鼓励桌面用户退出，在交换机上使用 IEEE 802.1X 基于端口的安全等。

8. 无线网络安全设计

将无线局域网置于自己的子网或 VLAN 中，简化地址以便于更加容易配置分组过滤器，所有的无线（有线）便携机需要运行个人防火墙和防病毒软件，禁止广播 SSID 的信标，需要 MAC 地址鉴别，设立专供外部访问人员使用的 WLAN。

9. 网络安全设备自身安全设计

网络安全设备承担着整个局域网的安全，自身安全必须确保。建议在运行中，根据网络需求开启安全功能，关于其他未使用的安全功能，使其安全功能最小化。同时，实时监测安全设备被攻击情况，及时调整安全策略，及时升级系统版本和功能包。

10. 安全套餐设计

在具体网络建设过程中，经费和安全需求是制约因素。建议采用如下安全套餐配置。

（1）安全套餐 1：防火墙＋IDS＋网络版杀毒软件。

（2）安全套餐 2：安全套餐 1＋防毒墙＋数据库审计＋日志审计＋堡垒机＋WAF（有 Web 应用的话）＋桌面管理软件或安全准入接入系统＋数据备份系统。

（3）安全套餐 3：安全套餐 2＋双因素认证＋IP 地址管理设备＋机房运维管理软件＋加密软件＋上网行为管理/流量控制设备＋应用容灾。

（4）安全套餐 4：安全套餐 3＋SOC＋服务器负载均衡＋链路负载均衡＋网闸＋异地应用容灾。

（5）安全套餐 5：安全套餐 4＋漏洞扫描＋抗 DDOS＋APT＋各种新奇特技术。

11. 网络安全等级保护方案设计

《中华人民共和国网络安全法》第二十一条规定"国家实行网络安全等级保护制度"，第三十三条规定"建设关键信息基础设施应当确保其具有支持业务稳定、持续运行的性能，并保证安全技术措施同步规划、同步建设、同步使用"，因此网络在规划过程中要遵循并严格落实网络安全等级保护，做好合规要求，避免引发的法律责任和追究。

12. 数据安全保护方案设计

《中华人民共和国数据安全法》第二十七条规定"开展数据处理活动应当依照法律、法规的规定，建立健全全流程数据安全管理制度，组织开展数据安全教育培训，采取相应的技术措施和其他必要措施，保障数据安全。利用互联网等信息网络开展数据处理活动，应当在网络安全等级保护制度的基础上，履行上述数据安全保护义务"。局域网在数据采集、传输和共享中发挥基础性工作，因此在网络设计过程中要充分考虑数据安全保护义务，满足合规底线要求。

8.5.7 管理方案设计

一个好的网络管理系统可以帮助企业网达到可用性高、性能高和安全性高的目标；帮助组织机构测量设计目标满足的情况，在不满足时可调整网络参数；帮助组织机构分析当前网络行为，合理升级，并解决升级时问题的排错。

在进行网络管理设计时，要考虑可扩展性、流量模式、数据格式和费用/收益之间的折中；确定哪些资源需要监控；确定性能测量的度量；确定有多少数据需要收集等。网络管理系统可能成本投入较大，带来的收益并不明显，甚至对网络性能产生负面影响。

网络管理主要是进行网络监控，通过简单网络管理协议（SNMP）、RMON 收集被监控设备上的信息，从而达到管理功能。SNMP 网络管理模型包括管理者、代理、管理信息库 MIB 和 SNMP 管理协议 4 个重要元素。SNMP 分为 V1、V2、V3 三种版本，V2 是对 V1 的扩展，V3 添加安全和认证功能。RMON 分成 RMON1 和 RMON2，前者工作在 OSI 模型的 1、2 层，后者工作在 OSI 模型的 1～7 层。如图 8-8 所示是典型网络管理模型，图 8-9 是管理信息库 MIB 层次结构。

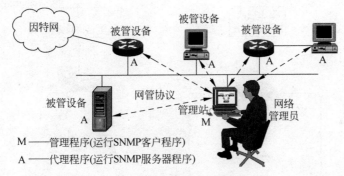

图 8-8　网络管理的一般模型

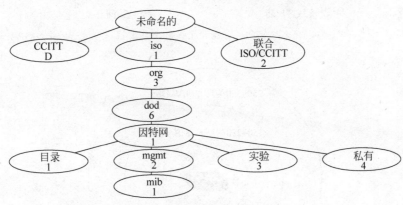

图 8-9　典型信息管理库 MIB 结构

　　在网络管理设计中,选择一个 SNMP 网络管理平台非常重要。作为一种开放的网络管理基础设施,通常提供网络拓扑结构自动发现、网络配置、事件通知、智能监控、计费、访问控制、网络信息报告生成和编程接口等。具有代表性的有 HP 公司的 HP Open View,IBM 公司的 NetView,ZOHO 公司的 ManageEngine,Cisco 公司的 Cisco Works,Sun 公司的 NetManager,智和信通公司的 SugarNMS,Novell 公司的 NetWare Manage Wise 和代表未来智能网络管理方向的 Cabletron 公司的 SPECTRUN。这些网管系统在支持本公司网络管理方案的同时,均可通过 SNMP 对网络设备进行管理。

8.5.8　无线网络设计

　　在企业网中引入 WLAN 具有环境适应性强、生产力提高和节约成本等优点。WLAN 的一种最简单形式是使用无线电频率(RF)来代替使用电缆通信的局域网。如图 8-10 所示为有线网络和无线网络的区别。RF 信号在空气中传播时,会产生折射、发射、衍射等行为,因此无线接收设备的最大吞吐量和到 RF 的距离有关,如图 8-11 所示为吞吐量和 RF 的关系。

　　WLAN 采用 IEEE 802.11 标准,如表 8-14 所示为常见标准及其对应的参数信息。

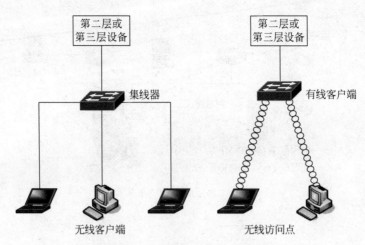

图 8-10　有线和无线接入方式

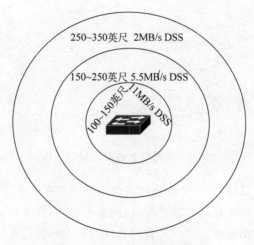

图 8-11　吞吐量和 RF 的关系

表 8-14　不同 WLAN 标准的对比

协议	发布日期	频　带	最大传输速度
IEEE 802.11	1997 年	2.4～2.5GHz	2Mb/s
IEEE 802.11a	1999 年	5.15～5.35GHz/5.47～5.725GHz/ 5.725～5.875GHz	54Mb/s
IEEE 802.11b	1999 年	2.4～2.5GHz	11Mb/s
IEEE 802.11g	2003 年	2.4～2.5GHz	54Mb/s
IEEE 802.11n	2009 年	2.4GHz 或者 5GHz	600Mb/s(40MHz×4MIMO)
IEEE 802.11ac	2011 年	5GHz	433Mb/s，867Mb/s，1.73Gb/s， 3.47Gb/s,6.93Gb/s(8MIMO,160MHz)
IEEE 802.11ad	2012 年（草案）	60GHz	最大到 7000Mb/s
IEEE 802.11ax	2015 年	5GHz	10Gb/s

　　无线网络的主要组件是无线接入点 AP 和无线客户端设备。因无线传播信号采用广

播,并利用 CSMA/CA 工作原理,所以无线网络安全问题值得重视。通常无线安全解决方法有如下几种。

(1) 基本无线安全。指 SSID 配置、有线对等保密 WEP 和 MAC 地址确认。

(2) 增强的无线安全。IEEE 802.1x、Wi-Fi 受保护的接入、IEEE 802.11i。

(3) 无线入侵检测。

(4) 无线入侵防御。

同样,无线局域网需要与有线网络相同水平的、安全的、可靠的管理。与 WLAN 相关的网络管理任务包括:射频管理服务、干扰检测、辅助的站点调查、RF 射频扫描和监视。

此外,在无线局域网设计中要注意下面几个细则。

(1) 站点测量。

(2) WLAN 漫游。

(3) 点对点桥接。

(4) 无线 IP 电话设计需要考虑的事项。

同时,在具体部署时,要考虑多个 AP 在同一辐射范围内的信道设置。通常以间隔 5 个信道为佳,如第一个 AP 设置信道为 1,则第二个设置为 6,以此类推。

8.5.9 存储规划设计

在网络存储设计方案中经常主要考虑 DAS、NAS 和 SAN。

(1) 确定需求。DAS 存储多数在中小企业应用中,存储系统被直连到应用的服务器中,在中小企业中,许多的数据应用是必须安装在直连的 DAS 存储器上。NAS 适合海量存储、高读写吞吐率场景,同时提供文件共享服务、FTP 服务、Web 服务、日志服务器、打印服务器及备份服务器等。FC-SAN 适用于大型数据库、对带宽要求高的场景、关键性业务。IP-SAN 适用于需要在网络上存储、传输数据流或大量数据的企业。

(2) 确定网络平台。从存储系统的使用要求来看,基于 IP 技术的存储系统是主流。基于 TCP/IP 的网络服务 SAN 存储区域网络,是一种高速的、专门用于存储操作的网络,通常独立于计算机局域网。存储通过光纤交换机将磁盘空间分配给不同的服务器,服务器通过以太网对外提供服务,存储区域与用户的应用区域隔离。IP-SAN 尽可能地扩展了存储资源,保障了更多的业务应用,解决了困扰 DAS 与 SAN 受限地理范围的问题。在进行大量、大块的数据传输时,基于光纤信道的 FC-SAN 更有优势。

8.5.10 数据备份设计

数据备份是容灾的基础,是指为防止系统出现操作失误或系统故障导致数据丢失,而将全部或部分数据集合从应用主机的硬盘或阵列复制到其他存储介质的过程。

1. 数据备份的方式

目前比较实用的数据备份方式可分为本地备份异地保存、远程磁带库与光盘库、远程关键数据＋定期备份、远程数据库复制、网络数据镜像、远程镜像磁盘等 6 种。

数据备份必须要考虑到数据恢复的问题,包括采用双机热备、磁盘镜像或容错、备份磁带异地存放、关键部件冗余等多种灾难预防措施。这些措施能够在系统发生故障后进行系统恢复。但是这些措施一般只能处理计算机单点故障,对区域性、毁灭性灾难则束手无策,也不具备灾难恢复能力。

2. 数据备份的策略

备份策略非常重要。备份策略指确定需备份的内容、备份时间及备份方式。根据自己的实际情况来制定不同的备份策略。目前被采用最多的备份策略主要有以下三种：①完全备份，备份系统中的所有数据，适用于那些业务不繁忙、数据量不大的单位；②增量备份，只备份上次备份后有变化的数据，适用于当天新的或被修改过的数据；③差分备份，也叫作累计备份，是指备份上次完全备份以后有变化的数据。

在实际应用中，备份策略通常是以上三种的结合，采用三个周期执行。例如，每周一至周六进行一次增量备份或差分备份，每周日进行全备份，每月底进行一次全备份，每年底进行一次全备份。

8.5.11 网络可靠性设计

网络可靠性是指网络自身在规定条件下正常工作的能力。冗余设计是网络可靠性设计最常用的方法，网络冗余设计的目的有两个，一是提供网络链路备份，二是提供网络负载均衡。网络链路备份和负载均衡在冗余设计的物理结构上完全一致，但是完成的功能完全不同，工作模式也完全不同。

冗余链路用于网络备份时，两条冗余链路只有一条工作，另一条处于热备监控状态；冗余链路用于负载均衡时，多条冗余链路同时工作，不存在备份链路。从设计内容上来讲，包括链路冗余、设备冗余、软件冗余。链路冗余是指双网卡方式或在单片机多口网卡上使用链路聚合技术，利用交换机或路由器端口进行双链路连接。设备冗余如交换机、路由器、服务器、电源系统，服务器冗余采用双机热备，核心交换机、路由器采用冗余电源和设备。软件冗余是指采用双服务器软件镜像。

在网络结构冗余设计方面可包括如下方式：核心层全网状冗余设计，核心层部分网状冗余设计，汇聚层与核心层之间的双归冗余设计，汇聚层之间的冗余设计。在网络协议上面，二层冗余包括 STP、MSTP，三层包括 VRRP。

8.5.12 数据中心设计

数据中心建设能够为企业用户提供优质高效的服务、降低企业成本、提高企业经济效益、拓宽企业信息系统的范围，为企业带来更大的竞争力。数据中心在设计时要遵循《数据中心设计规范 GB 50174—2017》，应根据用户需求和技术发展状况进行规划和设计。

用户需求包括业务发展战略对数据中心的网络容量、性能和功能需求，应用系统、服务器、存储等设备对网络通信的需求，用户当前的网络现状、主机房环境条件、建设和维护成本、网络管理需求等。技术发展状况包括技术发展趋势、网络架构模型、技术标准等。

数据中心在规划建设过程中要遵循可实施原则、先进性原则、科学性原则、协调性原则、规范化原则和强制性条文，其中，强制性条文是指数据中心建设要满足凡涉及工程建设的质量、安全、卫生、环保、节能和国家需要控制的工程建设标准。

数据中心设计要注意把握以下几个方面。

(1) 数据中心容错。在同一时刻，至少有一套系统在正常工作。

(2) 数据中心等级。数据中心通常划分为 A、B、C 三级，A 级最高。数据中心等级划分依据为建设单位数据丢失或网络中断后，对经济或者社会上造成的损失或影响程度确定。

（3）数据中心性能要求。除了容错之外，扩展性能要求如供电采用不间断电源系统和市电电源系统相结合的供电方式，当两个或两个以上地处不同区域的数据中心要互相备份且实现数据实时传输。

（4）数据中心选址。要从需求、电力、通信、交通、水源、环境、节能、隐患和安全等角度考虑。

（5）数据中心温湿度。要求主机房温度控制在23℃左右，湿度控制在50％左右。

（6）数据中心区域划分。通常划分互联网、外联网及内联网等区域，不同网络区域间应进行安全隔离。

具体设计要点请读者参考《数据中心设计规范 GB 50174—2017》。

8.5.13　虚拟化设计

虚拟化是指通过虚拟化技术将一台计算机虚拟为多台逻辑计算机。本质上就是这种把有限的固定的资源根据不同需求进行重新规划以达到最大利用率。以实现层次来划分，分为硬件虚拟化、操作系统虚拟化、应用程序虚拟化；以被应用的领域来划分，分为服务器虚拟化、存储虚拟化、应用虚拟化、平台虚拟化、桌面虚拟化。在设计上，核心是以计算虚拟化为核心，在成本和效率的前提下实现架构的业务区域化、技术标准化、策略自动化和行为可视化。

（1）业务区域化。如划分为内网、外网、生产业务一、调度业务二等区域，基于不同区域，从业务角度考虑网络架构的差异。

（2）技术标准化。采用标准化设计，通过不断完善和调整，满足未来5年的业务发展。

（3）运营自动化。当基础网络出现故障时，通过自动化的手段进行排查和修复，通过统一策略部署的方式实现业务变更和配置修改。

（4）行为可视化。能感知网络转发路径、丢包、时延抖动等网络性能，让运维人员直观地看到全局情况。

8.6　网络物理设计

物理设计阶段是实施网络工程的物理基础，主要包括结构化布线系统设计、网络设备选择、网络机房设计和供电系统设计。

8.6.1　结构化布线系统设计

在网络设计中，结构化布线系统实际上就是指建筑物或建筑群内安全的传输线路，利用这些传输线路将所有语音设备、数据通信设备、图像处理和安全监控设备、交换设备和其他信息管理系统相互连接起来，并按照一定秩序和内部关系组成为一个整体的系统。结构化布线系统所采用的传输介质、布线设备、连接组件都是标准化的。

本文所讨论的结构化布线系统组成是以一个建筑群为单元，它由工作区子系统、水平布线子系统、垂直布线子系统、管理子系统、设备间子系统和建筑群子系统组成。在布线选择时，通常遵从以下几个规则。

（1）布线美观、合理。

（2）既要避免铺张浪费，同时也要留有余地。

（3）建筑物内的布线设计尽量预埋管线。

（4）既要满足可用性，又要满足可扩展性。

（5）室外布线多采用架空或者埋地或沿原有有线电视、电话线布线。

8.6.2 网络设备选择

1. 网络设备选择标准

在网络设计中，常见网络设备主要是指交换机、路由器、无线访问点和无线网桥。其中主要以交换机和路由器应用范围最广。依据不同层次，可以选择不同类型的设备，如接入层交换机、核心层交换机等。通常选择网络设备时可参考如下标准。

（1）端口数。

（2）处理速度。

（3）内存大小。

（4）设备中继数据时的延迟。

（5）设备中继数据时的吞吐量。

（6）支持的 LAN 和 WAN 技术。

（7）支持的媒介。

（8）费用。

（9）易于配置和管理。

（10）MTBF 和 MTTR。

（11）支持热交换组件。

（12）支持冗余电源。

（13）技术支持质量、文档和培训等。

对于交换机和网桥设备，可增加如下标准。

（1）支持的网桥协议。

（2）是否支持高级生成树算法。

（3）可以学习的 MAC 地址数量。

（4）是否支持端口特性(IEEE 802.1x)。

（5）是否支持直通式交换。

（6）是否支持可适应的直通式交换。

（7）支持的 VLAN 技术。

（8）是否支持组播应用。

对于路由器设备(包括带路由选择模块的交换机)，可以增加如下标准。

（1）支持的网络协议。

（2）支持的路由选择协议。

（3）是否支持组播应用。

（4）是否支持先进的队列、交换技术和其他的优化特性。

（5）是否支持压缩。

（6）是否支持加密。

2. 不同分层交换机的选择

因交换机支持端口较多，同时价格较路由器便宜，因此园区网主要是以交换机为主。下面以 Cisco 交换机设备为例，给出接入层、汇聚层、核心层的常用设备。

1）接入层交换机

接入层交换机负责终端结点设备连接到网络，因此，需要支持端口安全功能、VLAN、快速以太网/千兆以太网、PoE 和链路聚合等功能。

（1）Catalyst Express 500 适应于端口密度不高的接入层。

（2）Catalyst 2960 系列适合供电不便、空间有限的接入层。

（3）Catalyst 3560 适合用作小企业 LAN 接入或分支机构融合网络环境中的接入层。

（4）Catalyst 3750 是适合中型结构和企业分支机构中的接入层。

2）汇聚层交换机

汇聚层需支持流量安全策略管理、VLAN 路由、ACL、QoS、链路聚合等功能，如 Catalyst 3500、4500、4900 系列设备。

3）核心层交换机

核心层交换机要求在可用性、链路聚合、高速转发、QoS 方面具有较高的性能，如 Catalyst 4500、6500、7200 等系列。

Cisco 的 Linksys WRT300N 可作为小企业或家庭用户的无线接入设备。

8.6.3 网络机房设计

网络机房是确保网络系统安全、可靠的重要环节。一个良好的机房工作环境，可以使系统可靠工作，延长机器寿命。机房设计主要包括总体设计、环境设计、空调容量设计等。

1. 总体设计

设计计算机网络中心机房时首先要设计机房场地，设计时主要考虑面积、地面、墙壁、顶棚、门窗和照明等因素。

1）机房位置的选择

机房位置不宜设置在一栋高层建筑的底层，也不宜设置在高层，通常选择在中层为宜。机房选择的地址不易受地震、易燃易爆、强电场干扰和灰尘的影响。

2）机房面积确定

机房面积的确定一方面根据机器类型和应用，另一方面考虑实际条件。通常，网络系统机房面积应为设备占有面积的 5～7 倍。

3）机房地面设计

机房地面最好采用铺设灵活、方便、走线合理、具有高抗静电的活动地板，如铝合金地板、木质地板等，与地面距离 20～30cm，保证系统的绝缘电阻在 10MΩ 以上，切忌铺地毯类物品。

4）机房墙面设计

机房的墙面应选用不易产生尘埃，也不易吸附尘埃的材料涂裱。目前大多采用塑料墙纸或乳胶漆等。

局域网规划与设计

5）机房顶棚的设计

机房顶棚的设计主要是为了调温、吸音和照明装饰需要,在原房子顶棚加一层吊顶。吊顶要求美观、防火、消尘。如采用铝合金或轻钢作龙骨,可安装吸音铝合金板、难燃的铝塑板。

6）机房门窗的设计

机房的门应保证具有良好的密封性,以达到隔音防尘的效果,同时还应保证最大的设备能够方便地进出机房。窗户采用双层封闭玻璃窗,安装窗帘防止阳光直接照射。同时要考虑防盗问题,UPS 供电系统应该置于单独的房间并防爆。

7）机房照明的设计

机房应有一定的照明度但又不宜过亮。按照国际标准,机房在离地面 0.8m 处照明度应为 150～200lx。在有吊顶的房间可选用嵌入式荧光灯,在无吊顶的房间可选用吸顶式或吊链式作为照明源。

2. 机房环境设计

由于网络系统设备精密度高,且系统的接插件多,因此机房环境的设计要求较高。通常需要考虑的因素有电源、灰尘、温度与湿度、腐蚀和电磁干扰等。

1）机房卫生环境

灰尘是计算机和网络部件的杀手。主要表现如下:如果硬盘被灰尘侵蚀,会造成磁盘或磁头损害,甚至数据丢失;主板集成电路若落满灰尘,在潮湿季节可能造成芯片老化或损害,甚至造成开路。

2）机房温度和湿度的环境

通常开机时机房温度要求在 15～30℃,停机时机房温度要求是 5～35℃。所以,机房一般都必须安装空调,而且通风良好;如果没有条件安装空调必须采用电扇降温。同样,湿度过高容易产生静电感应,对设备造成静电干扰以致产生故障;湿度过低会造成引脚之间漏电。依据国家标准,一般湿度保持在 20%～80% 就可以维持计算机网络系统的正常运行。

3）系统防电磁辐射的环境

电磁辐射对计算机网络系统的影响通常包括电磁干扰和射频干扰。外部强电设备的启动、停止所产生的脉冲干扰,计算机内部以及静电放电都会产生电磁干扰。机房附近的通信电台、可控硅的开启和关闭和电源系统的射频传导则是射频干扰的主要来源。

严重的电磁干扰会导致网络系统瘫痪,会破坏硬盘上的数据,会造成网络控制系统出错,控制失灵。任何无线电杂波干扰应低于 0.5V,否则需要采取电磁屏蔽等措施使之达到该要求。

为了保证计算机机房设备的安全以及工作人员的人身安全,应保持室内空气的新鲜。通常在机房还需要安装如下设备:紫外线杀菌灯、灭火设备、去湿设备、监控系统等。

3. 机房空调容量设计

计算机机房环境调节的重点是降温去湿或加温加湿,这可借助空调来实现。因机房大小不同,因此选择空调时需要对空调容量进行计算。

设计空调容量时,通常需要考虑设备发热量、机房照明的发热量、机房人员的发热量、机房外围结构和空气流通等因素,在这些因素的基础上合理选择空调。通常的计算方法为

$$K = (100 \sim 300) \times \sum S (大卡)$$,其中,K 为空调容量,$\sum S$ 为机房面积。

8.6.4 供电系统设计

计算机网络系统的供电设计既要满足供电的可靠性、维修方便性和运行的安全性要求，又能够满足供电系统的投资少、效益高的要求。

国家电力部门对工业企业电力负荷进行了等级划分，依据用电设备的可靠性程度通常分为三级。一级负荷，就是要建立不停电系统，采用一类供电；二级负荷，需要建立带有备用供电系统的二类供电；三级负荷就是普通用户的供电系统，即三类电。无论哪种供电负荷，都要保证不间断供电。在实际网络设计中，多采用两路供电系统，如一路为 UPS 供电。

供电系统负荷计算通常使用实测法和估算法。实测法是相电流和相电压的两倍（负载为二相）或三倍（负载为三相）作为负载功率。估算法是将所有各个单项负载功率加起来，用所得到的和再乘以一个保险系数（通常设为 1.3）作为总的负载功率。

目前，我国低电压供电系统的标准采用的是三相四线制，即相电压与频率相同，而相位不同的供电系统。三相额定电压为 380V，单相额定电压为 220V，频率为 50Hz。设计配电系统时，进入机房的供电系统如果是三相电，则必须是三相四线制形式；如果采用单相供电，则必须是单相二线制形式。

机房通常采用市电直接供电、UPS 系统供电和综合供电方式。企业网络核心机房通常采用市电和 UPS 结合的综合供电方式。同样，在设计供电系统时，要注意用电设备过载；注意电气保护措施及其电力线和电源插座的安装等安全。同时也要特别关注电网电压不稳、电源系统接地等设计。

8.7 网络工程监理

计算机系统及网络工程建设从规划、设计、施工建设、安装调试到运行维护是一项系统工程，需要投入大量的人力、物力、财力，但多年来存在着投资不少、收效不大的问题。这其中的原因很多。

（1）计算机系统及网络工程建设市场不规范，竞争无序，缺乏有效的管理。

（2）计算机系统及网络工程建设的项目承建方在技术实力、管理水平等方面参差不齐，加之缺少必要的监督，往往造成低劣工程，用户满意度不高，同时也浪费了人力、财力等其他资源。如高校为了节省成本，在校园网建设时使用了一些劣质设备，使系统在运行中出现了很多问题，造成了很多不便与损失。

（3）计算机系统及网络工程建设的项目投资方缺少既了解计算机知识又懂业务的复合型人才，对这一系统工程建设缺乏应有的了解，使投资方与建设方的交互不充分，可能导致建成后的系统不能满足用户的要求。

因此，把监理机制引入到计算机系统及网络工程的建设中去势在必行。监理单位作为第三方，独立于投资方与承建方，可以起到监督、协调、仲裁等作用，从而有助于保障工程建设的质量、进度和投资。

局域网规划与设计

8.7.1 网络工程监理的主要内容

1. 把好工程质量关

对工程的每一环节质量把关,例如从下面的工程环节着手。

(1) 集成方案是否合理,所选设备规格、软件功能、布线结构等能否达到用户要求。

(2) 基础建设是否完整,布线质量、设备性能是否合格,有关资料、证书是否齐全。

(3) 信息系统硬件平台环境是否合理,可扩充性如何,软件平台是否统一合理。

(4) 应用软件能否实现相应功能,是否便于使用、管理和维护。

(5) 培训教材、时间、内容是否合适。

(6) 验收前文件是否准确、完整。

2. 帮助用户控制工程进度

帮助用户掌握工程进度,按期分段对工程验收,在保证工程质量的前提下,督促乙方根据合同要求按时完成。

3. 帮助用户做好各项测试工作

严格遵循相关标准,对信息系统进行包括布线、网络等各方面的测试工作。在监理过程中,及时发现网络系统在集成过程中存在的技术问题,减少工程返工量,密切协调用户与集成商的关系,与甲乙双方充分合作,共同如期完成网络系统工程。

8.7.2 网络工程监理实施步骤

根据以往的经验,将网络工程监理的实施步骤划分为合同签订阶段、综合布线建设阶段、网络系统集成阶段、验收阶段和保修阶段共 5 个阶段。

1. 合同签订阶段

1) 综合布线需求分析

对甲方实施综合布线的相关建筑物进行实地考察,由甲方提供建筑工程图,了解相关建筑物的建筑结构,分析施工需要解决的问题和达到的要求;需了解的其他数据包括:中心机房的位置、信息点数、信息点与中心机房的最远距离、电力系统供应状况、建筑接地情况等。

2) 网络系统集成应用需求分析

了解甲方的网络应用和整体投资概况等;了解甲方数据量的大小、数据的重要程度、网络应用的安全性、实时性及可靠性等要求。

3) 了解乙方的网络系统集成方案和功能

主要涉及硬件与软件,其硬件包括:网络物理结构拓扑图、网络系统平台选型、网络基本应用平台选型、网络设备选型、网络服务器选型以及系统设备报价等。衡量乙方的方案是否满足甲方的需求。

4) 确定验收标准

协助甲方签订网络系统建设项目合同,以达到招、投标书的要求。

2. 综合布线建设阶段

(1) 审核综合布线系统设计、施工单位与人员的资质是否符合合同要求。

(2) 网络综合布线系统材料验收。

(3) 综合布线系统进度考核。

（4）督促施工单位进行网络布线测试，根据测试结果，判定网络布线系统施工是否合格，若合格则继续履行合同；若不合格，则敦促施工单位根据测试情况进行修正，直至测试达标。

（5）根据合同进行网络综合布线系统验收，包括布线系统文档。

（6）布线项目验收后，敦促用户按照合同付款。

3. 网络系统集成阶段

（1）审核网络系统集成的设计、实施单位与人员的资质是否符合合同要求。

（2）网络设备及系统软件验收，包括：装箱单、保修单、配置情况、设备产地证明、系统软件的合法性、网络设备加电试机等。

（3）监督实施进度，根据实际情况，协调业主与系统集成商之间的问题，设法促成工程如期进行。

（4）督促施工单位进行网络系统集成性能测试，对存在的问题，督促系统集成商及时解决。

（5）督促施工单位网络应用测试。包括：网络应用软件配置是否合理、各种网络服务是否实现、网络安全性及可靠性是否符合合同要求等，并敦促系统集成商按合同要求认真、及时解决。

4. 验收阶段

（1）网络系统集成验收。

协助用户组织验收工作，包括验收委员会的成立、各验收参数的确定和审核验收技术资格等；验收主要包括：合同履行情况、网络系统是否达到预期效果、各种技术文档等。

（2）项目验收后，敦促用户按照合同付款。

5. 保修阶段

本阶段主要完成可能出现的质量问题的协调工作。

（1）定期走访用户，检查网络系统运行状况。

（2）出现质量问题，确定责任方，敦促其及时解决。

（3）保修期结束，与用户商谈监理结束事宜。

8.7.3 网络工程监理依据

1. 综合布线监理依据

（1）国家和行业标准。

① 中华人民共和国国家标准 GB 50174—2017 数据中心设计规范。

② 中华人民共和国国家标准 GB 2887—1989 计算站场地技术条件。

③ 中华人民共和国国家标准 GB 9254—1998 信息技术设备的无线电干扰极限值和测量方法。

④ 中华人民共和国国家标准 GB/T 50311—2007 综合布线系统工程设计规范。

⑤ 中华人民共和国国家标准 GB/T 50312—2007 综合布线系统工程验收规范。

⑥ 中华人民共和国国家标准 GB/T 50314—2015 智能建筑设计标准。

（2）国家、地方法规和双方文件。

① 中华人民共和国合同法、网络安全法、数据安全法。

② 工程监理委托合同书。

③ 业主和承包方的合同书。

2．网络系统集成监理依据

（1）国家和行业标准。

① IEEE 802.3 以太网标准规范。

② IEEE 802.11 无线网络标准规范。

③ ANSI X3T9.5 光纤分布式数据接口标准规范。

④ 中华人民共和国标准 GB50174—2017 数据中心设计规范。

（2）国家、地方法规和双方文件。

① 中华人民共和国计算机信息网络国际联网管理暂行规定。

② 中华人民共和国合同法、网络安全法、数据安全法。

③ 工程监理委托合同书。

④ 业主和承包方的合同书。

⑤ 与项目有关的技术文件（可行性方案等）。

8.7.4　网络工程监理组织结构

监理单位委派总监理工程师、监理工程师、监理人员，并且向业主方通报，明确各工作人员职责，分工合理，组织运转科学有效。

1．总监理工程师

负责协调各方面关系，组织监理工作，定期检查监理工作的进展情况，并且针对监理过程中的工作问题提出指导性意见。审查施工方提供的需求分析、系统分析、网络设计等重要文档，并提出改进意见。组织甲乙双方重大争议纠纷，协调双方关系，针对施工中的重大失误签署返工令。

2．监理工程师

接受总监理工程师的领导，负责协调各方面的日常事务，具体负责监理工作，审核施工方需要按照合同提交的网络工程、软件文档，检查施工方工程进度与计划是否吻合，主持甲乙双方的争议解决，针对施工中的问题进行检查和督导，起到解决问题、正常工作的目的。监理工程师有权向总监理工程师提出合理化建议，并且在工程的每个阶段向总监理工程师提交监理报告，使总监理工程师及时了解工作进展情况。

3．监理人员

负责具体的监理工作，接受监理工程师的领导，负责具体硬件设备验收、具体布线、网络施工督导，并且每个监理日编写监理日志向监理工程师汇报。

8.8　局域网设计方案的撰写

8.8.1　网络实验室方案的撰写

为新建的网络实验室设计局域网，进行网络实验室的网络需求分析（如 80 台计算机，每 40 台一个 VLAN，每 10 台 PC 连接到百兆交换机上，交换机之间互连。VLAN 间通信通过三层交换机，80 台计算机共享如 FTP、代理、WWW 服务等。通过三层交换机的上端千兆口连接到网络中心，通过网络中心实现外网的连接）。给出设计方案和二层、三层交换机上的典型配置(如单臂路由、地址划分)。

1. 需求分析

满足各个 VLAN 在较短时间内(如 5s 内)访问 FTP、代理和 WWW 服务,因此需要对网络应用需求进行分析(如给出吞吐量、利用率、响应时间等性能指标),给出网络应用技术需求表。

2. 给出网络拓扑图

利用 Visio 绘图工具给出网络实验室设计方案的拓扑图。建议为了提高可靠性和可用性,可以在两台交换机间设置 Trunk;服务器建议设置在三层交换机上,以便提高访问速度和充分利用带宽等。

3. 给出详细的设计方案

(1) 服务器设计:给出 FTP、代理、WWW 服务的配置。

(2) 交换机设计与配置:给出 VLAN、Trunk、单臂路由的配置。

(3) 可靠性和可用性设计:服务器放置在三层交换机上,为了提高端口访问服务器的带宽,可采用端口聚合技术。

8.8.2 可靠、安全网络实验室方案的撰写

在网络实验室方案设计的基础之上,满足以下要求。

(1) 网络实验室办公楼到网络中心办公楼要求具备高传输速率,而且要求高可靠性。

(2) 采用千兆到交换机,百兆到桌面的传输方案。

(3) 采用双交换机互为高速备份的联网方案,采用服务器间的数据备份。

(4) 通过设置 DMZ 确保代理、FTP、WWW 服务器的安全。其中只允许外网访问WWW 服务器。

1. 需求分析

冗余设计确保可靠性;链接聚合技术确保可用性;数据备份、异地互为备份确保安全性;生成树协议确保可用性等。

2. 给出网络拓扑图

利用 Visio 绘图工具给出可靠、安全网络实验室设计方案的拓扑图。建议为了提高交换机的可靠性和可用性,可采用双交换机联网到网络中心的方案;为提高速度和可用性,三层交换机采用 UPS 供电和端口链路聚合技术,服务器建议设置在三层交换机上,以便提高访问速度和充分利用带宽等,同时提供数据备份。

3. 给出详细的设计方案

(1) 服务器安全设计。

(2) 交换机设计与配置。

(3) DMZ 的设计、防火墙的配置(可通过 ACL 实现)。

8.8.3 校园网方案的撰写

校园网设计应满足以下要求。

(1) 学校具有 18 个学院,3 个校区,其中,网络中心、亚太、国教位于北区,软件学院位于

西区,其余学院位于南区。

(2) 网络中心向外提供各种标准化、信息化的服务,各个学院也自行向互联网发布学院信息并负责自己学院的信息服务,每个学院拥有约 1500 台 PC。

(3) 学校从 CERNET 申请一段 IPv4 地址 202.196.0.0/18,从 CNC 申请一段 IPv4 地址 125.10.0.0/21。

(4) 采用三层结构设计校园网,选用万兆以太网连接三个校区作为高速主干;采用千兆以太网作为各园区的主干,形成大学校园网的汇集层,选用百兆以太网作为接入层。

(5) 校园网与因特网具有统一接口,即通过千兆以太网接入 CERNET 和 CNC。

1. 需求分析

(1) 地址较少,人数太多,因此考虑使用私有地址和 NAT。

(2) 每一个学院分配两个 C 类 CERNET 地址,其余归网络中心分配使用;每个学院分配一个/26 的 CNC 地址,其余归网络中心分配使用,因此需要考虑 VLSM 技术方案。

(3) 采用主流以太网技术;选用万兆交换机;采用 OSPF 路由协议,采用 SNMP 网络管理协议。

2. 给出网络拓扑图

利用 Visio 绘图工具给出方案的拓扑图,给出 DMZ。

3. 给出详细的设计方案

(1) IP 地址设计方案。

(2) NAT 地址转换设计。

(3) OSPF 设计。

(4) 核心网采用万兆交换机间采用 VTP,互相设置 Trunk。

(5) 各学院划分 VLAN。

小　　结

网络工程就是用系统集成方法建成计算机网络工作的集合。系统集成步骤主要包括选择系统集成商、用户需求分析、逻辑网络设计、物理网络设计、网络安全设计、系统安装与调试、系统测试与验收和用户培训和系统维护。

用户需求分析主要包括网络的应用目标分析、网络的应用约束分析、网络技术目标分析、网络性能分析和网络的通信特征分析。

逻辑网络设计包括网络拓扑结构设计、IP 地址和命名设计、VLAN 设计、交换和路由协议选择、互联网接入设计、安全设计、网络管理设计、无线网络设计、存储规划设计、数据备份设计、网络可靠性设计、数据中心设计和虚拟化设计。

网络物理设计主要包括结构化布线系统设计、网络设备选择、网络机房设计和供电系统设计。

网络工程监理主要包括监理内容、实施步骤、监理依据和监理组织结构。最后给出三个典型的局域网设计方案的撰写案例。

习题与实践

1. 习题

（1）自顶向下网络设计方法的主要网络设计阶段有哪些？

（2）为什么了解客户的商业特点很重要？

（3）目前公司都有哪些商业目标？

（4）目前商业组织机构的典型技术目标有哪些？

（5）如何区分带宽和吞吐量？

（6）如何提高网络效率？

（7）为提高网络效率必须进行哪些折中？

（8）哪些因素能帮助你确定现有互联网是否可以支持新的功能？

（9）当考虑协议行为时，相对网络利用率与绝对网络利用率有何区别？

（10）为什么描述互联网的物理结构后，还需要描述网络的逻辑结构？

（11）安装新的无线网络时，需要考虑哪些建筑和环境因素？

（12）列出并描述 6 种不同类型的通信流量。

（13）为什么网络设计中层次化和模块化很重要？

（14）为什么结构化地址分配和命名很重要？

（15）相对于公共地址，何时最适合使用私有 IP 地址？

（16）何时使用静态地址？何时使用动态地址？

（17）将网络升级为 IPv6 的几种方法是什么？

（18）下面的网络号码是在一个分办公室定义的，它们能被汇聚吗？

　　　10.108.48.0,10.108.49.0,10.108.50.0,10.108.51.0

　　　10.108.52.0,10.108.53.0,10.108.54.0,10.108.55.0

（19）哪些因素可以决定最适合客户的距离矢量或链路状态路由？

（20）哪些因素可以帮助你选择详细而明确的路由协议？

（21）为什么网络管理设计很重要？

（22）根据 ISO 列出定义网络管理进程的 5 种类型。

（23）无线局域网主要使用哪些协议保证安全？

（24）简述无线局域网的组网工作过程。

（25）为什么需要网络工程监理？其主要内容是什么？

（26）网络工程监理 5 个阶段的主要内容是什么？

（27）给出最新的网络工程监理依据。

（28）给出存储区域网络 SAN 的分类及其特点。

（29）简述二层、三层典型的网络可靠性技术有哪些？

（30）什么是虚拟化？虚拟化和云计算的关系是什么？

2. 实验题

完善 8.8 节中的三种网络设计方案，并撰写实验报告。

第9章　局域网解决方案案例

本章学习目标
- 掌握以校园网为代表的局域网的规划与设计步骤；
- 掌握校园网规划与设计方案的撰写；
- 理解企业网与校园网的区别与联系；
- 掌握企业网规划与设计步骤；
- 掌握基于网络安全等级保护的网络规划与设计步骤；
- 掌握无线局域网规划与设计步骤；
- 掌握云数据中心的规划与设计步骤。

9.1　校园网解决方案案例

本节的目标是介绍如何利用局域网规划与设计的方法，撰写一个校园网设计方案。案例是基于一个真实的网络设计，为了保护客户的隐私和客户网络的安全，同时为了使得案例简单易懂，作者对案例的一些地方进行了改动或者简化。

尽管校园网业务和技术一直变化，如抖音、哔哩哔哩等新应用，SDN 和虚拟化等新技术，但网络规划与设计的步骤和流程还是不变的。

9.1.1　校园网背景

学校现有教职工 1500 人，各类在校生 15 000 余人，每年以 5％比例增长。校园占地 100公顷，分为南区、北区和西区三个校区，18 个学院分布在三个校区。本方案针对北区部分，现北区拥有行政、教学、实验综合楼两栋，教学楼一栋，图书馆楼一栋，后勤及工会混合楼一栋，家属院楼 4 栋，学生宿舍楼 6 栋。

由于入学率的增加和应用需求带宽的激增，导致现有网络存在性能、可用性、可靠性等问题。网络中心 6 名管理人员和若干兼职学生从事管理维护学生工作。因外来访问者、学生不经过认证就可以轻而易举访问无线网络，因此无线接入点成为网络中心和各学院争议的焦点。

9.1.2　需求分析

1. 商业目标分析

（1）在未来的三年中，将损耗从 30％降低到 5％。

（2）提高教师的效率，允许教师和其他学院的同仁一起参与更多的项目研究。

（3）提高学生提交作业、选课、成绩查询效率。

（4）允许学生使用他们的无线笔记本访问园区网络和因特网。

（5）允许访问者使用他们的无线笔记本从园区网络访问互联网络。

（6）保护网络防止入侵。

（7）提高关键任务应用程序和数据的安全性和可靠性。

2．技术目标分析

（1）重新设计 IP 地址规划。

（2）增加已有因特网接入带宽，以支持新的应用和现有应用的扩展。

（3）为学生提供一个安全、私密的无线网络用于访问园区网络和因特网。

（4）提供一个响应时间大约为 1/10s 的网络。

（5）网络的可靠性大约为 99.90%，MTBF 为 3000h，MTTR 为 3h。

（6）提高安全性，保护因特网连接和内部网络，防止入侵。

（7）使用网络管理工具，提高 IT 部门的效率和效果。

（8）网络具有良好的可扩展性，可以在将来支持多媒体应用。

3．网络应用分析

如表 9-1 所示为该校园网典型网络应用分析表。

表 9-1　校园网典型网络应用

应 用 名 称	应 用 类 型	新 应 用	重 要 性	备 注
电子邮件	电子邮件	否	√	
FTP	文件共享	否	√	
主页	Web 浏览	否	√	
图书馆	数据库访问	否	√	
认证计费	认证计费	否	√	
网络维护	网上报修	否		
论坛	讨论交流	否	√	
远程教育	远程教育	否	√	
VoIP 语音电话	IP 电话	是		①
无线网络	无线网络	是		②
视频点播	视频点播	否		
视频会议	流媒体	是		
网上课堂	网上教学	否		
远程接入	VPN	否	√	③
安全更新	安全	否		
部门域名	域名服务	否	√	
校内代理	代理服务	是		④
办公自动化	OA	否	√	⑤

注：

① 将模拟声音信号数字化，以数据封包的形式在 IP 数据网络上实时传递，其最大优势是能广泛采用 Internet 和全球 IP 互联的环境，提供比传统业务更多更好的服务。

② 截至目前，我国大多数高校建有无线校园网，并开放给学生使用。

③ 虚拟专用网络。

④ 指那些自己不能执行某种操作的计算机，通过一台服务器来执行该操作，可实现网络的安全过滤、流量控制、用户管理等功能。

⑤ 功能强大的 OA 和邮件系统，可以为每个使用者建立自己的信箱和 OA 账号，既安全保密又极大地方便了通信。许多事务处理均可以通过邮件和 OA 提醒，高效便利。

4. 用户团体分析

如表 9-2 所示为该校园网典型用户团体分析表。

表 9-2　校园网用户团体

用户团体名字	用户数	团体应用
1 号学生宿舍	1300[①]	网页浏览,文件下载,认证计费
2 号学生宿舍	1000	网页浏览,文件下载,认证计费
3 号学生宿舍	700	网页浏览,文件下载,认证计费
4 号学生宿舍	700	网页浏览,文件下载,认证计费
5 号学生宿舍	1300	网页浏览,文件下载,认证计费
6 号学生宿舍	600	网页浏览,文件下载,认证计费
基础实验楼	300	网页浏览,文件下载
主教楼	100	网页浏览,文件下载
东教楼	20	网页浏览,文件下载
图书馆	100	网页浏览,文件下载,数据库管理
家属院	400	网页浏览,文件下载
后勤服务总公司	30	网页浏览,文件下载

注：①通常情况,8 人间宿舍有 4 个接入点,6 人间和 4 人间均为 2 个接入点。

5. 数据存储位置

如表 9-3 所示为该校园网典型数据存储表。

表 9-3　校园网数据存储位置

数据存储	位置	应用	团体
图书馆藏书目录	图书馆服务器集群	图书馆藏书目录	所有
Web 服务器	网络中心服务器集群	Web 站点主机	所有
E-mail 服务器	网络中心服务器集群	电子邮件	所有
FTP 服务器	网络中心服务器集群	文件下载	所有
DHCP 服务器	计算中心服务集群	编址	所有
网络管理服务器	计算中心服务集群	网络管理	管理部门
DNS 服务器	计算中心服务集群	命名	所有

9.1.3　现有网络特征

1. 现有网络概括和拓扑

核心层是一台 8512 三层交换机,通过多模光纤连接到计算机中心、图书馆、主教楼、基础实验楼和东教楼,各个宿舍楼经过 7606 汇聚后连接到 8512 上。

同时在路由器上拿出一个端口接到 DMZ,防火墙提供校园网的 WWW、DNS、电子邮件等服务;SAM 和 DHCP 服务器也连到 7606 上,提供各个宿舍楼的动态地址分配和上网计费功能。边界路由通过 CERNRT(中国教育科研网)和两根网通的线连接到 Internet 上。在边界路由 NET40 和所有的三层交换机上配置 OSPF 路由协议;在边界路由上配置 NAT 做地址转换;在核心交换机 8512 上划分 VLAN 对全院 VLAN 进行管理。每个楼宇上的三层交换机同样划分 VLAN。该校北区网络拓扑如图 9-1 所示。

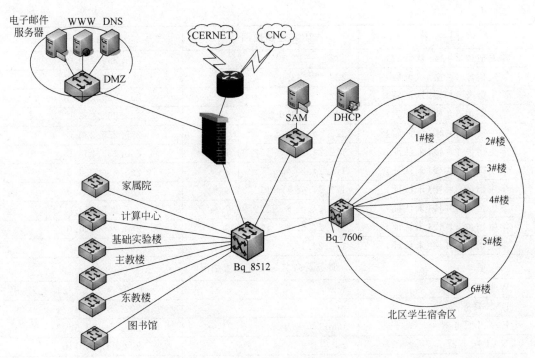

图 9-1　某校北区网络拓扑图

2. 地址和命名

由于学校上网人数比较多,各个部门和楼宇之间又处在不同的 VLAN 中,C 类的 IP 地址不能够满足上网的需求,所以校园网内部一部分采用了公有地址,而另一部分采用了RFC1918 中规定的私有地址段,这些私有地址不能访问外部网络,但是可以访问校园网,必须经过路由将私有地址转换成公有地址才能出网。

学生宿舍楼采用了私有地址转换成公有地址的方案,使用 DHCP 服务器和 RAIDUS服务器结合的技术,只有通过 RAIDUS 认证服务器认证后的用户 DHCP 服务器才能给他分配公有 IP 地址,没有通过认证的只能分配私有地址,私有地址采用了子网划分,从 172 的B 类地址借 7 位主机位作为子网地址位,从而每个楼宇可以分配 512 个私有地址。

计算机中心、图书馆以及其他部门分配了固定的共有 IP 地址,可以直接访问 Internet。如表 9-4 所示为北区各部门、学生宿舍楼 IP 地址配置情况和常见服务器的命名与地址配置。

表 9-4　某高校校园网地址和命名清单

部 门 名 称	IP 地址所属网络	子网掩码
基础实验楼网络中心	202.＊.32.0	255.255.255.0
主教楼	202.＊.34.0	255.255.255.0
基础实验楼	202.＊.35.0	255.255.255.0
南区教师楼	202.＊.46.0	255.255.255.0
学生宿舍 1# 楼(认证后)	222.＊.81.0	255.255.255.0

部 门 名 称	IP 地址所属网络	子 网 掩 码
学生宿舍 2♯楼(认证后)	222.*.82.0	255.255.255.0
学生宿舍 3♯楼(认证后)	222.*.83.0	255.255.255.0
学生宿舍 4♯楼(认证后)	222.*.84.0	255.255.255.0
学生宿舍 5♯楼(认证后)	222.*.85.0	255.255.255.0
学生宿舍 6♯楼(认证后)	222.*.86.0	255.255.255.0
学生宿舍 1♯楼(未认证)	172.24.0.*～172.24.1.*	255.255.254.0
学生宿舍 2♯楼(未认证)	172.24.2.*～172.24.3.*	255.255.254.0
学生宿舍 3♯楼(未认证)	172.24.4.*～172.24.5.*	255.255.254.0
学生宿舍 4♯楼(未认证)	172.24.6.*～172.24.7.*	255.255.254.0
学生宿舍 5♯楼(未认证)	172.24.8.*～172.24.9.*	255.255.254.0
学生宿舍 6♯楼(未认证)	172.24.10.*～172.24.11.*	255.255.254.0
服务器命名与地址配置情况		
Web 服务器	www	202.*.32.7/24
DNS 服务器	dns	202.*.32.1/24
E-mail 服务器	mail	202.*.32.50/24
NAT 服务器	nat	202.*.32.110/24
DHCP 服务器	dhcp	10.10.10.252/24

3. 现有网络采用的布线和介质

在核心的主干网上采用了千兆光纤,从网络中心到各个楼宇之间采用千兆光纤的多模光纤,每栋楼宇内部采用超 5 类双绞线连接到桌面,可提供百兆的带宽。如表 9-5 所示为所采用的光纤类型。

表 9-5　某校建筑物之间所采用的光纤类型

建 筑 物	建筑物间距离/m	光 纤 类 型
亚太八楼到家属楼	260	AMP 6 芯光纤(50/125)
亚太八楼到图书馆	100	AMP 4 芯光纤(62.5/125)
亚太八楼到主教楼	100	AMP 4 芯光纤(62.5/125)
亚太八楼到 1♯宿舍	160	AMP 6 芯光纤(50/125)
亚太八楼到 2♯宿舍	260	AMP 6 芯光纤(50/125)
亚太八楼到 3♯宿舍	220	AMP 6 芯光纤(50/125)
亚太八楼到 4♯宿舍	260	AMP 6 芯光纤(50/125)
亚太八楼到 5♯宿舍	160	AMP 4 芯光纤(62.5/125)
亚太八楼到 6♯宿舍	100	AMP 4 芯光纤(62.5/125)

在双绞线的选取上,交换机之间采用 TCL PC101004,交换机到主机间采用 FS-HSYV5e(UTP)。

4. 建筑物之间的距离和环境因素

校园内各个建筑物采用的是光纤连接,而这里只以建筑物之间的实际距离为准,包括建筑物之间的水平距离和垂直距离。水平距离是就是建筑物之间水平相距多远,如基础实验楼到综合楼大概是 50m，如表 9-6 所示。垂直距离是某一建筑物的一楼到顶楼之间的距离，如基础实验楼一楼到九楼的垂直距离大概是 24m，如表 9-7 所示。

表 9-6　建筑物水平距离表

建　筑　物	水平距离
基础实验楼到综合楼	约 50m
基础实验楼到教学楼	约 30m
基础实验楼到图书馆	约 45m
基础实验楼到 1♯学生宿舍楼	约 150m
基础实验楼到 2♯学生宿舍楼	约 300m
基础实验楼到 3♯学生宿舍楼	约 75m
基础实验楼到 4♯学生宿舍楼	约 85m
基础实验楼到 5♯学生宿舍楼	约 60m
基础实验楼到 6♯学生宿舍楼	约 70m
基础实验楼到后勤工会混合楼	约 200m
基础实验楼到 1♯教师家属楼	约 250m
基础实验楼到 2♯教师家属楼	约 250m
基础实验楼到 3♯教师家属楼	约 260m
基础实验楼到 4♯教师家属楼	约 260m

表 9-7　建筑物垂直距离表

建　筑　物	垂直距离
基础实验楼	约 23m
综合楼	约 13m
教学楼	约 10m
图书馆	约 10m
1♯学生宿舍楼	约 15m
2♯学生宿舍楼	约 13m
3♯学生宿舍楼	约 15m
4♯学生宿舍楼	约 15m
5♯学生宿舍楼	约 15m
6♯学生宿舍楼	约 7.5m
后勤工会混合楼	约 10m
1♯教师家属楼	约 17.5m
2♯教师家属楼	约 17.5m
3♯教师家属楼	约 17.5m
4♯教师家属楼	约 17.5m

5. 现有网络的性能参数

1）带宽

从网络中心到各个楼宇均铺设了多模光纤，带宽可以达到千兆每秒，各楼层到桌面采用的是超 5 类双绞线，带宽在百兆左右。

2）吞吐量

在网络高峰期，例如中午 12：00 左右和晚上 21：00 左右，上网人数比较多，发生冲突的可能性达到 10%，这样吞吐量＝90%×G（网络负载），其他时间的吞吐量几乎等于网络负载。

3）丢包率

在网络无拥塞的时候，路径丢包率为 0，轻度拥塞时丢包率为 1%～4%，严重拥塞时丢包率为 5%～15%。

4）可用性

以边界路由 NE40 为例计算设备可用性，如表 9-8 所示为各数据。

表 9-8　设备可用性清单

	平均故障间隔时间/h	平均修复时间/h
第一次故障	5000	5
第二次故障	10 000	8
第三次故障	6000	3
平均时间	7000	5.33

可用性＝7000/(5.33＋7000)＝99.9%。

5）主干网的流量负载

7606 到 8512 干线流量：最大支持约 800Mb，流量分布如下。

（1）7606 到 1♯楼：最大约 180Mb。

（2）7606 到 2♯楼：最大约 108Mb。

（3）7606 到 3♯楼：最大约 88Mb。

（4）7606 到 4♯楼：最大约 106Mb。

（5）7606 到 5♯楼：最大约 104Mb。

（6）7606 到 6♯楼：最大约 104Mb。

8512 到计算机中心流量：最大支持约 500Mb，流量分布如下。

（1）8512 到图书馆流量：最大约 200Mb。

（2）8512 到主教楼流量：最大约 200Mb。

（3）8512 到基础实验楼流量：最大约 60Mb。

（4）8512 到东教流量：最大约 40Mb。

6. 网络应用流量的特征

要分析现有网络流量，首先需确定子网边界，把网络分成几个易管理的域；其次确定工作组和数据的传输方式；最后通过网络流量基线对网络流量进行分析。

可以将现有校园网划分为综合楼、后勤部、家属院、教学区、宿舍区、图书馆和主区域。其物理区域和逻辑区域分别如图 9-2 和图 9-3 所示。

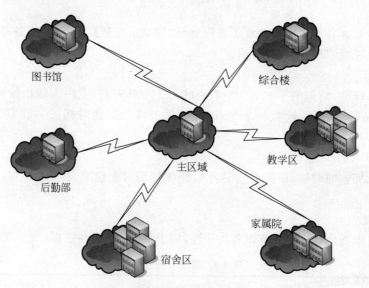

图 9-2　校园网物理网络区域图

工作组表的用户数量除学生宿舍是按照入住人数估测得来外，其他的基本上按照接入网结点个数而估测得来。表 9-9 中位置即是该工作组在网络拓扑图上的位置。

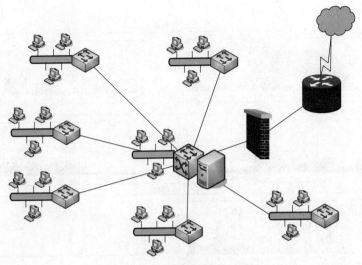

图 9-3　校园网逻辑网络区域图

表 9-9　校园网工作组

名　　称	用户数量	位　　置	所使用的应用程序
基础实验楼	800	如图 9-2 所示的主区域	电子邮件、FTP、Web、数据存储与备份、计费
东教学楼	25	如图 9-2 所示的教学区	电子邮件、文件传输、Web
综合楼	600	如图 9-2 所示的综合楼	电子邮件、FTP、Web、数据存储与备份
图书馆	10	如图 9-2 所示的图书馆	电子邮件、文件传输、Web 浏览器、查询
学生宿舍楼	5160	如图 9-2 所示的宿舍区	电子邮件、文件传输、Web 浏览器、上网
后勤部	40	如图 9-2 所示的后勤部	计费、数据存储
家属院	2000	如图 9-2 所示的家属院	电子邮件、Web 浏览器、上网

针对上述区域给出该校园网关键设备某一天的流量特征,如图 9-4 所示。

防火墙用来保护内部安全,主要是通过访问控制来阻止外界对内部的访问,而内部对外部的访问一般默认允许,因此呈现出大量的数据流入,而只有相对极少数的数据流出。如图 9-5 所示为某周防火墙网络流量监控截图。

由于学校对学生宿舍的管理是每天 6:00～23:00 进行供电,所以校园网流量在 23:00 后呈现出突然下降状态,图 9-6 和图 9-7 分别是网络流量监控系统对管理学生宿舍总交换机的网络流量日截图和周截图。

由于学校 FTP、网络视频、在线电视直播均为单向向校内师生提供服务,所以呈现出只有大量数据流出,如图 9-8 所示为流量监控系统的流量截图。

7. 现有网络安全与网络管理

通过对网络流量做了简单的分析,发现高峰期 BT 和 ARP 攻击两类流量总和占 75% 左右。BT 下载是现在比较流行的下载方式,BT 是用多少带宽就有可能吃多少,这个也是运营商很争议的事情。ARP 攻击属于协议性攻击行为,通常因很多学生和教职工较少安装 ARP 防火墙之类的专防 ARP 的软件,并且较少定期更新系统漏洞等造成。BT 和 ARP 不仅影响网速,而且影响网络的可用性。

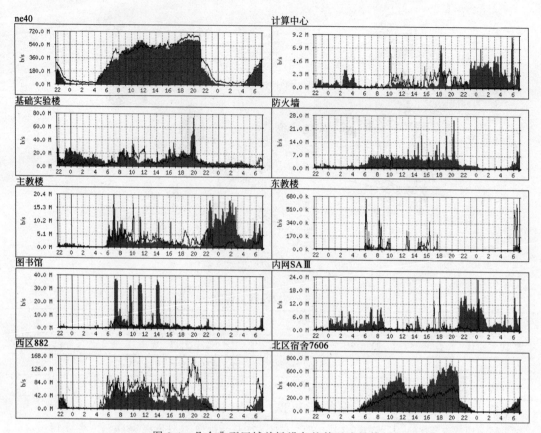

图 9-4　几个典型区域关键设备的某天流量特征

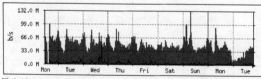

每周 图表(30min平均)

最大 流入:130.8 Mb/s(13.1%)　平均 流入:47.6 Mb/s(4.8%)　当前 流入:44.0 Mb/s(4.4%)
最大 流出:46.5 Mb/s(4.6%)　平均 流出:2983.7kb/s(0.3%)　当前 流出:3580.7kb/s(0.4%)

图 9-5　防火墙某周的流量特征

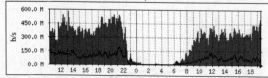

每日 图表(5min平均)

最大 流入:582.1Mb/s(58.2%)　平均 流入:262.4 Mb/s(26.2%)　当前 流入:498.1Mb/s(49.8%)
最大 流出:193.9Mb/s(19.4%)　平均 流出:65.4 Mb/s(6.5%)　当前 流出:75.1Mb/s(7.5%)

图 9-6　学生宿舍某天典型流量特征

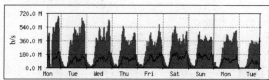

最大 流入:686.8 Mb/s(68.7%)　平均 流入:281.9 Mb/s(28.2%)　当前 流入:407.8 Mb/s(40.8%)
最大 流出:225.4 Mb/s(22.5%)　平均 流出:86.1 Mb/s(8.6%)　当前 流出:71.3 Mb/s(7.1%)

图 9-7　学生宿舍某周典型流量特征

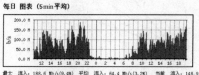

(a) 承担DVD服务的FTP流量特征

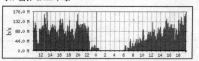

(b) 承担综合服务的FTP流量特征

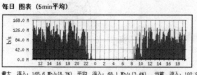

(c) 承担Movie服务的FTP流量特征

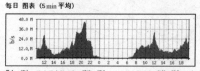

(d) 承担TV服务的流量特征

图 9-8　FTP 和 TV 服务的流量特征

为了最大可能地减少校外的攻击,给校内提供一个安全稳定的网络环境,要求学校在网络边界路由和核心层之间添加硬件防火墙。同时划分 VLAN 及应用 ACL。对安全性以及低广播风暴的要求,要求各个部门可单独划分 VLAN,各单位之间在未经授权的情况下,不能相互访问。对财务部、院领导部门等访问做特殊控制。同时尽量减少不正常的网络流量,如病毒的传播。

同时,学校目前一直使用 MRTG,进行各个交换机和路由器的流量实时监控,能及时反映出当前和平均的流量图。

学校采用锐捷计费系统,对使用 Internet 的用户进行自动计费。

9.1.4　网络逻辑设计

1. 网络拓扑结构设计

8512 核心交换机在整个校园网中占了主导地位,所以必须保证它的安全性和可靠性,在原有的拓扑基础上增加了一台 8512 核心交换机作为冗余设备,当其中一台出现故障时另一台可以继续工作,保证了网络的可靠性。同时还在每栋楼上增加了无线局域网的发射装置,提供了更多的网络接入点。主干线使用千兆光纤到各个楼宇。为了避免产生环路,在每个三层交换机上配置 STP,同时为了减轻 DHCP 服务器在整个校园网中的通信,安排各个学院各自在三层交换机上开启 DHCP。为了提高带宽,增加 CNC 带宽到 1000MB,并实现负载平衡,在所有三层交换机上运行 OSPF。如图 9-9 所示为改进后的网络拓扑图。

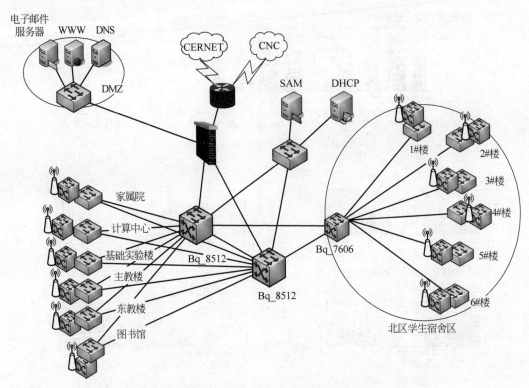

图 9-9 改进后具有核心层冗余和无线接入的校园拓扑图

2. IP 地址方案和 VLAN 的划分

每一个三层交换机的接口都对应一个 VLAN,每个宿舍楼的每一楼层的二层交换机又划分了不同的 VLAN,在 8512 上划分 VLAN。VLAN 配置清单如表 9-10 所示。

表 9-10 VLAN 的配置清单列表

端　　口	VLAN ID	说　　明
RG-S6810E(网管中心,核心交换机,网管 IP:172.16.1.254/24)		
1~10	VLAN1	网管中心
11~20	VLAN2	连接到亚太实验楼交换机
21~35	VLAN3	连接到主教楼办公室交换机
36~44	VLAN4	连接到主教楼学生机主交换机上行端口
45~48	VLAN5	连接到东教楼交换机上行端口
49~55	VLAN6	连接到图书馆交换机上行端口
56~85	VLAN7~VLAN12	连接到宿舍楼交换机上行端口
86~99	VLAN13~VLAN16	连接到家属楼交换机上行端口

下面以宿舍楼为例给出 VLAN 连接和配置情况,如表 9-11 所示。

下面是各 VLAN 的 IP 地址划分和功能描述,如表 9-12 所示。

3. 互联网接入方案

学校采用了一根 CERNET(中国教育科研网)和两根 CNC 光纤接到 Internet 上,为了提高带宽,可以提高 CNC 带宽至 1000MB,从而快速满足广大师生的上网需求。

表 9-11　宿舍楼 VLAN 的配置清单列表

端　　口	VLAN ID	说　　明
STAR-S2126G/STAR-S2150G（宿舍楼，网管 IP：172.16.1.246）		
56～60（1 号楼）	VLAN7	连接到网管中心下行端口 2
61～65（2 号楼）	VLAN8	连接到网管中心下行端口 3
66～70（3 号楼）	VLAN9	连接到网管中心下行端口 4
71～75（4 号楼）	VLAN10	连接到网管中心下行端口 5
76～80（5 号楼）	VLAN11	连接到网管中心下行端口 6
81～85（6 号楼）	VLAN12	连接到网管中心下行端口 7

表 9-12　VLAN 地址配置清单列表

VLAN ID	网段 IP	网关 IP	描　　述
VLAN1	172.16.1.0/24	172.16.1.254/24	综合楼中心机房：网管
VLAN2	172.16.2.0/24	172.16.2.254/24	亚太实验楼
VLAN3	172.16.3.0/24	172.16.3.254/24	综合楼办公室
VLAN4	172.16.4.0/24	172.16.4.254/24	综合楼学生机房
VLAN5	172.16.5.0/24	172.16.5.254/24	东教楼
VLAN6	172.16.6.0/24	172.16.6.254/24	图书馆
VLAN7～VLAN12	172.16.7～12.0/24	172.16.7～12.254/24	宿舍楼
VLAN13～VLAN16	172.16.13～16.0/24	172.16.13～16.254/24	家属楼

4. 安全方案

在边界路由上设置了防火墙的功能，对不安全的信息进行了过滤，保证了内部网络不受入侵。如果经济允许，可在 8512 和 Ne40 之间搭建硬件防火墙，从而有效地保护内网。同时为了防范 ARP 攻击，要求每个终端桌面安装认证端以方便进行管理。

5. 管理方案

8512 作为核心层交换机，只有管理员才能访问，管理员可以对全院的 VLAN 进行划分，7606 作为各个宿舍楼的汇聚层交换机，与 DHCP 服务器和 SAM 服务器结合，管理员可以为每个宿舍楼动态分配 IP 和划分子网，实现上网计费功能。同时在核心设备上开启 SNMP，继续使用原来的 MRTG 进行流量监控。

6. WLAN 的设计

设计两个独立的子网，一个用于安全的专用无线局域网，另外一个用于开放的公共无线局域网。每个子网都遍布整个校园网。使用这个解决方案，无线用户可以在整个校园网进行漫游。同时，在每栋建筑物内，开放式接入点和安全接入点连接到交换机不同的端口上，每一个端口在各自的 VLAN 内。

开放式接入点不配置 WEP 或 MAC 地址认证，SSID 采用默认方式进行通过，这样外来用户就可以轻而易举地和无线局域网建立关联。为了保护校园网络安全，防止开放网络中用户的访问，在边界路由上配置 ACL，只允许少量的协议进行转发，如 80、21、20、25、110、53、67 等端口。

专用接入点进行身份认证，并开始进行流量计费，从而保障了网络的安全。

9.1.5 网络实施

1. 综合布线实施

根据用户需求分析,决定校园网络采用星状网络拓扑结构。

1) 工作区子系统的设计

学生宿舍一般通过交换机接入校园网网络,因此为了节省工程造价,每个宿舍只安装一个单口信息插座。信息点密集的房间可以选用两口或四口信息插座,如教学楼的多媒体教室、办公室、计算中心机房等,信息插座的数量要根据用户的需求而定。

考虑到校园网中大多数信息点的接入要求达到100Mb/s,因此建议校园网内所有信息插座均选用IBDN Giga Flex PS5E超5类模块。IBDN超5类模块可以满足未来155Mb/s网络接入的要求。

为了方便用户接入网络,信息插座安装的位置结合房间的布局及计算机安装位置而定,原则上与强电插座相距一定的距离,安装位置距地面30cm以上,信息插座与计算机之间的距离不应超过5m。

2) 水平干线子系统的设计

经过全面的考虑,该院的综合布线系统的水平干线子系统全部采用非屏蔽双绞线。考虑到以后的校园网网络的应用,建议整个校园网的楼内水平布线全部采用IBDN 1200系列超5类非屏蔽双绞线,以便满足以后网络的升级需要。

考虑到该院实施布线的建筑物都没有预埋管线,所以建筑物内的水平干线子系统全部采用明敷PVC管槽,并在槽内布设超5类非屏蔽双绞线缆的布线方案。原则上PVC管槽的敷设应与强电线路相距30cm,如遇特殊情况PVC管槽与强电线路相距很近的情况下,管槽内安装白铁皮然后再安装线缆,从而达到较好的屏蔽效果。

3) 设备间子系统设计

经实地考察发现,每幢学生宿舍都有两个楼道,而且在二层或三层楼道都已设置了配电房,可以利用现有的配电房作为设备间。对于学生宿舍楼层较长的,建议采用双设备间的配置方案。教工宿舍和办公楼信息点较少,不考虑专门设置设备间。整个校园网的主设备间放置于亚太八楼的网管中心。

东教楼的信息点较分散且信息点较少,没有必要设立专门的设备间,可以在教师休息室内安装6U墙装机柜,机柜内只需容纳一个交换机和两个配线架即可。

办公楼、图书馆、实验大楼信息点较多,需要预设机柜,机柜内应配备足够数量的配线架和理线架设备。

网络中心根据功能划分为两个区域,一半空间作为机房,另一半作为行政办公区域。网络中心机房采用铝合金框架支撑的玻璃墙进行隔离,全部铺设防静电地板,且地板已进行良好接地处理。机房内还安装了一个10kVA的UPS,配备的40个电池可以满足8h的后备电源供电。为了保证机房内温度的控制,机房内配备了两个5匹的柜式空调,空调具备来电自动开机功能。为了保证机房内设备的正常运行,所有设备的外壳及机柜均做好接地处理,以实现良好的电气保护。

4) 管理子系统的设计

为了配合水平干线子系统选用的超5类非屏蔽双绞线,每个设备间内都应配备IBDN

PS5E超5类24口/1U模块化数据配线架,配线架的数量要根据楼层信息点数量而定。为了方便设备间内的线缆管理,设备间内安装相应规格的机柜,机柜内的两个配线架之间还安装IBDN理线架,以进行线缆的整理和固定。

为了便于光缆的连接,每幢楼内的设备间内应配备光缆接线箱或机架式配线架,以便端接室外布进入设备间的光缆。为了端接每个交换机的光纤模块,还应配备一定数量的光纤跳线,以端接交换机光纤模块和配线架上的耦合器。

5)垂直干线子系统的设计

由于大多数建筑物都在6层以下,考虑到工程造价,决定采用4对UTP双绞线作为主干线缆。对于楼层较长的学生宿舍,将采用双主干设计方案,两个主干通道分别连接两个设备间。

对于新建的学生宿舍及教学大楼都预留了电缆井,可以直接在电缆井中铺设大对数双绞线,为了支撑垂直主干电缆,在电缆井中固定了三角钢架,可将电缆绑扎在三角钢架上。对于旧的学生宿舍、办公大楼、实验大楼、图书馆,要开凿直径20cm的电缆井并安装PVC管,然后再布设垂直主干电缆。

6)建筑群子系统的设计

校园内建筑物之间的距离很近,只有网络中心机房与教工区设备间之间的跨距、网络中心机房与学生宿舍二区设备间之间的跨距较远,均已超过550m,其他建筑物之间的跨距不超过500m,因此除了网络中心机房与教工区、学生宿舍设备间之间布设12芯单模光纤外,其他建筑物之间的光缆均选用6芯50μm多模光缆进行布线。由于该学院原有的闭路电视线、电话线全部采用架空方式安装,而且目前建筑物之间没有现成的电缆沟,经过与院方交流意见,决定所有光纤采用架空方式铺设。铺设光纤时,尽量沿着现有的闭路电视或电话线路的路由进行安装,从而保持校园内的环境美观要求,也可以加快工程进度。

2. 网络设备的选择

1)接入层设备选择

接入层网络作为二层交换网络,提供工作站等设备的网络接入。接入层在整个网络中接入交换机的数量最多,具有即插即用的特性。对此类交换机的要求,一是价格合理;二是可管理性好,易于使用和维护;三是有足够的吞吐量;四是稳定性好,能够在比较恶劣的环境下稳定地工作。

此层交换机应具备VLAN划分,链路聚合等功能。因可付性限制和计费认证是校园网的主要目标,该校选用RJ-S2126、RJ-S1926S+、RJ-S1926F+、D-Link等型号作为接入层交换机使用。使用端口认证技术,用黏滞端口的方法使端口在检测到未经授权的MAC地址时自动关闭,增强安全性。

对于一些高要求的部门,如财务处、教务处等可采用思科设备,如思科2900系列中思科WS-C2960-24TT-L或思科WS-C2960-48TT-L。

2)汇聚层设备选择

汇聚层主要负责连接接入层接点和核心层中心,汇集分散的接入点,扩大核心层设备的端口密度和种类,汇聚各区域数据流量,实现骨干网络之间的优化传输。汇聚交换机还负责本区域内的数据交换,汇聚交换机一般与核心层交换机同类型,仍需要较高的性能和比较丰富的功能,但吞吐量较低。

工作在这一层的交换机最重要的要求就是支持安全策略和冗余组件。前者并不一定很有用,而是主要在汇聚层上做这块功能,而后者就比较关键,一旦正常工作的链路物理性断开,就要重新选择可用线路。

在校园网实施中,选用支持认证较好的 RJ-3760 汇聚层用于计算中心;选择 4 台 Quidway S3526 分别作为主教楼、图书馆、基础实验楼、家属楼汇聚层设备。

如果经济允许,可采用 Cisco Catalyst 3560 系列充当三层交换机。该系列支持 IP 电话、无线接入点、视频监视、建筑物管理系统和远程视频信息亭。客户可以部署网络范围的智能服务,如高级 QoS、速率限制、访问控制列表、组播管理和高性能 IP 路由,并保持传统 LAN 交换的简便性。内嵌在 Cisco Catalyst 3560 系列交换机中的思科集群管理套件 (CMS)让用户可以利用任何一个标准的 Web 浏览器,同时配置多个 Catalyst 桌面交换机并对其排障。Cisco CMS 软件提供了配置向导,它可以大幅度简化融合网络和智能化网络服务的部署。

3) 核心层设备选择

网络主干部分称为核心层,核心层的主要目的在于通过高速转发通信,提供优化、可靠的骨干传输结构,因此核心层交换机应拥有更高的可靠性、性能和吞吐量。

工作在此层的交换机要具备高速转发、路由以及吞吐量较大的功能,同时性能也要保证,学校选用华为 Quidway S8500 系列。为了提高网络可靠性和可用性,可选择同系列设备作为冗余设备。

3. 典型配置与实施

1) OSPF 路由协议的配置

OSPF 路由协议是一种典型的链路状态(Link-state)的路由协议,一般用于同一个路由域内。在这里,路由域是指一个自治系统,即 AS,它是指一组通过统一的路由政策或路由协议互相交换路由信息的网络。在这个 AS 中,所有的 OSPF 路由器都维护一个相同的描述这个 AS 结构的数据库,该数据库中存放的是路由域中相应链路的状态信息,OSPF 路由器正是通过这个数据库计算出其 OSPF 路由表的。

作为一种链路状态的路由协议,OSPF 将链路状态广播数据包 LSA(Link State Advertisement)传送给在某一区域内的所有路由器,这一点与距离矢量路由协议不同。运行距离矢量路由协议的路由器是将部分或全部的路由表传递给与其相邻的路由器。下面以 Cisco 为例,给出其典型的配置命令。

首先在路由器上面启用 OSPF,命令如下。

```
R1(config)#router ospf process - id
```

其次,通告参与更新、接收路由信息所在接口的网络。配置如下。

```
Router(config - router)#network network - address wildcard - mask area area - id
```

网络地址和通配符掩码一起,用于指定此 network 命令启用的接口或接口范围。area 是共享链路状态信息的一组路由器,OSPF 网络也可配置为多区域。area-id 是指如果所有路由器都处于同一个 OSPF 区域,则必须在所有路由器上使用相同的 area-id 来配置。区域

0 是骨干区域,是必须存在且配置的区域。并且,OSPF 不会自动在主网络边界总结。

在该校园网中,要求在核心交换、各汇聚层三层交换机上都配置 OSPF 路由协议,同时为了方便管理,要求为单区域 OSFP。

2)STP 配置

现在多数交换机默认开启 STP,但需要指定 STP 工作模式,如下所示。

```
S3500＃conf t
S3500(config)＃spanning‐tree ?
  mode           Spanning tree operating mode
  portfast       Spanning tree portfast options
  VLAN           VLAN Switch Spanning Tree
S3500(config)＃spanning‐tree mode ?
  pvst           Per‐Vlan spanning tree mode
  rapid‐pvst     Per‐Vlan rapid spanning tree mode
S3500(config)＃spanning‐tree mode pvst //一个 VLAN 一个 STP
```

同样还可以配置快速端口转发和 RSTP,以节省时间。

3)访问控制列表的配置

这也许是最重要的一个环节了,毕竟目前学校网络在出口处并未设置防火墙。可以通过指定,允许特定的外网地址访问内网,也可拒绝一切外网来源,同时可以控制内网访问的网站,防止学生登录不良网站。因此,几乎所有未被记录的外网都被禁止进入,大大减少了被攻击量。下面给出一个配置实例。

(1)案例背景。

① 一台 3550EMI 交换机,划分三个 VLAN。端口 1~8 划分到 VLAN2,端口 9~16 划分到 VLAN 3,端口 17~24 划分到 VLAN4。

② VLAN2 为服务器所在网络,命名为 server,IP 地址段为 192.168.2.0,子网掩码为 255.255.255.0,网关 192.168.2.1,域服务器为 Windows 2000 Advance Server,同时兼作 DNS 服务器,IP 地址为 192.168.2.10。

③ VLAN3 为客户机 1 所在网络,命名为 work01。IP 地址段为 192.168.3.0,子网掩码为 255.255.255.0,网关设置为 192.168.3.1。

④ VLAN4 为客户机 2 所在网络,命名为 work02。IP 地址段为 192.168.4.0,子网掩码为 255.255.255.0,网关设置为 192.168.4.1。

⑤ 3550 作 DHCP 服务器,各 VLAN 保留 2~10 的 IP 地址不分配置,例如:192.168.2.0 的网段,保留 192.168.2.2~192.168.2.10 的 IP 地址段不分配。

(2)安全要求。

VLAN3 和 VLAN4 不允许互相访问,但都可以访问服务器所在的 VLAN2。

(3)配置清单。

```
interface Vlan1
  no ip address
  shutdown
!
```

```
interface Vlan2
   ip address 192.168.2.1 255.255.255.0
!
interface Vlan3
   ip address 192.168.3.1 255.255.255.0
   ip access - group 103 out
!
interface Vlan4
   ip address 192.168.4.1 255.255.255.0
   ip access - group 104 out
!
ip classless
!
!
access - list 103 permit ip 192.168.2.0 0.0.0.255 192.168.3.0 0.0.0.255
access - list 103 permit ip 192.168.3.0 0.0.0.255 192.168.2.0 0.0.0.255
access - list 103 permit udp any any eq bootpc
access - list 103 permit udp any any eq tftp
access - list 103 permit udp any eq bootpc any eq bootps
access - list 103 permit udp any eq tftp any eq tftp
access - list 104 permit ip 192.168.2.0 0.0.0.255 192.168.4.0 0.0.0.255
access - list 104 permit ip 192.168.4.0 0.0.0.255 192.168.2.0 0.0.0.255
access - list 104 permit udp any eq tftp any eq tftp
access - list 104 permit udp any eq bootpc any eq bootpc
access - list 104 permit udp any any eq bootpc
access - list 104 permit udp any any eq tftp
!
ip dhcp excluded - address 192.168.2.2 192.168.2.10
ip dhcp excluded - address 192.168.3.2 192.168.3.10
ip dhcp excluded - address 192.168.4.2 192.168.4.10
!
ip dhcp pool test01
   network 192.168.2.0 255.255.255.0
   default - router 192.168.2.1
   dns - server 192.168.2.10
ip dhcp pool test02
   network 192.168.3.0 255.255.255.0
   default - router 192.168.3.1
   dns - server 192.168.2.10
ip dhcp pool test03
   network 192.168.4.0 255.255.255.0
   default - router 192.168.4.1
   dns - server 192.168.2.10
```

4) NAT 转换的配置

借助于 NAT,私有(保留)地址的"内部"网络通过路由器发送数据包时,私有地址被转换成合法的 IP 地址,一个局域网只需使用少量 IP 地址(甚至是一个)即可实现私有地址网络内所有计算机与 Internet 的通信需求。

(1) 静态地址转换配置。

① 在内部本地地址与内部合法地址之间建立静态地址转换。在全局设置状态下输入:

```
Ip nat inside source static 内部本地地址   内部合法地址
```

② 指定连接网络的内部端口在端口设置状态下输入：

```
ip nat inside
```

③ 指定连接外部网络的外部端口在端口设置状态下输入：

```
ip nat outside
```

（2）动态地址转换配置。

① 在全局设置模式下,定义内部合法地址池。

```
ip nat pool 地址池名称   起始 IP 地址   终止 IP 地址   子网掩码
```

其中,地址池名称可以任意设定。

② 在全局设置模式下,定义一个标准的 access-list 规则以允许哪些内部地址可以进行动态地址转换。

```
access - list 标号 permit 源地址通配符
```

其中,标号为 1～99 的整数。

③ 在全局设置模式下,将由 access-list 指定的内部本地地址与指定的内部合法地址池进行地址转换。

```
ip nat inside source list 访问列表标号 pool 内部合法地址池名字
```

④ 指定与内部网络相连的内部端口在端口设置状态。

```
ip nat inside
```

⑤ 指定与外部网络相连的外部端口。

```
ip nat outside
```

（3）复用动态地址 PAT 配置。

① 在全局设置模式下,定义内部合法地址池。

```
ip nat pool   地址池名字   起始 IP 地址   终止 IP 地址   子网掩码
```

② 在全局设置模式下,定义一个标准的 access-list 规则以允许哪些内部本地地址可以进行动态地址转换。

```
access - list 标号 permit 源地址   通配符
```

其中,标号为 1～99 的整数。

局域网解决方案案例

③ 在全局设置模式下,设置在内部的本地地址与内部合法 IP 地址间建立复用动态地址转换。

```
ip nat inside source list 访问列表标号 pool 内部合法地址池名字 overload
```

④ 在端口设置状态下,指定与内部网络相连的内部端口。

```
ip nat inside
```

⑤ 在端口设置状态下,指定与外部网络相连的外部端口。

```
ip nat outside
```

5) VLAN 配置

下面是 VLAN10 的划分情况,其他的类似。

```
Switch#configure terminal
Switch(config)#interface vlan 10
Switch(config-if)ip address 202.196.34.254 255.255.255.0
Switch(config-if)#no shutdown
Switch(config-if)#exit
```

下面是将端口 Fa 0/5 加入到划分的 VLAN10 中。

```
Switch#configure terminal
Switch(config-if)#interface fastethernet 0/5
Switch(config-if)#switchport access vlan 10
Switch(config-if)# no shutdown
```

将三层交换机的 Fa 0/1 端口设置为 Trunk 模式连接二层交换机的 Fa 0/10 端口。

```
Switch#configure terminal
Switch(config)#interface fastEthernet 0/1
Switch(config-if)#switchport mode truck
Switch(config-if)#end
```

为实现不同 VLAN 之间的通信,可将二层交换机的 Fa 0/10 端口设置为 Trunk 模式连接三层交换机的 Fa 0/1 端口。

```
Switch#configure terminal
Switch(config)#interface fastEthernet 0/10
Switch(config-if)#switchport mode truck
Switch(config-if)#end
```

在配置中,还涉及服务的配置如 DHCP、WWW、DNS、FTP 等的配置,请读者参考前面的章节。

9.2 企业网解决方案案例

园区网是指一栋大楼或一群大楼连接而成的企业网络,园区网由多个 LAN 组成。园区网通常局限于固定的地理区域,但它可以跨越相邻的建筑物,例如,某个工业园区或商业园区。

企业网解决方案也遵循需求分析、逻辑设计、物理设计、测试和后期维护的系统集成模型。但企业网在体系结构上和以校园为典型代表的园区网还是有所区别的。如图 9-10 所示为 Cisco 提出的典型企业体系结构。

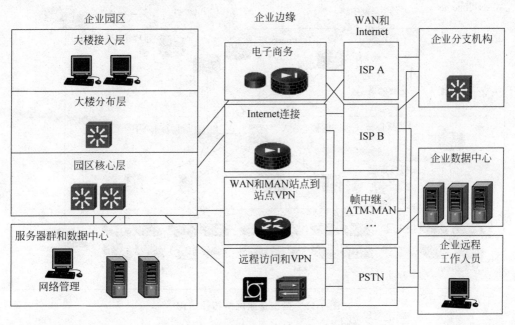

图 9-10　Cisco 提出的典型企业体系结构

企业园区网体系结构说明的是能够创建可扩展网络,同时满足园区式企业运营需求的建议方法。该体系结构是模块化的,可以随着企业的发展轻松扩展支持更多的园区大楼或楼层。

1. 企业边缘体系结构

该模块负责连接企业外部的语音、视频和数据服务,使企业能够使用 Internet 和合作伙伴资源并为其客户提供资源。而且经常作为园区模块和企业体系结构中其他模块之间的连接枢纽。

2. 企业分支机构体系结构

此模块允许企业将园区网上的应用程序和服务扩展到成千上万的远程位置和用户,或者扩展到某些小分支机构。

3. 企业数据中心体系结构

数据中心负责管理和维护许多数据系统,这些系统对现代企业的运营至关重要。员工、合作伙伴和客户依靠数据中心的数据和资源进行高效地创造、协作和交流。近十年来,

Internet 和基于 Web 技术的兴起让数据中心变得比以往任何时候都更重要,它带动了生产效率的提升、业务流程的改进和社会的变革。

4. 企业远程办公体系结构

如今,许多企业都为其员工提供弹性工作环境,让他们可以在家远程办公。远程办公是指在家利用企业的网络资源工作。远程办公模块建议在家使用宽带服务(例如电缆调制解调器 Modem 或 DSL)连接到 Internet,继而连接到公司网络。由于 Internet 会给企业带来严重的安全风险,因此需要采取一些特殊措施来确保远程通信的安全性和隐私性。

如图 9-11 所示为满足企业体系结构的典型企业网络拓扑。

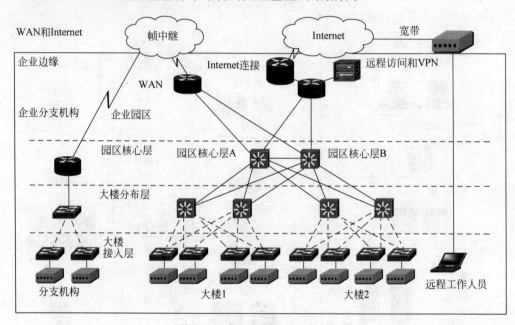

图 9-11　典型企业网络拓扑结构

下面就以一个简单的中小企业网络给出企业网络的规划方案。其中很多内容可参考9.1 节的校园网相关内容。

9.2.1　企业网背景

郑州某公司,下设两个分公司,第一分公司在北京,第二分公司在上海,各有自己的办公楼。总公司部门结构如下:财务部(15 人)、行政部(25 人)、生产部(200 人)、研发部(50 人)、后勤部(20 人)、业务部(100 人)、人力资源部(15 人)。分公司部门结构与总公司部门结构一样。

本项目要求在公司内部建立稳定、高效的办公自动化网络,通过项目的实施,使所有员工能够通过总部网络进入 Internet,从而提高所有员工的工作效率和加快企业内部信息的传递。同时需要建立 Web 服务器,用于在互联网上发布企业信息。在总部和子公司均设立专用服务器,使集团内所有员工能够利用服务器方便地访问公共文件资源,并能够完成企业内部邮件的收发。系统建立完成后,要求能满足企业各方面的应用需求,包括办公自动化、邮件收发、信息共享和发布、员工账户管理、系统安全管理等,并能够实现网上视频会议、出差员工远程连接等。

9.2.2 需求分析

1. 商业目标分析

（1）在原有 VPN 基础之上，实现 IPSec VPN 移动接入的升级。

（2）满足认证、加密、完整性验证需求，使用户能够安全地接入企业资源、VPN 和外网。

（3）在安全的基础上，网络应具备易用性特点。如通过简单易用的方法实现信息远程连通，任何安装浏览器的机器都可以使用，网络部署灵活方便。

（4）增加收入和利润，提高市场知名度，具有高额的投资回报率。

（5）增强应用程序性能。

（6）采用分布式网络管理方案，用户授权与安全认证进一步加强。

（7）提高竞争力，如资源发布更加集中、简便。

（8）在原系统上升级，降低设备成本投入。

2. 应用目标分析

经过需求分析，给出如表 9-13 所示的应用目标情况。

表 9-13　企业网应用目标情况

应 用 名 称	应 用 类 型	是否为新应用	重 要 性	备 注
文件共享	文件共享	否	关键	
办公自动化	群件	否	非常关键	
WWW 服务	Web 浏览	否	非常关键	
电子邮件服务	电子邮件	否	非常关键	
文件存储	文件传输、数据	否	关键	
财务管理	网络销售订单	否	非常关键	
视频会议	视频会议	新	关键	
远程访问	终端仿真	新	关键	
网上招聘	人力资源管理	否	关键	

3. 管理需求

新建网络必须具备网络流量管理、P2P 软件的控制、带宽优化和多线路策略、部门之间的访问权限等。

4. 安全需求

（1）出差员工与公司安全通信，子公司与总部之间运用 IPSEC VPN 技术保证其数据包的安全传输。

（2）出差员工通过 PPTP LAC 服务器接入公司总部认证，并用 PPP CHAP 技术建立安全连接，对总部进行访问。

（3）总部建立防火墙，在 DMZ（非军事区）放置 Web、FTP、E-mail 数据服务器，外部用户可以直接访问，在防火墙内部放置文件服务器，以供公司内部人员访问。

（4）VLAN 间的访问控制，保证系统的安全性。

5. 通信量需求

根据本公司的应用分析，通信量具备终端/主机通信流量、客户/服务器通信流量、服务器/服务器通信流量、分布式通信流量、对等通信流量等流量类型。同时要求每台客户机达到 10~100Mb/s 速率,初步估计同时会有 250 台客户机同时上网。考虑到分公司与总公司的实时性、安全性传输,根据易扩充性原则应采用"千兆到楼宇、百兆到部门",主干采用千兆光纤传输。

6. 网络扩展性需求

(1) 确保公司新的部门能够简单地接入现有网络。

(2) 确保公司新的应用能够无缝地在现有网络上运行。

(3) 确保网络能够容纳不同类型的网络通信。

9.2.3 设计原则与技术目标分析

1. 先进性

系统的主机系统、网络平台、数据库系统、应用软件均应使用目前国际上较先进、较成熟的技术,符合国际标准和规范。

2. 标准性

所采用技术的标准化,可以保证网络发展的一致性,增强网络的兼容性,以达到网络的互联与开放。为确保将来不同厂家设备、不同应用、不同协议连接,整个网络从设计、技术和设备的选择,必须支持国际标准的网络接口和协议,以提供高度的开放性。

3. 兼容性

跟踪世界科技发展动态,使网络规划与现有光纤传输网及将要改造的分配网有良好的兼容,在采用先进技术的前提下,最大可能地保护已有投资,并能在已有的网络上扩展多种业务。

4. 可升级和可扩展性

随着技术不断发展,新的标准和功能不断增加,网络设备必须可以通过网络进行升级,以提供更先进、更多的功能。在网络建成后,随着应用和用户的增加,核心骨干网络设备的交换能力和容量必须能做出线性的增长。设备应能提供高端口密度、模块化的设计以及多种类接口、技术的选择,以方便未来更灵活的扩展。

5. 安全性

网络的安全性对网络设计是非常重要的,合理的网络安全控制,可以使应用环境中的信息资源得到有效的保护,可以有效地控制网络的访问,灵活地实施网络的安全控制策略。在企业园区网络中,关键应用服务器、核心网络设备,只有系统管理人员才有操作、控制的权力。应用客户端只有访问共享资源的权限,网络应该能够阻止任何的非法操作。

6. 可靠性

本系统是 7×24h 连续运行系统,从硬件和软件两方面来保证系统的高可靠性。硬件可靠性主要采用设备冗余、链路冗余来实现,即系统的主要部件采用冗余结构,如:传输方式的备份,提供备份组网结构;主要的计算机设备(如数据库服务器)采用 CLUSTER 技术,支持双机或多机高可用结构;配备不间断电源等。软件可靠性,充分考虑异常情况的处理,具有强的容错能力、错误恢复能力、错误记录及预警能力并给用户以提示;具有进程监控管理功能,保证各进程能可靠运行数据库系统应用。还应具有网络结构稳定性,当增加/扩充应用子系统时,不影响网络的整体结构以及整体性能,对关键的网络连接采用主备方式,以保证数据传输的可靠性。

本系统应具有较强的容灾容错能力,具有完善的系统恢复和安全机制。

7. 易操作性

提供中文方式的图形用户界面,简单易学,方便实用,性能价格比优良。

8. 可管理性

网络的可管理性要求:网络中的任何设备均可以通过网络管理平台进行控制,网络的设备状态、故障报警等都可以通过网管平台进行监控,通过网络管理平台简化管理工作,提高网络管理的效率。

9.2.4 网络设计

1. 现有网络特征

公司主楼(0 号楼)为 38 层,其他两个楼(1,2 号楼)都是 7 层。它们与主楼相距都是50m,另两个分公司在北京和上海各自有自己的办公楼。公司部门结构:0 号楼包括财务部、行政部、人力资源部;1 号楼包括生产部、研发部;2 号楼包括后勤部、业务部。

2. 整体方案设计

为了实现以上网络设计原则和技术目标,使公司网络具有良好的扩展能力并便于管理,易于维护,在网络设计上采用了以下策略。

1)因特网接入和园区网分离

将因特网接入部分和园区网主体部分分离,每部分完成其自身的功能,可以减少两者之间的相互影响。因特网接入的变化,对园区网络没有影响;而园区网络的变化对因特网接入部分影响较小。这样可以增强网络的扩展能力,保持网络层次结构清晰,便于管理和维护。

2)降低各个子公司之间的网络关联度

将各个子公司之间的网络关联度降低到最低的策略,可以最大限度地减少各个子公司网络之间的相互影响,便于分别管理,或者在不同子公司扩展网络的新应用。

3)统一标准,统一网络

统一的 IP 应用标准(IP 地址,路由协议),安全标准,接入标准和网络管理平台,才能实现真正的统一管理,便于集团的管理和网络策略的实施。

3. 地址和命名设计

1)VLAN 设计规范

集团内的局域网进行 VLAN 划分,可以减少网络内的广播数据包,提高网络运行效率;可以区分不同的应用和用户,方便集团的管理与维护。建议每栋建筑物内的局域网划分 7个 VLAN,如表 9-14 所示。

表 9-14 按部门进行 VLAN 划分

VLAN 划分	人　员	VLAN 划分	人　员
VLAN1	财务部工作人员	VLAN5	人类资源部工作人员
VLAN2	行政部工作人员	VLAN6	业务部工作人员
VLAN3	研发部工作人员	VLAN7	生产部工作人员
VLAN4	后勤部工作人员		

2）IP 地址分配方案

公司向 ISP 申请 125.1.1.0/26 地址,而内部局域网 IP 采用私有地址,分配方案如表 9-15
所示。

表 9-15　公司 IP 地址分配方案

机　　构	地 址 空 间	用　　途
郑州总公司	10.10.0.0/16	公司全部地址空间
	10.10.0.0/21	郑州总公司地址空间
	10.10.1.0/24	郑州总公司网络管理地址空间
	10.10.2.0/24	郑州总公司财务部地址空间
	10.10.3.0/24	郑州总公司人力资源部地址空间
	10.10.4.0/24	郑州总公司行政部地址空间
	10.10.5.0/24	郑州总公司研发部地址空间
	10.10.6.0/24	郑州总公司后勤部地址空间
	10.10.7.0/24	郑州总公司业务部地址空间
	10.10.8.0/24	郑州总公司生产部地址空间
北京子公司	10.10.16.0/21	北京子公司地址空间
	10.10.16.0/24	北京子公司网络管理地址空间
	10.10.17.0/24	北京子公司财务部地址空间
	10.10.18.0/24	北京子公司人力资源部地址空间
	10.10.19.0/24	北京子公司行政部地址空间
	10.10.20.0/24	北京子公司研发部地址空间
	10.10.21.0/24	北京子公司后勤部地址空间
	10.10.22.0/24	北京子公司业务部地址空间
	10.10.23.0/24	北京子公司生产部地址空间
上海子公司	10.10.32.0/21	上海子公司地址空间
	10.10.32.0/24	上海子公司网络管理地址空间
	10.10.17.0/24	上海子公司财务部地址空间
	10.10.18.0/24	上海子公司人力资源部地址空间
	10.10.19.0/24	上海子公司行政部地址空间
	10.10.20.0/24	上海子公司研发部地址空间
	10.10.21.0/24	上海子公司后勤部地址空间
	10.10.22.0/24	上海子公司业务部地址空间
	10.10.23.0/24	上海子公司生产部地址空间

4. 交换与路由协议设计

为了使公司园区网高效、稳定地运行,便于管理与维护,对局域网交换和路由技术的相
关方面进行了规范设计,包括 VTP、VLAN、STP、Trunk、ETHERCHANNEL、HSRP、VPN
等。每一台都连接所有的汇聚层交换机,但相互之间并不连接(提高网络的故障收敛速度)。
作为二层的核心,只保证数据的高速转发。网络的可靠性由汇聚层的路由协议提供保证。

1）生成树

生成树协议(STP/RSTP/MSTP)主要用来建立和维护局域网的拓扑,消除循环连接导
致的网络广播风暴,并且提供网络拓扑的冗余备份功能,平时作为备份的路径被阻塞,当主
用路径网络设备出现故障时,能够及时调整端口状态,调整网络拓扑。

Cisco 6509 系列以太网交换机除了支持 STP 生成树协议,还支持 IEEE 802.1w 快速生成树协议(RSTP)以及 IEEE 802.1s 多生成树协议(MSTP)。快速生成树协议是生成树协议的改进,在原有功能的基础上提高了网络保护的性能。传统生成树倒换时间为 42s,从发现链路断裂、数据中断到数据恢复至少需要三十多秒的时间,而快速生成树协议只需 6~8s 的时间就可以将数据流切换到备份链路上。

IEEE 802.1s 多生成树协议(MSTP)可以通过支持一个网络内的多个生成树,使管理员把 VLAN 流量分配给唯一的通路。网络管理员只要为 VLAN 分配独立的生成树拓扑,就可以确保两个 VLAN 都能在网上顺畅传输。这就可以起到均衡网络流量,提高可靠性的作用。Cisco 6509 系列以太网交换机最大可以支持 17 个或者 33 个 STP 实例。

2) 链路聚合

为了在以太网上获得更高的数据传输带宽,Cisco 6509 系列以太网交换机提供了二层的端口链路聚合(Link Aggregation)功能(基于标准 IEEE 802.3ad)。这样在生成树协议(STP)和其他二层协议上看,做了链路聚合的所有物理端口被视为同一个端口。在做了链路聚合的端口之间可以做冗余备份和负载分担。

在实际应用中,进行聚合处理的端口等同于一个端口,任何转发到聚合端口上的报文会通过对源、目的地址的逻辑运算来分布到聚合的不同端口上。即使是多播和广播报文也不会被复制多份,也要通过对地址的逻辑计算,将流量平衡分配到不同的端口上。Cisco 6509 系列以太网交换机系统在二层和三层对硬件查表未命中的新地址进行监控。如果新地址是在聚合的端口上时,根据二层和三层的不同,使用 MAC 地址或 IP 地址进行逻辑计算,根据逻辑的结果选择相应端口为转发端口,发往该目的地址的帧将按照计算把负载均衡的结果进行转发,实现端口之间负载均衡和冗余保护,保证数据流不出现乱序现象。

3) HSRP

HSRP 是 Cisco 公司所特有的。HSRP 向主机提供了默认网关的冗余性,减少了主机维护路由表的任务。当网络边缘设备或接入电路出现故障时,HSRP 提供了一个较好的解决方案,能够确保用户通信迅速并透明地恢复,以此为 IP 网络提供冗余性、容错和增强的路由选择功能。通过使用热备份路由份协议(HSRP),可使网络对最终用户的可用性得到充分的保证。另外,通过多个热备份组,路由器可以提供冗余备份,并在不同的 IP 子网上实现负载分担。

公司园区网的 IP 地址规范中规定:网关的地址统一使用子网的最后一个可用地址。启用 HSRP 之后,这个地址就是 HSRP 的虚拟地址。在成对的两台汇聚层多层交换机上,具体的 HSRP 配置规范如下。

(1) 在端口模式下,设置端口 IP 地址。

(2) 在端口模式下,启用 HSRP 功能,并设置虚拟 IP 地址。

(3) 热备份组号。热备份组号与接口的 VLAN 号相同。

(4) 热备份优先级。

(5) 设置组路由器身份验证字符串。

(6) 设置切换时间。

4) 等价路由

除了从设备级支持三层转发容错协议 VRRP 之外,Cisco 6509 系列以太网路由交换机还支持等价路由(ECMP)。等价路由即为到达同一个目的 IP 或者目的网段存在多条 Cost 值相等的不同路由路径,当设备支持等价路由时,发往该目的 IP 或者目的网段的三层转发流量就可以通过不同的路径分担,实现网络的负载均衡,并在其中某些路径出现故障时,由其他路径代替完成转发处理,实现路由冗余备份功能。Cisco 6509 系列以太网路由交换机从硬件上也实现了等价路由的支持,真正实现了硬件三层转发流量的负载分担与路由冗余备份。

Cisco 6509 系列以太网路由交换机最大支持 4 条等价路由,并且不论是 RIP、OSPF 等路由协议产生的路由,还是静态配置路由,不论是网段路由还是主机路由,甚至默认路由,都可以支持等价路由。

5)策略路由

策略路由(Policy-Based Routing,PBR)是目前越来越多的路由器或三层交换机设备正在支持的一项路由扩展功能,支持策略路由的设备不仅能以报文的目的 IP 地址为依据来进行路由选择,还可以以报文的源 IP 地址、源 MAC 地址、报文大小、报文进入的端口、报文类型、报文的 VLAN 属性等其他扩展条件来选择路由。通过合理的路由策略设计,可以实现网络流量的负载均衡,充分利用路由设备,并实现路由、交换设备之间的冗余备份功能,同时提供各种可以区分的服务等级,为不同用户提供不同的 QoS 服务。策略路由是设置在接收报文接口而不是发送接口。Cisco 6509 系列以太网路由交换机可以很好地支持策略路由功能,并且可以将路由下一跳重定向到某个物理端口,或者某个下一跳 IP 地址。

5. 网络安全设计

公司网络有一千个左右用户,网络规模比较大,并且和因特网存在连接。为了保障网络系统的运行安全,保护集团的信息安全,必须进行网络安全方面的规划和实施。一个网络的安全,首先要有严格和有效执行的管理制度。建议公司制定严格的网络安全管理策略,并有效执行。其次,必须具有一定的技术手段来保障网络的安全。技术和管理手段相结合实施,才能够产生良好的效果。

通过以下几个技术方面的实施,可以在一定程度上保障网络的安全。

(1) VPN。

(2) NAT 技术类型。

(3) 冗余电源。

(4) 提高设备的物理安全性。

(5) 配置设备的口令。

(6) 进行 VTP 域的认证。

(7) 园区用户的接入控制。

因为一般的安全措施都不是针对网络用户的,严格控制用户的接入,可以避免非法用户接入带来的潜在的安全隐患。同时,园区网系统建设验收完毕之后,应确保交换机的所有用户端口处于关闭状态,只有用户使用申请通过批准之后,网络管理员才能将端口激活。

(8) 应用系统的访问限制。

可以根据集团的应用需求,在汇聚层的多层交换机上实施访问控制,限制园区网用户对特定应用系统的访问,或者只允许特定用户访问某些资源。

(9) 防火墙。

在防火墙上划分内网、外网、DMZ,并设置 ACL 和身份认证,同时防火墙上支持 VPN

服务等。

6. 网络管理设计

在设计园区网的设备选择上，要求网络设备支持标准的网络管理协议 SNMP，同时支持 RMON/RMONII 协议，核心设备要求支持 RAP（远程分析端口）协议，实施充分的网络管理功能。在设计园区网的原则上应该要求设备的可管理性，同时先进的网管软件可以支持网络维护、监控、配置、计费、认证等功能。Cisco 公司提供的 CiscoWorks 工具和 Cisco 安全工具可以强化和自动化网络管理，如 CiscoWorks 的 QoS 策略管理、CiscoWorks 语音管理、CiscoWorks VLAN 网络解决方案引擎、Cisco NetFlow 记账功能。Cisco 安全工具包括 Cisco 公司服务保证代理 SAA。

9.2.5 网络实施

1. 综合布线选择

本公司总部有三幢建筑楼，主楼和其他办公大楼之间的距离已超过双绞线布线的技术要求，因此采用光纤进行布线。由于涉及的建筑物较多，规模较大，因此将其定位为智能化园区综合布线系统。园区的综合布线系统是一个高标准的布线系统，水平系统和工作区采用超 5 类元件，主干采用光纤，构成主干千兆以太网。不仅能满足现有数据、语音、图像等信息传输的要求，也为今后的发展奠定了基础。公司总部一共有一千个左右信息点，建筑群间的光缆采用多模光纤系统，大楼内的布线采用超 5 类双绞线结构化布线系统。

2. 网络技术与设备选择

1) 网络技术选择

在集团园区网络的建设中，主干网选择何种网络技术对网络建设的成功与否起着决定性的作用。选择适合集团园区网络需求特点的主流网络技术，不但能保证网络的高性能，还能保证网络的先进性和扩展性，能够在未来向更新技术平滑过渡，保护用户的投资。

根据用户要求，主干网络选用千兆以太网技术。目前流行的局域网、城域网技术主要包括以太网、快速以太网、ATM（异步传输模式）、FDDI、CDDI、千兆以太网等。在这些技术中，千兆以太网以其在局域网领域中支持高带宽、多传输介质、多种服务、保证 QoS 等特点正逐渐占据主流位置。

2) 网络设备选择原则

在网络系统设计时考虑如下选型原则。

(1) 稳定可靠的网络。

(2) 高带宽。

(3) 可扩展性。

(4) 安全性。

(5) 易用性。

3) 核心层设备

由于集团园区网络发展规模较大，未来需提供多媒体办公、办公自动化、图书资料检索、远程互联、视频会议等复杂的网络应用，为便于管理，建议选用的交换机作为网络组建交换设备。同时，选用一台 Cisco 6509 交换机作为主干交换机实现 1000MB 作主干 100MB 到桌面的需求。此外，Cisco 6509 交换机在安装千兆光纤模块的同时，还可以安装百兆光纤模块，完全可以适应现在或将来的楼内光纤布线，灵活性很强。

4）汇聚层设备

考虑到集团要求单个子公司的网络自成体系，单个子公司的局域网广播数据流不能扩展到全网，单个子公司的网络故障不应该扩展到全网，汇聚层交换机也应该采用具有路由功能的多层交换机，以达到网络隔离和分段的目的。子公司的主交换机负责子公司内部的网络数据交换和集团园区网的其他路由。

汇聚层设备选择 Cisco 公司的 Catalyst 3550 系列交换机，每个子公司的主交换机选择 WS-C3550-48-EMI 交换机。Catalyst 3550 智能以太网交换机是一个新型的可堆叠的、多层次级交换机系列，可以提高可用性、可扩展性、服务质量（QoS）、安全性并可改进网络运营的管理能力，从而提高网络的运行效率。

WS-C3550-48-EMI 交换机有 48 个 10/100 和两个基于 GBIC 的 1000BASE-X 端口，通过使用多层软件镜像（EMI），可以提供路由和多层交换功能，满足三层交换需求，可以满足服务器群的高密度、高速率的接入需要，也可以满足因特网接入的需求。

5）接入层交换机

接入层交换机放置于楼层的设备间，用于终端用户的接入，应该能够提供高密度的接入，对环境的适应能力强，运行稳定。楼层接入设备选择 Cisco 公司的 WS-C2950-48-EI 智能以太网交换机。

WS-C2950-48-E 交换机有 48 个 10/100 端口和两个基于千兆接口转换器（GBIC）的 1000BASE-X 端口，能够为用户提供千兆的光纤骨干和高密度的接入端口；具有高达 13.6Gb/s 的背板带宽，能够提供 10.1Mp/s 的转发速率；增强型的 IOS，能够支持 250 个 VLAN，提供安全、QoS、管理等各方面的智能交换服务。WS-C2950-48-EI 交换机属于 Catalyst 2950 系列智能交换机。Catalyst 2950 系列是配置固定的、可堆叠的独立设备系列，提供了线速快速以太网和千兆位以太网连接。

依据上述需求、逻辑和物理设计，该企业网络的拓扑图如图 9-12 所示。

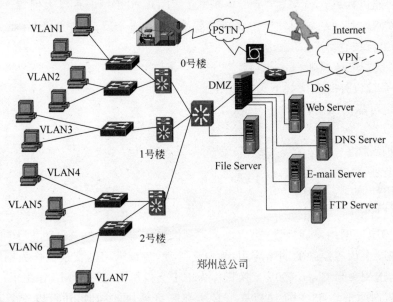

图 9-12　郑州总公司网拓扑图

北京子公司和上海子公司的拓扑图如图 9-13 所示。

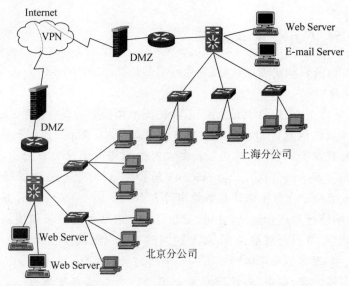

图 9-13　北京和上海分公司拓扑图

9.3　基于网络安全等级保护的解决方案

《网络安全法》第二十一条规定,国家实行网络安全等级保护制度。网络运营者应当按照网络安全等级保护制度的要求,履行下列安全保护义务,保障网络免受干扰、破坏或者未经授权的访问,防止网络数据泄露或者被窃取、篡改。《网络安全法》第三十一条规定,国家对公共通信和信息服务、能源、交通、水利、金融、公共服务、电子政务等重要行业和领域,以及其他一旦遭到破坏、丧失功能或者数据泄露,可能严重危害国家安全、国计民生、公共利益的关键信息基础设施,在网络安全等级保护制度的基础上,实行重点保护。关键信息基础设施的具体范围和安全保护办法由国务院制定。《网络安全法》的出台,标志着等级保护工作上升为法律,简单地讲就是单位不做等级保护工作就是违法。在此背景下,设计建设基于等级保护标准的网络,也是网络设计者必须掌握的一项基本技能。下面将围绕等级保护建设设计要点,给出具体的设计案例。

9.3.1　设计原则

(1) 合规性原则。符合网络安全法、数据安全法等国家法律规定,符合信息安全技术、网络安全等级保护等相关标准、管理文件和流程要求。

(2) 规范性原则。要符合主管部门、监管部门、有关部门的技术要求和规范。

(3) 三同步原则。做好同步规划、同步建设、同步使用,从规划之际就要考虑落实网络安全等级保护。

(4) 整体性原则。通过严格落实网络安全等级保护基本要求,从技术和制度两个角度保障网络安全。

(5) 先进性原则。除了突出网络安全保障能力之外,要落实数据安全、关键信息基础设施安全,保证建设后的系统能在今后的一段时间内适应新安全需要,以适应新一代信息技术发展需要。

9.3.2 安全现状与需求分析

依据上述需求、逻辑和物理设计,该企业网络的拓扑图如图 9-12 所示。

1. 安全现状分析

在安全现状分析中,重点给出安全拓扑,介绍安全拓扑上的设备角色、关键设备、核心业务、应用等的基本属性信息。如在访问控制方面:采用 2 台配置 12 个千兆电口和 12 个千兆光口防火墙,配置双电源,做双机热备;在入侵检测和应用网关方面:采用入侵防御系统,要求具备千兆带 bypass 功能。其中,RJ-45 防护接口不少于 12 个,以解决"注入攻击""防篡改"等 Web 威胁。在数据防护和数据审计方面:采用网络安全审计系统,通过对被授权人员和系统的网络行为进行解析、分析、记录、汇报,以帮助用户事前规划预防、事中实时监控、违规行为响应、事后合规报告、事故追踪回放等。在网络安全管理方面:采用脆弱性扫描与管理系统,实现类似基于内网主机的安全漏洞检测深度。

同时,给出系统定级、备案、测评等相关介绍,如:①定级备案方面:某系统暂未定级。②评估方面:某系统等级保护工作不是在原有网络基础之上进行整改,而是根据业务信息系统的需要全新构建一个安全的业务系统平台。在对某系统建设需求进行调研、分析的基础上,建议按照等级保护三级的建设要求,以系统为单位进行安全差距分析和风险评估,找出目标系统技术环节及管理环节的不足以及面临的威胁。③安全方案设计与评审:结合等级保护的技术和管理要求,暂未提交某系统的安全设计方案。同时未召开项目成果专家验收评审会对安全设计方案进行评审。④信息系统自测评方面:在未借助第三方测评下,单位仅通过漏洞扫描系统对信息技术进行基于主机的漏洞检查。

为便于读者学习,现行网络安全等级保护 2.0 和传统信息系统安全等级保护 1.0 对比结果如表 9-16 所示。

表 9-16 技术和管理对比表

	信息系统安全等级保护 1.0	网络安全等级保护 2.0
技术	主机安全、网络安全、物理安全、应用安全、数据安全和备份与恢复	安全物理环境、安全通信网络、安全区域边界、安全计算环境和安全管理中心
管理	安全管理制度、安全管理机构、人员安全管理、系统建设管理、系统运维管理	安全管理制度、安全管理机构、安全管理人员、安全建设管理和安全运维管理

依据国家等级保护标准,在对信息系统开展调研、评估或测评之后,针对其存在的脆弱性,从管理和技术两个方面进行系统安全需求分析。

2. 技术需求分析

1) 安全物理环境

从安全管理设施和安全技术措施两方面对等级保护对象所涉及的主机房、辅助机房和办公环境等进行安全物理环境设计,设计内容包括物理位置选择、物理访问控制、防静电、防雷击、防火、防水和防潮、防盗窃和防破坏、温湿度控制、电力供应、电磁防护等方面。物理安全设计是对采用的安全技术设施或安全技术措施的物理部署、物理尺寸、功能指标、性能指标等内容提出具体设计参数。具体依据《网络安全等级保护基本要求(GB/T 22239—2019)》中的"安全物理环境"内容。

对于不同安全保护等级的子系统各自独立使用机房或独立使用某个区域的情况,其独立部分可根据不同安全保护等级的要求和需求独立设计。对于不同安全保护等级的子系统共同使用机房或共用某个区域的情况,其公用部分根据最高保护等级的原则进行设计。

2)安全通信网络

对等级保护对象所涉及的网络架构,如骨干网络、城域网络和其他通信网络(租用线路),通信传输和可信验证进行安全设计,设计内容包括通信过程数据完整性、数据保密性、保证通信可靠性的设备和线路冗余、通信网络的网络管理等方面。通信网络安全设计涉及所需采用的安全技术机制或安全技术措施的设计,对技术实现机制、产品形态、具体部署形式、功能指标、性能指标和配置参数等提出具体设计细节。具体依据《网络安全等级保护基本要求(GB/T 22239—2019)》中"安全通信网络"内容。

对于不同安全保护等级的子系统各自独立使用通信网络情况,其独立部分可根据不同安全保护等级的要求和需求独立设计。对于不同安全保护等级的子系统共同使用通信网络或共用部分通信网络的情况,其公用部分根据最高保护等级的原则进行设计。对于通信网络是租用线路的情况,应将通信网络的安全保护需求告知服务方,由其提供通信网络安全保护所需要的安全技术机制或安全技术措施。

3)安全区域边界

对等级保护对象所涉及的安全区域边界进行安全设计,内容包括对区域网络的边界保护、访问控制、入侵防范、恶意代码防范和垃圾邮件防范、安全审计、可信验证等方面。安全区域边界包括系统与外部之间边界和内部不同等级系统所在区域的边界。区域边界安全设计涉及所需采用的安全技术机制或安全技术措施的设计,对技术实现机制、产品形态、具体部署形式、功能指标、性能指标和配置策略和参数等提出具体设计细节。具体依据《网络安全等级保护基本要求(GB/T 22239—2019)》中的"安全区域边界"内容。

安全区域边界涉及的产品包括:路由器、交换机、防火墙、网闸、应用层防火墙、综合安全审计系统、上网行为管理系统、数据库审计系统、入侵保护系统、入侵检测系统、抗APT攻击、抗DDoS攻击和网络回溯等系统或设备、防病毒网关和UTM等提供防恶意代码功能的设备或系统、反垃圾邮件网关提供防垃圾邮件功能的设备或系统、综合网管系统、终端管理系统、无线网络设备、提供加解密功能的设备或组件。

4)安全计算环境

对等级保护对象涉及的服务器和工作站进行主机系统安全设计,内容包括身份鉴别、访问控制、安全审计、可信验证、入侵防范、恶意代码防范、数据完整性、数据保密性、数据备份恢复和个人信息保护。安全计算环境的基本安全配置规范,不局限在身份鉴别、最小化原则、访问控制、安全审计、用户账号口令策略、认证授权等。要充分考虑与安全通信网络和安全区域边界的对应机制协同,构成纵深防御体系。具体依据《网络安全等级保护基本要求(GB/T 22239—2019)》中的"安全计算环境"内容。

安全计算环境涉及的产品包括:终端和服务器等设备、终端和服务器等设备中的操作系统、数据库系统和中间件等系统软件、网络设备和安全设备、移动互联设备和系统、物联网设备和系统、工控控制设备、可信验证设备或组件,业务应用系统、用户数据、业务数据等。

360

5) 安全管理中心

对等级保护对象涉及的安全管理中心进行安全设计,设计内容包括系统管理、审计管理、安全管理和集中管控。具体依据《网络安全等级保护基本要求(GB/T 22239—2019)》中的"安全管理中心"内容。安全管理中心主要涉及的系统或设备包括:提供集中系统管理功能的系统,综合安全审计系统、数据库审计系统等提供集中审计功能的系统,综合网管系统等提供运行状态监测功能的系统,终端管理系统,安全运行中心,态势感知系统等。

总之,安全建设整改要充分体现一个中心,三重防御的思想,要充分强化可信计算技术使用,要增加安全管理中心的技术要求。云计算、物联网、移动互联和工业控制系统的安全扩展要求,请读者参考对应的扩展要求进行建设整改。

3. 管理需求分析

1) 安全管理人员

安全管理人员主要包括人员录用、人员离岗、安全意识教育和培训、外部人员访问管理等内容。规范人员录用、离岗、过程,关键岗位签署保密协议,对各类人员进行安全意识教育、岗位技能培训和相关安全技术培训,对关键岗位的人员进行全面、严格的安全审查和技能考核。对外部人员允许访问的区域、系统、设备、信息等进行控制。具体依据《网络安全等级保护基本要求(GB/T 22239—2019)》中的"安全管理人员"内容。

2) 安全建设管理

安全建设管理主要包括定级和备案、安全方案设计、产品采购和使用、自行软件开发、外包软件开发、工程实施、测试验收、系统交付、等级测评、服务供应商选择等内容。具体依据《网络安全等级保护基本要求(GB/T 22239—2019)》中的"安全建设管理"内容。

通过建立定级对象及工程规划设计、软件开发、工程实施、测试验收及交付等阶段的控制措施,将这些控制措施和流程落实到管理制度文档,并进行合理的发布和实施。确保等级保护对象在规划、开发、实施、测试验收和交付阶段工作内容和工作流程的全面、规范、符合项目管理的要求。

3) 安全运维管理

安全通用要求中的安全运维管理部分是针对安全运维过程提出的安全控制要求,涉及的安全控制点包括:环境管理、资产管理、介质管理、设备维护管理、漏洞和风险管理、网络和系统安全管理、恶意代码防范管理、配置管理、密码管理、变更管理、备份与恢复管理、安全事件处置、应急预案管理和外包运维管理。

(1) 环境和资产管理。

明确环境(包括主机房、辅机房、办公环境等)安全管理的责任部门或责任人,加强对人员出入、来访人员的控制,对有关物理访问、物品进出和环境安全等方面做出规定。对重要区域设置门禁控制手段,或使用视频监控等措施。明确资产(包括介质、设备、设施、数据和信息等)安全管理的责任部门或责任人,对资产进行分类、标识,编制与信息系统相关的软件资产、硬件资产等资产清单。

(2) 介质和设备维护管理。

明确配套设施、软硬件设备管理、维护的责任部门或责任人,对信息系统的各种软硬件设备采购、发放、领用、维护和维修等过程进行控制,对介质的存放、使用、维护和销毁等方面做出规定,加强对涉外维修、敏感数据销毁等过程的监督控制。

（3）漏洞和风险管理。

明确网络、系统日常运行维护的责任部门或责任人，对运行管理中的日常操作、账号管理、安全配置、日志管理、补丁升级、口令更新等过程进行控制和管理，制定相应的管理制度和操作规程并落实执行。定期开展安全测评，形成安全测评报告，及时采取措施应对发现中的安全问题。

（4）集中安全管理。

第三级（含）以上信息系统应按照统一的安全策略、安全管理要求，统一管理信息系统的安全运行，进行安全机制的配置与管理，对设备安全配置、恶意代码、补丁升级、安全审计等进行管理，对与安全有关的信息进行汇集与分析，对安全机制进行集中管理。具体依据《网络安全等级保护基本要求（GB/T 22239—2019）》中的"系统运维管理"内容，同时可以参照《网络安全等级保护安全设计技术要求（GB/T 25070—2019）》和《信息系统安全管理要求（GB/T 20269—2006）》等。

（5）安全事件处置和应急预案管理。

按照国家有关标准规定，确定网络安全事件的等级。结合网络安全保护等级，制定网络安全事件分级应急处置预案，明确应急处置策略，落实应急指挥部门、执行部门和技术支撑部门，建立应急协调机制。落实安全事件报告制度，第三级（含）以上信息系统发生较大、重大、特别重大安全事件时，运营使用单位按照相应预案开展应急处置，并及时向受理备案的公安机关报告。组织应急技术支撑力量和专家队伍，按照应急预案定期组织开展应急演练。具体依据《网络安全等级保护基本要求（GB/T 22239—2019）》中的"安全运维管理"内容，同时可以参照《国家网络安全事件应急预案》和《信息安全事件管理指南》等。

（6）备份与恢复管理。

要对第三级（含）以上等级保护对象采取灾难备份措施，防止重大事故、事件发生。识别需要定期备份的重要业务信息、系统数据及软件系统等，制定数据的备份策略和恢复策略，建立备份与恢复管理相关的安全管理制度。具体依据《网络安全等级保护基本要求（GB/T 22239—2019）》中的"安全运维管理"内容和《信息系统灾难恢复规范》。

（7）网络和系统安全管理。

开展实时安全监测，实现对物理环境、通信线路、主机、网络设备、用户行为和业务应用等的监测和报警，及时发现设备故障、病毒入侵、黑客攻击、误用和误操作等安全事件，以便及时对安全事件进行响应与处置。做好运维工具的管控，做好重要运维操作变更管理，做好运维外联的管控。具体依据《网络安全等级保护基本要求（GB/T 22239—2019）》中的"安全运维管理"。

（8）配置管理和密码管理。

对系统运行维护过程中的其他活动，如系统变更、软件组件安装、软件版本和补丁信息、配置参数、密码使用等进行控制和管理。按国家密码管理部门的规定，对系统中密码算法和密钥的使用进行分级管理。

（9）外包运维管理。

属于等级保护2.0中的新增内容。内容包括明确外包运维服务商的选择，明确外包运维的范围、工作内容。由于越来越多的企业对系统运维进行外包，其运维过程所涉及的流程和技术，均应该根据所保护对象的网络安全级别进行安全控制。因此企业在与外包运维服务商进行协议签署时，均应该对其能力和要求进行明确，可能涉及对其敏感信息的全生命周期处理要求、系统和服务可用性要求等。

安全管理涉及管理制度和记录、文件，包括如下内容：总体方针策略类文档，物理、网络、主机系统、数据、应用、建设和运维等层面的安全管理制度类文档、系统维护手册和用户操作规程、记录表单类文档，正式发文、领导签署、单位盖章、发布范围，安全管理制度的审定或论证记录，修订版本的安全管理制度，指导和管理信息安全工作的委员会或领导小组、小组开展工作的会议纪要或相关记录，管理制度类文档、岗位职责文档、岗位人员配备情况、记录表单类文档，审批记录，审批事项、审批部门和批准人等内容，操作记录，与兄弟单位、公安机关、各类供应商、业界专家及安全组织开展了合作与沟通的记录，系统日常运行、系统漏洞和数据备份等安全检查记录，安全管理制度的执行记录，安全检查表格、安全检查记录、安全检查报告、安全检查结果通报记录，具有人员录用时对录用人身份、背景、专业资格和资质等进行审查的相关文档或记录，记录审查内容和审查结果，保密协议，交还身份证件、设备等的登记记录，信息安全教育及技能培训文档，访问重要区域和系统的书面申请文档、签字和登记记录等。

9.3.3 方案总体设计

1. 总体安全设计目标

通过分区分域的安全建设原则，根据信息系统业务流的特点，将整个信息系统进行区域划分，突出了安全建设的重点，并且为"一个中心，三重防护"的安全保障体系提供了清晰的脉络，针对重点区域部署相对应的安全产品，达到等级保护要求的标准。

2. 分区分域建设原则

安全访问控制的前提是必须合理地分区分域，通过划分安全域的方法，将信息系统按照业务流程的不同层面划分为不同的安全域，各个安全域内部又可以根据功能模块划分为不同的安全子域，安全域之间的隔离与控制通过部署不同类型和功能的安全防护设备和产品，从而形成相辅相成的多层次立体防护体系。通过对系统的分区分域，不仅使网络结构清晰，而且防护重点明确，从而实现信息系统的结构化安全保护。

对于信息系统，分区分域的过程应遵循以下基本原则。

（1）等级保护的符合性原则：对此模拟平台的搭建要符合等级保护相关标准的"一个中心、三重防护"的要求。

（2）业务保障原则：分区分域方法的根本目标是能够更好地保障网络上承载的业务，在保证安全的同时，还要保证业务的正常运行和效率。

（3）结构简化原则：分区分域方法的直接目的和效果是将信息（应用）系统整个网络变得更加简单，简单的逻辑结构便于设计防护体系。例如，分区分域并不是粒度越细越好，区域数量过多、过杂可能会导致安全管理过于复杂和困难。

（4）立体协防原则：分区分域的主要对象是信息（应用）系统对应的网络，在分区分域部署安全设备时，需综合运用身份鉴别、访问控制、安全审计等安全功能实现立体协防。

（5）生命周期原则：对于信息（应用）系统的分区分域建设，不仅要考虑静态设计，还要考虑变化因素。另外，在分区分域建设和调整过程中要考虑工程化的管理。

3. 安全区域划分

在遵循以上原则的前提下，对信息系统进行安全区域划分。为了突出重点保护的等级保护原则，根据信息系统的业务信息流的特点，将信息系统进行区域划分。

安全管理中心：安全系统的监控管理平台都放置在这个区域，为整个 IT 架构提供集中的安全服务，进行集中的安全管理和监控以及响应。具体来说可能包括如下内容：病毒监控中心、认证中心、安全运营中心等。

计算用户安全接入域：由访问同类数据的用户终端构成安全接入域，安全接入域的划分应以用户所能访问的安全服务域中的数据类和用户计算机所处的物理位置来确定。安全接入域的安全等级与其所能访问的安全服务域的安全等级有关。当一个安全接入域中的终端能访问多个安全服务域时，该安全接入域的安全等级应与这些安全服务域的最高安全等级相同。安全接入域应有明确的边界，以便于进行保护。

通信边界安全互连域：连接传输共同数据的安全服务域和安全接入域组成的互连基础设施构成了安全互连域。主要包括其他域之间的互连设备，域间的边界、域与外界的接口都在此域。安全互连域的安全等级的确定与网络所连接的安全接入域和安全服务域的安全等级有关。

数据业务安全服务域：在局域网范围内存储、传输、处理同类数据，具有相同安全等级保护的单一计算机（主机/服务器）或多个计算机组成了安全服务域，不同数据在计算机上的分布情况，是确定安全服务域的基本依据。根据数据分布，可以有以下安全服务域：单一计算机单一安全级别服务域，多计算机单一安全级别服务域，单一计算机多安全级别综合服务域，多计算机多安全级别综合服务域。

如图 9-14 所示为云计算平台的区域划分。

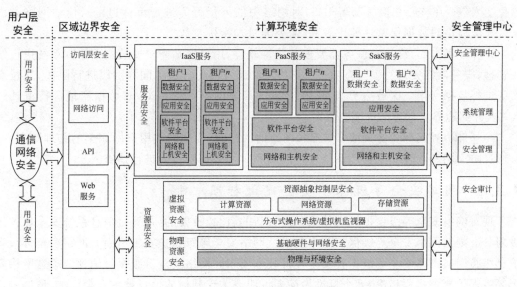

图 9-14　安全区域划分示意图

4. 一个中心三重防护的安全保障体系

分区分域的建设原则按照信息系统业务处理过程将系统划分成计算环境、区域边界和通信网络三部分。以计算环境安全为基础对这三部分实施保护，构成由安全管理中心支撑下的计算环境安全、区域边界安全、通信网络安全所组成的三重防护体系结构。

安全管理中心实施对计算环境、区域边界和通信网络统一的安全策略管理,确保系统配置完整可信,确定用户操作权限,实施全程审计追踪。从功能上可细分为系统管理、安全管理和审计管理,各管理员职责和权限明确,三权分立,相互制约。

计算环境安全是信息系统安全保护的核心和基础。计算环境安全通过终端、服务器操作系统、上层应用系统和数据库的安全机制服务,保障应用业务处理全过程的安全。通过在操作系统核心层和系统层设置以强制访问控制为主体的系统安全机制,形成严密的安全保护环境,通过对用户行为的控制,可以有效防止非授权用户访问和授权用户越权访问,确保信息和信息系统的保密性和完整性,从而为业务应用系统的正常运行和免遭恶意破坏提供支撑和保障。

区域边界对进入和流出应用环境的信息流进行安全检查和访问控制,确保不会有违背系统安全策略的信息流经过边界,边界的安全保护和控制是信息系统的第二道安全屏障。

通信网络设备通过对通信双方进行可信鉴别验证,建立安全通道,实施传输数据密码保护,确保其在传输过程中不会被窃听、篡改和破坏,是信息系统的第三道安全屏障。

5. 安全防护设计

测试区和 Web/APP、数据库服务器分别建立不同的网段进行隔离;在所有主机上部署防病毒软件;服务器都要进行安全配置。区域边界方面,测试区与应用数据区进行数据交换时,要通过防火墙进行隔离;Web/APP 与数据库服务器进行数据交换时,只在核心交换区开放数据交换需要通信的 IP 和端口;在核心交换区部署网络审计系统,对通过核心交换区的数据进行审计,并对数据库的使用进行审计;在应用数据区前部署 IPS,保护重要服务器免受入侵;在核心交换区部署 IDS,对网络中的入侵行为进行审计追踪。传输网络方面××大厦通信对数据保密性要求较高,需要通过加密机对数据进行加密处理。

计算环境方面,终端和服务器要安装杀毒软件,用户终端需要安装桌面管理系统进行统一管理,服务器需要进行安全配置;用户终端和服务器区分配不同的网段进行隔离,通过交换区进行数据交换。区域边界方面,在交换区部署网络审计系统,对数据流量进行审计核查;在外部边界区部署防火墙。

在外部边界区部署防火墙;与互联网通信的终端,要和内网用户做完全的物理隔离,并且通过防火墙和内容安全管理系统进行隔离和对网络访问行为进行核查。

9.3.4 网络安全等级保护安全建设标准

现对网络安全等级保护标准体系中比较新的、比较重要的《计算机信息系统安全保护等级划分准则》《网络安全等级保护基本要求》《网络安全等级保护实施指南》《网络安全等级保护定级指南》《网络安全等级保护安全设计技术要求》《网络安全等级保护测评要求》《网络安全等级保护测评过程指南》七个标准做简要说明。关于其他的信息技术安全标准,请读者通过全国信息安全标准化技术委员会网站查询。

1.《计算机信息系统安全保护等级划分准则》(GB 17859—1999)

本标准对计算机信息系统的安全保护能力划分了五个等级,并明确了各个保护级别的技术保护措施要求。本标准是国家强制性技术规范,其主要用途包括:一是用于规范和指导计算机信息系统安全保护有关标准的制定;二是为安全产品的研究开发提供技术支持;三是为计算机信息系统安全法规的制定和执法部门的监督检查提供依据。

本标准界定了计算机信息系统的基本概念:计算机信息系统是由计算机及其相关的和配套的设备、设施(含网络)构成的、按照一定的应用目标和规则对信息进行采集、加工、存储、传输、检索等处理的人机系统。信息系统按照安全保护能力划分为五个等级:第一级用户自主保护级,第二级系统审计保护级,第三级安全标记保护级,第四级结构化保护级,第五级访问验证保护级。

本标准从自主访问控制、强制访问控制、标记、身份鉴别、客体重用、审计、数据完整性、隐蔽信道分析、可信路径、可信恢复等十个方面,采取逐级增强的方式提出了计算机信息系统的安全保护技术要求。

2.《网络安全等级保护基本要求》(GB/T 22239—2019)

国家标准 GB/T 22239—2019《信息安全技术 网络安全等级保护基本要求》代替了 GB/T 22239—2008《信息安全技术 信息系统安全等级保护基本要求》,针对网络安全共性安全保护需求提出安全通用要求,针对云计算、移动互联、物联网、工业控制和大数据等新技术、新应用领域的个性安全保护需求提出安全拓展要求,形成新的网络安全等级保护基本要求标准。

《基本要求》将安全要求分为 10 个层面,分别是安全物理环境、安全通信网络、安全区域边界、安全计算环境、安全管理中心、安全管理制度、安全管理机构、安全管理人员、安全建设管理、安全运维管理。《基本要求》对 10 个层面做出安全通用要求和安全拓展要求。其中,通用要求针对共性化保护需求提出,安全拓展要求针对个性化保护需求提出,根据安全保护等级和使用的特定技术或特定应用场景选择实现拓展要求。安全通用要求和安全拓展要求共同构成了安全要求的一部分。

3.《网络安全等级保护实施指南》(GB/T 25058—2019)

《信息安全技术 网络安全等级保护实施指南》(GB/T 25058—2019),2020 年 3 月 1 日正式实施,取代《信息安全技术 信息系统安全等级保护实施指南》(GB/T 25058—2010)。

《实施指南》在等级保护 1.0 实施指南的基础上,对等级保护对象定级与备案阶段、总体安全规划阶段、安全设计与实施阶段、安全运行与维护阶段 4 个阶段的内容进行了增加和删减变化。在定级对象的确定、安全技术体系结构设计、技术措施实现内容的设计、安全控制开发等规划阶段的章节中,增加了云计算、移动互联、大数据等新技术新应用在实施过程中的处理;在安全设计与实施和安全运行与维护阶段增改了风险分析、安全态势感知、安全监测、通报预警、应急处置、追踪溯源、应急响应与保障等安全服务的内容,测试环节则更加侧重安全漏洞扫描、渗透测试的内容。

《实施指南》用于指导定级对象运营使用单位,从规划设计到终止运行的过程中如何按照网络安全等级保护政策、标准要求实施等级保护工作。可通过该标准了解定级对象实施等级保护的过程、主要内容和脉络,不同角色在不同阶段的作用,不同活动的参与角色、活动内容等。《实施指南》给出了标准使用范围、规范性引用文件和术语定义。介绍了等级保护实施的基本原则、参与角色和几个主要工作阶段。对于对象定级与备案、总体安全规划、安全设计与实施、安全运行与维护、定级对象终止 5 个阶段进行了详细描述和说明。

4.《网络安全等级保护定级指南》(GB/T 22240—2020)

新版《GBT 22240—2020 信息安全技术 网络安全等级保护定级指南》是《信息安全技术 信息系统安全等级保护定级指南 》(GB/T 22240—2008)的修订版,并取代。《定级指南》细化了网络安全等级保护制度定级对象的具体范围,主要包括基础信息网络、工业控制系统、云计算平台、物联网、使用移动互联技术的网络、其他网络以及大数据等多个系统平台。另外,作为定级对象的网络还应当满足三个基本特征:第一,具有确定的主要安全责任主体;第二,承载相对独立的业务应用;第三,包含相互关联的多个资源。

《定级指南》给出了等级保护对象五个安全保护等级的具体定义,将等级保护对象受到破坏时所侵害的客体和对客体造成侵害的程度等两方面因素作为等级保护对象的定级要素,并给出了定级要素与等级保护对象安全保护等级的对应关系。等级保护对象安全包括业务信息安全和系统服务安全,与之相关的受侵害客体和对客体的侵害程度可能不同,因此,等级保护对象定级可以分别确定业务信息安全保护等级和系统服务安全保护等级,并取二者中的较高者为等级保护对象的安全保护等级。

在《信息安全技术 网络安全等级保护定级指南》(GB/T 22240—2020)中规定安全保护等级初步确定为第二级及以上的,定级对象的网络运营者需组织信息安全专家和业务专家对定级结果的合理性进行评审,并出具专家评审意见。有行业主管(监管)部门的,还需将定级结果报请行业主管(监管)部门审核,并出具核准意见。最后,定级对象的网络运营者按照相关管理规定,将定级结果提交公安机关进行备案审核。审核不通过,其网络运营者需组织重新定级;审核通过后最终确定定级对象的安全保护等级。

5.《网络安全等级保护安全设计技术要求》(GB/T 25070—2019)

《信息安全技术 网络安全等级保护安全设计技术要求》(GB/T 25070—2019)对网络安全等级保护第一级到第四级等级保护对象的安全设计技术要求进行了规定,特别针对云计算、移动互联、物联网、工业控制和大数据等新的应用场景提出了特殊的安全设计技术要求,适用于指导运营使用单位、网络安全企业、网络安全服务机构开展网络安全等级保护安全技术方案的设计和实施,也可作为网络安全职能部门进行监督、检查和指导的依据。

网络安全等级保护安全技术设计包括:①各级系统安全保护环境的设计;②及其安全互联的设计。所谓安全保护环境,指的是"一个中心"管理下的"三重防护"系统,针对安全管理中心建立以计算环境安全为基础,以区域边界安全、通信网络安全为保障的系统安全整体体系。所谓安全互联,指的是定级系统互联,其由安全互联部件和跨定级系统安全管理中心组成。

6.《网络安全等级保护测评要求》(GB/T 28448—2019)

《信息安全技术 网络安全等级保护测评要求》(GB/T 28448—2019)替代了《信息安全技术 信息系统安全等级保护测评要求》(GB/T 28448—2012)规定了不同级别的等级保护对象的安全测评通用要求和安全测评扩展要求。适用于安全测评服务机构、等级保护对象的运营使用单位及主管部门对等级保护对象的安全状况进行安全测评并提供指南,也适用于网络安全职能部门进行网络安全等级保护监督检查时参考使用。GB/T 28448—2019细化了单项测评的规定、增加了等级测评的拓展要求,并对测评力度进行了更严格的规定。

GB/T 28448—2019 介绍了等级测评的原则、测评内容、测评强度、结果重用和使用方法。分别规定了对五个等级信息系统进行等级测评的单元测评要求。描述了整体测评的四个方面,即安全控制点间安全测评、层面间安全测评、区域间安全测评和系统结构测评安全测评。

等级保护 2.0 测评结果包括得分与结论评价；得分为百分制，及格线为 70 分；结论评价分为优、良、中、差四个等级。

7.《网络安全等级保护测评过程指南》（GB/T 28449—2018）

《网络安全等级保护测评过程指南》（GB/T 28449—2018）取代《信息系统安全等级保护测评过程指南》（GB/T 28449—2012）。

为规范等级测评机构的测评活动，保证测评结论准确、公正，《测评过程指南》明确了等级测评的测评过程，阐述了等级测评的工作任务、分析方法以及工作结果等，为测评机构、运营使用单位及其主管部门在等级测评工作中提供指导。

《测评过程指南》以测评机构对三级信息系统的首次等级测评活动过程为主要线索，定义信息系统等级测评的主要活动和任务，包括测评准备活动、方案编制活动、现场测评活动、分析与报告编制活动等四个活动。其中，测评准备活动包括项目启动、信息收集和分析、工具和表单准备三项任务；方案编制活动包括测评对象确定、测评指标确定、测试工具接入点确定、测评内容确定、测评实施手册开发及测评方案编制六项任务；现场测评活动包括现场测评准备、现场测评和结果记录、结果确认和资料归还三项任务；分析与报告编制活动包括单项测评结果判定、单元测评结果判定、整体测评、系统安全保障评估、安全问题风险分析、等级测评结论形成及测评报告编制七项任务。对于每一个活动，介绍了工作流程、主要的工作任务、输出文档、双方的职责等。对于各工作任务，描述了任务内容和输入/输出产品等。

《测评过程指南》也对云计算、移动互联、物联网、IPv6、工业控制系统等新技术新应用，对等级测评过程以及具体任务的影响进行分析，并给予相应的测评指导。

在具体的实施过程中，重点围绕表 9-17 进行建设。

表 9-17　基于网络安全等级保护标准的安全建设内容

层面	类　别	建　设　内　容
技术	安全物理环境	安全通用要求中的安全物理环境部分是针对物理机房提出的安全控制要求，主要对象为物理环境、物理设备和物理设施等，涉及的安全控制点包括物理位置的选择、物理访问控制、防盗窃和防破坏、防雷击、防火、防水和防潮、防静电、温湿度控制、电力供应和电磁防护
	安全通信网络	安全通用要求中的安全通信网络部分是针对通信网络提出的安全控制要求，主要对象为广域网、城域网和局域网等，涉及的安全控制点包括网络架构、通信传输和可信验证
	安全区域边界	安全通用要求中的安全区域边界部分是针对网络边界提出的安全控制要求，主要对象为系统边界和区域边界等，涉及的安全控制点包括边界防护、访问控制、入侵防范、恶意代码防范、安全审计和可信验证
	安全计算环境	安全通用要求中的安全计算环境部分是针对边界内部提出的安全控制要求，主要对象为边界内部的所有对象，包括网络设备、安全设备、服务器设备、终端设备、应用系统、数据对象和其他设备等，涉及的安全控制点包括身份鉴别、访问控制、安全审计、入侵防范、恶意代码防范、可信验证、数据完整性、数据保密性、数据备份与恢复、剩余信息保护和个人信息保护
	安全管理中心	安全通用要求中的安全管理中心部分是针对整个系统提出的安全管理方面的技术控制要求，通过技术手段实现集中管理。其涉及的安全控制点包括系统管理、审计管理、安全管理和集中管控

续表

层面	类别	建设内容
管理	安全管理制度	安全通用要求中的安全管理制度部分是针对整个管理制度体系提出的安全控制要求,涉及的安全控制点包括安全策略、管理制度、制定和发布以及评审和修订
	安全管理机构	安全通用要求中的安全管理机构部分是针对整个管理组织架构提出的安全控制要求,涉及的安全控制点包括岗位设置、人员配备、授权和审批、沟通和合作以及审核和检查
	安全管理人员	安全通用要求中的安全管理人员部分是针对人员管理模式提出的安全控制要求,涉及的安全控制点包括人员录用、人员离岗、安全意识教育和培训以及外部人员访问管理
	安全建设管理	安全通用要求中的安全建设管理部分是针对安全建设过程提出的安全控制要求,涉及的安全控制点包括定级和备案、安全方案设计、安全产品采购和使用、自行软件开发、外包软件开发、工程实施、测试验收、系统交付、等级测评和服务供应商管理
	安全运维管理	安全通用要求中的安全运维管理部分是针对安全运维过程提出的安全控制要求,涉及的安全控制点包括环境管理、资产管理、介质管理、设备维护管理、漏洞和风险管理、网络和系统安全管理、恶意代码防范管理、配置管理、密码管理、变更管理、备份与恢复管理、安全事件处置、应急预案管理和外包运维管理

9.4 无线局域网解决方案

本节的目标是介绍如何利用局域网规划与设计的方法撰写一个校园无线网络设计方案。案例是基于一个真实的网络设计,为了保护客户的隐私和客户网络的安全,同时为了使得案例简单易懂,作者对案例的一些地方进行了改动或者简化。

9.4.1 无线局域网络背景

学校现有教职工 1703 人,各类在校生两万余人,分为南区、北区和西区三个校区,18 个学院分布在三个校区。

随着入学率的增加和对无线网络需求的激增,学校目前正加紧对信息化的规划和建设。在现有校园有线网络的基础上,建设基于 WLAN 的无线网络,旨在推动学校信息化建设,实现统一网络管理、统一软件资源系统,建设高水平的智能化、数字化的教学园区网络。其中一个校区的平面图如图 9-15 所示。

9.4.2 需求分析

校园无线网络建设的目标如下。

(1) 全覆盖。以 IEEE 802.11 模式覆盖整个校园三个校区,保证被覆盖区域的无线网络访问流畅;为全体师生提供无线网络接入业务,在校园内随时随地使用学校的信息系统。

(2) 可管理。对有线网络、无线网络、校园网用户、网络接入点实现统一网络管理;与现有的认证计费系统有效融合,支持对所有用户的上网控制、认证与计费的持续运营。

(3) 安全性。实现用户身份鉴别、访问控制、可稽核性、保密性等要求;保护网络防止

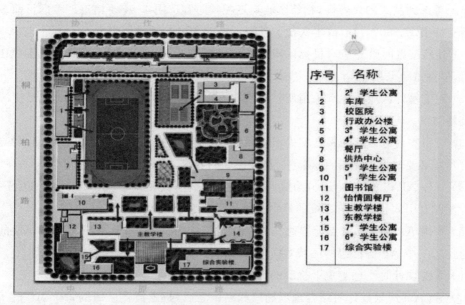

序号	名称
1	2# 学生公寓
2	车库
3	校医院
4	行政办公楼
5	3# 学生公寓
6	4# 学生公寓
7	餐厅
8	供热中心
9	5# 学生公寓
10	1# 学生公寓
11	图书馆
12	怡情圆餐厅
13	主教学楼
14	东教学楼
15	7# 学生公寓
16	6# 学生公寓
17	综合实验楼

图 9-15　某学校北教学区平面示意图

入侵,提高关键任务应用程序和数据的安全性和可靠性。

（4）可扩充。在校园无线网络规模不断增大的情况下,实现平滑升级和扩充,并保证稳定性和未来可持续发展;保证对学校各种信息系统的服务支持。

9.4.3　技术目标分析

1. 无线信号覆盖指标

为能够提供优质的无线服务,所有房间（面板 AP 除外）内要求无线信号在室内任何空间信号强度 2.4G、5G 同时不低于 -65dBm,丢包率小于 1%。室外环境无线信号在无线蜂窝覆盖边缘信号强度 2.4G、5G 同时不低于 -70dBm。同时为了达到信号稳定,同频率、同信道的干扰信号强度不得高于 -70dBm。

（1）信号质量。目标覆盖区域内 95% 以上位置,用户终端接收到的下行信号 S/N 值大于 10dB。

（2）速率指标。在目标覆盖区内,单用户接入最大下行业务速率大于或等于 AP 上连中继带宽的 90%。

（3）基本指标。主要 STA 的种类——手机的指标为 -65dBm,笔记本为 -70dBm,覆盖范围均为 100%。

（4）扩展指标（业务类型）。按重要度确认。

① 办公应用,实时收费应用,业务类应用（例如无线查房）,或者其他客户要求必须满足的应用必须达到建议指标。

② 手机娱乐应用,非实时收费项目,可以在建议指标上降低 5dBm。

（5）扩展指标（客户类型）：是否 VIP,如果是,建议在指标基础上增加 5dBm。

2. 同频干扰及 AP 数量指标

在 2.4GHz 频段,一个 AP 覆盖区内直序扩频技术最多可以提供三个不重叠的信道同时工作。考虑到制式的兼容性,相邻区域频点配置时宜选用 1、6、11 信道。考虑目前多数终端都不支持 IEEE 802.11a,故本次覆盖勘察不将 5.8GHz 频段作为重点。

(1) 频点配置时首先应对目标区域现场进行频率检测,对于覆盖区域内已有 AP 采用的信道,尽量避免采用。

(2) 对于室外区域干扰宜采用调整(定向)天线方向角,避免天线主瓣对准干扰源的方式或调整功率。

(3) 对于室内区域存在多套室内覆盖系统的情况,充分考虑其他通信系统使用的频段,设计时预留必要的保护频带,以满足干扰保护比的要求。

(4) 室外 AP 覆盖区频点配置时,为了实现 AP 的有效覆盖,避免信道间的相互干扰,在信道分配时宜引入移动通信系统的蜂窝覆盖原理。

(5) 室内 AP 覆盖区频点配置时充分利用建筑物内部结构,从平层和相邻楼层的角度尽量避免每一个 AP 所覆盖的区域对横向和纵向相邻区域可能存在的干扰。

(6) 系统设计时注意避免干扰源的影响。

(7) WLAN 规划设计时结合现场勘察和测试之后,指定覆盖区域的每个 AP 的工作频率,可通过无线控制器实施 AP 自动频率调整。

3. 无线网络容量指标

最大重要应用的流量,是指多用户时,新加入用户应该满足的应用流量。只有办公、实时收费应用、业务类应用或者客户明确要求的其他应用才能算重要应用。

总流量有两种指标:超过带点数最大重要应用的流量和达到产品应有的最大性能。如果受现场环境所限,例如室外、距离太远或者带点数太多,就需要降低流量指标,但需要得到客户的确认。

相关指标计算如下。

(1) 并发数:WLAN 在进行多终端接入设计时,按照每个 IEEE 802.11n AP 并发 20 个用户。

(2) 吞吐量:WLAN 的数据业务吞吐量是容量设计的重要因素。在设计中应充分考虑各类数据业务特点和带宽的需求。

在目标覆盖区域内仅有一个终端,满足设计质量指标的情况下,系统吞吐量设计按照如下要求:在 IEEE 802.11b 模式下,上行或下行单向吞吐量应不低于 5Mb/s(不加密)。在 IEEE 802.11g 模式下,上行或下行单向吞吐量应不低于 18Mb/s(不加密)。在 IEEE 802.11n 模式下,上行或下行单向吞吐量应不低于 54Mb/s(不加密)。

WLAN 容量计算方式如下。

(1) 每用户速率=(每 AP 连接速率×传输效率)/(用户数量×忙时用户激活比例)。其中,IEEE 802.11b 每个 AP 的最大连接速率为 11Mb/s,IEEE 802.11g 每个 AP 的最大连接速率为 54Mb/s,IEEE 802.11n 每个 AP 的最大连接速率为 300Mb/s,IEEE 802.11ac 每个 AP 的最大连接速率为 1Gb/s。

(2) 传输效率:表示总开销效率因子,包括 MAC 效率和纠错开销,取 50%。

(3) 用户数量×忙时用户激活比例:得到同时使用无线网络资源的实际用户数。

4. 丢包率指标

丢包率应小于 3%。

5. 延时指标

延时应小于 50ms。

9.4.4 网络设计

1. 网络拓扑结构设计

为了便于理解和学习,给出学院网络拓扑结构,如图 9-16 所示。

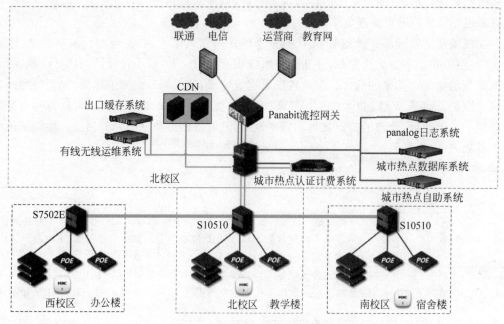

图 9-16 某学院网络拓扑结构图

2. AP 点位分布设计

1) 无线 AP 覆盖设计思路

采用场景化覆盖思想,不同的场景使用不同的解决方案,最大程度保证无线覆盖的效果和质量。

(1) 宿舍区覆盖方案。宿舍区采用锐捷智分+方案进行覆盖,AP 型号为 RG-AP5528。每个 AP 带 24 个房间,采用 IEEE 802.11ac WAVE2 标准覆盖,实现超高性能接入。主要部署位置:1♯~16♯学生宿舍。

(2) 实训区覆盖方案。报告厅采用高性能放装 AP 进行覆盖,AP 型号为 RG-AP520(W2),高性能无线 AP,支持 IEEE 802.11 ac WAVE2 标准覆盖。主要部署位置:2♯、3♯、4♯、8♯实训楼。

(3) 教学区覆盖方案。教学区采用放装方案进行覆盖,AP 型号为 RG-AP520(W2),高性能无线 AP,支持 IEEE 802.11 ac WAVE2 标准覆盖。

(4) 图书馆覆盖方案。教学区采用放装方案进行覆盖,AP 型号为 AP720-I,该 AP 支持

WAVE2 标准,支持在线性能扩容,是一种高密度 AP。主要部署位置:报告厅、图书馆等区域。

(5)行政楼覆盖方案。行政楼采用面板 AP 方案进行覆盖,实现入室信号覆盖,性能更强,信号更好。

(6)室外覆盖方案。室外采用锐捷室外专用 AP 进行覆盖,AP 型号为 RG-AP630。该 AP 为一体化无线产品,性能高,故障少,维护方便。

2)地勘

地勘时需要对各场景现有无线覆盖情况做记录,实测设备具备根据周边 Wi-Fi 设备频率和信道来进行信道、发射功率的自动调整功能,以适应周边环境变化。室内、室外系统覆盖都要遵循 AP 信道覆盖避免原则。

在现场使用实际部署设备型号,依照每个场景的建筑结构,在实地进行放装测试,以设计点位、信道和功率等无线参数,并在保证覆盖质量的前提下,最小化设计 AP 点位数、尽可能地避免隐藏结点带来的危害。深入各场景覆盖区域,确认部分已知干扰源,典型的如办公区域微波炉。除了 Wi-Fi 覆盖的工作频率外,在本楼层水平、相邻上下楼层垂直方向均考虑了同频干扰的问题,合理的信道规划和频率设定,及设备信道功率的调整功能。地勘所使用的工具如表 9-18 所示。

表 9-18 地勘工具

地 勘 工 具	功 能 简 介
WirelessMon	WirelessMon 是一款允许使用者监控无线适配器和聚集的状态,显示周边无线接入点或基站实时信息的工具,列出计算机与基站间的信号强度,实时监测无线网络的传输速度,以便让我们了解网络的下载速度或其稳定性
RG-AP530(W2)	室内灵动天线型无线接入点,WAVE2 AP,双路双频,支持 IEEE 802.11a/b/g/n 和 IEEE 802.11ac 同时工作、胖/瘦模式切换、WAPI、双电口上联、PoE+和本地供电
Wi-Fi 分析仪	手机端信号检测软件,可检测出周围 Wi-Fi 的信道占用情况以及信号值

3)AP 点位分布设计

由于校园网无线网络规模较大,需要科学设计 AP 部署方式,保证信号覆盖连续、平滑且充分无盲区。本节以 1#教学楼一层和两层为例,通过实地勘测,根据人群分布、信号强度、传输速度等方面,进行 AP 点位分布设计。

一层部署点位分布如图 9-17 所示,一层信号强度(2.4GHz)如图 9-18 所示。

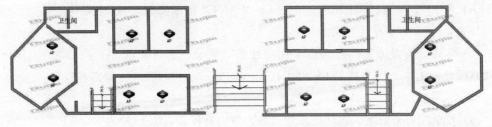

图 9-17 1#教学楼一层 AP 点位分布图

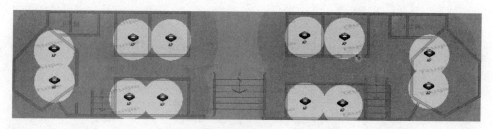

图 9-18 1#教学楼一层信号强度图

二层部署点位分布如图 9-19 所示,二层信号强度(2.4GHz)如图 9-20 所示。

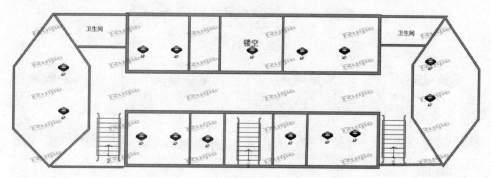

图 9-19 1#教学楼二层 AP 点位分布图

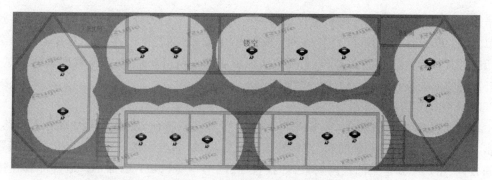

图 9-20 1#教学楼二层信号强度图

9.4.5 网络实施

下面给出某学院北校区无线网络拓扑,如图 9-21 所示。

1. 网络设备选择

1) 网络核心设备选择

网络主干部分称为核心层,核心层的主要目的在于通过高速转发通信,提供优化、可靠的骨干传输结构,因此核心层交换机应拥有更高的可靠性、性能和吞吐量。工作在此层的交换机要具备高速转发、路由以及吞吐量较大功能,同时性能也要保证。为了提高网络可靠性和可用性,可选择同系列设备作为冗余设备。

网络核心交换机选用锐捷网络的核心交换机 RG-N18010 作为核心交换机,构建扁平化网络架构。RG-N18010 有 32 核的 CPU,并且设备的控制和转发层面分离,能够提供更强的

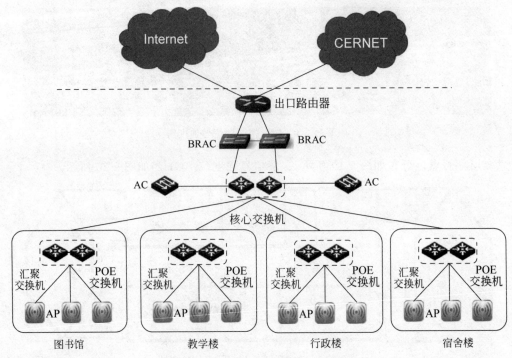

图 9-21　某校区无线网络拓扑结构图

网络性能,同时提供 Web 降噪机制保证高峰期的速率。其超大分布式缓存设计能够有效抵抗浪涌,避免丢包,且应用了 VSU/VSD(多虚一/一虚多)部署模式,实现数据中心网络全冗余架构。且该设备已通过全球 SDN 测试认证中心的 OpenFlow v1.3 一致性认证测试,获得开放网络基金会(ONF)颁发的一致性认证。

2) 无线 AP 选择

根据部署环境、用户密度、业务需求、网络容量等场景特征,使用不同类型的 AP,其中,高密 AP 适合部署在用户较密集、空间较大的室内场景,如教学楼;高性能 AP 适合部署在空间较大、用户不太密集的室内场景,如报告厅、图书馆等区域;墙面 AP 适合部署在用户不太密集、相对稳定的室内场景,如行政楼;室外 AP 适合部署在室外环境,如广场;智分＋AP 适合部署在用户密集、多房间的室内场景,如学生宿舍。

在 AP 点位设计的基础上,按类别选择 AP 设备。

(1) 高密 AP。选用锐捷网络的 RG-AP740-I,全面支持 IEEE 802.11ac WAVE2 最新技术标准,搭载锐捷第 4 代 X-sense 灵动天线,采用三路射频电路设计,整机支持 9 条空间流和 MU-MIMO、HT160 等创新技术,跨越式地提升了无线 AP 的信号覆盖能力,随时保障现代大量移动智能终端的最优接入效果。

(2) 高性能 AP。选用锐捷网络的 RG-AP720-I,搭载灵动天线,支持 IEEE 802.11ac WAVE2 最新技术标准的无线接入点 AP 产品,支持 MU-MIMO,整机提供 1267Mb/s 的接入速率,超千兆的极速无线让性能不再成为瓶颈。

(3) 墙面 AP。选用锐捷网络的 RG-AP130(W2),采用双路双频设计,可支持同时工作在 IEEE 802.11a/n/ac 和 IEEE 802.11b/g/n 模式,2.4G 和 5G 均可同时提供两条空间流接入。其中,RG-AP130(W2)搭载先进的 WAVE2 射频芯片,支持 MU-MIMO 特性,对多用户接入支持良好,可在 86mm 面板盒上安装,而且集成了以太网口和 IP 电话接口,整机设计简洁美观、部署便捷,可以在不破坏墙面装修的情况下安装在接线盒上。

(4)室外 AP。选用锐捷网络 RG-AP630(IDA),适应−40~65℃,湿度 0~100% 的工作环境,配备可调节挂架、PoE OUT 端口,减轻工程部署压力,维护方便。

(5)智分＋AP。选用锐捷网络的 RG-AM5528,采用多级分布式架构和千兆独享式架构,采用 19 英寸标准机柜尺寸,支持弱电间标准机柜部署和灵活的楼道小型机柜部署,提供 24 个下联 RJ-45 接口连接到微 AP 射频模块。可根据需要灵活地选择多种类型的微 AP 射频模块,特别适合部署在校园网环境。

在实施中,将每台无线 AP 设置相同的管理 IP 地址;所有 AP 设置成同样的 SSID、加密方式;AP 间覆盖范围部分重叠;相邻的各 AP 分别选择 1、6、11 信道,使 AP 干扰做到最小。

3)汇聚层设备选择

汇聚层主要负责连接接入层接点和核心层中心,汇集分散的接入点,扩大核心层设备的端口密度和种类,汇聚各区域数据流量,以及本区域内的数据交换,实现骨干网络之间的优化传输。

(1)楼宇汇聚交换机。选用锐捷网络的 RG-S5750C-28GT4XS-H 交换机,该系列交换机采用业界领先硬件架构设计,搭载锐捷网络最新的 RGOS11.X 模块化操作系统,提供更大的表项规格、更快的硬件处理性能、更便捷的操作使用体验。RG-S5750-H 系列提供灵活的千兆接入及高密度的万兆端口扩展能力,全系列交换机均固化 4 端口万兆光纤,采用双扩展槽设计,支持高密、高性能端口上行能力,充分满足用户高密度接入和高性能汇聚的需求。

(2)POE 交换机。选用锐捷网络的 RG-S2910-24GT4SFP-UP-H 交换机,是面向安全、高效、稳定和节能推出的大功率远程以太网供电交换机,该系列产品遵循国际标准供电协议 IEEE 802.3bt。有效解决了当前部署成本高、部署周期长、供电不稳定、运维管理难、安全系数低等问题,可充分满足智能弱电场景下大功率 POE 终端接入需求和室外场景下大功率无线热点接入需求。采用 POE 交换通过网线对 AP 进行供电,打破传统供电模式,避免因拉电源线而引发的火灾问题。

(3)AC 控制器。选用锐捷网络的 RG-WS6812 高性能无线控制器,无须改动任何网络架构和硬件设备,即可提供无缝的安全无线网络控制。RG-WS6812 起始支持 128 个无线接入点的管理,通过 license 的升级,最大可支持 1024 个 AP 的管理。RG-WS6812 可针对无线网络实施强大的集中式可视化的管理和控制。AC 作为旁路模式部署在现有的网络架构中,通过 AC 实现对全网的 AP 进行统一的管控,AC 会自动下发配置信息给 AP,实现 AP 零配置接入。AC 管控各相邻 AP 间漫游阈值,并读取 STA 信号强度,让 STA 在相邻 AP 间实现无缝漫游。AC 管控各相邻 AP 的带机量,基于 STA 的负载均衡能平衡各 AP 接入负载压力,又能有效解决因某 STA 距 AP 较远而导致整个网络速率下降的问题。

2. 统一用户认证系统

在原有线校园网的基础上,对所有校园网用户采用融合 BRAS 的校园网统一接入认证。认证计费系统采用锐捷网络高校智慧运营 BRAC(Broadband Remote Access Concentrator,远程接入集中器)解决方案。方案从运营各方的角度出发,充分考虑了学校、学生、运营商的诉求,能够有效满足联合运营模式下的多方需求,具有扁平化网络平台开放性、管理权和运营权分离的运营商合作新模式等特性。相比传统的方案,BRAC方案无须运营商开放 AAA 系统(认证授权计费系统),即可实现智慧运营管理,大大降低了智慧运营解决方案的部署难度。

统一用户认证系统包括:RG-SAM+认证计费管理平台与 RG-ASME 接入共享管理引擎,结合 RG-N18010 核心交换机实现校内-校外、准入-准出、有线-无线的全面融合、统一管理,支持基于这些接入方式的 IEEE 802.1x、Web、PPPoE、IPoE 身份认证、接入控制,可灵活设置管理服务策略。开启无感知认证,无线用户通过无感知认证方式接入网络,仅需首次输入账号和密码,避免了开机后再次输入账号密码的过程,让用户一次认证即可轻松上网。

通过 SAM+认证计费管理平台实现对学生上网的精细化管控,老师可结合地点、身份、时间、服务等要素设定用户上网策略,实现对用户上网行为做管控。校园网账号和运营商账号绑定,统一认证方式,简化用户操作复杂度,提升用户体验。

3. 全网无缝漫游

无缝漫游也称为零切换,客户端在移动时从一个 AP 自由切换到另一个 AP 过程中网络连接不会被断开。用户在漫游过程中完全感受不到无线 AP 之间的切换操作。对于终端,无缝漫游是将某个 AP 的关联关系切换到另一个 AP,从而实现其与无线始终保持连接的目的。无缝漫游旨在保证终端在移动过程中不间断通信的无缝移动需求,以及保证移动前后终端的属性和权限保持不变。要实现无缝漫游,需要 AC 与 AP 的支持,且由 AC 和 AP 完成相关切换工作。

前文中选择的 AP 与 AC 均具备无线漫游功能。AC 控制器 RG-WS6812 支持先进的无线控制器集群技术,在多台 RG-WS6812 之间可实时同步所有用户在线连接信息和漫游记录。当无线用户漫游时,通过集群内对用户的信息和授权信息的共享,使得用户可以跨越整个无线网络,并保持良好的移动性和安全性,保持 IP 地址与认证状态不变,从而实现快速漫游和语音的支持。

通过 AP 与 RG-WS 系列无线控制器产品的配合,无线用户在 AP 之间移动访问时,可以保证二层网络和三层网络的无缝漫游,用户在过程中不会感觉到数据访问的中断。

9.5 云数据中心解决方案

随着 IT 平台规模和复杂程度的大幅度提升,传统数据中心已经不能满足 IT 发展的趋势,云计算技术从安全、服务器等多角度体现整合的优势,因此,企业从长远策略出发,考虑经济效益,建设云化数据中心势在必行。

9.5.1 需求分析

根据企业发展的现状,结合成熟可落地的新兴 IT 技术,某企业云数据中心的总体建设需求如下。

1. 稳定性

应采取各种必要技术措施,保证信息化云服务数据中心具备优秀的稳定性,在保证性能的前提下，为主要业务提供持续的支撑服务。

2. 安全性

云数据中心系统应能充分考虑用户数据的安全，避免用户受到异常攻击或敏感数据窃取。应能主动评估业务系统的安全状况及提供弥补措施，并提供各种操作行为的可回溯能力。

3. 可扩展性

云数据中心应具备良好的扩展能力，满足数据中心长期发展的要求。根据业务的发展预测，平台系统定期按照适度预留的原则进行建设，能在规定时间内快速响应新的用户、新的业务的新增要求。

4. 灵活的 IT 基础架构

满足资源的随时随地按需分配，需要建立一个灵活的硬件基础架构。硬件基础架构通常由虚拟的服务器池、共享的存储系统、网络和硬件管理软件组成。

5. 自动化资源部署

云数据中心的核心功能是自动为用户提供服务器、存储以及相关的系统软件和应用软件。用户、管理员和其他人员能通过 Web 界面使用该功能。自动化的部署流程不仅能做到"随需应变"，适应用户的需求，而且能够带来以下好处：引入技术和创新的时间缩短，设计、采购和构建硬件和软件平台的人力成本降低，以及通过提高现有资源的利用率和复用率节省成本。

6. 端服务请求管理

云数据中心提供一个统一的管理平台来实现端到端的流程管理，协调各个部门的合作，提高管理效率。同时，该管理平台负责全部的人工交互界面，权限控制和用户管理等功能。

7. 完善的资源监控及故障处理手段

云数据中心提供资源和服务的各种运维能力，可以监控资源的使用情况，对于平台故障提供及时的预警报警，保证云计算平台的稳定运行。

8. 开放性

要求各类系统设计、产品及网络构建都要满足相关的国际标准和国家标准，提供标准结构及接口。

9.5.2 云数据中心规划设计方案

为了实现上述建设的关键需求，通过 IT 架构的优势，将业务系统效率发挥出来。某企业云数据中心建设项目采用"云管理平台＋超融合架构"实现资源、业务、数据的集中承载和统一调度，整体解决方案系统逻辑架构图如图 9-22 所示。

利用通用的硬件基础架构，搭建好云数据中心的基础架构，在通用的 X86 平台之上，利用软件定义的思路，将计算、网络、安全和存储进行全面的融合，构建出池化的超融合基础架构。在此基础之上，利用云管理平台，能够实现租户的隔离和管理、生命周期管理、运维管理系统、资源及业务的编排、资源计量、审计等一系列符合企业需求的功能特性。通过自动化的运维和安全及服务实现端到端的业务交付。

限于资金预算，在方案规划上，通过三期来建设实现。

377

378

图 9-22 云数据中心系统逻辑架构图

1. 第一期

(1) 核心企业级云数据中心基础架构搭建完成。

(2) 将计划内的老旧单机服务器业务系统迁移至企业级云数据中心内。

(3) 将部分非核心业务系统迁移至企业级云数据中心内。

(4) 最大限度释放核心存储的空间及 I/O 压力,保证核心业务运行。

其拓扑设计如图 9-23 所示,其中:

(1) 新增 12 台设备。所有结点虚拟机流量都与新增的业务交换机连接并最终到核心交换机。每台服务器管理网络都通过一台管理交换机连接,最终连入核心交换机。

(2) 原有所属 VMware 虚拟化平台的服务器以及非虚拟化的服务器都无须变更现有网络,即可被 aCMP 云管平台接管。

(3) 企业级云包含 aCMP 云管平台和部署相关虚拟化组件,包括服务器虚拟化、存储虚拟化、网络虚拟化及网络功能虚拟化。

2. 第二期

(1) 将核心业务系统迁移至企业级云数据中心内。

(2) 将客户其他需要迁移到企业级云数据中心的业务迁移上去。

(3) 将原有的存储作为归档存储使用。

(4) 合并现有机房的非关键设备,包括防火墙、负载均衡等,简化机房环境。

(5) 资源不够可以扩充新的 x86 服务器作为计算和空间结点横向扩容。

3. 第三期

(1) 搭建容灾企业级云数据中心。

(2) 将核心业务系统备份一份到容灾企业级云数据中心。

(3) 启用备份一体机将核心数据中心全部数据备份到容灾数据中心并开启增量备份。

(4) 通过负载均衡将两地数据中心核心业务容灾,做到业务快速切换。

9.5.3 云数据中心资源池设计

1. 计算资源池设计

服务器是云计算平台的核心,其承担着云计算平台的"计算"功能。对于云计算平台上的服务器,通常都是将相同或者相似类型的服务器组合在一起,作为资源分配的母体,即所谓的服务器资源池。在这个服务器资源池上,再通过安装虚拟化软件,使得其计算资源能以

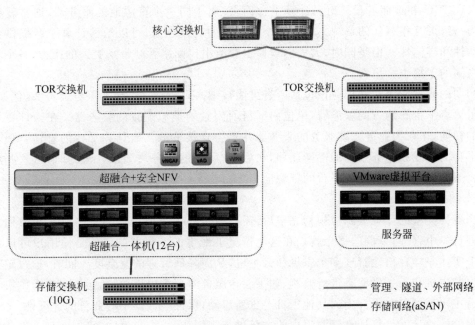

图 9-23　拓扑设计图

一种云主机的方式被不同的应用和不同用户使用。

　　虚拟化软件作为介于硬件和操作系统之间的软件层,采用裸金属架构的 X86 虚拟化技术,实现对服务器物理资源的抽象,将 CPU、内存、I/O 等服务器物理资源转化为一组可统一管理、调度和分配的逻辑资源,并基于这些逻辑资源在单个物理服务器上构建多个同时运行、相互隔离的虚拟机执行环境,实现更高的资源利用率,同时满足应用更加灵活的资源动态分配需求,譬如提供热迁移等高可用特性,实现更低的运营成本、更高的灵活性和更快速的业务响应速度,如图 9-24 所示。

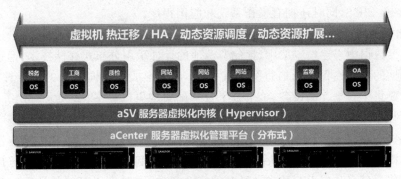

图 9-24　计算资源池虚拟化平台

　　计算资源池的构建可以采用以下 4 个步骤完成:计算资源池分类设计、集群设计、主机池设计、云主机设计。

　　1) 计算资源池分类设计

　　在搭建服务器资源池之前,首先确定资源池的数量和种类,并对服务器进行归类。归类的标准通常是根据服务器的 CPU 类型、型号、配置、物理位置和用途来决定,必要时也可以参考内存、I/O 和存储容量。对云计算平台而言,属于同一个资源池的服务器,通常就会将其视为一组可互相替代的资源。如果单个资源池的规模越大,可以给云计算平台提供更大的灵活性和容错性。但是同时,太大的规模也会给出口网络吞吐带来更大的压力,各个不同应用之间的干扰也会更大。

初期的计算资源池规划应该包括所有可能被纳入到云计算平台的服务器资源,例如,为搭建云计算平台新购置的服务器、单位内部目前闲置的类似配置的服务器。在云计算平台搭建的初期,正在为业务系统服务的服务器并不会直接被纳入云计算平台的管辖。随着云计算平台的上线和业务系统的逐渐迁移,在后期,所有的业务均要求入云的时候,这些服务器也将逐渐地被并入云计算平台的资源池中。

2) 集群设计

当各种类型的计算资源池规划完毕后,需要通过一个类似全局的策略对这些散列的资源池进行集中管理,集群的概念就是在这个情况下诞生的。集群的目的是使用户可以像管理单个实体一样轻松地管理多个主机和云主机,从而降低管理的复杂度。同时,通过定时对集群内的主机和云主机状态进行监测,如果一台服务器主机出现故障,运行于这台主机上的所有云主机都可以在集群中的其他主机上重新启动,保证了数据中心业务的连续性。

集群的设计就是将计算资源池内的主机进行规划,在一个集群内,可以实现虚拟化后的所有特性,如热迁移、HA、动态资源调度、动态资源扩展等。

3) 主机池设计

若有部分没有加入集群的主机需要通过云管理平台集中管理的时候,规划主机池便显得非常必要。主机池就是一系列主机和集群的集合体,没有加入集群的主机全部在主机池中进行管理,主机池既可以管理主机,也可以管理集群。

4) 云主机设计

云主机其实可以理解为就是一个虚拟机的实例,通过服务的方式交付给用户。云主机与普通虚拟机的区别在于:每台云主机都具备一个完整的系统,它具有 CPU、内存、网络设备、存储设备和 BIOS,同时还拥有操作系统和应用程序。

2. 存储资源池设计

在此次云数据中心建设方案中,存储资源池的设计采用分布式存储技术,通过两副本的方式进行数据的可靠性保障。通过分布式存储,可以形成可横向扩展的云计算基础架构。由于不再需要集中共享存储设备,整个云平台基础架构得以扁平化,大大简化了 IT 运维和管理,有效利用服务器资源,降低能源消耗,帮助企业实现 IT 环境的节能减排。

如图 9-25 所示,这种架构的基本单元是部署了虚拟化系统的 x86 标准服务器。在提供虚拟计算资源的同时,服务器上的空闲磁盘空间被组织起来形成一个统一的虚拟共享存储系统。虚拟化存储在功能上与独立共享存储完全一致,同时由于存储与计算完全融合在一个硬件平台上,无须像以往那样购买连接计算服务器和存储设备的专用 SAN 网络设备。

3. 网络资源池设计

服务器虚拟化技术的出现使得计算服务提供不再以主机为基础,而是以云主机为单位来提供,同时为了满足同一物理服务器内云主机之间的数据交换需求,服务器内部引入了网络功能部件虚拟交换机 vSwitch(Virtual Switch),如图 9-26 所示,虚拟交换机提供了云主机之间、云主机与外部网络之间的通信能力。

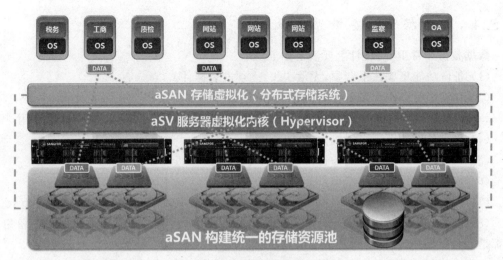

图 9-25　存储资源池逻辑架构图

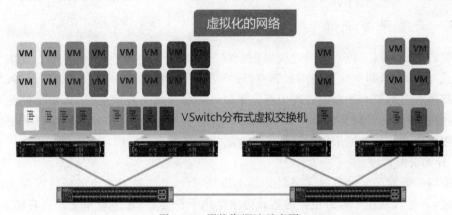

图 9-26　网络资源池示意图

　　深信服网络虚拟化 aNet 方案通过和服务器虚拟化 aSV 相结合,在虚拟机和物理网络之间,提供了一整套完整的逻辑网络设备、连接和服务,包括分布式虚拟交换机 vSwitch、虚拟路由器 aRouter、虚拟下一代防火墙 vNGAF、虚拟应用交付 vAD、虚拟 vSSL VPN、虚拟广域网优化 vWOC 等虚拟网络、安全设备等,如图 9-27 所示;然后,还可以支持 VXLAN 等增强网络协议,实现和物理网络的无缝对接,简化网络的配置管理;此外,还可以通过虚拟化管理平台,实现网络拓扑部署、网络故障探测等网络管理功能。网络虚拟化解决了传统硬件网络的众多管理和运维难题,并且帮助数据中心操作员将敏捷性和经济性提高若干数量级。

图 9-27　逻辑网络设备和服务

局域网解决方案案例

9.5.4 云数据中心备份系统设计

数据备份非常重要,设计上要满足如下要求。

(1) 备份功能集成在平台中,无须购买,无须安装插件。

(2) 存储都可以作为备份存储,包括 FC、iSCSI、NFS 等。

(3) 支持自动清理备份策略,删除备份同时释放空间,备份存储空间得到充分利用。

(4) 多次备份不影响虚拟机性能。

(5) 高效、可靠,不影响业务正常运行,不影响原虚拟机性能。

(6) 数据备份最多保留三个月。

(7) 为数据库(SQL Server、Oracle)提供多磁盘数据一致性检查,确保数据恢复有效。

(8) 提供备份合并功能,在删除备份的时候,数据会向后合并,保证每个保留的备份数据都是完整可用的,以此快速释放空间,节约备份存储资源。

通常,云平台自身通常集成了基于虚拟机的备份模块,可为用户提供虚拟机级别的数据保障。经过对备份方法的优化,很好地解决了快照备份带来的性能下降、浪费空间等困扰。

9.5.5 云管平台设计

云管理平台可以实现对第三方虚拟化管理,例如 VMware 的 vCenter 等。管理平台采用分布式架构设计,即企业云架构集群中,每个结点都可提供相应的管理服务,任何单一结点故障都不会引起整个平台的管理中断。平台可提供分级分权的管理,针对不同的平台用户,可以各自使用和管理平台分配的对应资源,并且针对每种资源对象,可以部署更加精细化的权限管理和控制。拟采用的深信服企业级云管理平台可以满足上述需求。

1. 异构资源管理

可以同时兼容 VMware、KVM 等主流虚拟化平台,并支持对主流的硬件资源实现统一集中管理,通过云管理平台为租户屏蔽异构虚拟化平台差异,在多虚拟化平台环境下,能为租户提供相同的云主机资源服务,并实现对于异构虚拟化平台的统一管理。

2. 分级分权管理

根据企业云业务划分需求,可以将管理员划分为多级进行管理,不同的级别具有不同的管理权限和访问权限。

(1) 系统管理员。也可称为超级管理员,能够创建和管理数据中心内的所有云资源。对于公有云,系统管理员是运营商数据中心管理员;对于私有云,系统管理员是企业或机构的 IT 管理员。

(2) 组织管理员。也可称为虚拟数据中心(vDC)管理员,拥有对组织虚拟数据中心的管理权,包括组织内部虚拟机的运行管理、镜像管理、用户管理以及认证策略管理等。组织管理员由系统管理员创建。对于私有云,组织管理员是内部部门的 IT 管理员。

(3) 最终用户。权限最低,允许最终用户通过内部网络访问自己专属的虚拟机,并允许通过自助服务门户向组织管理员申请虚拟资源。最终用户由组织管理员创建。

3. IT 自服务

自助式服务管理为用户提供了一个多租户的、可自助的 IaaS 服务,是一种全新的基础架构交付和使用模式。通过云管理平台提供的虚拟化资源池功能,IT 部门能够将 IT 物理资源,抽象成按需提供的弹性虚拟资源池,包括虚拟机、存储、网络、网络安全,以消费单元(即组织或虚拟数据中心)的形式对外提供服务,IT部门能够通过完全自动化的自助服务访问,为用户提供这些消费单元以及其他包括虚拟机和操作系统镜像等在内的基础架构和应用服务模板。

4. 自动化运维

深信服企业云提供一键式的自动化运维手段,通过平台提供的一键故障检测、一键健康检测,通过平台提供故障定位分析,能够快速分析出问题结点,并能够指出具体的原因和修复的指导。平台提供的一键健康检测能够快速分析出平台潜在的业务风险,包括各种资源性能或者容量风险。平台管理员和租户管理员可以根据系统建议,选择以手动或者自动的方式,实现业务的故障排除和资源优化。

9.5.6 云安全设计

1. 安全架构设计

企业网络架构安全需要从传统安全防护手段和云环境特有安全防护两个维度来设计,才能真正满足云数据中心的安全要求。

1) 安全防护、检测、响应

(1) 通过部署边界安全防护措施,有效满足区域边界的访问控制、攻击防护和入侵防范。

(2) 部署的下一代防火墙、威胁检测探针等,均具备2~7层的双向安全威胁检测能力。

(3) 和安全管理中心、深信服安全服务云形成良好互动,保障快速响应能力。

2) 对云环境下特有安全问题加以解决

通过在虚拟化平台上部署安全组件(虚拟防火墙、虚拟负载均衡、虚拟威胁检测探针、虚拟VPN等),并进行安全策略设置,保障虚拟化网络的可视、可控以及虚拟化边界安全防御、检测和响应能力。

通过对云管平台、虚拟化平台、虚拟机的安全加固和安全审计等措施部署,保障云平台的安全,保障业务系统安全、持续、有序运转。

2. 应用安全设计

对于整个云数据中心来说,仅通过网络的安全防护是不够的,还需要对应用安全进行加固,主要从两个方面实现:平台内部的安全和云主机内部的安全。

1) 平台内部的安全

现阶段,基于端口进行应用协议的识别是最常用的手段,但是随着各种网络应用的逐步丰富,这种基于端口的识别报文所属协议类型的方法已经暴露出其存在的不足。虚拟化平台一旦被攻击或者破解,也就意味着整个平台上所有的计算资源的控制权丧失,会造成非常严重的后果。因此,需要部署虚拟机云WAF,可以抵御外部发起的安全威胁,通过风险扫描、漏洞检测、Web防护和入侵防御,有效地保护平台的安全。

2) 云主机内部的安全

关于云主机内部的安全,主要考虑采用和主流主机安全厂商合作完成,将第三方杀毒控制中心安装在虚拟机上。采用B/S架构,可以随时随地地通过浏览器打开访问,主要负责设备分组管理、策略制定下发、统一杀毒、统一漏洞修复以及各种报表和查询等,在每个需要被保护的云主机中安装轻量级代理插件即可实现强大的主机防御。

3. 数据安全设计

1) 数据存储层面

虚拟化存储 aSAN 把每份数据复制成多份副本进行多副本存储,服务器只需要以常规手段挂载硬盘,虚拟化存储平台会把数据在不同的物理服务器硬盘里创建两个或三个一样的副本。而且,每一次数据的变化,都会通过网络,同时在 aSAN 中的所有副本里进行同步,从而确保数据的一致性。这种多副本的同步存储方式,能够在最大程度上确保数据的互备效果,从而低成本地实现存储的高可靠性。

2) 数据传输层面

主要通过构建 VPC(虚拟私有云)来为每个租户实现数据的安全传输,在云计算模式下,各个部门的数据均通过网络传递到云计算平台进行处理,如何有效地隔离各个租户,形成单独的安全域成为关键,通过 VPC 就能让每个部门的用户逻辑上在一个安全域中,让每个用户只能使用自己的资源。

小　　结

本章主要讨论并给出校园网、企业网、等级保护安全建设、无线局域网、云数据中心 5 种网络规划与设计方案,方案的撰写是以真实的网络为背景给出范例。

校园网主要阐述项目背景介绍、需求分析、现有网络特征、物理网络设计和具体的网络设施。

企业网主要由企业边缘体系结构、企业分支机构体系结构、企业数据中心体系结构和企业远程办公体系结构组成。通过一个案例阐述企业网背景分析、需求分析、设计原则、技术目标分析、网络逻辑设计和具体的网络实施。

随着《网络安全法》的实施,网络建设和运营要实行网络安全等级保护制度。本书给出了基于等级保护标准的网络安全建设思路,从设计原则、安全现状分析、需求分析、标准建设方面,给出基于信息系统安全等级保护标准的建设方案。

无线网络建设是各单位建设重点,本书从无线信号覆盖、同频干扰、AP 定位和勘测、容量和数量角度出发,给出一个具体的无线局域网建设案例。

随着大数据、云计算技术的到来,单位陆续建立数据中心。本书从需求分析、网络规划设计、网络资源池、计算资源池、存储资源池、云平台和云安全角度给出了企业云数据中心的建设方案。

习题与实践

1. 网络实验室解决方案

为新建的网络实验室设计局域网,进行网络实验室的网络需求分析(如 80 台计算机,每 40 台一个 VLAN,每 10 台 PC 连接到百兆交换机上,交换机之间互连。VLAN 间通信通过三层交换机,80台计算机共享如FTP、代理、WWW服务等。通过三层交换机的上端千兆口连接到网络中心,通过网络中心实现外网的连接)。给出设计方案和二层、三层交换机上的典型配置。尝试利用网络规划与设计的步骤给出解决方案。

2. 可靠、安全网络实验室解决方案

在网络实验室方案设计的基础之上,满足以下要求。

(1) 网络实验室办公楼到网络中心办公楼要求具备高传输速率,而且要求高可靠性。

(2) 采用千兆到交换机,百兆到桌面的传输方案。

(3) 采用双交换机互为高速备份的联网方案,采用服务器间的数据备份。

(4) 通过设置DMZ确保代理、FTP、WWW服务器的安全。其中只允许外网访问WWW服务器。

尝试利用网络规划与设计的步骤给出详细的解决方案。

3. 校园网解决方案

(1) 学校具有18个学院,3个校区,其中,网络中心、亚太、国教位于北区,软件学院位于西区,其余学院位于南区。

(2) 网络中心向外提供各种标准化信息化的服务,各个学院也自行向互联网发布学院信息并负责自己学院的信息服务,每个学院拥有约1500台PC。

(3) 学校从CERNET申请一段IPv4地址202.196.0.0/18,从CNC申请一段IPv4地址125.10.0.0/21。

(4) 采用三层结构为设计校园网,选用万兆以太网连接三个校区作为高速主干;采用千兆以太网作为各位园区的主干,形成大学校园网的汇集层,选用百兆以太网作为接入层。

(5) 大学校园网与因特网具有统一接口,即通过千兆以太网接入CERNET和CNC。

尝试利用网络规划与设计的步骤给出详细的解决方案。

4. 企业网等级保护解决方案

某企业要建设数据中心,请参考9.5节的建设方案,并结合云计算的等级保护标准,给出基于等级保护建设的数据中心方案。

第10章　网络故障排除

本章学习目标

- 熟悉网络故障排除模型与方法；
- 掌握常见网络故障排除工具；
- 掌握物理层故障排除；
- 掌握交换机故障排除；
- 掌握路由协议故障排除；
- 掌握无线局域网故障排除；
- 掌握光纤网络故障排除；
- 掌握虚拟机故障排除；
- 掌握网络安全故障排除。

由于网络协议和网络设备的复杂性，网络中断会不时出现，有时网络中断是计划中的，对组织的影响易于控制；有时则是计划外的，对组织的影响可能相当严重。出现意外网络中断时，管理员必须有能力排除故障，使网络恢复正常。网络故障的定位和排除，既需要长期的知识和经验积累，以及对网络协议的理解，同时也需要一系列的软件和硬件工具。本章将围绕常见的网络故障排除的方法、工具展开讨论。

10.1　网络故障排除模型及方法

设想一下，如果每次采用不同的方法试图解决问题会是一种什么样的状况？在如此复杂的网络中，会有无数种可能的情况，而网络中许多不同的情况均会导致错误的发生，所以可能要从许多不同的起始点开始诊断。这不但是一种低效率的故障排除方式，而且非常耗时。因此，网络故障排除必须遵循一定的方法或模型。

10.1.1　网络故障排除 7 步法

某著名网络公司提出了一种有效的 7 步式故障排除模型。一个故障排除模型就是一系列可以遵循的故障排除步骤，并且为我们提供一种有效解决网络问题的方式。如图 10-1 所示的故障排除模型描述了当收到网络故障报告时，按照下面的步骤完成故障排除过程。

在开始动手排除故障之前，最好先准备一支笔和一个记事本。然后，将故障现象认真仔细地记录下来。在观察和记录时不要忽视细节，很多时候正是一些最小的细节使整个问题变得明朗化。排除大型网络故障如此,十几台计算机的小型网络的故障也是如此。

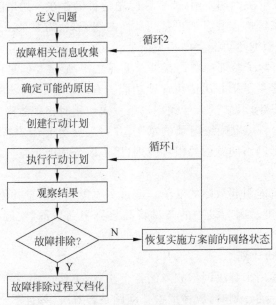

图 10-1　一种网络故障排除模型

1. 问题的界定

用户关于故障问题的描述往往是含糊不清的,网络工程师最重要的是根据各种症状和潜在的问题对事件做出判断,需要获得详细的信息,并用这些信息定义问题的所在。

当有了足够的信息用以界定问题时,应该创建一份专门的、简洁的、对要解决问题能够进行精确描述的问题报告。一份好的问题报告更易于将注意力集中在界定的问题上,而不用去做那些与问题本身并没有什么关联的无用功。

2. 收集详细的信息

信息收集是指使用诊断工具收集故障相关网络和网络设备中专门信息的过程。其他信息应当包括排除其他可能性,能帮助精确定位实际问题的数据。

能否收集到更详细的信息取决于用户和环境。网络工程师必须收集尽可能多的信息以界定问题。界定问题所需的有用信息如表 10-1 所示。

表 10-1　界定问题所需的信息示例

信　　息	举　　例
症状	不能进行 Telnet、FTP 操作或不能访问 WWW 网页
问题再现	这种问题只是出现一次,还是经常发生
时间线	什么时间开始的? 持续多长时间? 多长时间发生一次? 当前的运行配置以前是否能够正常工作
范围	能够 Telnet 或 FTP 哪里? 能够访问哪些 WWW 网站? 哪些用户会受到影响
基线信息	最近网络配置是否发生过变化

所有这些信息可以用来指导当前的问题并创建问题报告。

(1) 定义症状。首先需要确定什么正在工作而什么不能工作。这可以通过症状确定和范围界定来完成。

（2）问题再现。在解决问题之前,要验证问题是否仍存在。如果问题不能再现,那么故障排除就是对时间和资源的浪费。如果是间歇性的问题,就需要采用进一步的措施,在下一次发生同样的事件时,获取尽可能多的相关信息。

（3）理解时间线。除了验证问题是否可以重现之外,最重要的是调查问题出现的频率。另外还需要知道用户是否是第一次使用这种功能。有时涉及该问题的一些状态变量,昨天正常工作而今天却会发生问题,这会导致用户第一次使用时出现故障。

（4）确定问题范围。可以确定问题的范围,并帮助区分是用户特有问题还是更广范围的问题。故障边界表示网络问题的界限和范围,用于区分功能正常的结点和故障结点。

3. 考虑可能情况

该步骤列出一个可能引起故障的清单。通过多收集相关信息并创建一个精确的问题报告,会缩短该列表的长度。因为表中的条目将只会集中到目前"实际的"问题而不是"可能的"问题上。

4. 创建和执行行动计划

一个行动计划描述用来解决网络故障的各个步骤,工作的出发点就是网络故障信息的收集。在执行每一步行动计划时,应仔细检查问题是否解决,并且不要在修复故障的同时又带来新的问题。因此当创建和执行行动计划时,尽可能一次只修改一个变量。如果多个改变同时发生,最好能够将这些改变控制在一个小的范围之内。

5. 观察故障排除结果或重复上述过程

通过观察和分析结果,可以验证是否排除了故障。如果故障得到解决,那么进入下一步,把对网络所做的所有修改都记录下来。如果依据所收集的信息还不能解决故障,那么需要回头收集更多的信息,可能会发现另外的线索,再次进行故障排除。

6. 故障文档化

文档编制是故障排除的一个有机组成部分。什么时间做了修改,做了怎样的修改,这些都会对将来的故障排除提供有价值的信息。如果相似的问题将来再次发生,可以参考这些文档,基于以前的经验解决当前的问题。

10.1.2　网络文档和记录

当网络发生故障的时候,排除故障最重要的工具之一就是手中的网络文档。要高效地诊断和解决网络故障,网络工程师需要了解网络的设计以及网络在正常运行情况下应具备的性能。这些信息称作网络基线,记录在配置表和拓扑图之类的文档中。

网络配置文档提供网络的逻辑图以及各组件的详细信息。这些信息应只存放在一个地点,要么以硬拷贝形式存放,要么存放在网络的某个受保护的服务器上。网络配置文档应包括以下部分:网络配置表、终端系统配置表、网络拓扑图。

1. 网络配置表

网络配置表包含网络中使用的软件和硬件的准确最新记录。网络配置表应为网络工程师提供查明和解决网络故障所需的全部信息。决定网络配置表格内容的最简单的方法之一是将观察到的信息按照 OSI 参考模型的层次对它们进行分类。表 10-2 列举了一个网络配置表格中的各种项目。

除了这些之外，还应该在这个表格中尽可能多地包含重要的第 4 层到第 7 层信息。表 10-3 和表 10-4 列举了路由器和交换机网络配置表数据记录的示例。

表 10-2 网络配置表格的内容列表

分　类	项　　目
杂项信息	设备名称、设备型号、CPU 类型、内存、DRAM、接口描述
第一层	介质类型、速度、接口编号、电缆插座或者端口
第二层	MAC 地址、生成树协议状态、根桥、快速端口信息、VLAN、以太网配置通道、封装、Trunk 状态、接口类型、端口安全性、VTP 状态、VTP 模式
第三层	IP 地址、IPX 地址、热备份路由协议 HSRP 地址、子网和子网掩码、路由协议、访问控制列表、通道信息、回环接口

表 10-3 路由器网络配置表示例

设备名称、型号	接口名称	MAC 地址	IP 地址/子网掩码	IP 路由协议
R1，Cisco 2611XM	fa0/0	0007.8580.a159	192.168.10.1/24	EIGRP 10
	fa0/1	0007.8580.a160	192.168.11.1/24	EIGRP 10
	s0/0/0	—	10.1.1.1/30	OSPF
	s0/0/1	—	未连接	
R2，Cisco 2611XM	fa0/0	0007.8580.a161	192.168.20.1/24	EIGRP 10

表 10-4 交换机网络配置表示例

交换机名称、型号、管理 IP	端口名称	速度	双工	STP 状态	快速启用端口	中继状态	以太通道	VLAN	要点
S1，CiscoWS-C3550-24-SMI，192.168.10.2/24	fa0/1	100	自动	转发	否	开	第 2 层	1	连接到 R1
	fa0/2	100	自动	转发	否	开	第 2 层	1	连接到 PC1
	fa0/3								未连接
	fa0/4								未连接

2. 终端系统配置表

终端系统配置表包含服务器、网络管理控制台和台式工作站等终端系统设备中使用的软件和硬件的基线记录。配置不正确的终端系统会对网络的整体性能产生负面影响。终端系统配置表应记录下列信息：设备名称（用途）、操作系统及版本、IP 地址、子网掩码、默认网关地址、DNS 服务器地址、终端系统运行的任何高带宽网络应用程序。表 10-5 列举了终端系统配置表数据记录的示例。

表 10-5 终端系统配置表示例

设备名称（用途）	操作系统/版本	IP 地址/子网掩码	默认网关地址	DNS 服务器地址	网络应用程序	高带宽应用程序
SRV1（Web/TFTP 服务器）	UNIX	192.168.20.254/24	192.168.20.1/24	192.168.20.1/24	HTTP FTP	
SRV2（Web/TFTP 服务器）	UNIX	192.168.201.30/27	192.168.201.1/27	192.168.201.1/27	HTTP	

续表

设备名称(用途)	操作系统/版本	IP 地址/子网掩码	默认网关地址	DNS 服务器地址	网络应用程序	高带宽应用程序
PC1(管理员终端)	UNIX	192.168.10.10/24	192.168.10.1/24	192.168.10.1/24	Telnet FTP	VoIP
PC2(用户 PC-工程部)	Windows XP Pro SP2	192.168.11.10/24	192.168.11.1/24	192.168.11.1/24	HTTP FTP	VoIP
PC3(演示 PC-营销部)	Windows XP Pro SP2	192.168.30.10/24	192.168.30.1/24	192.168.30.1/24	HTTP	视频流 VoIP

3. 网络拓扑图

网络的图形化表示,以图解方式说明网络中各设备的连接方式及其逻辑体系结构。拓扑图和网络配置表有许多部分是相同的。拓扑图中的每台网络设备都应使用一致的标志或图形符号来表示,并且每个逻辑连接和物理连接都应使用简单的线条或其他适当的符号来表示,也可以显示路由协议。

拓扑图至少应包含以下信息:所有设备的标识符号及连接方式、接口类型和编号、IP 地址和子网掩码。图 10-2 是一个网络拓扑图数据记录的示例。

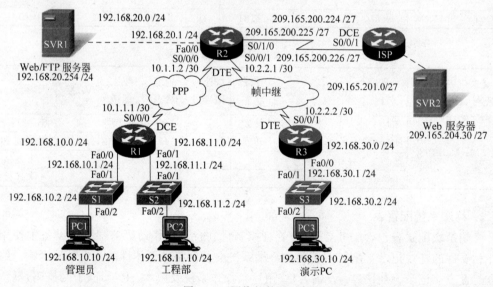

图 10-2 网络拓扑图示例

4. 记录网络数据

图 10-3 显示了网络数据记录流程。当记录网络数据时,可能需要直接从路由器和交换机收集信息。以下命令有助于执行网络数据记录流程。

(1) ping 命令。用于在登录相邻设备前测试与这些设备的连接。对网络中的其他 PC 执行 ping 命令时,同时会启动 MAC 地址自动发现进程。

(2) Telnet 命令。用于远程登录设备以访问配置信息。

(3) show ip interface brief 命令。用于显示设备上所有接口的打开或关闭状态以及 IP 地址。

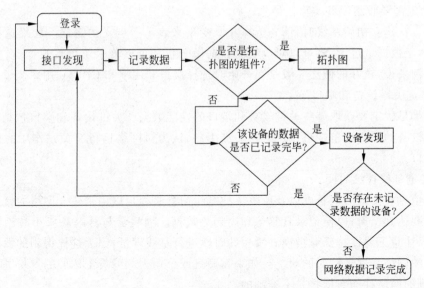

图 10-3　网络数据记录流程

（4）show ip route 命令。用于显示路由器中的路由表，以了解直接连接的相邻设备、其他远程设备（通过获悉的路由）以及已配置的路由协议。

（5）show cdp neighbor detail 命令。用于获取直接连接的相邻 Cisco 设备的详细信息。

10.1.3　网络性能基线

网络管理员可以通过度量关键网络设备和链路的初始性能及可用性，在网络扩展时或流量模式变化时辨别网络的异常运行情况和正常运行情况。还可以利用基线了解现有网络设计是否能够满足所需策略的需要。如果没有基线，在度量网络流量最佳状况特征以及拥塞程度时便没有了依据。

1. 建立网络性能基线的意义

要建立网络性能基线，必须从网络运行不可或缺的端口和设备收集关键的性能数据。这些信息有助于判定网络的特性以及找到下列问题的答案。

（1）网络的日常或日均运行情况如何？

（2）哪些方面利用率不足或利用率过高？

（3）哪些地方出现的错误最多？

（4）应为需要监控的设备设置哪些阈值？

（5）网络是否能够满足所确定策略的需要？

此外，在建立初始基线后进行分析往往能够发现一些隐藏的问题。所收集的数据会反映出网络中拥塞状况或潜在拥塞状况的真实性质，还可能会展现出网络中一些利用率不足的区域，了解这些情况后，设计人员往往会根据质量和容量观察结果重新设计网络。

2. 建立网络性能基线的步骤

由于网络性能初始基线奠定了度量网络变化影响以及后续故障排除工作的基础，因此对其做仔细的规划有重要意义。以下是建议的初始基线规划步骤。

1）确定需要收集哪些类型的数据

第一步在建立初始基线时，请先选择几个变量来表示所定义的策略。如果选择的数据点过多，由于数据量过大，将难以对收集的数据做分析。可以着手于少量数据点，然后逐步增加。举例来说，较好的做法一般是在开始时选择接口利用率和 CPU 利用率衡量指标。

2）确定关键设备和端口

第二步是确定要获取哪些关键设备和端口的性能数据。关键设备和端口包括：连接到其他网络设备的网络设备端口、服务器、关键用户、认为对网络运行有关键作用的任何其他设备和端口。

3）确定基线持续时间

基线信息收集的时间长度以及所收集的基线信息必须足以用来建立网络的概貌。这段时间至少要达到 7 天，以便记录日趋势和周趋势数据。周趋势与日趋势或小时趋势同样重要。同时，注意不要在特殊流量模式发生的时段进行基线度量，因为这样得到的数据并不能准确地反映网络常规运行时的状况。如果在假日或公司大部分员工休假的月份进行基线度量，所得到的网络性能数据将是不准确的。

网络基线分析应定期进行。每年对整个网络进行一次分析，或轮换式地对网络的不同部分做基线度量。必须定期对网络做分析，才能了解网络受企业发展及其他变化影响的情况。

通常使用先进的网络管理软件来对大型的复杂网络做基线度量。例如，管理员可以利用 Fluke Network 工具的 Intelligent Baselines 功能自动创建报告和查看报告。在较简单的网络中，完成基线度量任务可能需要手动收集数据以及使用简单的网络协议分析仪。

10.1.4　网络故障排除方法

1. 按手段划分

网络故障多种多样，不同的故障有不同的表现形式。故障分析时要通过各种现象灵活运用排除方法，找出故障所在并及时排除。

1）排除法

排除法是指依据所观察到的故障现象，尽可能全面地列举出所有可能发生的故障，然后逐个分析、排除。在排除时要遵循由简到繁的原则，提高效率。使用这种方法可以应付各种各样的故障，但维护人员需要有较强的逻辑思维，对网络设备有全面深入的了解。

2）对比法

对比法就是利用现有的、相同型号的且能够正常运行的设备作为参考对象，和故障设备进行对比，从而找出故障点。这种方法简单有效，尤其是系统配置上的故障，只要简单地对比一下就能找出配置的不同点。

3）替换法

替换法是指使用正常的设备部件来替换可能有故障的部件，从而找出故障点的方法。它主要用于硬件故障的诊断，但需要注意的是，替换的部件必须是相同品牌、相同型号的同类设备才行。

2. 按网络协议层次划分

逻辑网络模型(如 OSI 模型和 TCP/IP 模型)将网络功能分为若干个模块化的层。排除故障时,可以对物理网络应用这些分层模型来隔离网络故障。例如,如果故障症状表明存在物理连接故障,网络技术人员可以专注于检查在物理层运行的线路是否有故障,如果线路工作正常,技术人员便可检查故障是否是由其他层中的某些方面导致的。

OSI模型的上层(第5~7层)主要关注:网络终端的高层协议以及终端设备软硬件是否运行良好。

OSI模型的第3层网络层主要关注:地址和子网掩码是否正确,排除时沿着源到目的地的路径查看路由表,同时检查接口的IP地址。

OSI模型的第2层数据链路层主要关注:端口的状态、协议的状态以及利用率等。

OSI模型的第1层物理层主要关注:电缆、连接头、信号电平等。

此外还有分块和分段故障排除法。分块法是把网络故障划分为网络链路故障、网络配置故障、网络协议故障和网络服务故障4大块。分段法是把网络分段,逐段排除故障。还可以采用由外而内(Outside-in Troubleshooting)、由内而外(Inside-out)和半分法(Divide-by-Half)进行网络故障排除。

实际在网络故障排除中,应该能够灵活运用多种排除方法,完成网络故障的定位和排除。

10.2　故障排除工具

10.2.1　常用网络命令

常用的网络命令有很多,如IP网络连通性测试命令ping,路径信息提示命令pathping、测试路由路径命令tracert、网络故障诊断命令netdiag。熟练掌握这些命令,对网络故障的定位和排除有很好的帮助。下面介绍ping命令、ipconfig命令、tracert命令。

1. ping命令

ping命令是使用频率最高的测试连通性的命令,使用ping可以测试计算机名和计算机的IP地址,验证与远程计算机的连接,通过将ICMP回显数据包发送到计算机并侦听回显响应数据包来验证与一台或多台远程计算机的连接,该命令只有在安装了TCP/IP后才可以使用。

1) 验证网卡工作是否正常

在DOS窗口下,ping本地主机的IP地址,如"ping 202.196.36.4",回车运行。若出现如图10-4所示提示即可肯定网卡工作正常;但若出现4行"Request timeout"提示,则说明网卡工作不正常。

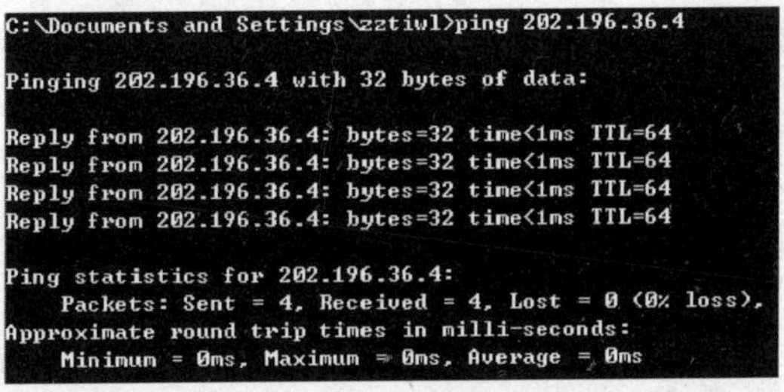

```
C:\Documents and Settings\zztiwl>ping 202.196.36.4

Pinging 202.196.36.4 with 32 bytes of data:

Reply from 202.196.36.4: bytes=32 time<1ms TTL=64
Reply from 202.196.36.4: bytes=32 time<1ms TTL=64
Reply from 202.196.36.4: bytes=32 time<1ms TTL=64
Reply from 202.196.36.4: bytes=32 time<1ms TTL=64

Ping statistics for 202.196.36.4:
    Packets: Sent = 4, Received = 4, Lost = 0 (0% loss),
Approximate round trip times in milli-seconds:
    Minimum = 0ms, Maximum = 0ms, Average = 0ms
```

图10-4　验证网卡工作是否正常

2) 验证 DNS 配置是否正常

在 DOS 窗口下,提示符后输入任一域名(如 www.163.com),看其是否能被解析成一个 IP 地址。输入"ping www.163.com",回车运行。若出现如图 10-5 所示提示信息即说明 DNS 服务器配置正确;但若出现"Unknown host name"提示信息,则说明 DNS 配置出错。

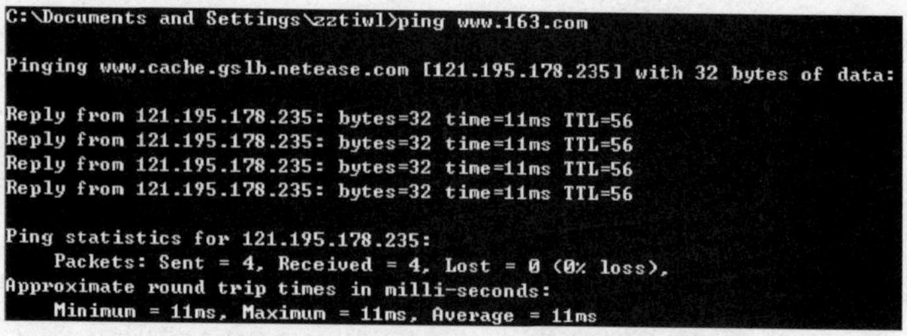

图 10-5   验证 DNS 工作是否正常

3) 验证网关配置是否正常

在 DOS 窗口下,ping 默认网关。如果 ping 正常,表明计算机已经连接到网络并且可以与本地网络进行通信,如图 10-6 所示。如果失败,则表明存在一个本地物理网络问题,这个问题可能出现在计算机到路由器之间的任何一个位置上。

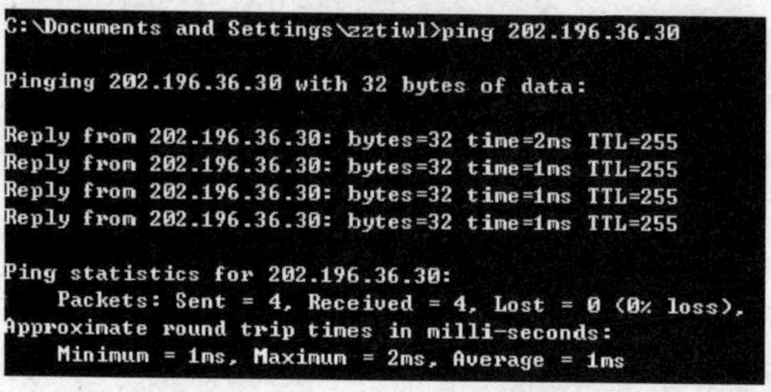

图 10-6   验证网关工作是否正常

2. ipconfig 命令

ipconfig 应该是网络管理员使用最多的一个命令,它可以查看本机的 IP 地址等信息,而这也通常是判断网络故障入手的第一步。一台终端用户报告不能上网了,首先第一步就是查一下该用户的 IP 地址、网关等信息是否正确。

1) ipconfig/all

使用 ipconfig/all 可以查看网络的详细信息,比不加参数时显示的信息更详细。

2) ipconfig /renew

如果使用 ipconfig /all 查看 IP 地址、网关等信息全部正确,建议加参数/renew 让本机重新获取 IP 地址试一下。加参数/renew 重新获取 IP 地址,是因为网络出现故障后,有可能还会保存原来网络的一些状态信息。如果获取正常,表示 IP 地址这一块没有问题。

除了使用 ipconfig 查看网络状态信息,重新获取 IP 地址等,通过查看网络连接的状态也可以查看 IP 地址等信息,通过"修复"按钮也可以让客户端重新获取 IP 地址。

3. tracert 命令

tracert(跟踪路由)是路由跟踪实用程序,用于确定 IP 数据包访问目标所经过的路径。tracert 命令用 IP 生存时间(TTL)字段和 ICMP 错误消息来确定从一个主机到网络上其他主机的路由。

在下例中,数据包必须通过两个路由器(10.0.0.1 和 192.168.0.1)才能到达主机 172.16.0.99。主机的默认网关是 10.0.0.1,192.168.0.0 网络上的路由器的 IP 地址是 192.168.0.1。

```
C:\> tracert 172.16.0.99 - d
Tracing route to 172.16.0.99 over a maximum of 30 hops
1 2s 3s 2s 10.0.0.1
2 75 ms 83 ms 88 ms 192.168.0.1
3 73 ms 79 ms 93 ms 172.16.0.99
Trace complete.
```

可以使用 tracert 命令确定数据包在网络上的停止位置。下例中,默认网关确定 192. 168.10.99 主机没有有效路径。这可能是路由器配置的问题,或者是 192.168.10.0 网络不存在(错误的 IP 地址)。

```
C:\> tracert 192.168.10.99
Tracing route to 192.168.10.99 over a maximum of 30 hops
1 10.0.0.1 reports:Destination net unreachable.
Trace complete.
```

10.2.2 常用故障排除工具

可以利用种类繁多的软件工具和硬件工具来简化故障排除工作。这些工具可以用于收集和分析网络故障症状,往往还提供可用于建立网络基线的监控功能和报告功能。

1. 软件故障排除工具

1) 网络管理系统工具

网络管理系统(NMS)工具包括设备级监控工具、配置工具以及故障管理工具。这些工具可以用于调查和解决网络故障。网络监控软件以图形方式显示网络设备的物理视图,网络管理员可以利用该视图监控远程设备,而不必亲自实地检查。设备管理软件提供交换产品的动态状态信息、统计信息及配置信息。常用的网络管理工具有 CiscoView、HP Openview、Solar Winds 及 What's Up Gold。

2) 知识库

在线网络设备厂商知识库已成为不可或缺的信息来源。如果网络管理员将厂商知识库与 Google 之类的 Internet 搜索引擎结合使用,便可获得大量从经验中积累下来的信息。例如,http://www.cisco.com 上的 Cisco Tools & Resources(工具和资源)页面就是一个免费工具,提供 Cisco 相关硬件和软件的信息,包括故障排除步骤、执行指南以及涉及网络技术大部分层面的原始白皮书。

3) 基线建立工具

可以使用许多工具将网络数据记录及基线建立过程自动化,这些工具有适用于 Windows、Linux 及 UNIX 操作系统的多个版本。基线建立工具如 SolarWinds 的 LANsurveyor 软件和 CyberGauge 软件,可以帮助用户完成常见的基线数据记录任务。它们可以帮助用户绘制网络图,帮助用户使网络软件和硬件数据记录保持最新状态,以及帮助用户以经济的方式度量基线网络带宽使用情况。

4)协议分析仪

协议分析仪将一个有记录的帧中的各种协议层解码,并以一种相对易用的格式呈现这些信息。如 Wireshark 协议分析仪显示的信息包括物理信息、数据链路信息、协议信息以及每一帧的描述。大部分协议分析器都能够过滤满足特定条件的流量以便实现某种目的。例如,记录某台设备收到和产生的所有流量。协议分析仪也可用硬件设备捕获数据,用软件进行分析。

2. 硬件故障排除工具

1)网络分析模块

可以在 Cisco Catalyst 6500 系列交换机及 Cisco 7600 系列路由器中安装网络分析模块(NAM),以提供本地及远程交换机和路由器所产生流量的图示。NAM 是一个基于浏览器的嵌入式界面,在该界面中为消耗网络关键资源的流量生成报告。此外,还可以利用它捕获并解码数据包以及跟踪响应时间,以向网络或服务器指出应用程序故障的具体位置。

2)数字万用表

如图 10-7 所示,数字万用表(DMM)是测试仪器,用于直接测量电压、电流和电阻的值。排除网络故障时,大部分多媒体测试都涉及检查供电电压电平以及检验网络设备是否已通电。

3)电缆测试仪

如图 10-8 所示,电缆测试仪是专用的手持设备,用于为测试各种类型的数据通信电缆。可以使用电缆测试仪来检测断线、跨接线、短路连接以及配对不当的连接。这些设备可以是廉价的连通性测试仪、中等价位的数据电缆测试仪或昂贵的时域反射计 TDR。

图 10-7　数字万用表

图 10-8　电缆测试仪

4）电缆分析仪

如图 10-9 所示，电缆分析仪是多功能的手持设备，用于测试和验证适用于不同服务和标准的铜缆和光缆。更先进的工具加入了高级故障排除诊断功能，可以利用这些功能测量与性能缺陷（近端串扰、回波损耗）位置的距离、确定纠正措施以及图形化地显示串扰和阻抗行为。电缆分析仪通常附带基于 PC 的软件。一旦收集到现场数据，手持设备即可上传这些数据，从而创建准确并包含最新数据的报告。

5）便携式网络分析

如图 10-10 所示，便携式网络分析仪用于排除交换网络和 VLAN 的故障。网络工程师只要将网络分析仪插入网络的任何位置，便能够了解该设备连接的交换机端口以及网络的平均利用率和峰值利用率。还可以利用该分析仪来发现 VLAN 配置，查明网络最大流量的来源，分析网络流量以及查看接口详细信息。该设备一般能够向安装有网络监控软件的 PC 输出数据，以做进一步分析和故障排除之用。

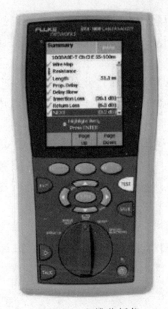

图 10-9　电缆分析仪

图 10-10　网络分析仪

10.2.3　利用协议分析仪排除故障示例

借助协议分析仪对网络故障进行分析，往往会获得出人意料的效果。下面简单介绍协议分析仪的原理及应用实例。

1. 协议分析仪工作原理

以美国网络联盟公司的协议分析仪产品 Sniffer 为例。它能够在全部 7 层 OSI 模型上进行解码，并解析四百五十多种网络协议。Sniffer 可以将网卡置于混杂模式，从而能够对网络上传输的所有数据包进行捕捉，既可以在线实时监视网络数据流，也可以将数据包截获存储以备日后分析。它向用户提供智能专家系统、数据包解码、主机流量排序、会话流量排序、协议分布、网络带宽使用率、数据包总体统计等一系列报告。

数据包解码功能可以对捕获的每个数据包进行 OSI 模型的 7 层详细解码,为使用者提供每个数据包结构、内容和协议的详细资料;智能专家系统通过扫描捕捉的数据包来检测网络异常现象,并自动对每种异常现象按层次进行归类,经过问题分离、分析且归类后,专家系统将解释问题的性质并提供排障建议。通过对这些报告的分析,可以确定故障原因、故障部位,采取相应的措施,排除故障,优化网络。

2. 应用协议分析仪故障排除实例:交换机端口死锁

故障现象:交换机上的某一端口连接了一个集线器,集线器上面有 DNS 及 Web 服务器。在没有任何征兆的情况下,交换机的这一端口突然出现故障,端口上的所有设备不能联网。

故障检查:

(1) 换一个好的交换机端口,约几分钟后重复上述故障。

(2) 怀疑连接交换机的集线器有物理故障,换了一个好的以后,故障仍然存在,可以确定不是集线器故障引起的故障。

(3) 关掉交换机电源,重新加电后,原来出故障的端口恢复正常,可以判断端口故障是因为某种原因锁死,并非烧坏。依此,初步判断故障是由 DNS 或 Web 服务器的硬件或软件异常引起的。

(4) 使用 Sniffer 协议分析仪接入该网段,测试后发现 DNS 通过集线器接入一个好的交换机端口后,很快产生了几个广播风暴,之后交换机的端口就锁死。广播风暴是造成交换机端口锁死的直接原因。

(5) 通过解读捕捉到的数据包内容,可以看到:广播风暴产生的原因是本地 DNS(主)服务器与一台远程 DNS(从)服务器之间产生了大量通信。通信内容是远程 DNS 服务器向本地 DNS 服务器查询一个主机的名字解析,而本地 DNS 服务器没有设置该主机所在域的DNS 服务器地址,从而造成异常的通信过程。

包的内容解析如下。

第 99 个包:由远程 DNS 服务器 192.136.16.49(从)向本地 DNS 服务器 192.25.89.173(主)查询 www.hbs.js 的名字解析。

```
DLC: ——DLC Header ——
DLC:
DLC: Frame 99 arriverd at 21:18:41.8190; frame size is 70(0046hex)bytes
DLC: Destination = Station 006094EAC3FD
DLC: Source = Station DECnet 001BB0
DLC: Entertype = 0800(IP)
DLC:
…
IP: ——IP Header ——
IP:
IP: Source address = [192.136.16.49],DNS1 -- 从 DNS
IP: Destination address = [192.25.89.173],DNS0——主 DNS
IP:
…
DNS: ——Internet Domain Name Service header ——
DNS:
```

```
DNS: ID = 3523
DNS: Flags = 01
DNS: 0 ··· = Command
DNS: .000 0 ··· = Query
DNS: ···0. = Not truncated
DNS: ···11 = Recursion desired
DNS: Flags = 0x
DNS: ···0 ··· = Nor Verified data NOT acceptable
DNS: Question count = 1. Answer NOT acceptable
DNS: Authority court = 0. Additional record count = 0
DNS:
DNS: ZONE Session
DNS: name = www. hbs. js.
DNS: type = host address(A,1)
DNS: Class = Internet(IN,1)
```

第 100 个包：本地 DNS 服务器 192.25.89.173 将查询不到 www.hbs.js 的结果反馈给远程 DNS 服务器 192.136.16.49。

```
DLC: —DLC Header —
DLC:
DLC: Frame 100 arriverd at 21:18:41.8192; frame size is 70(0046hex)bytes
DLC: Destination = Station DECnet 001BB0
DLC: Source = Station 006094EAC3FD
DLC: Entertype = 0800(IP)
DLC:
···
IP: —IP Header —
IP:
IP: Source address  = [192.25.89.173], DNS0—主 DNS
IP: Destination address  = [192.136.16.49], DNS1——从 DNS
DNS: —Internet Domain Name Service header —
DNS:
DNS: ID = 3523
DNS: Flags = 81
DNS: 1 ··· = Response
DNS: ···.0 = Not authoritative answer
DNS: 000 0... = Query
DNS: ···0. = Not truncated
DNS: Flags = 8X
DNS: ···0 ··· = data NOT Verified
DNS: 1 ··· = Recursion available
DNS: Response Code =  Server failure(2)
DNS: ···0 ··· = Unicast packet
DNS: Question count = 1. Answer count = 0
DNS: Authority court = 0. Additional record count = 0
DNS:
DNS: ZONE Session
DNS: name = www. hbs. js.
DNS: type = host address(A,1)
DNS: Class = Internet(IN,1)
```

第
10
章

网络故障排除

从协议分析仪还可以看出,在 1s 内,两台 DNS 之间有 1155 个这样的包来回,这种数据包产生了一个广播风暴,造成了交换机端口锁死。

故障排除:将 www.hhs.js 所在域的 DNS 服务器的地址定义在本地 DNS 上,故障排除。

在这个例子中,远程 DNS 向本地 DNS 查询 www.hbs.js 的地址解释,本地 DNS 答复找不到以后,理论上远程 DNS 不应再发出查询请示,但由于软件 Bug 的问题,造成了 DNS 系统异常,产生了一个广播风暴,使交换机出现了故障。

10.3　交换以太网故障排除

10.3.1　物理层故障排除

1. 物理层常见故障

物理层的故障主要表现在设备的物理连接方式是否恰当;连接电缆是否正确;Modem、CSU/DSU 等设备的配置及操作是否正确。常见物理层故障如下。

1) 开箱即无法使用故障

(1) 检查接口卡或主板上的器件,查看是否器件脱落或被压变形,以及 BOOTROM 或内存条的插座有无插针无法弹起。

(2) 检查 PCI 侧的插针、物理接口(包括电缆)的插针是否有弯针。

(3) 当没有查到上述硬件故障后,可更换或升级 BOOTROM、内存条或主机驱动程序的版本。

2) 安装后无法正常使用故障

(1) 线路连接问题,如线路阻抗不匹配、线序连接错误、中间传输设备故障。

(2) 与其他设备有兼容性问题。

(3) 接口配置问题。

(4) 电源或接地不符合要求。

(5) 在安装过程中也要考虑模块接口电缆所支持的最大传输长度、最大速率等因素。

3) 使用过程中发生故障

(1) 电源、接地和防护方面不符合要求,在有电压漂移或雷击时造成器件损坏。

(2) 传输线受到干扰。如遭受噪声和衰减。

(3) 环境的温湿度、洁净度、静电等指标超出使用范围。

(4) CPU 过载。进程 CPU 利用率高、输入队列丢弃、性能下降、Telnet 和 ping 等操作无法响应。

(5) 超过设计极限。设备资源是在以极限或接近极限能力运行,并且接口错误数增加。

2. 物理层故障排除流程

1) 检查有无电缆损坏或连接不良

可以通过电缆测试仪检测有无断线或信息插座有无故障。怀疑电缆受损时,可以用已知能够正常工作的电缆替换可疑电缆。如果怀疑连接不良,拔出电缆,对电缆和接口都进行物理检查,然后重装电缆。

2）检查是否整个网络都遵循了正确的电缆连接标准

检验是否使用了正确的电缆，某些设备间的直接连接可能需要使用交叉电缆。确保电缆连线正确。

3）检查设备的电缆连接是否正确

确认所有电缆都已连接到正确的端口或接口，并确保所有交叉连接都正确地配线至正确的位置。如果设置一个整洁、条理化的配线间，便可以节省大量时间。

4）检验接口配置是否正确

确认在正确的 VLAN 中设置了所有交换机端口，并且生成树设置、速度设置和双工设置的配置均正确。确认所有活动的端口或接口都未关闭。

5）检查运行统计信息和数据错误率

利用网络设备的 show 或 display 命令来检查有无冲突以及输入错误和输出错误之类的统计信息，这些统计信息的特征随网络上使用的协议而变化。

3. 接入设备常见故障的分析处理

一般情况下，通过观察与交换机连接端口的指示灯是否常亮状态，可以判断网络连接是否正常；观察端口的指示灯是否闪烁，可以判断下联端口设备是否有数据传输；若整台交换机所有端口的指示灯都异常地同步频繁闪烁，则需要排查网络中是否有环路、病毒或网络攻击故障。

1）交换机在网络中的应用故障

故障现象：校园网环境下某宿舍报修网络故障，宿舍内 4 台计算机全部不能上网。

故障排除：宿舍内 4 台计算机使用一台 8 口小交换机上网，使用线缆测试仪检查该宿舍到楼宇配线间网络线路正常，但是宿舍内计算机无法获得 IP 地址，计算机操作系统本地连接显示无连接，查看交换机指示灯，发现交换机电源指示灯常亮，但是端口指示灯都不亮，经询问该宿舍楼之前电压不稳，异常断电多次，初步判断异常断电导致宿舍 8 口小交换机损坏。把一台计算机直接连接宿舍墙上网络接口，发现能获得 IP 地址并认证上网，确认是小交换机损坏。

2）交换机端口经常烧坏

故障现象：一台连接两幢楼的交换机级联端口经常烧坏，一个月之中坏了三四次。

故障排除：A 楼和 B 楼距离较近，使用架空双绞线互联，经测试，其中 A 楼的电源系统已经老化，零线绝对电压是 30V，火线绝对电压是 250V，而用万用表量电压还是 220V；到 B 楼交换机，则两个交换机器要承受 30V 的电势差，很可能因此而损坏。

解决办法：

（1）确保两楼机房交换机地线连接正常，消除两楼机房电势差。

（2）升级两楼之间互连线路为地埋光纤连接，既能解决电势差造成的网络故障，还能排除架空线缆导致的雷击隐患。

4. 案例分析 1：路由器相连设备故障导致路由器无法启动

1）故障现象

如图 10-11 所示同轴电缆通过一个转接头连接到 RouterB 的串口。在路由器的启动过程中，通过 Console 口与 RouterB 相连接的 PC 的超级终端上没有任何显示。路由器各面板灯显示正常。

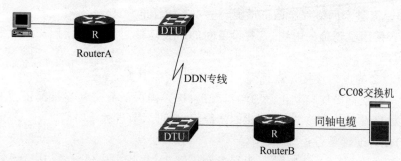

图 10-11　相连设备导致路由器无法启动

2) 可能原因分析

路由器没有正常启动：路由器本身是故障的,所提供的电源不符合要求,电源线有问题。

路由器正常启动但是没有在超级终端上显示：超级终端各参数设置错误,配置电缆故障。

3) 故障排除

用同一根配置电缆连接到另一台路由器上,超级终端上正常显示。至此定位为路由器没有正常启动。

更换路由器,电源线不换,超级终端上正常显示,至此排除电源和电源线的问题,定位为路由器本身或与之相连的设备故障。

把与路由器相连的所有不必要的设备拔掉,再启动路由器,发现路由器能够正常启动,超级终端输出正常。定位为路由器相连设备故障导致路由器无法正常启动。

一个一个地插上其他设备,发现插上转接头后路由器无法正常启动,更换转接头,路由器正常启动。

5. 案例分析 2：V. 35 DTE/DCE 电缆问题

1) 故障现象

Quidway R2501 路由器同帧中继交换机直连(路由器端采用 V35 DTE 电缆),因帧中继交换机侧的端口类型为 15 针串口,故需采用一段转接线才能同 2501 路由器互连,之后采用了一段两端物理接口都符合对接要求的电缆线(设备自带的 V35 DTE 电缆),完成了两台设备的物理对接。

通过 display interface s0 命令查看,发现物理层已经 UP。配置了链路层帧中继协议后,通过 display interface s0 命令查看发现链路层协议始终处于 DOWN 状态。

2) 可能原因分析

双方链路层数据配置有误。此时,需要路由器端设置为 DTE,帧中继交换机端设为 DCE；设备端口故障；两类设备的互通性存在问题；物理连接有问题。

3) 故障排除

(1) 首先怀疑双方的有关链路层数据配置有误,是否双方各设置为 DTE 或 DCE 模式,经检查无错误之处。

(2) 两端设备都更换了不同端口进行测试,故障依旧。

(3) 检查线缆,发现帧中继交换机提供的转换电缆,虽物理接口相同,但存在 DTE 和

DCE之分,现行组网中帧中继交换机作为 DCE 设备使用,而我们采用了 DTE 类型的转接线,故出现了如上故障。

(4) 把 DTE 类型转接电缆更换为 DCE 类型转接电缆。

10.3.2 交换机故障的排除

交换机故障一般可以分为硬件故障和软件故障两大类。

1. 交换机硬件故障

1) 电源故障

由于外部供电不稳定,或者电源线路老化或者雷击等原因导致电源损坏或者风扇停止,从而不能正常工作。由于电源缘故而导致机内其他部件损坏的事情也经常发生。

如果面板上的 Power 指示灯是绿色的,就表示是正常的;如果该指示灯灭了,则说明交换机没有正常供电。这类问题很容易发现,也很容易解决。

针对这类故障,首先应该做好外部电源的供应工作,一般通过引入独立的电力线来提供独立的电源,并添加稳压器来避免瞬间高压或低压现象。如果条件允许,可以添加 UPS 来保证交换机的正常供电。在机房内设置专业的避雷措施,来避免雷电对交换机的伤害。

2) 端口故障

这是最常见的硬件故障,无论是光纤端口还是双绞线的 RJ-45 端口,在插拔接头时一定要小心。如果不小心把光纤插头弄脏,可能导致光纤端口污染而不能正常通信。经常看到很多人喜欢带电插拔接头,理论上讲是可以的,但是这样也无意中增加了端口的故障发生率。在搬运时不小心,也可能导致端口物理损坏。如果购买的水晶头尺寸偏大,插入交换机时,也容易破坏端口。

一般情况下,端口故障是某一个或者几个端口损坏。所以在排除了端口所连计算机的故障后,可以通过更换所连端口,来判断其是否损坏。遇到此类故障,可以在电源关闭后,用酒精棉球清洗端口。如果端口确实被损坏,那就只能更换端口了。

3) 模块故障

交换机是由很多模块组成的,比如堆叠模块、管理模块、扩展模块等。这些模块发生故障的几率很小,不过一旦出现问题,就会遭受巨大的经济损失。如果插拔模块时不小心,或者搬运交换机时受到碰撞,或者电源不稳定等,都可能导致此类故障的发生。

上面提到的这三个模块都有外部接口,比较容易辨认,有的还可以通过模块上的指示灯来辨别故障。比如堆叠模块上有一个扁平的梯形端口,或者有的交换机上是一个类似于 USB 的接口。管理模块上有一个 Console 口,用于和网管计算机建立连接,方便管理。如果扩展模块是光纤连接的话,会有一对光纤接口。

在排除此类故障时,首先确保交换机及模块的电源正常供应,然后检查各个模块是否插在正确的位置上,最后检查连接模块的线缆是否正常。在连接管理模块时,还要考虑它是否采用规定的连接速率,是否有奇偶校验,是否有数据流控制等因素。连接扩展模块时,需要检查是否匹配通信模式,比如使用全双工模式还是半双工模式。当然如果确认模块有故障,解决的方法就是应当立即联系供应商给以更换。

4) 背板故障

交换机的各个模块都是接插在背板上的。如果环境潮湿,电路板受潮短路,或者元器件因高温、雷击等因素而受损都会造成电路板不能正常工作。比如散热性能不好或环境温度太高导致机内温度升高,使元器件烧坏。

在外部电源正常供电的情况下,如果交换机的各个内部模块都不能正常工作,那就可能是背板坏了,遇到这种情况即使是电器维修工程师,恐怕也无计可施,唯一的办法就是更换背板了。

5) 线缆故障

其实这类故障从理论上讲,不属于交换机本身的故障,但在实际使用中,电缆故障经常导致交换机系统或端口不能正常工作,所以这里也把这类故障归入交换机硬件故障。比如接头接插不紧,线缆制作时顺序排列错误或者不规范,线缆连接时应该用交叉线却使用了直连线,光缆中的两根光纤交错连接,错误的线路连接导致网络环路等。

从上面的几种硬件故障来看,机房环境不佳极易导致各种硬件故障,所以在建设机房时,必须先做好防雷接地及供电电源、室内温度、室内湿度、防电磁干扰、防静电等环境的建设,为网络设备的正常工作提供良好的环境。

2. 交换机的软件故障

交换机的软件故障是指系统及其配置上的故障,可以分为以下几类。

1) 系统错误

在交换机内部有一个可刷新的只读存储器,它保存的是这台交换机所必需的软件系统。由于当时设计的原因,存在一些漏洞,在条件合适时,会导致交换机满载、丢包、错包等情况的发生。交换机系统提供了如 Web、TFTP 等方式来下载并更新系统,在升级系统时,也有可能发生错误。

对于此类问题,需要养成经常浏览设备厂商网站的习惯,如果有新的系统推出或者新的补丁,请及时更新。

2) 配置不当

对交换机不熟悉,或者由于各种交换机配置不一样,管理员往往在配置交换机时会出现配置错误。比如 VLAN 划分不正确导致网络不通,端口被错误地关闭,交换机和网卡的模式配置不匹配等原因。这类故障有时很难发现,需要一定的经验积累。如果不能确保用户的配置有问题,应先恢复出厂默认配置,再一步一步地配置。最好在配置之前先阅读说明书,这也是网管所要养成的习惯之一。每台交换机都有详细的安装手册、用户手册,深入到每类模块都有详细的讲解。

3) 密码丢失

这可能是每个管理员都曾经经历过的。一旦忘记密码,可以通过一定的操作步骤来恢复或者重置系统密码。有的则比较简单,在交换机上按下一个按钮就可以了;有的则需要通过一定的操作步骤才能解决。此类情况一般在人为遗忘或者交换机发生故障后导致数据丢失,才会发生。

4) 外部因素

由于病毒或者黑客攻击等情况的存在,有可能某台主机向所连接的端口发送大量不符合封装规则的数据包,造成交换机处理器过分繁忙,致使数据包来不及转发,进而导致缓冲区溢出产生丢包现象。还有一种情况就是广播风暴,它不仅会占用大量的网络带宽,而且还将占用大量的 CPU 处理时间。网络如果长时间被大量广播数据包所占用,正常的点对点通信就无法正常进行,网络速度就会变慢或者瘫痪。

一块网卡或者一个端口发生故障,都有可能引发广播风暴。由于交换机只能分割冲突域,而不能分割广播域(在没有划分 VLAN 的情况下),所以当广播包的数量占到通信总量的 30% 时,网络的传输效率就会明显下降。

总的来说,软件故障应该比硬件故障较难查找,解决问题时,可能不需要花费过多的金钱,反而需要较多的时间。最好在平时的工作中养成记录日志的习惯。每当发生故障时,及时做好故障现象记录、故障分析过程、故障解决方案、故障归类总结等工作,以积累经验。比如在进行配置时,由于种种原因,当时没有对网络产生影响或者没有发现问题,但也许几天以后问题就会逐渐显现出来。如果有日志记录,就可以联想到是否前几天的配置有错误。由于很多时候都会忽略这一点,以为是在其他方面出现问题,当走了许多弯路之后,才找到问题所在。记录日志及维护信息是非常必要的。

3. 交换机网络故障排除的原则

当然为了使排障工作有章可循,可以在故障分析时,按照以下的原则来分析。

1) 由远到近

由于交换机的一般故障(如端口故障)都是通过所连接计算机而发现的,所以经常从客户端开始检查。可以沿着客户端计算机→端口模块→水平线缆→跳线→交换机这样一条路线,逐个检查,先排除远端故障的可能。

2) 由外而内

如果交换机存在故障,可以先从外部的各种指示灯上辨别,然后根据故障指示,再来检查内部的相应部件是否存在问题。比如 Power LED 为绿灯表示电源供应正常,熄灭表示没有电源供应;Link LED 为黄色表示现在该连接工作在 10Mb/s,绿色表示为 100Mb/s,熄灭表示没有连接,闪烁表示端口被管理员手动关闭;RDP LED 表示冗余电源;MGMT LED 表示管理员模块。无论能否从外面查出故障所在,都必须登录交换机以确定具体的故障所在,并进行相应的排障措施。

3) 由软到硬

发生故障,谁都不想动不动就拿螺丝刀去先拆了交换机再说,所以在检查时,总是先从系统配置或系统软件上着手进行排查。如果软件上不能解决问题,那就是硬件有问题了。比如某端口不好用,那可以先检查用户所连接的端口是否不在相应的 VLAN 中,或者该端口是否被其他的管理员关闭,或者配置上的其他原因。如果排除了系统和配置上的各种可能,那就可以怀疑到真正的问题所在——硬件故障上。

4) 先易后难

在遇到故障分析较复杂时,必须先从简单操作或配置上来着手排除,这样可以加快故障排除的速度,提高效率。

10.3.3 路由协议故障的排除

本节介绍常见的 RIP 和 OSPF 协议的故障排除。

1. RIP

(1) RIP 是 Routing Information Protocol(路由信息协议)的简称。

(2) RIP 是距离矢量路由协议的一个具体实现。

（3）RIP 适用于中小型网络,有 RIP1 和 RIP2 两个版本。

（4）RIP2 使用组播（224.0.0.9）发送,支持验证和 VLSM。

RIP 常见故障有以下几种。

（1）两台配置 RIP 的路由器间不能互通问题。

① 可能是 RIP 没有启动,也可能是相应的网段没有使能。

② 另一个可能原因是接口上把 RIP 给关掉了。

③ 还有一个可能原因是子网掩码的不匹配。

④ 版本差异（如不同厂商路由器之间）。

（2）RIP1 和 RIP2 的差异引起的问题。

① 配了验证,却没有起作用。

② 聚合问题。

（3）RIP 性能问题。

① 仅以跳数 hops 作为 metric 的问题。

② 广播更新问题。

（4）其他问题。

① 帧中继中的水平分割问题。

② 地址借用问题。

RIP 相关的命令如下（以华为公司设备为例）。

display rip：显示 RIP 当前运行状态及配置信息。

debug rip packet：打开 RIP 报文调试信息开关。

RIP 典型案例如图 10-12 所示。

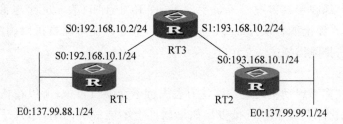

图 10-12　RIP 案例示例

故障现象：从 RT3 上无法 ping 通 137.99.99.0/24 网段；在 RT3 上用 tracert 命令发现去往 137.99.99.0/24 网段的数据包被送到了 RT1。

查看 RT3 的路由表,如表 10-6 所示。

表 10-6　RT3 路由器路由表

序号	Destination/Mark	Proto	Pref	Metric	Nexthop	Interface
1	127.0.0.0/8	Direct	0	0	127.0.0.1	LoopBack0
2	127.0.0.1/32	Direct	0	0	127.0.0.1	LoopBack0
3	137.99.0.0/16	RIP	100	1	192.168.10.1	Serial0
4	192.168.10.0/24	Direct	0	0	192.168.10.1	Serial0
5	192.168.10.1/32	Direct	0	0	192.168.10.1	Serial0

序号	Destination/Mark	Proto	Pref	Metric	Nexthop	Interface
6	192.168.10.2/32	Direct	0	0	127.0.0.1	LoopBack0
7	192.168.10.0/24	Direct	0	0	192.168.10.2	Serial0
8	192.168.10.2/32	Direct	0	0	127.0.0.1	LoopBack0

从路由表序号 3 的路由表条目可以看出,是不连续子网问题。原因:RIP1 按类发布路由。解决方法:配置 RIP2 并取消汇总。

2. OSPF 协议

(1) OSPF 是 Open Shortest Path First Protocol(开放最短路径优先协议)的简称。

(2) 可适应大规模网络。

(3) 路由变化收敛速度快。

(4) 支持区域划分。

(5) 支持等值路由。

(6) 支持验证。

(7) 支持路由分级管理。

(8) 支持以组播地址发送协议报文。

OSPF 常见问题及排除方法如下。

(1) OSPF 邻居路由器无法互相学习路由。

① 故障定位的检查要点如下。

② 检查物理连接及下层协议是否正常运行。

③ 是否已经配置了 Router ID。

④ 检查 OSPF 协议是否已成功地被激活。

⑤ 检查需要运行 OSPF 的接口是否已配置属于特定的区域。

⑥ hello-interval 与 dead-interval 之间的关系。

⑦ 若网络的类型为广播或 NBMA,至少有一台路由器的优先级应大于零。

⑧ 区域的 STUB 属性必须一致。

⑨ 接口的网络类型必须一致。

⑩ 在 NBMA 类型的网络中是否手工配置了邻居。

⑪ 检查是否已正确地引入了所需要的外部路由。

(2) 其他故障问题。

① 路由表不稳定,时通时断:物理线路问题,Router ID 问题。

② 无法引入自治系统外部路由:STUB 区域问题。

③ 区域间路由聚合的问题。

④ 路由表中丢失部分路由:路由过滤问题。

(3) OSPF 相关的命令。

display ospf:OSPF 路由选择进程的主要信息。

display ospf interface:OSPF 相关的接口信息。

display osppf peer:显示 OSPF 邻居信息。

（4）OSPF 典型案例。

故障现象：如图 10-13 所示，RTC 向 RTD(11.1.3.2)发送流量的过程中，当 RTB 和 RTD 之间链路突然断掉时，RTC 到 RTB 之间出现路由环路。

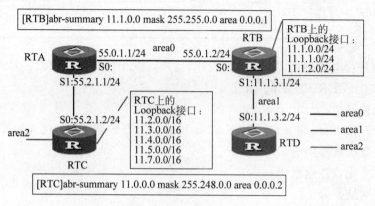

图 10-13　OSPF 案例

① 在 RTB 和 RTD 之间的链路断掉之后，分别在 RTB 和 RTC 上查看路由表。RTC 上的路由表如图 10-14 所示。

```
[RTC]display ip routing-table
Routing Tables:
Destination/Mask Proto  Pref  Metric  Nexthop  Interface
   11.1.0.0/16   OSPF   10    4686    55.2.1.1 Serial0
   11.2.0.0/16   Direct  0     0      11.2.1.1 LoopBack2
   11.2.1.1/32   Direct  0     0      127.0.0.1 LoopBack0
   11.3.0.0/16   Direct  0     0      11.3.1.1 LoopBack3
   11.3.1.1/32   Direct  0     0      127.0.0.1 LoopBack0
   11.4.0.0/16   Direct  0     0      11.4.1.1 LoopBack4
   11.4.1.1/32   Direct  0     0      127.0.0.1 LoopBack0
   11.5.0.0/16   Direct  0     0      11.5.1.1 LoopBack5
   11.5.1.1/32   Direct  0     0      127.0.0.1 LoopBack0
   11.6.0.0/16   Direct  0     0      11.6.1.1 LoopBack6
   11.6.1.1/32   Direct  0     0      127.0.0.1 LoopBack0
   11.7.0.0/16   Direct  0     0      11.7.1.1 LoopBack7
   11.7.1.1/32   Direct  0     0      127.0.0.1 LoopBack0
   ...........
```

图 10-14　RTC 上路由表

② RTB 上的路由表如图 10-15 所示。

```
[RTB]display ip routing-table
Routing Tables:
Destination/Mask Proto  Pref  Metric  Nexthop  Interface
   11.0.0.0/13   OSPF   10    4686    55.0.1.1 Serial0
   11.1.0.0/24   Direct  0     0      11.1.0.1 LoopBack1
   11.1.0.1/32   Direct  0     0      127.0.0.1 LoopBack0
   11.1.1.0/24   Direct  0     0      11.1.1.2 LoopBack2
   11.1.1.2/32   Direct  0     0      127.0.0.1 LoopBack0
   11.1.2.0/24   Direct  0     0      11.1.2.1 LoopBack3
   11.1.2.1/32   Direct  0     0      127.0.0.1 LoopBack0
   ......
```

图 10-15　RTB 上路由表

当 RTC 向 RTD(11.1.3.2)发送流量时，通过分析故障后 RTC 和 RTB 的路由表发现，数据包从 RTC 匹配路由 11.1.0.0/16 发往 RTB,但在 RTB 比对路由表时因为直连的 S1 口故障,11.1.3.0/24 的路由条目从路由表中消失,数据包只能又通过 11.0.0.0/13 的汇总路由从 S0 发回 RTC,所以形成环路。

③ 处理方法:将聚合路由引至 Null 0 接口,如图 10-16 所示。

```
[RTC]ip route-static 11.0.0.0 255.248.0.0 Null 0
[RTB]ip route-static 11.1.0.0 255.255.0.0 Null 0
```

图 10-16　RTC 和 RTB 处理结果

在 RTC 和 RTB 上增加到 Null 0 接口的汇总路由后,因为静态路由的优先级高于 OSPF 的汇总路由,所以即使链路故障后导致汇总路由不精确,数据包也会先匹配静态路由丢弃数据包,从而避免出现路由环路。

10.3.4　无线局域网故障的排除

由于无线信道特有的性质,使得无线网络连接具有抗干扰能力差,传输不稳定性,在使用过程中会遭遇各式各样的网络故障,大大影响了服务质量。这些网络故障严重影响了日常的上网效率。下面将介绍无线网络故障排除的一般流程,来帮助用户及时、有效地排除这些故障。

1. 软件故障排除

如无线网络出现无法建立连接时可以先检查操作系统。

(1) 查看网络参数配置是否正确。查看网卡是否正确设置 IP 地址、网关、DNS 等参数。

(2) 有没有正确设置 SSID。无论是无线对等网络,还是接入点无线网络,都必须设置正确的 SSID,否则,客户端将无法加入。

(3) 有没有正确安装无线网卡的驱动程序。如果无法从笔记本原始制造商处获得软件或驱动程序更新,也可以参考无线网卡芯片型号下载配套的通用驱动程序。如果无法从笔记本原始制造商处获得软件或驱动程序更新,也可以使用英特尔参考驱动程序。

(4) 操作系统是否中病毒。有时候操作系统中病毒会不断向无线路由器发送大量无用数据包,导致网络中断。

以上 4 点是比较常见的无线网络由于软件方面导致的故障。这些故障发生不容易引起用户注意,所以排除起来需要足够的耐心,一步步去排除。

2. 硬件故障排除

无线网络设备是组建无线网络的必需品,而这些设备的使用又有别于有线网络设备,所以对它们出现的故障也要区分对待。

1) 无线 AP 故障排除

无线 AP 在无线网络中有着至关重要的作用,常见故障现象可分为:连接速率下降、传输速率不稳定、机器无法获得 IP 地址。这三类故障现象都有相应的解决方法。

(1) 连接速率下降可以查看无线 AP 与无线网卡是否有遮挡物、无线 AP 附近是否有干扰、是否增加了无线客户端、笔记本是否开启省电模式。前三个故障的原因都比较好理解,而笔记本采用节电模式时,无线网卡的发射功率会大大下降,导致无线信号减弱,从而影响无线网络的传输速率。

（2）传输速率不稳定可以查看无线 AP 位置放置是否合适。一般无线设备可以自动根据环境调整速度，距离远了，传输速度就会降低。一般要将无线 AP 放置在无线局域网设备群的中央。

（3）机器无法获取 IP 地址可以查看无线 AP 是否关闭 DHCP 服务、是否设置了 MAC 地址过滤、是否设置了 WEP 加密。

2）无线路由器故障

无线路由器和平时以太网使用的路由器没有太大的区别，常见故障现象可分为：无线路由器登录设置失败、无线路由器无法自动拨号、无线路由器经常掉线。

（1）登录设置失败可以从内网是否存在广播风暴、网络是否有病毒、局端线路是否有故障三个方面去排查。

（2）无法自动拨号一般是无线路由器硬件故障或参数设置不当、线路连接有问题、浏览器参数设置有问题。

（3）经常掉线可以查看无线路由器内部参数设置、仔细检查路由器是否本身存在故障。例如，输入电压不稳、内部温度过高或者遭遇雷击等。

3）无线天线故障

无线天线在无线网络中的作用不容忽视，无线信号强弱、覆盖范围大小、距离远近都和它相关。常见故障一般如下。

（1）安装位置不正确。

（2）针对不同网络类型使用了错误的无线天线。

（3）覆盖范围没有达到要求。

（4）不同的使用环境用错天线类型。

上述故障只要发现就很容易排除，例如，室外天线要注意防水和防雷处理；远距离的数据传输时，应当选择大增益的天线。对无线网卡而言，由于只是需要与无线 AP 或无线路由器进行通信，所以应当选择定向天线。对于无线漫游网络而言，无线 AP 和无线网卡都应当采用全向天线。

4）无线网卡故障

无线网卡在无线网络中是一个很容易出现问题的设备，它的常见故障现象可以分为：无线网卡拔插导致系统死机、无线网卡无法正常工作、无线网卡导致系统蓝屏。这三类故障解决方法如下。

（1）拔插无线网卡按照正确的步骤进行操作。例如，插拔无线网卡时，一定不要进行与网络通信或信息传输相关的工作，先将网卡设备暂时禁用，再拔除无线网卡就会安全了。

（2）无线网卡无法正常工作可以检查网卡的驱动程序是否安装正确或者网卡的参数配置是否正确或者网卡的参数配置是否正确。

（3）无线网卡导致蓝屏一般都是网卡的驱动程序与操作系统不匹配、网卡松动或者网卡没有完全插入插槽引起的。

以上介绍了无线网络故障排除的一般方法，如果条件允许还可以借助专业的工具进行无线网络故障排除。例如，Fluke 公司的 ES 网络通是功能强大的网络故障排除工具，可用于无线局域网的故障排除。

3. 无线局域网故障排除流程及案例

如图 10-17 所示,某无线终端无法连接到无线网络。任何网络问题的故障排查都应遵循系统化的方法,从物理层逐层往上,直至到达 TCP/IP 协议栈的应用层。WLAN 的故障排除方法与此相同,可以系统化分为三步进行。

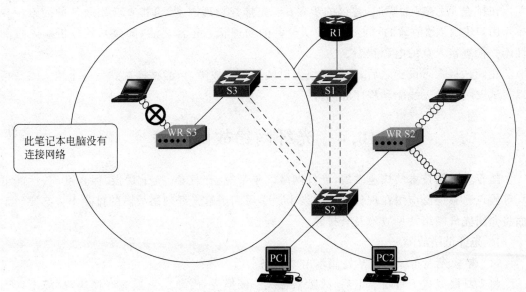

图 10-17　无线网络故障排除案例

(1) 步骤 1:排除用户 PC 导致故障的可能性。

如果没有网络连接,请检查以下各项。

① 使用 ipconfig 命令确认 PC 上的网络配置。确保该 PC 已通过 DHCP 获得一个 IP 地址或已配置一个静态 IP 地址。

② 确保该设备可以连接到有线网络。将该设备连接到有线 LAN 并 ping 已知的 IP 地址。

③ 可能需要尝试另一块无线网卡。如有必要,请重新加载适合该客户端设备的驱动程序和固件。

④ 如果客户端的无线网卡正常工作,请检查客户端的安全模式和加密设置。如果安全设置不匹配,客户端将无法接入 WLAN。

如果用户的 PC 可以运行,但性能不佳,请检查以下各项。

① PC 到接入点的距离有多远?PC 是否处在计划的覆盖区域(BSA)之外。

② 检查客户端上的通信设置。只要 SSID 是正确的,客户端软件应该就能检测到合适的信道。

③ 检查区域中是否存在其他在 2.4GHz 频段上运行的设备。其他设备可能是无绳电话、婴儿监控仪、微波炉、无线安全系统,还可能是流氓接入点。来自这些设备的数据可能会干扰 WLAN,导致客户端和接入点之间的连接中断。

(2) 步骤 2:确认设备的物理状态。

所有设备是否都已妥当置放?请考虑可能出现的物理安全问题。所有设备是否都有电源,这些电源是否都已打开?

411

第 10 章

(3) 步骤 3:检查链路。

检查连接设备之间的链路,查找出现故障的连接器或损坏或缺少的电缆。如果物理设备没有问题,则使用有线 LAN 来检查是否可以 ping 包括接入点在内的设备。

如果此时仍存在连通性问题,则可能是接入点或其配置有问题。

在排查 WLAN 故障时,建议的步骤是:先排查物理因素,再排查应用软件的因素。在排除用户 PC 导致故障的可能性并确认设备的物理状态正常之后,即应开始分析接入点的性能。检查接入点的电源状态。

在确认接入点设置之后,如果无线发射装置仍有故障,请尝试连接到另一个接入点。可以尝试安装新的无线驱动程序和固件。

10.4 光纤网络故障排除

随着光传输技术的快速发展,光纤网络以频带宽、损耗小、抗干扰强、保真度高、性能可靠等优点已被广泛应用在现代网络建设中。学习和了解光纤网络故障的排除十分必要。下面将介绍光纤网络常见故障及其排除。

1. 光纤链路故障

(1) 单模光缆布线系统某处偶尔出现网络不通。

将光纤跳线拔下重新插上后,故障未解决。调换光纤端口、更换光纤模块,故障未得到解决,排除了端口、模块的问题。使用光缆视频显微镜检查光缆端面,发现有大量的灰尘。使用瓶装压缩空气清洁一下光纤端面,再次检查时,端面变得较为洁净。重新连接好光纤链路,网络通信恢复正常。

(2) 网络综合布线完成后,在设备测试时发现,有几个光纤信息点总是无法达到额定的传输速率。

双向测试光纤链路后,发现个别光纤链路的连通性有问题。由于光缆采用 8 芯,调整使用的光纤后,问题得到解决。原因是只对光缆单向测试,将无法保证连通性。

(3) 内网服务正常,Internet 连接超时。

重启代理服务器后,网络故障依旧。查看代理服务器的系统性能,没有发现问题。当测试代理服务器与 Internet 的连接时,丢包率很高,原因有两个,一是 Internet 服务商的接入设备发生故障,二是光电收发器有问题。更换光电收发器后,Internet 连接恢复正常。

2. 光纤收发器故障

1) 光纤收发器的光口(FX)指示灯不亮

要确定光纤链路是否交叉连接(光纤跳线一头是平行方式连接,另一头是交叉方式连接)。例如,A 收发器的光口(FX)指示灯亮、B 收发器的光口(FX)指示灯不亮,则故障在 A 收发器端:一种可能是 A 收发器(TX)光发送口已坏,因为 B 收发器的光口(RX)接收不到光信号,此时需更换收发器;另一种可能是 A 收发器(TX)光发送口的这条光纤链路有问题(光缆或光纤跳线可能断了),此时需更换光纤跳线。

2) 双绞线(TP)指示灯不亮

要确定双绞线连线是否有错或连接有误。有的收发器有两个 RJ-45 端口:(To Hub)表示连接交换机的连接线是直通线,(To Node)表示连接交换机的连接线是交叉线。有的收发器侧面有 MPR 开关：表示连接交换机的连接线是直通线方式；DTE 开关：连接交换机的连接线是交叉线方式。根据端口的不同以及开关，用通断测试仪检测双绞线是否是所要求的连接线，如果不符合要求则需更换连接线。

10.5　虚拟机故障排除

目前应用比较广泛的虚拟机软件有 VMware、KVM、Xen 等。本节将以 VMware 和 KVM 为例，简单介绍虚拟机常见的故障排除。

1. VMware 虚拟机常见故障排除

(1) 启动虚拟机失败：The VMware Authorization Service is not running (1007131)。

当 VMware Authorization 服务未运行或者该服务不具有管理员权限时出现该故障。为排除该故障，启动该服务并保证其具有管理员权限。

① 以管理员身份登录 Windows。

② 运行 services. msc。

③ 启动 VMware Authorization Service。

④ 停止 User Account Control (UAC)。

⑤ 为运行 VMware Authorization Service 的 Windows 用户增加管理员权限。

(2) Windows 主机上未完全卸载时进行清理。

① 以管理员登录 Windows，关闭防火墙和防病毒软件。

② 如果使用的是 Workstation 7.0 以上版本，运行以下命令。

```
VMware - workstation - full - 7.1.2 - 301548.exe /clean
```

(3) 客户操作系统启动慢、虚拟机内应用程序运行慢。

① 查证下降的性能是非预期行为，因为虚拟化开销，通常会引起一定的性能下降。

② 查证所使用的 VMware 产品是最新版本。

③ 检查 VMware Tools 在虚拟机中已安装，运行了正确的版本。

④ 检查虚拟机硬件设置，确保为虚拟机提供了充足的资源，包括 CPU 和内存。

⑤ 确保主机上所安装的防病毒软件配置为扫描时排除虚拟机文件。

⑥ 检查主机的存储系统，查证配置为最优性能。

⑦ 查证主机有足够的自由内存，满足虚拟机的需求。

⑧ 停止主机的 CPU 电源管理。

⑨ 查证主机网络不影响虚拟机的性能。

⑩ 查证主机操作系统正常运行，处于健康状态。

2. KVM 虚拟机常见故障排除

(1) "KVM：disabled by BIOS"错误。

请在 BIOS 中检查是否有能够开启的选项。如果没有，请从厂商的网站上获取最新的 BIOS。注意：

① 部分计算机(如 HP nx6320)，在 BIOS 里面启用虚拟化后需要重新启动计算机。

② 部分计算机，在 BIOS 里面开启某些功能可能会影响 VT 的支持(比如在 ThinkPAD

T500 下开启 Intel AMT 会阻止 kvm-intel 的加载)。

③ 在一些 Dell 的机器上,需要取消 Trusted Execution,否则 VT 不会被加载。

(2) 已经安装了 VMware/Parallels/VirtualBox,当使用 modprobe KVM 时,系统锁死。

英特尔 VT 和 AMD-V 都没有提供判断软件当前是否正在使用硬件虚拟化扩展的机制。如果有两个内核模块已经装载,都试图使用硬件虚拟化扩展,系统将出现错误。目前暂时只能在一台计算机上同时使用一种虚拟化软件。

(3) 当连接一个 VNC 终端时,出现"rect too big"错误提示。

这是在处理即时像素格式时,由 VNC 协议的一个缺陷所引起的。如果在使用 TigerVNC,可以使用 vncviewer 的命令行选项-AutoSelect=0,停止像素加密的即时选择。

(4) 当使用鼠标在客户操作系统窗口中单击,鼠标不显示。

用以下方式运行 kvm/qemu:

```
- usb - usbdevice tablet
```

如果无效,则使用以下命令:

```
$ export SDL_VIDEO_X11_DGAMOUSE = 0
```

(5) 安装 Kubuntu 时,QEMU/KVM 并没有挂起,却不在屏幕上显示任何信息。

带上-std-vga 选项运行 KVM。如果客户机系统像 Kubuntu/Ubuntu 一样使用 framebuffer 模式的话,这一做法是有效的。

(6) 使用中遇到"rtc interrupts lost"的错误信息,并且客户机运行缓慢。

在客户机的.config 文件中设置 CONFIG_HPET_EMULATE_RTC=y。

10.6　网络安全故障排除

本节将从网络安全技术着手,以常见的防火墙和入侵检测为例,简单介绍网络安全故障的排除。

1. 防火墙常见故障排除(以华为 Eudemon 200 为例)

(1) ACL 加速编译失败。

当配置规则的端口号变化太频繁,相关性太少时,ACL 加速功能很可能在编译过程中失败,这是算法的局限性决定的,应尽量避免使用这样的 ACL 规则,如无法避免,只能不使用加速查找功能。

(2) 配置了黑名单表项,但是 Buildrun 信息中却没有显示。

如果配置了黑名单表项有老化时间的配置,则该表项不会显示在 Buildrun 信息中,也无法保存,可以使用 display firewall blacklist item 命令看到。

(3) 接好防火墙之后,网络不通,无法 ping 通其他设备,其他设备也无法 ping 通防火墙。

一般是配置出错了,按照典型配置指导书,重新配置即可。

（4）有的端口打开了快转，有的没有打开，在组合起来应用的时候，某些端口性能很低。

VRP 内部实现机制的问题，目前唯一的解决措施是所有接口保持统一的转发方式，要么都用快转，要么都不用，不能混合使用。

（5）使用了地址扫描/端口扫描功能，但却没有作用。

地址扫描/端口扫描需要在要防范的域内配置使能基于 IP 的出方向统计功能，也就是说，要在要防范的域的配置模式下，使用命令 statistic enable ip outzone 才可以。

（6）配置了 VGMP，但却没有作用。

在配置 VGMP 的时候需要指定数据通道，如果没有数据通道的话，VGMP 的报文将发送不出去，而导致 VGMP 不能通信，表现为 VGMP 没有作用。

2. 入侵检测常见故障排除（以锐捷 RG-IDS 为例）

1）Sensor 串口不能通信

（1）超级终端属性参数配置不正确。建议参数配置全部选择默认，波特率为 9600。

（2）串口线损坏。建议使用其他串口线尝试重新连接。

（3）引擎串口屏蔽。使用显示器连接引擎硬件设备查看 Console 管理一项是否为"disable serial console"。如果显示为"enable serial console"，表明串口登录权限已经被屏蔽掉，建议修改为"disable serial console"。

（4）引擎串口损坏。如果使用同一串口线连接其他设备通信正常、通过显示器接入查看终端有显示、显示界面与串口终端显示界面相同，则表示该设备的引擎串口损坏。

（5）RG-IDS 引擎设备优先响应键盘和显示器外接设备，如果同时连接终端和显示器，串口配置信息会通过显示器显示，不会通过超级终端显示。建议卸掉显示器和键盘，再次尝试超级终端操作。

2）EC 与 Sensor 连接故障

（1）确定供电正常，检查电源连接。

（2）检查网络接口和网线连接是否正常。

（3）尝试使用 Telnet 命令连接 EC 1968 端口，成功。

（4）使用外接显示器查看设备启动时的情况，需注意自检时的声音提示，有"嘀"的一声说明自检正常（如果设备使用冗余电源，有一个未加电时也会有"长鸣"告警声音，注意和自检错误时的声音告警相区别）。

（5）在 Sensor 的控制台界面 Config Networking 配置页中检测管理接口的 IP、掩码、默认路由以及物理端口配置无误，主 EC 所用的 IP 地址、掩码配置是否正确。

（6）在 Sensor 控制台的 Interface Setting 配置页查看 Sensor 的接口速率和双工工作模式是否配置正确，建议正常情况下都配置为 auto。

（7）运行 Console 界面上的 Sensor 连接测试，判断 EC 和 Sensor 的通信是否正常。

（8）使用 Sensor 调试工具获取 Sensor 的相关信息，看是否能正确返回信息。

（9）Sensor 目前的状态显示只是根据 Sensor 主动上传的信息来判断，所以在应用策略时可能会导致状态正常但是连接不上的问题。

小　结

网络故障排除模型介绍了网络故障排除的详细步骤,总共分为 7 步,包括问题的界定、收集详细的信息、考虑可能情况、创建一份行动计划、执行行动计划、观察行动计划的结果、重复上述过程。

网络文档在排除故障时会发挥重要作用。网络配置文档提供网络的逻辑图以及各组件的详细信息,主要包括网络配置表、终端系统配置表、网络拓扑图。

建立网络基线对网络文档和网络故障排除有重要意义,可以分为三步建立网络基线:确定需要收集哪些类型的数据、确定关键设备和端口、确定基线持续时间。

常见的网络故障排除方法:排除法、对比法、替换法、按 OSI 协议层次方法、分块法、分段法等。

可以利用常见的网络命令 ipconfig、ping、tracert 进行网络故障定位和排除,可以利用各种软硬件工具进行网络故障排除,如协议分析仪 Sniffer。

重点介绍了交换以太网的故障排除,主要包括物理层故障排除、交换机故障排除、路由协议故障排除、无线局域网故障排除等方法。另外,分别介绍了光纤网络、虚拟机、网络安全设备的故障排除。

习题与实践

1. 填空题

(1) 网络故障排除法有 7 步,其中前两步是:_____和_____。

(2) 网络故障排除常使用的网络文档有_____、_____、_____。

(3) 按手段划分,常用的网络故障排除方法有_____和_____。

(4) 常见的软件故障排除工具有_____、_____和_____。

(5) 常见的硬件故障排除工具有_____、_____和_____。

2. 简答题

(1) 简述网络故障排除模型及其 7 步法。

(2) 简述网络文档在故障排除时的作用和常见文档。

(3) 简述常用的网络故障排除方法。

(4) 简述 ping 命令在网络故障排除中的用法。

(5) 简述 ipconfig 命令在网络故障排除中的用法。

(6) 简述 tracert 命令在网络故障排除中的用法。

(7) 简述协议分析仪在网络故障排除中的用法。

(8) 简述物理层故障排除的方法。

(9) 简述集线器常见故障的排除方法。

(10) 简述交换机常见故障的排除方法。

(11) 简述路由协议常见故障的排除方法。

(12) 简述无线局域网常见故障的排除方法。

（13）简述光纤网络常见故障的排除方法。

（14）简述虚拟机常见故障的排除方法。

（15）简述网络安全常见故障的排除方法。

3. 实验题

实验：网络故障排除。

（1）实验目的。

学习网络故障排除的方法，实际排除网络故障。

（2）实验内容。

① 构建网络。

② 测试网络。

③ 破坏网络。

④ 排查问题。

⑤ 收集症状。

⑥ 修复问题。

⑦ 记录问题和解决方案。

（3）实验设备与环境，如图 10-18 所示。

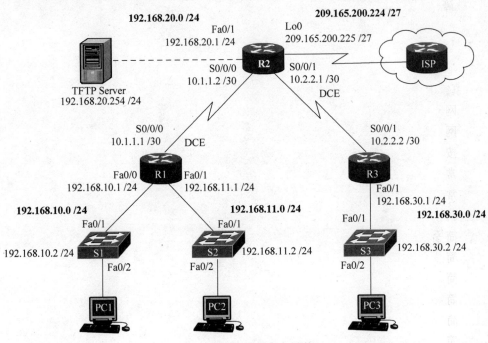

图 10-18　实验设备与环境

（4）实验步骤。

① 建立网络：根据拓扑图进行网络布线；配置 NAT、DHCP 和 OSPF。

② 测试网络：确认端到端连接正常，检验 DHCP 和 NAT 是否正常工作，通过使用 show 和 debug 命令了解每台设备。

③ 破坏网络：学生乙破坏网络配置。

④ 排查问题：学生甲询问问题的有关症状等。

⑤ 收集症状：使用 show 和 debug 命令开始收集症状，也可以使用 show running-config。

⑥ 纠正问题：纠正配置，测试解决方案。

⑦ 记录问题和解决方案：两个学生都应当在自己的日志中记录问题和解决方案。

参 考 文 献

[1] 林康平,王磊.云计算技术[M].北京:人民邮电出版社,2017.

[2] 王伟等.云计算原理与实践[M].北京:人民邮电出版社,2018.

[3] Goransson P,Black C,Culver T,等.深度剖析软件定义网络(SDN)[M].王海,张娟,等译,2版.北京:电子工业出版社,2019.

[4] 黄韬,刘江,魏亮,等.软件定义网络核心原理与应用实践[M].3版.北京:人民邮电出版社,2018.

[5] Goransson P,Black C.软件定义网络——原理、技术与实践[M].王海,张娟,于卫波,等译.北京:电子工业出版社,2016.

[6] 谢高岗,陈鸣,兰巨龙,等.SDN技术发展报告. http://openflowswitch.org/wk/index.php/PAC.C. http://projectbismark.net/lithium/"B4: Experience with a Globally-Deployed Software Define Network",SIGCOMM 2013,Google Inc."How to Split a Flow",INFOCOM 2012,Google Inc.

[7] 探秘招商银行SDN实践之路.2016-7-2中国存储网,https://www.chinastor.com/network/sdn/0H13445H016.html.

[8] 谈谈SDN保障下的双十一.2016-1-5中国存储网,https://www.chinastor.com/network/sdn/01201922H016.html.

[9] 杨泽卫,李呈.重构网络:SDN架构与实现[M].北京:电子工业出版社,2017.

[10] 容经雄.5G移动通信网络关键技术及研究[J].中国新通信,2021,(22):1-2.

[11] 张博.5G移动通信网络关键技术研究[J].信息与电脑,2021,(8):205-206.

[12] 李丹雪,张宗迟.5G移动通信网络关键技术及分析[J].数字技术与应用,2017,(6):38.

[13] 石丽梅,朱又敏,郑颖,等.基于移动通信技术的5G时代核心网架构研究[J].无线互联科技,2019,16(12):7-8.

[14] 赵丽.基于5G关键技术的应用场景及发展研究[J].无线互联科技,2019,16(12):139-140.

[15] 严斌峰,袁晓静,胡博.5G技术发展与行业应用探讨[J].中兴通信技术,2019,(6):34-41.

[16] 工业互联网平台白皮书2021.工业互联网产业联盟(AII).2021年12月发布.

[17] 丁汉,江平宇,张洁,等.前言——工业互联网专辑[J].中国科学:技术科学,2022,52:1-2.

[18] 中国工业互联网发展的政策、路径及推进——专访工业和信息化部信息技术发展司副司长王建伟.卫星与网络[J].2021,10:36-41.

[19] 工业互联网体系架构报告1.0[R].中国工业互联网产业联盟.2016.

[20] 工业互联网体系架构2.0[R].中国工业互联网产业联盟.2019.

[21] 唐宏,林国强.Wi-Fi 6:入门到应用[M].北京:人民邮电出版社,2020.

[22] 孙利民,张书钦,等.无线传感器网络:理论及应用[M].北京:清华大学出版社,2018.

[23] 王振世.一本书读懂5G技术[M].北京:机械工业出版社,2021.

[24] 甘泉.LoRa物联网通信技术[M].北京:清华大学出版社,2021.

[25] 廖建尚,巴音查汗,苏红富.物联网长距离无线通信技术应用与开发[M].北京:电子工业出版社,2019.

[26] 吴礼发,洪征.计算机网络安全原理[M].北京:电子工业出版社,2020.

图书资源支持

感谢您一直以来对清华版图书的支持和爱护。为了配合本书的使用,本书提供配套的资源,有需求的读者请扫描下方的"书圈"微信公众号二维码,在图书专区下载,也可以拨打电话或发送电子邮件咨询。

如果您在使用本书的过程中遇到了什么问题,或者有相关图书出版计划,也请您发邮件告诉我们,以便我们更好地为您服务。

我们的联系方式:

地　　址:北京市海淀区双清路学研大厦 A 座 714

邮　　编:100084

电　　话:010-83470236　010-83470237

客服邮箱:2301891038@qq.com

QQ:2301891038(请写明您的单位和姓名)

资源下载:关注公众号"书圈"下载配套资源。

资源下载、样书申请

书圈

图书案例

清华计算机学堂

观看课程直播